高职高专计算机类课程改革规划教材

国家社会科学基金“十一五”规划（教育学科）国家级课题成果

VB程序设计案例教程

主　编　来　全　田保军

副主编　顾艳林　王春红　孙　欢

参　编　田　军　王瑾瑜　李淑霞

主　审　陈　梅

机械工业出版社

本书内容紧扣国家对高职高专培养高级应用型、复合型人才的技能水平和知识结构要求，以“图书进销存管理系统”项目案例的完整开发思路为主线，采用模块分解、任务驱动、子任务实现、代码设计四层结构，以及模块中每个任务相应的知识点详解，引导学生学习通过 VB 环境进行需求分析、分层设计、开发环境配置、功能实现以及整合测试等项目开发基本技能和 VB 相关知识。同时，本书采用学材小结、拓展练习等方式对每个模块的理论知识和开发技能进行强化练习，可达到深化理解、熟练设计的目的。

本书内容分为 10 个模块：介绍 VB 应用案例，熟悉 VB，VB 程序设计初步，介绍 VB 程序设计语句，介绍常用控件，使用菜单、对话框和 MDI，图形操作，介绍文件系统，Visual Basic 与数据库，实现图书进销存管理系统，内容涵盖了全国计算机等级考试二级 VB 考试大纲要求的技能水平和知识范围，具有鲜明的职业特色，适合于高职高专、成人本专科和中职中专计算机相关专业程序设计语言类课程的教学，也可以作为计算机等级考试、高新技术考试的培训教材和程序设计人员、编程爱好者学习 VB 编程技术的参考书。

为方便教学，本书配备电子课件等教学资源。凡选用本书作为教材的教师均可登录机械工业出版社教材服务网 www. cmpedu. com 免费下载。如有问题请致信 cmpgaozhi@ sina. com 或致电 010-88379375 咨询。

图书在版编目（CIP）数据

VB 程序设计案例教程/来全，田保军主编. —北京：机械工业出版社，2012.9（2017.7 重印）

高职高专计算机类课程改革规划教材　国家社会科学基金“十一五”规划（教育学科）国家级课题成果

ISBN 978-7-111-39064-0

Ⅰ.①V…　Ⅱ.①来…②田…　Ⅲ.①BASIC 语言-程序设计-高等职业教育-教材　Ⅳ.①TP312

中国版本图书馆 CIP 数据核字（2012）第 209637 号

机械工业出版社（北京市百万庄大街 22 号　邮政编码 100037）
策划编辑：王玉鑫　责任编辑：王玉鑫　张　芳
责任校对：张莉娟　责任印制：常天培
北京京丰印刷厂印刷
2017 年 7 月第 1 版 · 第 4 次印刷
184mm × 260mm · 21.25 印张 · 523 千字
6 901—8 800 册
标准书号：ISBN 978-7-111-39064-0
定价：44.00 元

凡购本书，如有缺页、倒页、脱页，由本社发行部调换

电话服务	网络服务
服务咨询热线：010-88379833	机 工 官 网：www.cmpbook.com
读者购书热线：010-88379649	机 工 官 博：weibo.com/cmp1952
	教育服务网：www.cmpedu.com
封面无防伪标均为盗版	金 书 网：www.golden-book.com

高职高专计算机类课程改革规划教材
编委会名单

序

随着信息技术的发展，信息能力和传统的“读、写、算”能力一起正在成为现代社会中每一个人的基本生存能力。作为高等学校的学生，不仅要具备一般的信息能力，更应该具备较高的信息素养。因此，计算机类课程的改革一直是高等学校关注和研究的重点。

由包海山、陈梅策划并组织多所高等院校及高职高专院校编写的“高职高专计算机类课程改革规划教材”，是根据面向21世纪培养高技能人才的需求，结合高职高专学生的学习特点，依据职业教育培养目标的要求，严格按照教育部提出的高职高专教育“以应用为目的，以必需、够用为度”的原则而设计、开发的系列教材。这套教材包括了信息技术公共基础课程、计算机专业基础课程和专业主干课程三部分内容，从高职高专的实际需求出发，重新整合了相关理论，突出了应用性和操作性，加强了能力的培养。

教材采用的“模块化设计、任务驱动学习”编写方式，对高等学校教材是一种新的尝试。实现任务驱动学习的关键是“任务”的设计，它必须是社会实际生产、生活中的一个真实问题，而不是为了验证理论而假设的虚拟事件。为了解决这个真实的问题，需要把它分解成一系列的“子任务”；每一个子任务的解决过程就是一个模块的学习过程。每个模块学习一组概念、锻炼一种技能；全部模块加起来，即完成一种知识的学习，形成一种相应的能力。任务驱动学习有利于学生从整体意义上理解每一个工作任务，掌握相关的知识和技能，形成解决实际问题的能力，提高学生的学习兴趣，是信息技术类课程有效的教学方式。

教材中每个模块安排的导读和要点提示了要解决的问题，子任务的划分安排了完成本模块总任务的各个步骤。利用模块最后的学材小结，学生可以自我检测对“理论知识”和“实训任务”掌握的程度；拓展练习可以为学有余力的学生提供个性化发展的方向。

参加本系列教材编撰工作的人员都是长期从事高职高专计算机教育和教学研究的专家和骨干教师，对高职高专的培养目标、学生的学习特点、计算机类课程的教学规律有着深刻的了解。我相信，本套教材的出版会对高职高专的计算机类课程的教学改革起到促进作用，对高职高专教学质量的提高将会产生显著的影响。

中国教育技术协会学术委员会委员

内蒙古师范大学现代教育技术研究所所长

2008 年 12 月

前　言

Visual Basic 程序设计语言受到广大编程爱好者及专业编程人员的青睐，它有面向对象、事件驱动、软件的集成开发、结构化程序设计、强大的数据库访问功能、支持对象的链接与嵌入技术等特点。Visual Basic（VB）语言简单易学，容易上手。程序员可以轻松地使用 Visual Basic 提供的组件快速建立一个应用程序。目前多数高职高专院校，不仅计算机专业开设 VB 语言，非计算机专业的首选程序开发语言也是 VB。因此，如何开发适应社会需求的 VB 程序设计类案例教材，已成为信息时代高职高专计算机类课程教学改革的当务之急。

为了更好地促进高职高专院校计算机类课程的教学改革，高职高专计算机类课程改革规划教材编委会组织多所高等院校及高职高专院校从事计算机教研、教学第一线的专家和骨干教师，在认真分析和探讨教育部对高职高专各专业学生的培养目标、国家计算机等级考试和职业技能鉴定要求的基础上策划了“高职高专计算机类课程改革规划教材”。同时，编委会向中国教育技术协会申报了国家社会科学基金“十一五”规划（教育学科）国家级课题“信息技术环境下多元学与教方式有效融入日常教学的研究”的子课题“高职高专计算机类课程改革的研究”，目前课题研究正在进行中。本课题立项研究面向信息技术职业领域不同岗位层次如何有效融合高职高专计算机信息类专业设置、课程体系构建、教学模式改革和教材课件开发等多层次的教学设计基本理论和实现方法。通过系统研究，总结和提炼课题组成员以及有关专家学者已经取得的相关成果，探索高职高专计算机类专业课程标准建设的新思路，提出系统地进行高职高专计算机类课程改革的新方法，开发建设具有鲜明高职高专特色的系列教材和课件，旨在为我国高职高专计算机信息类专业设置、课程和教学改革、教材课件建设探索出一条坦途。

根据“课程间的耦合度”和“职业相关度”，我们将计算机信息类专业课程群体系划分为职业基础能力层面、职业岗位能力层面和职业拓展能力层面等三个层次，即“三段式课程体系”。“VB 程序设计”课程在高职高专院校计算机信息相关专业的课程体系中处于职业基础能力层面，是学生学习数据库应用开发、Web 应用程序设计开发、游戏类软件设计开发以及多媒体类软件设计开发等后续课程的基础，同时也是国家计算机等级考试大纲涵盖的必备理论知识和操作技能的主要组成部分。可见，在高职高专计算机信息相关专业的课程体系中，“VB 程序设计”作为多门职业岗位能力层面课程或职业拓展能力层面课程（课程群）的前导课程而起着非常重要的作用。尽管“VB 程序设计”在大多数高职高专院校的计算机相关专业均作为专业基础课程开设，可是其教学效果并不理想，主要体现在学生学习本课程之后，并不能具备完整的程序设计开发思路和能力，也没能为后续课程的学习打下坚实的基础。究其原因，主要是 VB 程序设计既涵盖基本语法知识，又涵盖界面设计相关知识，还要具有数据库设计开发基础知识，其内容范围较广、难度较深，为教师的教学和学生的学习都造成了许多困难。通过立项研究，我们认为以一个完整的软件开发案例为主线，将 VB 语法基础知识、界面设计方法以及程序设计开发技能相结合作为课程标准的依据，在制定课程标准、开发教材课件以及课堂教学设计中充分体现本课程的“基础性”和“职业性”的特色，是改善本课程教学效果的有效方法。因此，本书在兼顾国家计算机等级考试二级 VB 考试大纲、国家高新技术模块考试标准的同时，通过一个完整案例的需求分析、界面设计开发、数据库设计开发、程序功能实现、打包发布等环节作为核心组织编写。为了更好地学习掌握本课程及教材介绍的知识和技能，需要计算机应用基础、逻辑数学、英语以及面向对象程序设计等基础知识和基本素质课程作为前导课程。

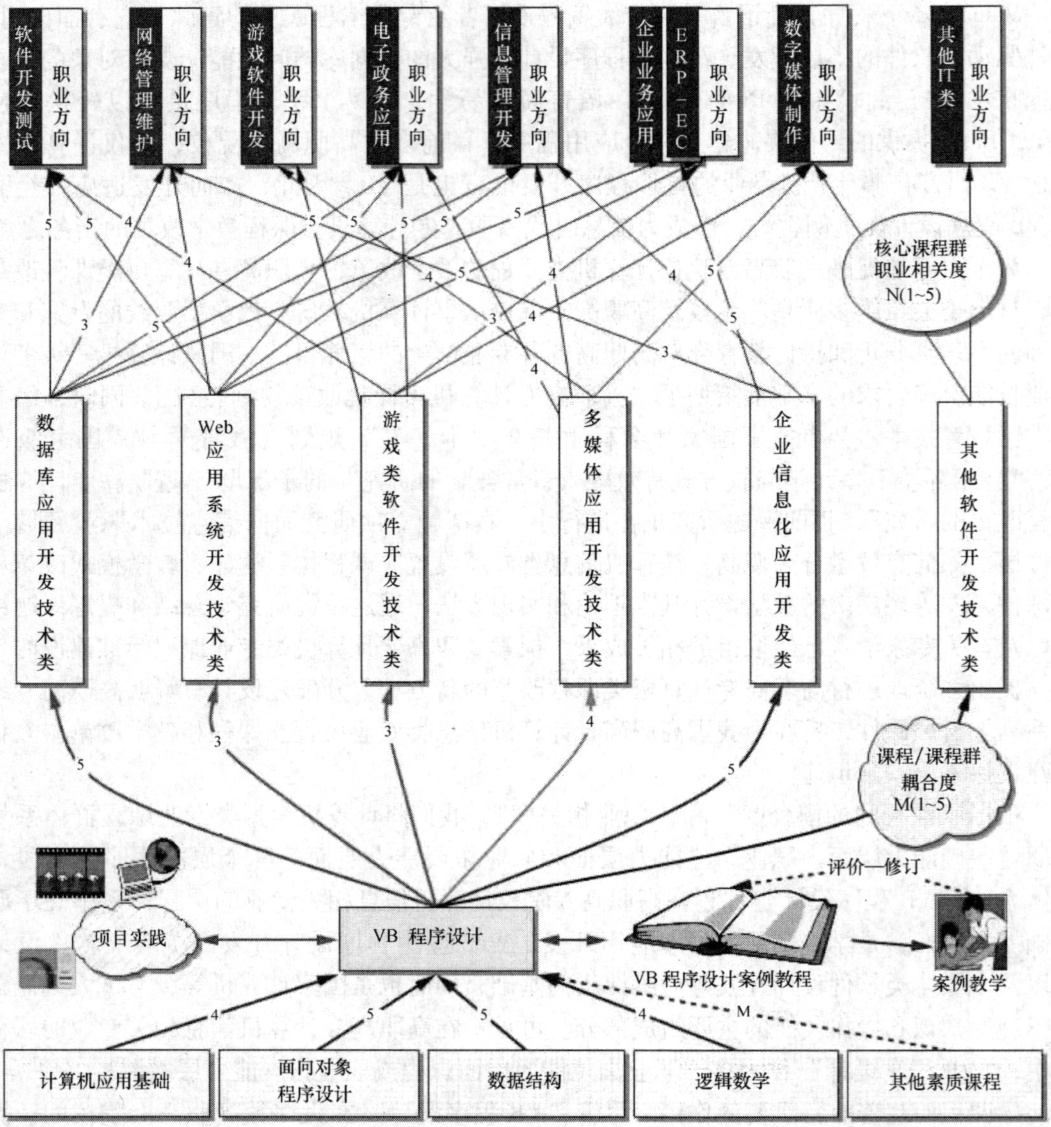

三段式课程体系中的本课程、教材定位

作为以学习应用技术为目标的职业基础能力课程教材，“VB 程序设计案例教程”主要根据课题组提出并实现的高职高专计算机信息类专业课程“三段式课程体系、案例的模块化分解、目标任务驱动式教学法”的整体教学设计思想，针对利用 VB 开发环境实现“图书进销存管理系统”的完整开发操作技能和相关知识进行问题分解式介绍。在编写模式上采用目标任务驱动式教学法，让学生带着问题主动学习和实训：用一个完整的开发案例作为一门课程教学内容的引线，并将从需求分析到编程实现、安装部署的完整开发过程分解到介绍VB 面向对象程序设计基础知识和基本技能的各个模块之中，然后根据教学目标将每个模块分解为若干个相对独立的学习/实训任务以及细化的多个子任务，最后对每个子任务中的每个开发步骤进行逐步介绍。对于各个任务中涉及的知识点进行适时适量讲解，将抽象的理论知识融入到实践活动中加以演绎和关联，力求达到高职高专教学目标。为强化教学内容，在

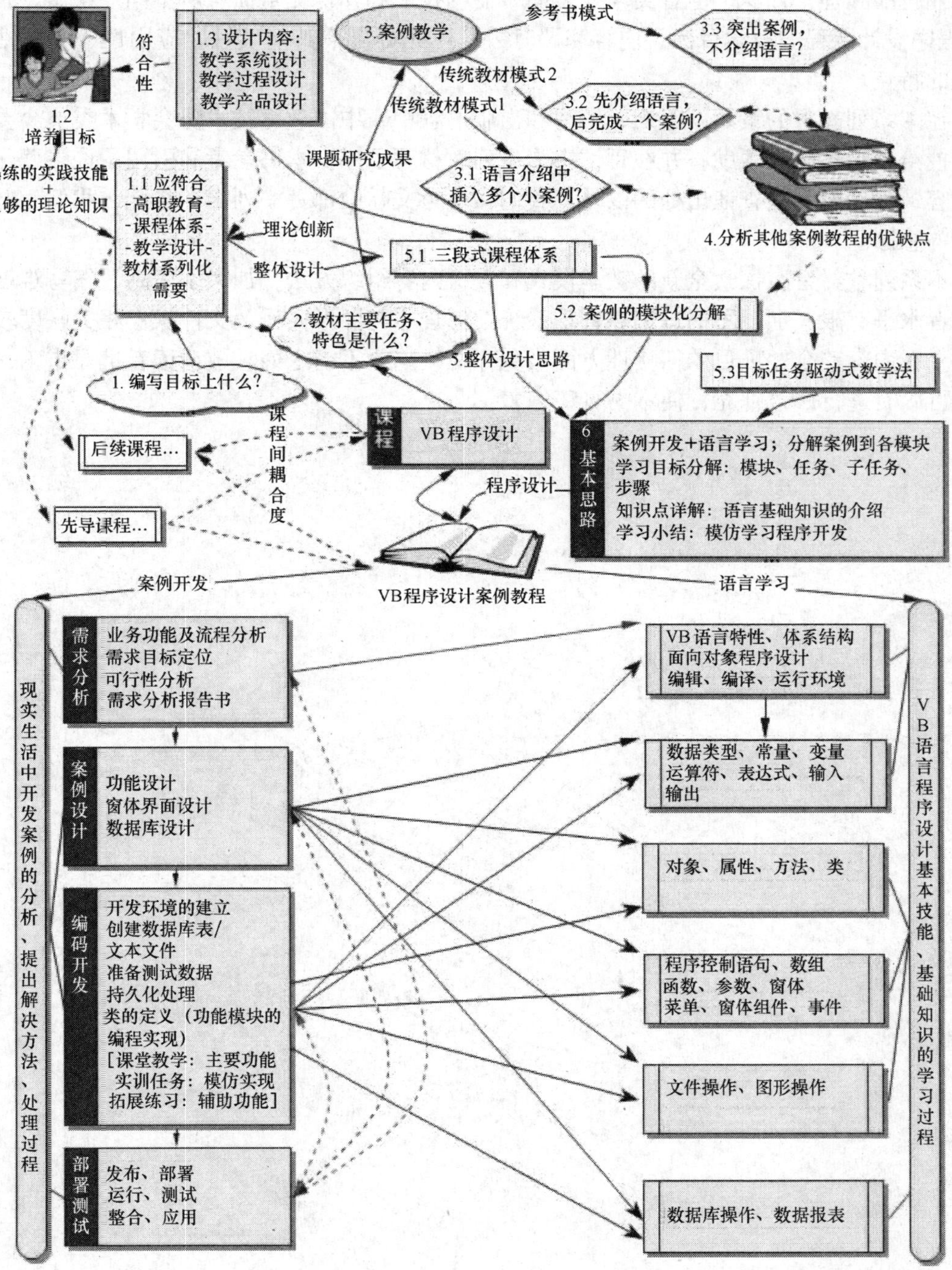

案例的模块化分解与目标任务驱动式教学法

每个模块后面采用学材小结、拓展练习等学习内容，让学生在课堂内外对教学内容进行强化训练、深化理解。

鉴于目前信息化应用对IT行业应用型人才“技能+知识”结构的需求，同时基于VB程序设计技能对于数据库应用开发、Web应用程序设计开发、游戏类软件设计开发以及多媒体类软件设计开发等计算机信息类各相关职业岗位方向的高职高专学生来说都是不可或缺的职业技能和理论知识，但各类职业方向所需的技能和知识侧重面有所不同的特点，在制定VB程序设计课程的教学目标、内容和课时数时应充分考虑其基础性、应用性、职业性和工程性的特点。

在本系列教材的策划、组织、编写和出版过程中，中国教育技术协会学术委员会委员李龙教授给予了指导和帮助，并在百忙中为系列教材写了序。本书参考和引用了许多著作和网站内容，除确因无法查证出处的以外，我们在参考文献中都一一列出。在此，我们一并表示衷心的感谢。

本系列教材旨在探索全新的教学模式和教材内容组织方法，加大了策划、编写难度。由于编者水平有限，加上图书进销存管理系统案例程序与图形操作及文件操作相关联度较低等原因，在内容整合、项目的衔接性方面难免存在缺陷或不当之处，敬请读者批评指正，以便我们再版时进行修订补充，使本书日臻完善。

编　者

目　　录

模块一

介绍VB应用案例

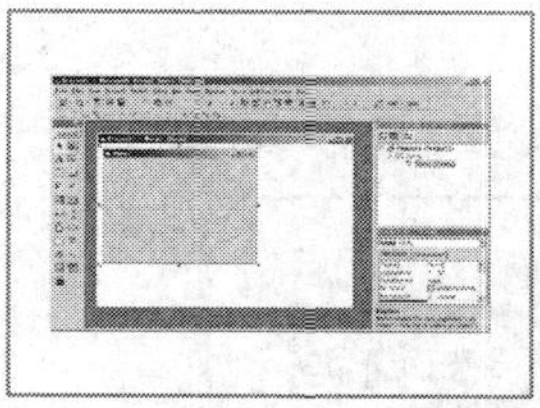

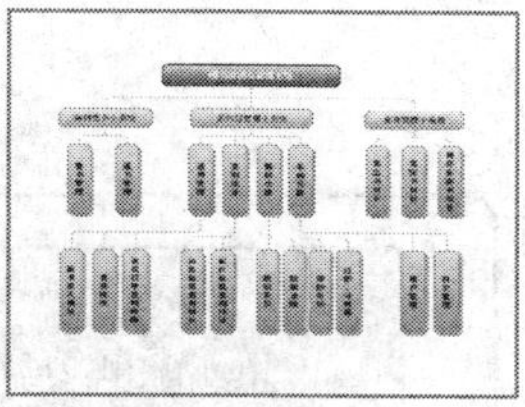

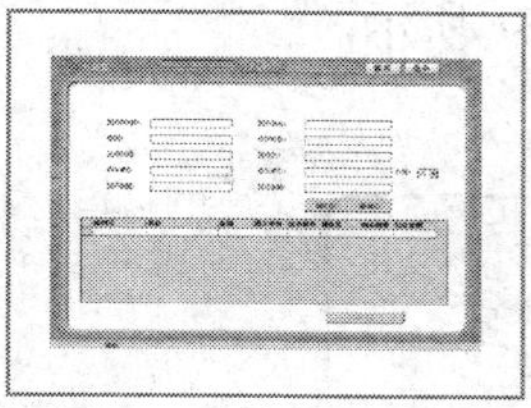

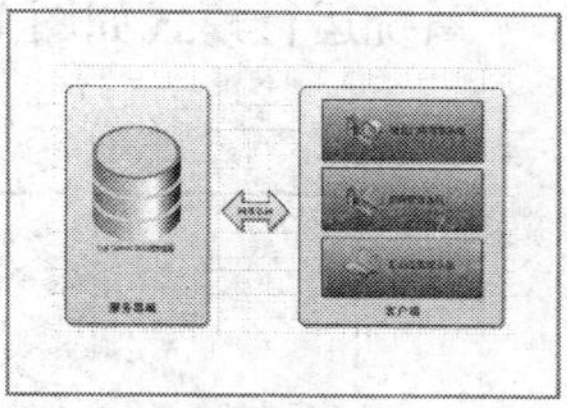

本模块导读

本模块的要点是介绍“图书进销存管理系统”的总体设计思路、开发环境、系统运行模式、系统的功能以及数据库设计基础等内容。通过学习本模块，掌握系统的框架结构和熟悉系统的主要操作界面。

本模块要点

- 了解案例开发模式。
- 了解案例系统的需求分析。
- 了解案例系统的功能。
- 掌握案例系统结构。
- 熟悉案例系统主要操作界面。

任务一 VB应用案例（图书进销存管理系统）总体概述

本书案例“图书进销存管理系统”是在 Windows XP 操作系统下，使用 Visual Basic 6.0 作为程序开发平台，选用微软公司的 MS SQL Server 2000（简称 SQL 2000）大型关系型数据库系统作为数据库开发平台，设计实现的信息管理平台。其主要功能是将书店图书入库、出库、批发、门市零售（POS）、内部间图书转移等日常业务管理起来。

该系统利用计算机在运算方面的优势，及时、准确地将图书进、销、存等环节的数据及金额统计输出，使书店经营人员更为科学地进行经营活动。同时利用条码识别技术对图书的相关信息进行输入、输出，提高工作效率。

系统运行模式如图 1-1 所示。

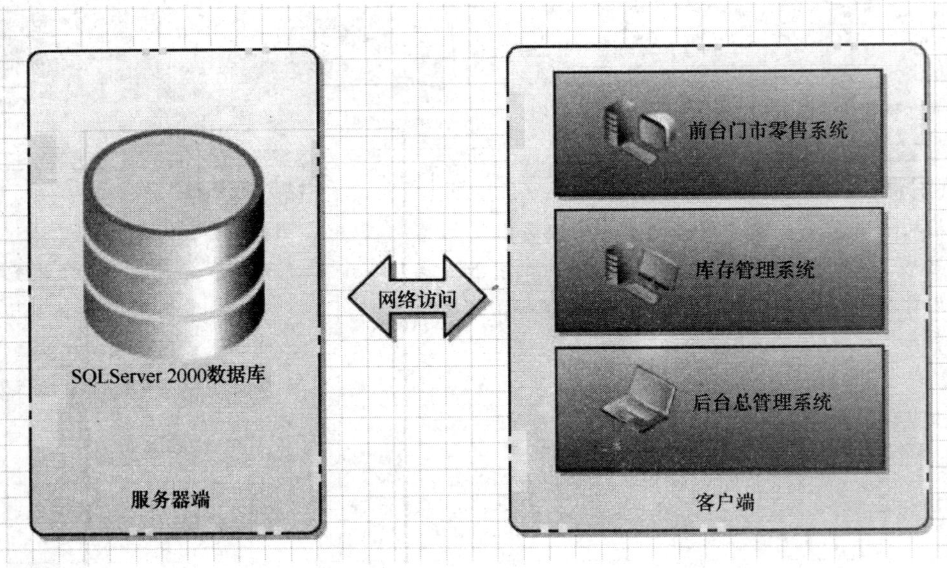

图 1-1　客户端/服务器端模式（C/S 模式）系统示意图

信息卡

网络数据库管理系统可分为两种模式：C/S 模式和 B/S 模式。

C/S 模式是一种两层结构的系统，第一层在客户机上安装客户机应用程序，第二层在服务器上安装服务器管理程序。B/S 模式，即浏览器/服务器模式，是一种从传统的两层 C/S 模式发展起来的新的网络结构模式，在用户的计算机上安装浏览器软件，在服务器上存放数据并安装服务应用程序，用户通过浏览器访问服务器，进行信息浏览、文件传输和电子邮件等服务。

【案例 1-1】 需求分析。

根据书店用户的日常销售、库存、财务管理的要求，系统分为以下三个部分：

（1）前台售货员

1）能够快速、准确地对消费者需要购买的图书信息进行查询、录入和统计。

2）提供当日购买图书退货操作。

3）能够使用条码扫描仪直接读取图书的相关信息，操作界面简单整洁。

4）统计和查询当日销售情况。

5）不同销售员通过身份验证进行交接班。

6）核对当日销售情况并与财务进行清算。

（2）库存管理员

1）能够快速地查找、统计库存图书的信息。

2）及时了解图书的销量情况，给管理员提供进货提示。

3）能够方便快速地录入或修改图书入库信息。

4）能够打印、输出进货信息和库存图书信息等。

（3）后台管理员

1）能够快速了解图书销售情况。

2）进行对新进图书的库存录入、验收、确认操作。

3）可以对库存图书的信息进行录入、修改、删除、退书等操作。

4）添加系统用户及进行用户权限分配操作。

5）能够查看、删除系统用户登录日志信息。

6）当日销售金额统计或某个时间段销售情况的统计。

7）当日销售利润统计或某个时间段销售利润统计。

8）打印输出库存图书信息、销售情况等。

【案例 1-2】 系统主要数据流。

图书进销存管理系统搭建在局域网中，前台销售、库存管理、后台管理使用交换机与数据库服务器连接起来成为一个局域网。主要的数据流操作如图 1-2 所示。

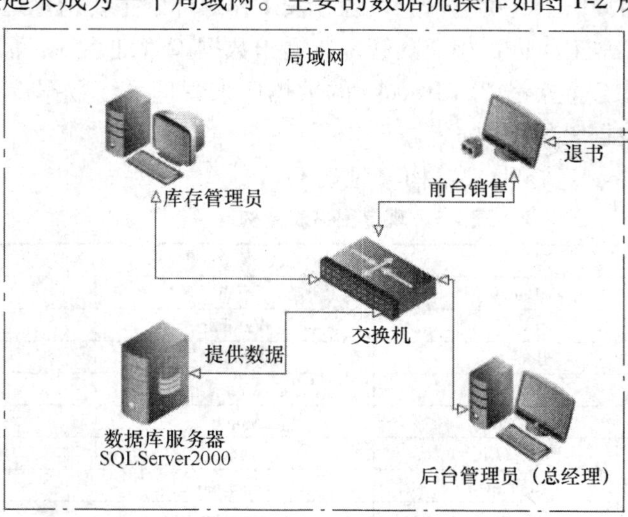

图 1-2 图书进销存管理系统数据流示意图

（1）前台售书操作数据流　前台销售员将客户需要购买的图书，通过输入或用扫描枪读取图书条码的方法生成查询语句提交给数据库服务器，数据库服务器从现存图书数据表中通过查询条件返回结果。现存书数据表中对应的图书数量按照客户的购买数量相应减少，并将这个购买记录写入临时售书数据表中。

（2）前台退书操作数据流　客户退书时，售货员根据客户需要退还图书的书号进行手工输入或通过扫描枪扫描的方法从临时售书数据表中查询相应的图书，将得到的结果写入现存书数据表和当日退书数据表中，并从临时售书数据表中删除对应的记录。

（3）库存管理员增加记录　库存管理员增加记录时输入图书的条码（用扫描枪扫描）后自动转到全部进货记录数据表中去查询是否有图书条码相对应的历史记录，如果有记录则读出详细信息显示在录入界面上。提交添加记录操作后，先存储到临时进货数据表中，等待管理员审核确认。

（4）库存管理员查询统计图书　库存管理员通过图书剩余数量、图书条码或版别构造查询语句提交到数据库服务器，数据库服务器再把结果反馈给库存管理系统。

（5）后台管理员确认进货记录　库存管理员输入的进货记录存放在数据库服务器上，管理员通过局域网进行审核后自动进入现存书数据表中，同时从临时进货数据表中删除临时记录。

（6）销售记录统计数据流　前台销售员每天下班之前把当日销售记录写入到售出书数据表中，并把当日的销售金额汇总后提交给数据服务器，后台管理员审查后可打印当日销售记录等信息。

任务二　图书进销存管理系统数据库设计

管理信息系统的主要任务是通过大量的数据获得管理所需要的信息，这就必须存储和管理大量的数据。因此，建立一个良好的数据组织结构和数据库，使整个系统都可以迅速、方便、准确地调用和管理相关信息是衡量信息系统开发工作好坏的主要指标之一。本系统是针对小型图书销售店面的日常工作进行相应的管理，属于数据库管理系统，需要在 SQL Server 2000 关系型数据库系统中建立名称为 DBBooks 的数据库来管理系统数据。下面首先介绍一下 DBBooks 数据库所有数据表的结构。

1. 现存书数据表（Goods_Table）结构（见表 1-1）

表 1-1　现存图书表结构

中 文 名	列　名	数 据 类 型	长　度
版别	Banbie	Varchar	20
书名	Book_Name	Varchar	80
书号	Book_ID	Varchar	30
码洋	Mayang	Money	8
实洋	ShiYang	Money	8
册数	Book_Count	Int	4
进货时间	In_Time	Datetime	8
操作员	Good_Person	Varchar	20
备注	Beizhu	varchar	50

2. 临时进货数据表（LS_Inbook_Table）结构（见表1-2）

表1-2 临时进货表结构

中 文 名	列 名	数据类型	长 度
版别	Banbie	Varchar	20
书名	Book_Name	Varchar	80
书号	Book_ID	Varchar	30
码洋	Mayang	Money	8
实洋	ShiYang	Money	8
册数	Book_Count	Int	4
进货时间	In_Time	Datetime	8
操作员	Person	Varchar	20
备注	Beizhu	varchar	50

3. 临时售书数据表（LS_Buy_Table）结构（见表1-3）

表1-3 临时售书表结构

中 文 名	列 名	数据类型	长 度
版别	Banbie	Varchar	20
书名	Book_Name	Varchar	80
书号	Book_ID	Varchar	30
码洋	Mayang	Money	8
实洋	ShiYang	Money	8
售价	The_Money	Money	8
册数	Book_Count	Int	4
进货时间	In_Time	Datetime	8
售书时间	Buy_Time	Datetime	8
状态标志	Biaozhi	int	4
购买册数	Buying_Count	int	4
售价合计	Zong_Money	money	8
操作员	Person	Varchar	20
备注	Beizhu	varchar	50

4. 当日退书数据表（Back_Book_Table）结构（见表1-4）

表1-4 当日退书表结构

中 文 名	列 名	数据类型	长 度
版别	Banbie	Varchar	20
书名	Book_Name	Varchar	80
书号	Book_ID	Varchar	30
码洋	Mayang	Money	8
实洋	ShiYang	Money	8
售价	The_Money	Money	8
购买册数	Book_Count	Int	4
退还册数	Back_Count	Int	4
售书时间	Buy_Time	Datetime	8
退货时间	Back_Time	Datetime	8
退还总额	Zong_Money	money	8
售书操作员	Person	Varchar	20
退还操作员	BackPerson	Varchar	20
备注	Beizhu	varchar	50

5. 全部进货记录数据表（Total_Books_Table）结构（见表1-5）

表1-5 全部进货记录表结构

中 文 名	列 名	数据类型	长 度
版别	Banbie	Varchar	20
书名	Book_Name	Varchar	80
书号	Book_ID	Varchar	30
码洋	Mayang	Money	8
实洋	ShiYang	Money	8
册数	Book_Count	Int	4
进货时间	The_Time	Datetime	8
录入员	Good_Person	Varchar	20
备注	Beizhu	varchar	50

6. 售出书数据表（Out_Books_Table）结构（见表1-6）

表1-6 售出书表结构

中 文 名	列 名	数据类型	长 度
版别	Banbie	Varchar	20
书名	Book_Name	Varchar	80
书号	Book_ID	Varchar	30
码洋	Mayang	Money	8
实洋	ShiYang	Money	8
售价	The_Money	Money	8
进货时间	in_Time	Datetime	8
售出时间	Buy_time	Datetime	8
状态标志	Biaozhi	int	4
售货员	Person	Varchar	20
售书总额	Zong_money	Money	8
备注	Beizhu	varchar	50

提示

本案例是介绍数据表的结构，具体数据表的设计步骤将在模块九中详细介绍。

7. 库存图书信息修改记录数据表（Changes_Table）结构（见表1-7）

表1-7 库存图书信息修改记录表结构

中 文 名	列 名	数据类型	长 度
版别	Banbie	Varchar	20
书名	Book_Name	Varchar	80
书号	Book_ID	Varchar	30
码洋	Mayang	Money	8
实洋	ShiYang	Money	8
册数	Book_Count	int	4
改变后的册数	Book_NowCount	int	4
进货时间	In_time	Datetime	8
进货人	Good_Person	varchar	20
修改时间	Change_Time	Datetime	8
修改人	Change_Person	Varchar	20
备注	Beizhu	varchar	50

信息卡

码洋是指图书的标价，实洋是指从出版社进货时的实际价格，售价是指图书卖给消费者时的价钱。利润的算法公式是：利润 = 售价 - 实洋。

任务三　系统结构及操作界面介绍

【案例 1-3】　熟悉系统总体结构

图书进销存管理系统分别由前台售书子系统、库存管理子系统和后台总管理子系统组成，三个子系统安装在客户端，服务器端需要安装 SQL Server 2000，并且创建一个名称为 DBBooks 的用户数据库。本案例系统是一套服务器端/客户端模式的数据库管理系统。案例系统总体框架图如图 1-3 所示。

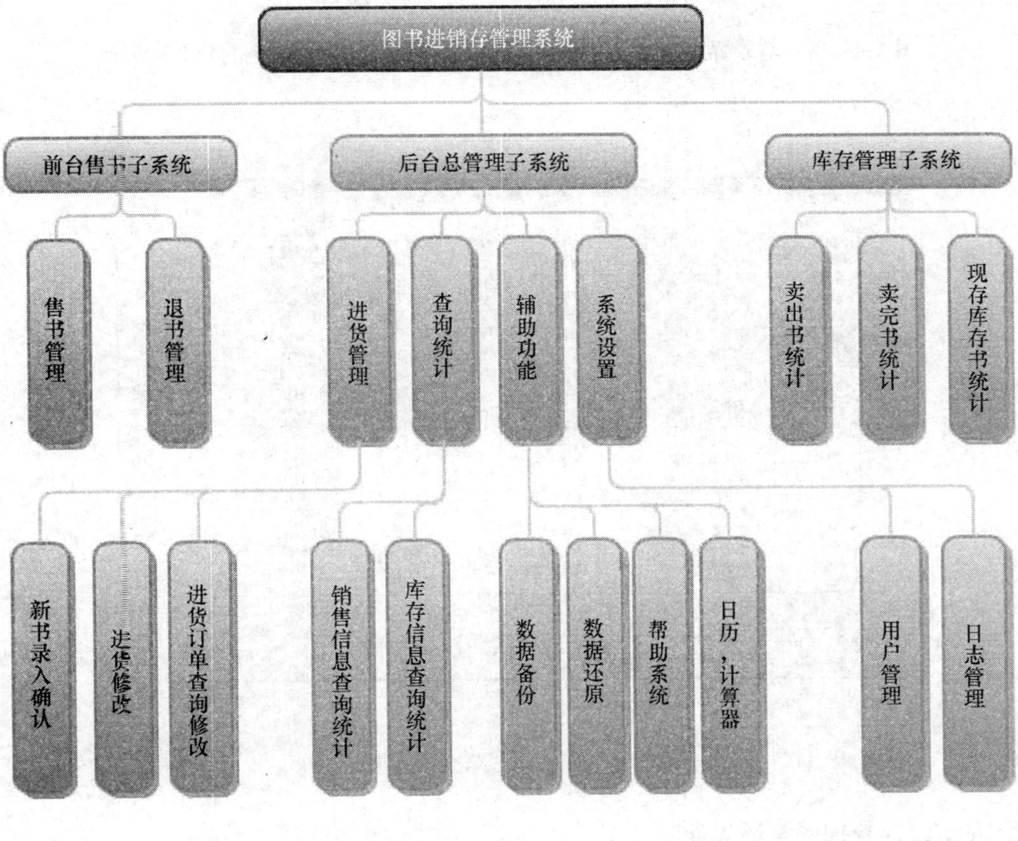

图 1-3　系统总体结构图

【案例1-4】 熟悉系统操作主要界面。

1. 介绍前台售书子系统界面

前台售书子系统是“图书进销存管理系统”的售书部分，其主要操作界面如下：前台登录界面（见图1-4）、前台售货主界面（见图1-5）、前台退书主界面、前台现存书查询界面（图1-6）。

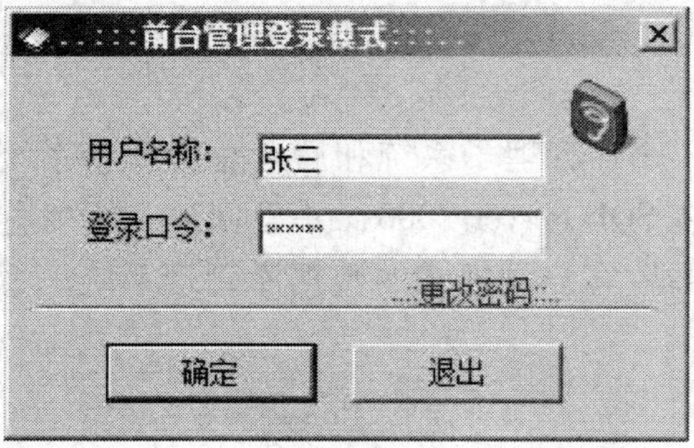

图1-4 前台登录界面

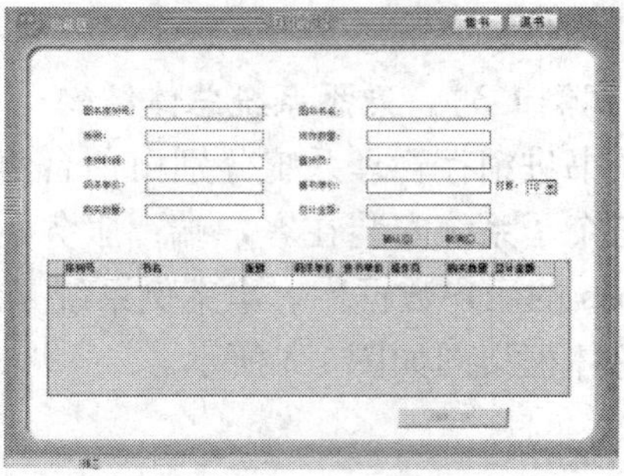

图1-5 前台售货主界面

图1-6 前台现存书查询界面

2. 介绍库存管理子系统界面

库存管理子系统是由库存管理员进行录入、查询等一系列日常维护操作的系统。该子系统主要有进货管理、库存书查询等界面。新书信息录入界面如图1-7所示，库存书查询界面如图1-8所示。

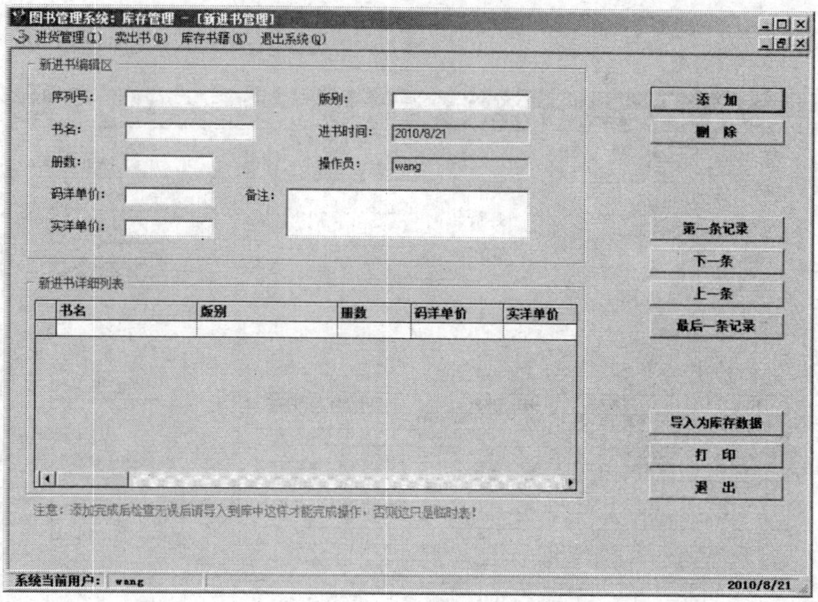

图 1-7 新书信息录入界面

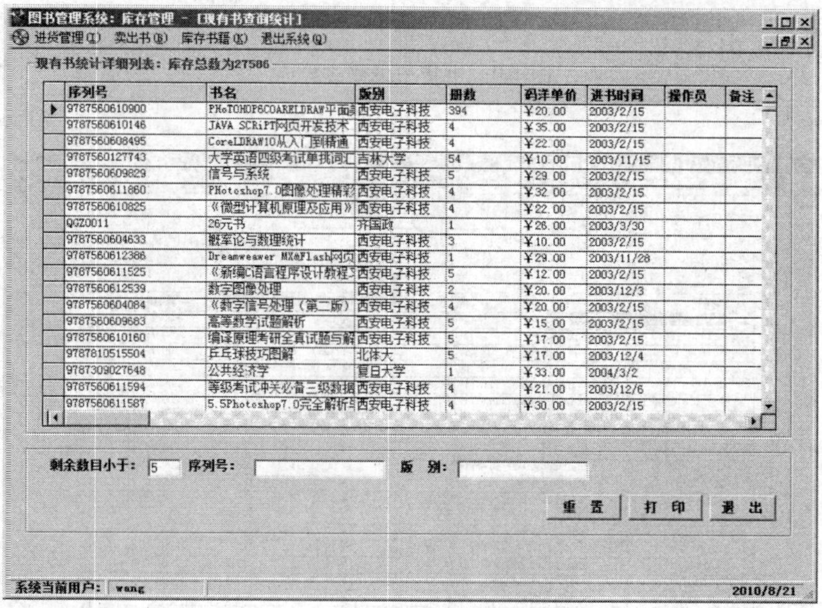

图 1-8 库存书查询界面

3. 了解后台总管理子系统界面

后台总管理子系统是由超级管理员进行用户权限分配、查询统计销售记录等操作的综合管理系统。该子系统有进货管理、日常报表管理、查询统计、系统设置等管理子项。进货记录修改界面如图 1-9 所示，历史退货记录界面如图 1-10 所示，打印预览界面如图 1-11 所示。

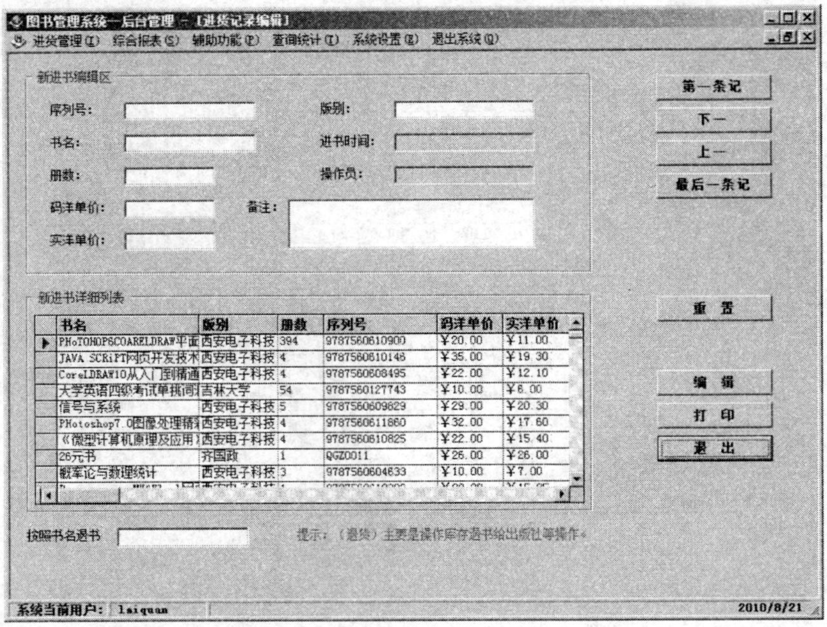

图 1-9　进货记录修改界面

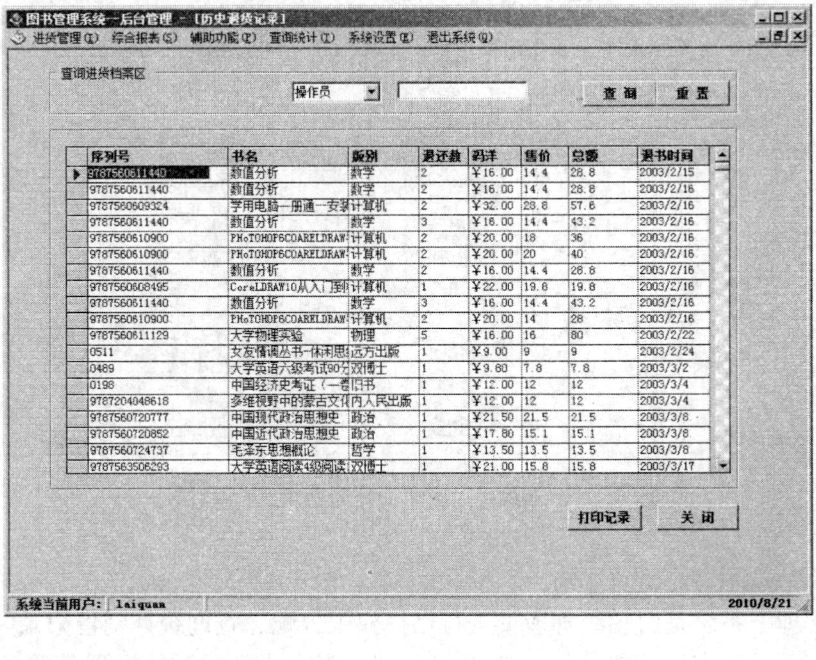

图 1-10　历史退货记录界面

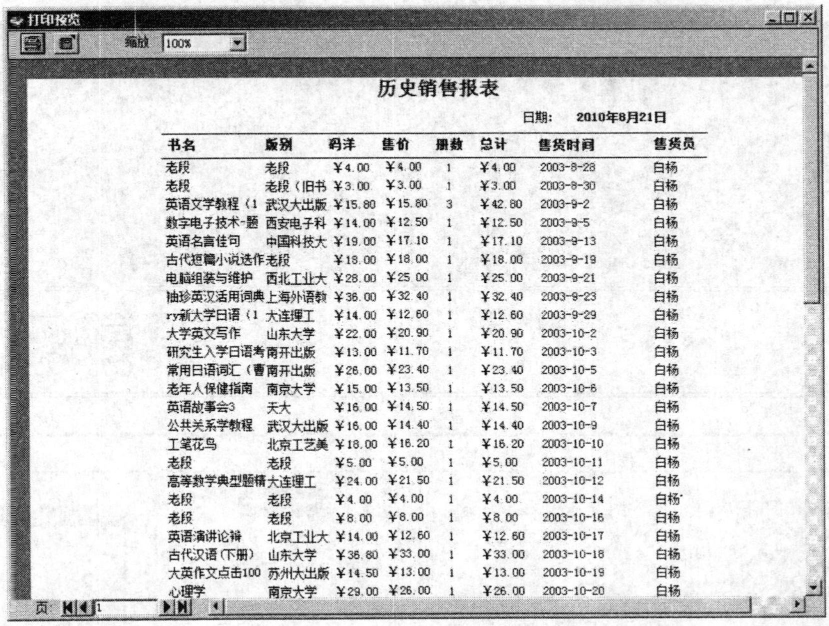

历史销售报表

日期: 2010年8月21日

书名	版别	码洋	售价	册数	总计	售货时间	售货员
老段	老段	¥4.00	¥4.00	1	¥4.00	2003-8-28	白杨
老段	老段（旧书	¥3.00	¥3.00	1	¥3.00	2003-8-30	白杨
英语文学教程（1	武汉大出版	¥15.80	¥15.80	3	¥42.80	2003-9-2	白杨
数字电子技术-题	西安电子科	¥14.00	¥12.50	1	¥12.50	2003-9-5	白杨
英语名言佳句	中国科技大	¥19.00	¥17.10	1	¥17.10	2003-9-13	白杨
古代短篇小说选作	老段	¥18.00	¥18.00	1	¥18.00	2003-9-19	白杨
电脑组装与维护	西北工业大	¥28.00	¥25.00	1	¥25.00	2003-9-21	白杨
袖珍英汉活用词典	上海外语教	¥36.00	¥32.40	1	¥32.40	2003-9-23	白杨
ry新大学日语（1	大连理工	¥14.00	¥12.60	1	¥12.60	2003-9-29	白杨
大学英文写作	山东大学	¥22.00	¥20.90	1	¥20.90	2003-10-2	白杨
研究生入学日语考	南开出版	¥13.00	¥11.70	1	¥11.70	2003-10-3	白杨
常用日语词汇（曹	南开出版	¥26.00	¥23.40	1	¥23.40	2003-10-5	白杨
老年人保健指南	南京大学	¥15.00	¥13.50	1	¥13.50	2003-10-6	白杨
英语故事会3	天大	¥16.00	¥14.50	1	¥14.50	2003-10-7	白杨
公共关系学教程	武汉大出版	¥16.00	¥14.40	1	¥14.40	2003-10-9	白杨
工笔花鸟	北京工艺美	¥18.00	¥16.20	1	¥16.20	2003-10-10	白杨
老段	老段	¥5.00	¥5.00	1	¥5.00	2003-10-11	白杨
高等数学典型题精	大连理工	¥24.00	¥21.50	1	¥21.50	2003-10-12	白杨
老段	老段	¥4.00	¥4.00	1	¥4.00	2003-10-14	白杨
老段	老段	¥8.00	¥8.00	1	¥8.00	2003-10-16	白杨
英语演讲论辩	北京工业大	¥14.00	¥12.60	1	¥12.60	2003-10-17	白杨
古代汉语（下册）	山东大学	¥36.60	¥33.00	1	¥33.00	2003-10-18	白杨
大英作文点击100	苏州大出版	¥14.50	¥13.00	1	¥13.00	2003-10-19	白杨
心理学	南京大学	¥29.00	¥26.00	1	¥26.00	2003-10-20	白杨

图 1-11　打印预览界面

模块二

熟悉VB

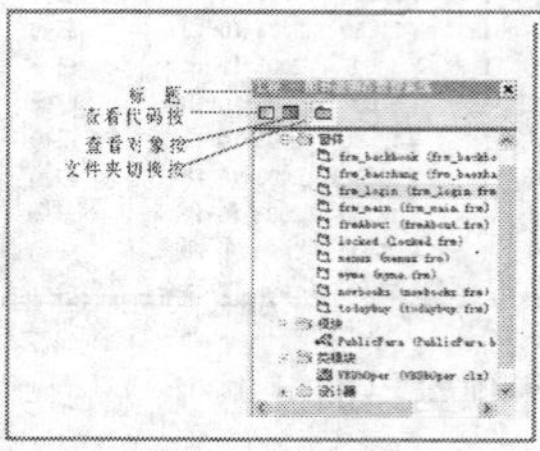

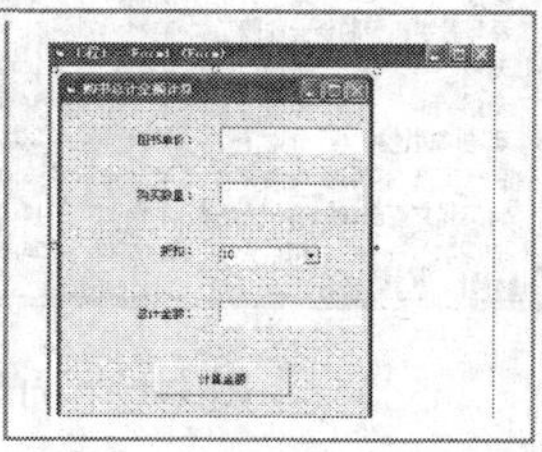

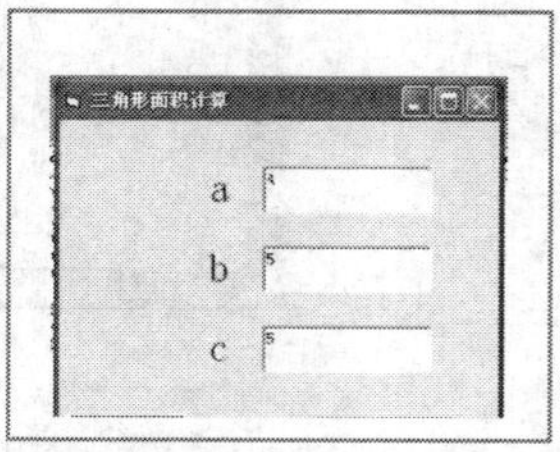

本模块导读

本书案例“图书进销存管理系统”的开发是以 Visual Basic 6.0 作为前台开发平台的，因此，在学习应用程序开发过程之前应熟悉 Visual Basic 6.0 软件的安装、启动方法以及使用方法等相关知识。同时，由于 VB 是以 Basic 语言作为代码开发语言的，因此对于 VB 的代码编辑语言也应有深入的学习，这样有助于更好地理解后续内容。

本模块正是解决以上问题的。通过任务一的学习，可以了解 Visual Basic 6.0 不同版本的特点、Visual Basic 6.0 的安装方法，Visual Basic 6.0 的启动、退出以及 Visual Basic 6.0 集成开发环境的使用。通过任务二的学习，可以了解 VB 代码开发的语法基础知识，其中包括不同类型的常量、变量的定义格式和引用方法；不同类型表达式的书写规则和含义，表达式的运算顺序以及 VB 常用系统内部函数的功能和使用方法，还有 VB 中数据的输入输出基本方法。

本模块要点

- 安装 Visual Basic 6.0。
- 定义和引用常量。
- 定义和引用变量。
- 使用表达式。
- 使用系统常用内部函数。
- 输出数据。
- 输入数据。

任务一　理解 VB 的安装与启动以及使用方法

知识导读：

Visual Basic（以下简称为 VB）是微软公司推出的 Windows 可视化应用程序开发工具。所谓的“可视化”，就是说 VB 是图形用户界面的开发工具，即“所见即所得”，用户使用鼠标拖动和点击的方式即可轻松地实现程序设计，为用户带来极大的便利。当然，图形用户程序同样需要有代码的配合才能够实现应用程序的强大功能。VB 的代码编辑语言采用 Basic 语言，这是一种面向初学者的简单易学的程序设计语言，具有容易上手的优点。因此，VB 成为设计初学者广泛学习的程序设计开发工具，得到广泛的应用，成为最为流行的 Windows 应用程序开发工具。

子任务 1　掌握 VB 的安装与启动

本节通过几个案例的学习实践，掌握 VB 的安装步骤以及启动和退出方法。在实践操作的基础上通过相关知识点的学习，掌握更多的相关知识，包括 VB 的不同版本、VB 的特点以及安装 VB 的系统需求、VB 补丁的安装和卸载方法。

【案例 2-1】　安装 Visual Basic 6.0 中文企业版。

实现该案例的步骤：

1）双击 VB 中文企业版的安装程序 setup. exe，在图 2-1 所示的对话框中单击“下一步”按钮。

2）在图 2-2 所示的“Visual Basic 6.0 中文企业版安装向导”对话框中选择“接受协议”选项，单击“下一步”按钮。

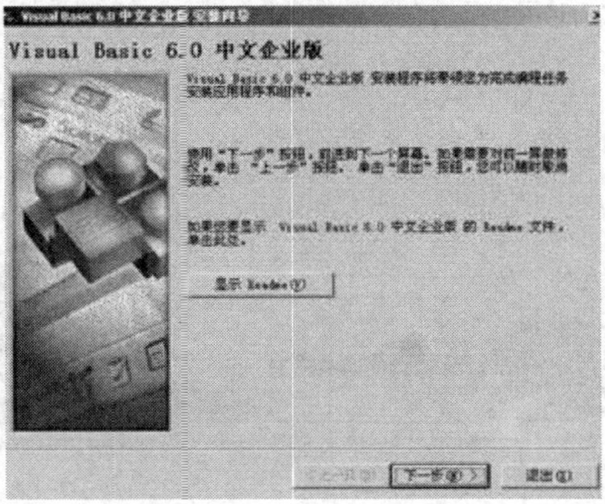

图 2-1　Visual Basic 6.0 中文企业版安装向导 1

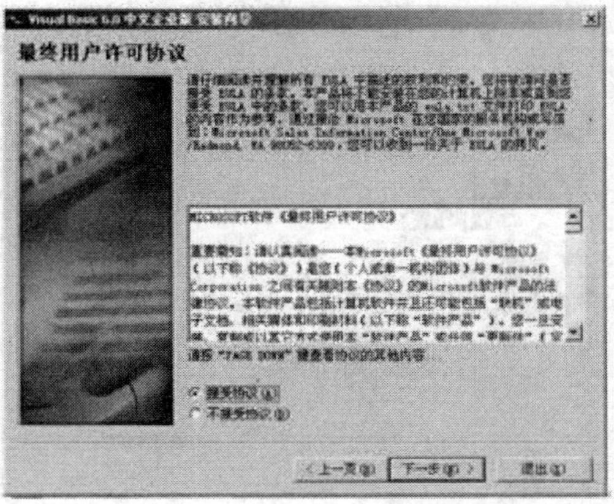

图 2-2　Visual Basic 6.0 中文企业版安装向导 2

3）继续在安装向导对话框中选择安装程序选项，使用默认“安装 Visual Basic 6.0 中文企业版”选项即可，之后单击“下一步”按钮，如图 2-3 所示。

4）输入 ID 号、用户姓名和公司名称，之后单击“下一步”按钮。

5）在图 2-4 所示界面中选择需要的“服务器安装程序选项”。

6）在图 2-4 所示界面中设置 VB 的安装路径。默认会安装在“C：\Program Files\Microsoft Visual Studio\VB98”路径之下，如果需要修改路径用户可根据需要自行选择修改。之后单击“确定”按钮。

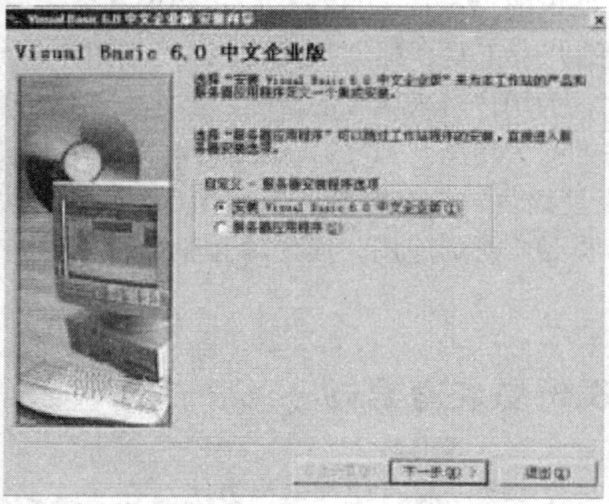

图 2-3　Visual Basic 6.0 中文企业版安装向导 3

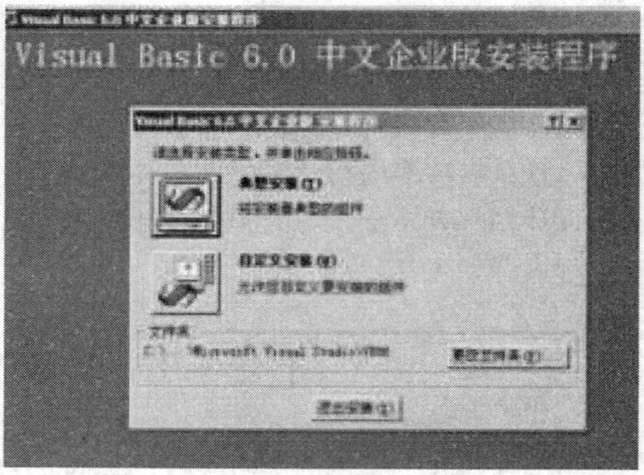

图 2-4　Visual Basic 6.0 中文企业版安装向导 4

7）如图 2-5 所示，等待安装进度达到 100% 之后，单击“确定”按钮，完成安装。

【案例 2-2】　启动 Visual Basic 6.0。

实现该案例的方法（VB 的启动方法与其他应用程序的启动方法类似，有多种方法可以实现）：

1）在“开始”菜单中单击“所有程序”→“Visual Basic 6.0 中文版”→“Visual Basic 6.0 中文版”选项，启动 VB 6.0 程序，如图 2-6 所示。

图 2-5　Visual Basic 6.0 中文企业版安装向导 5

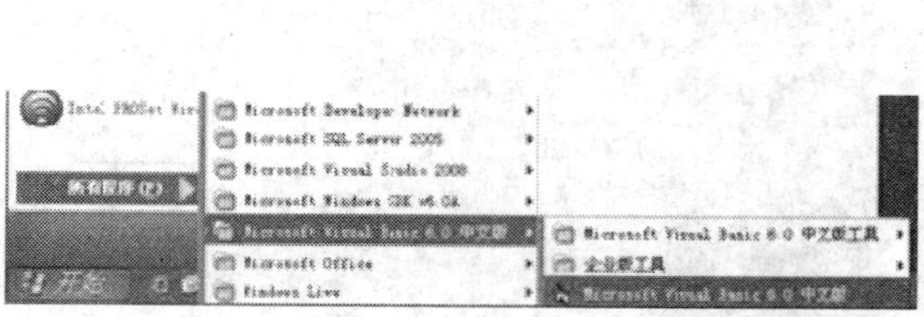

图 2-6　Visual Basic 6.0 启动方法

2）双击桌面上“Visual Basic 6.0 中文版”快捷方式，启动 VB 6.0 程序。

信息

如果需要在桌面上创建 VB 启动快捷方式，可以在“开始”程序中“Visual Basic 6.0 中文版”上单击鼠标右键，在打开的快捷菜单中选择“发送到”→“桌面快捷方式”，或将快捷方式拖到桌面或其他路径下即可。

3）通过以上任意一种方式即可启动 VB 程序，启动后首先看到的是 VB 版权说明界面，如图 2-7 所示。

4）之后即可进入 VB 编辑界面，在“新建工程”对话框中可以选择新建工程或打开现有工程进行编辑操作，如图 2-8 所示。

图 2-7　Visual Basic 6.0 版权说明界面

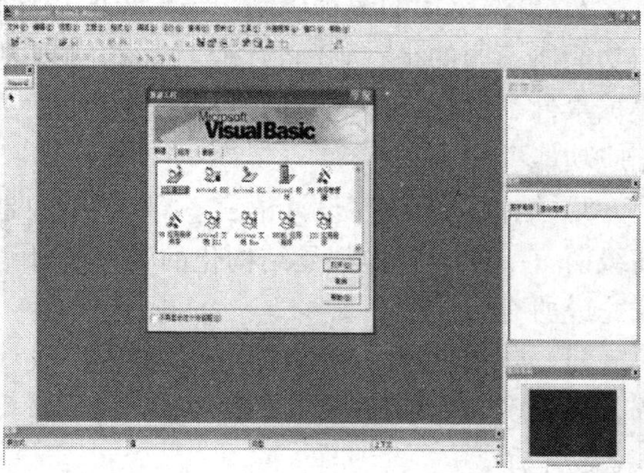

图 2-8　Visual Basic 6.0 主界面

【案例 2-3】　Visual Basic 6.0 的退出。

实现该案例的方法（以下列出 VB 退出的多种方法，用户只需根据自身使用习惯掌握最常用的方法即可）：

1）单击 VB 编辑界面右上角的“关闭”按钮☒，此时系统会弹出对话框，提示是否保存当前所打开的工程，用户可根据需要选择是否保存，即可退出 VB 程序。

2）选择“文件”菜单下“退出”命令，之后操作与第一种方法相同。

3）按快捷键“Alt + Q”，同样可实现退出操作。

知识点详解：

1. Visual Basic 的概念

1）“Visual”是指开发图形用户界面（GUI）的方法，这是一种可视化的开发方法，不需要编写大量代码，只要把预先建立的对象添加到屏幕上即可。

2）“Basic”是指 Basic 语言。Basic 就是“Beginner's All-purpose Symbolic Instruction Code”的缩写，其中文意思是“初始者通用符号指令代码语言”。

3）“Visual Basic”实际上就是基于 Basic 语言的可视化编程软件。

2. VB 6.0 的不同版本

（1）学习版　此版本是微软公司为个人用户所设计的版本，主要适用于初学者，能够开发设计 Windows 程序。

（2）专业版 此版本除了具有学习版的全部功能之外，还专门为程序设计专业人员提供了一系列程序开发高级功能。

（3）企业版 此版本为 VB 6.0 最高版本，包括专业版的全部功能之外，还包括了数据库管理工具、网络管理工具以及其他更为高级的工具。

3. VB 6.0 的特点

1）面向对象的可视化程序设计环境（OOP）。使用 VB 进行窗体程序设计时，无需进行复杂的代码编辑，只需按照设计思路，使用 VB 所提供的一系列工具，如按钮、文本框、单选框、多选框等，将所需对象拖到窗体中适当的位置即可。这一过程如同“盖房子”一样，只需使用建材搭建所设计的建筑物即可，而无需自己动手制作建材。

2）事件驱动的编程机制。与传统的程序设计语言通过主函数调用其他相关函数实现相应功能所不同的是，VB 将代码功能的实现过程放在一个一个的事件中，如窗体对象事件、鼠标事件、键盘事件等，通过相应动作触发事件，从而执行该事件中的相应代码，从而完成相应功能。

3）结构化的程序设计语言。VB 采用的是 Basic 作为程序设计语言，该语言与其他很多高级语言一样，同样都是结构化的程序设计语言。程序编辑采用顺序、选择和循环三种结构来完成所有的功能。

4）友好的程序设计界面。VB 的程序设计界面风格与微软公司很多程序设计类软件相一致，与很多其他的应用软件相类似，因此，即使是初学者对 VB 的使用也不会感到很陌生，很容易上手。

5）强大的数据库开发功能。为适应数据库技术日益成为应用程序设计必不可少的一部分的发展趋势，VB 为用户提供了一系列数据库开发工具，使用户通过简单的学习即可使用 VB 方便快捷地制作出数据库应用程序。

6）多样的程序开发向导。使用 VB 可以开发很多不同类型的应用程序，而为了减少用户程序设计的工作量，VB 为用户提供了多种多样的程序设计向导。对于许多常用操作，VB 同样提供了程序设计向导。

7）VB 具有丰富的参考资源，其自身的帮助文档、联机丛书对于 VB 中对象使用以及相关操作都有介绍。同时在安装 VB 之后还可以安装 MSDN，其中也有丰富的帮助文档供用户参考。这些无疑都给用户编程和学习带来了极大的帮助。

4. VB 6.0 安装的系统需求

1）CPU 至少为奔腾 II233MHz 或 100% 兼容的 CPU。

2）内存至少为 32MB 以上。

3）硬盘至少为 147MB 以上。

4）操作系统为 Windows95 以上版本。

5. VB 6.0 的卸载

卸载已经安装的 VB 6.0 程序的方法与卸载其他常用软件的方法是类似的。由于 VB 文件目录中并没有卸载程序，因此最常用的方法是使用“控制面板”中“添加删除程序”，在其中选择“Microsoft Visual Basic 6.0 中文企业版”，单击“更改/删除”按钮，根据向导提示卸载程序即可，如图 2-9 所示。

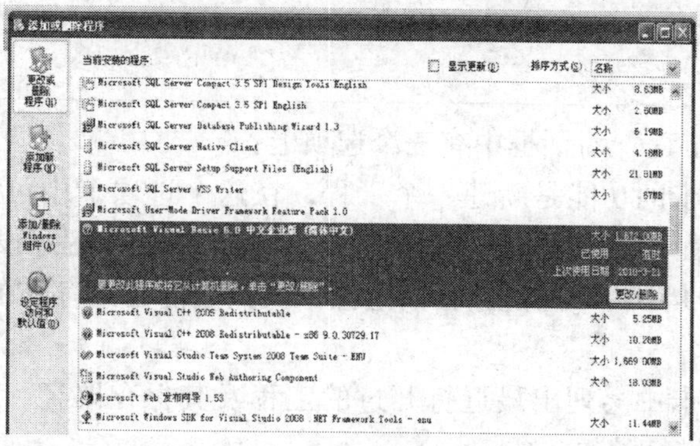

图 2-9 Visual Basic 6.0 卸载

信息

如果希望彻底卸载 VB 6.0，使其不影响到今后再次安装该程序，可以在以上操作之后在系统注册表中删除“HKEY_LOCAL_MACHINE”目录下与 VB 相关的选项。

子任务2 熟悉 VB 集成开发环境

本节主要学习目标是通过案例的操作和相关知识点的学习，认识 VB 集成开发环境并熟悉关于界面中面板的相关操作方法，为今后程序开发做准备。

【案例 2-4】 进入 VB 主界面，新建工程，打开当前窗体的代码窗口。

实现该案例的方法：

1）启动 VB 之后，首先看到如图 2-10 所示的“新建工程”对话框。需要选择新建工程的类型或打开一个现有工程，才能够进入 VB 编辑界面。

图 2-10 “新建工程”对话框

信息

在 VB 的“新建工程”对话框中有三个选项卡：

- “新建”选项卡的功能是新建一个工程，在这个选项卡中可以选择需要建立的工程类型，不同类型工程系统会提供不同的开发向导，从而使得程序设计更为便捷。
- “现存”选项卡中可以通过路径的选择，找到当前已经存在的工程，并将其打开，以便继续编辑或修改。
- “最新”选项卡中会列出最近打开过的工程及其保存路径，用户可以在其中选择本次需要打开的工程继续编辑。

2）新建一个标准类型的工程，进入如图 2-11 所示的 VB 集成开发环境主界面。

3）新建的工程，会默认打开一个窗体 Form1，如果需要打开该窗体的代码编辑窗口，可以采用以下方法中的一种：在窗体的空白区域双击鼠标；在打开当前窗体后，单击“工程资源”面板上的按钮；按“F7”键；选择“视图”菜单中的“代码窗口”命令，即可打开如图 2-12 所示的 VB 代码编辑窗口。

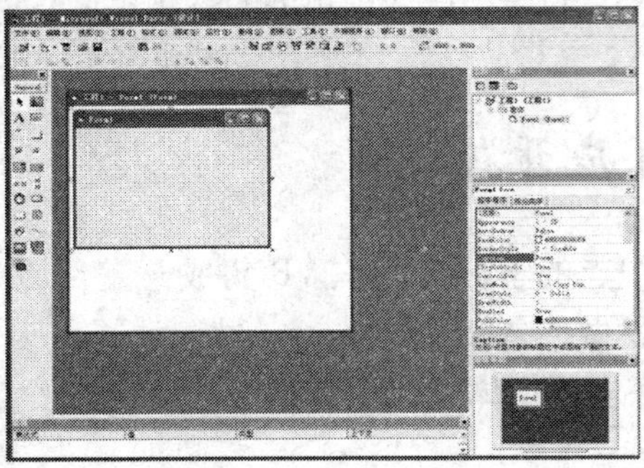

图 2-11 VB 集成开发环境主界面

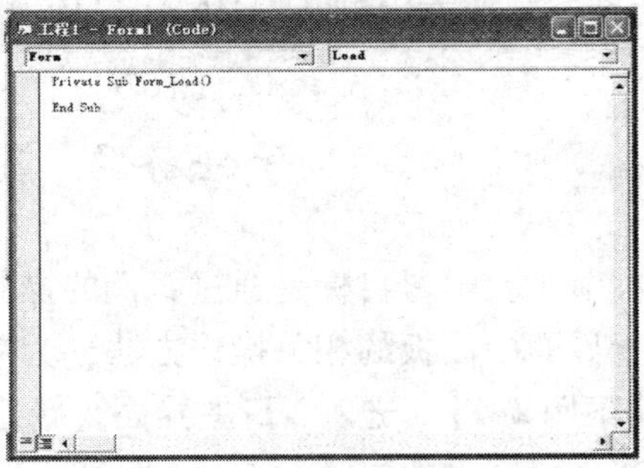

图 2-12 VB 代码编辑窗口

【案例 2-5】 学会隐藏和显示属性面板以及改变窗体布局面板的位置。

实现该案例的方法：

1）在窗体中的面板分别为“工具”面板、“工程资源”面板、“属性”面板、“窗体布局”面板（注：这些面板的具体位置和功能将在“知识点详解”中具体介绍）。

2）隐藏“属性”面板的方法是单击“属性”面板蓝色标题栏右侧的“关闭”按钮。

显示“属性”面板的方法是选择“视图”菜单中的“属性窗口”命令，或直接按“F4”键，或者单击工具栏中的“属性”面板按钮即可。

3）双击“窗体布局”面板的标题栏，可将该面板从当前位置设置为“浮动”方式，此时鼠标拖动“窗体布局”面板的标题栏，即可将该面板拖动到用户需要的位置。

信息

当面板成为“浮动”方式之后，进行拖动，在拖动到其他面板区域的上、下、左、右边界时会显示一个浅灰色矩形框，此时放开鼠标，可以将浮动的窗体设置在相应的固定位置上。

知识点详解：

1. 认识VB集成开发环境

1）VB集成开发环境各部分名称和位置如图2-13所示。

2）VB集成开发环境主要由上部的标题栏、菜单栏和工具栏以及下部的窗体窗口和面板组成。其中上部的工具栏可以通过“视图”菜单中“工具栏”选项下的命令来控制其显示与隐藏；下部的窗体窗口和面板都可以灵活地改变位置。

2. 标题栏

1）在标题栏左边的图标上单击鼠标右键可以实现VB的最小化、最大化和关闭，这一功能与微软其他软件是一致的。

2）标题栏中除了显示当前软件的名称“Microsoft Visual Basic”和当前工程的名称，如“工程1”之外还会显示当前的工作模式。

信息卡

VB的工作模式有三种：

- “设计”模式：程序编辑状态，可进行窗体界面和代码编辑。
- “运行”模式：程序运行状态，不可进行任何编辑操作。
- “中断”模式：程序运行中断，不可进行窗体界面编辑，但可以进行代码编辑。

3）标题栏右边是VB最小化、最大化或恢复、退出、关闭按钮。

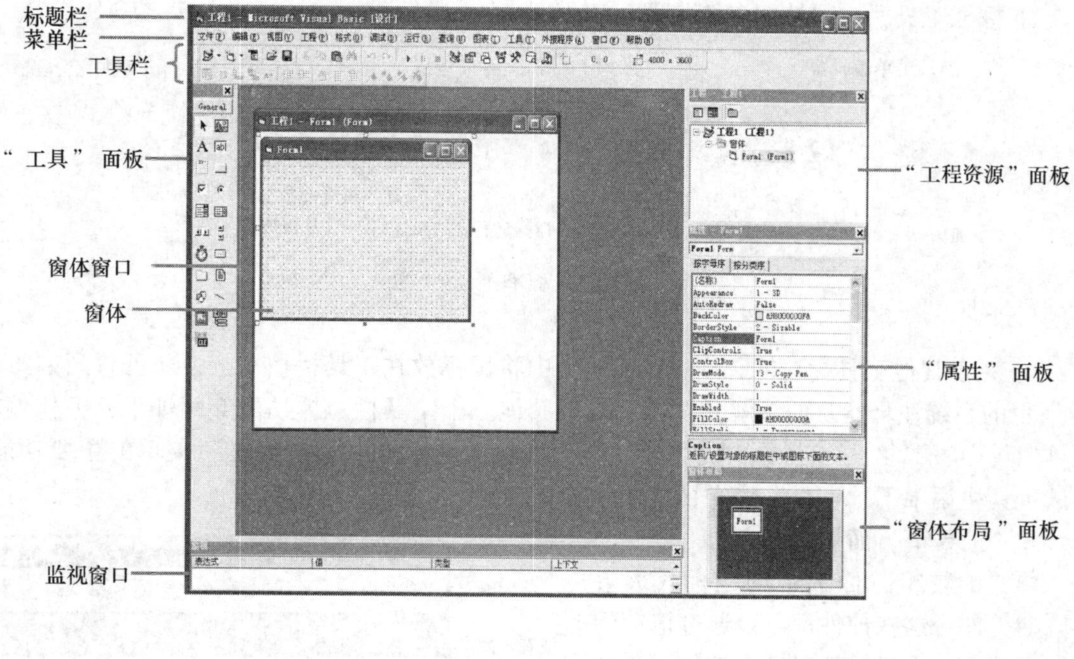

图2-13　VB集成开发环境

3. 菜单栏

1）“文件”菜单　实现工程的新建、打开、保存、生成可执行文件以及退出等功能。

2）“编辑”菜单　实现剪切、复制、粘贴、查找、替换以及属性参数信息查看等功能，主要用于代码编辑。

3）“视图”菜单　主要实现对 VB 开发环境中工具栏、面板的显示与隐藏控制。

4）“工程”菜单　用于编辑当前工程，可添加或删除窗体或其他对象模块。

5）“格式”菜单　主要用于窗体对象的格式编辑，如对齐方式、大小、间距的设置。

6）“调试”菜单　用于工程运行调试，如选择执行方式、设置执行断点、设置监视对象等。

7）“运行”菜单　用于工程的运行控制，开始、中断、结束运行等。

8）“查询”菜单　对于数据库应用程序，使用此菜单下的命令可实现设置查询语句的功能。

9）“图表”菜单　主要用于数据库应用程序中对于图表的编辑。

10）“工具”菜单　为用户提供实用工具，如菜单编辑器、添加工程或设置过程属性等命令。

11）“外接程序”菜单　为用户提供常用的外接程序，这些程序帮助用户实现相当于其他程序的功能。

12）“窗口”菜单　实现当前打开的窗口排列和打开、关闭操作。

13）“帮助”菜单　为用户提供 VB 相关帮助信息。

4. 工具栏

1）VB 的工具栏有　标准工具栏、窗体编辑工具栏、编辑工具栏和调试工具栏。

2）标准工具栏主要按钮功能如图 2-14 所示。

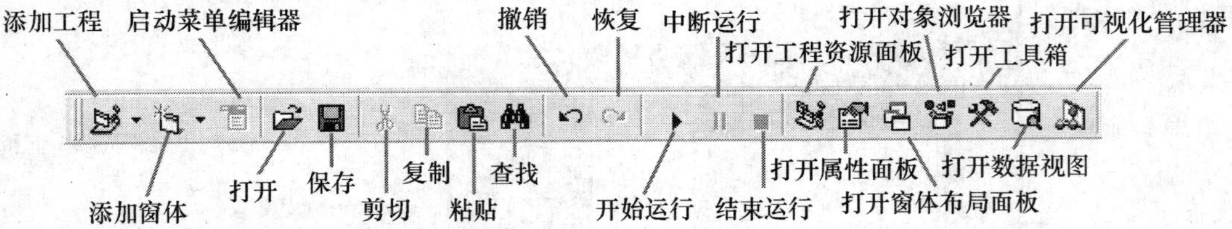

图 2-14　标准工具栏

3）对于其他工具栏功能，用户在使用当中将鼠标放在工具栏按钮上，即可看到如图 2-15 所示的系统注释，从而了解其功能。现就其他三个工具栏总体功能介绍如下：窗体编辑工具栏集中了“格式”菜单中的主要功能；编辑工具栏集中了“编辑”菜单的主要功能；调试工具栏集中了“调试”菜单的主要功能。

5. “工具箱”面板

1）“工具箱”面板中的图标代表着不同的控件，这些控件都可以通过拖动到窗体中的方式生成控件对象。控件对象各自有各自的属性、事件和方法，可以实现

图 2-15　调试工具栏

不同的功能。

2）“工具箱”面板中在默认情况下有 21 个图标，即“标准工具箱”，其中有 20 个是 VB 内置的常用控件。图 2-16 所示就是标准工具箱。表 2-1 中列出了 20 个 VB 内置常用控件的简要功能，对于这些控件的具体使用方法将在后面章节中详细介绍。

3）可以通过选择“工程”菜单中“部件”命令打开“部件”对话框，在该对话框的“控件”选项卡中选择需要使用的控件类型，从而将所需要使用但又不在 VB 内置常用控件范围内的控件添加到“工具箱”中。添加之后使用这些控件的方法与内置常用控件是一致的。

表 2-1　VB 内置常用控件功能表

图标	名　称	功　　能
	图片框	用于图片显示,也可作为其他控件的容器
	标签	用于在窗体中显示文字、数据等内容
	文本框	用于供用户输入信息
	框架	可与单选框组合使用,实现分组单选功能,也可作为其他控件的容器
	按钮	用于实现命令按钮功能,广泛应用于应用程序中
	复选框	提供复选选项,用于实现复选功能
	单选框	提供单选选项,用于实现单选功能
	组合框	相当于文本框和列表框的组合,即可列出项目共用户选择,也允许用户自行输入,同时外观简洁直观,节省窗体控件,得到广泛应用
	列表框	用于列出相同类型的项目,可供用户选择
	水平滚动条	提供水平方向的滚动条
	垂直滚动条	提供垂直方向的滚动条
	定时器	能够自动计时,用于完成某个时间间隔自动重复执行的操作,运行时不可见
	驱动器列表框	用于显示当前运行的系统驱动器目录
	目录列表框	用于显示某个磁盘驱动器中的文件夹目录
	文件列表框	用于显示某个文件夹目录中的文件情况
	图形	用于绘制基本类型的图形,如矩形、椭圆等图形,并设置线形、填充样式的属性
	线条	用于绘制直线,并可以设置线形
	图像框	用于显示图像
	数据控件	提供访问数据库的简易操作接口
	OLE 控件	用于在 VB 应用程序中访问其他支持 OLE 的应用程序

6.“工程资源”面板

1）“工程资源”面板中提供了当前工程所包含的各种类型的对象，与 Windows 操作系统资源管理器类似，这些资源使用文件夹分类呈现的方式显示出来，如图 2-17 所示。

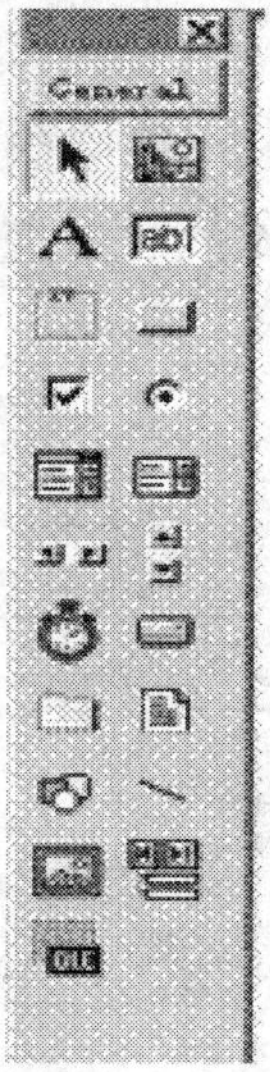

图 2-16 工具箱

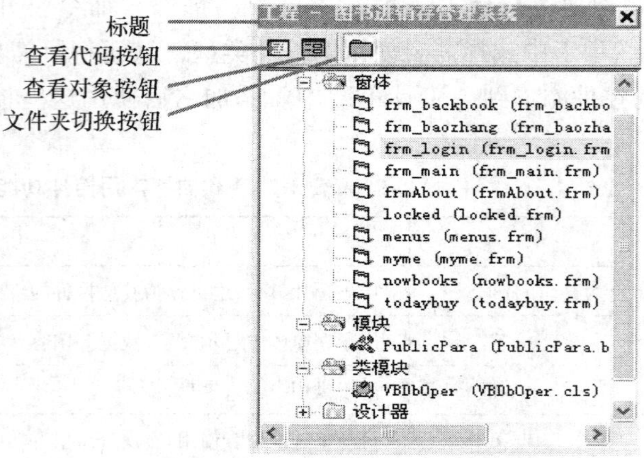

图 2-17 “工程资源”面板

2）双击“工程资源”面板中的工程对象，即可进入该对象的编辑状态。

3）工程资源包括三个按钮，分别是打开代码编辑窗口、打开窗体窗口以及设置是否以文件夹形式显示资源的功能。

7.“属性”面板

1）“属性”面板用于显示和设置对象属性和属性值。

2）如图 2-18 所示，“属性”面板由标题栏、对象列表和对象属性列表构成。

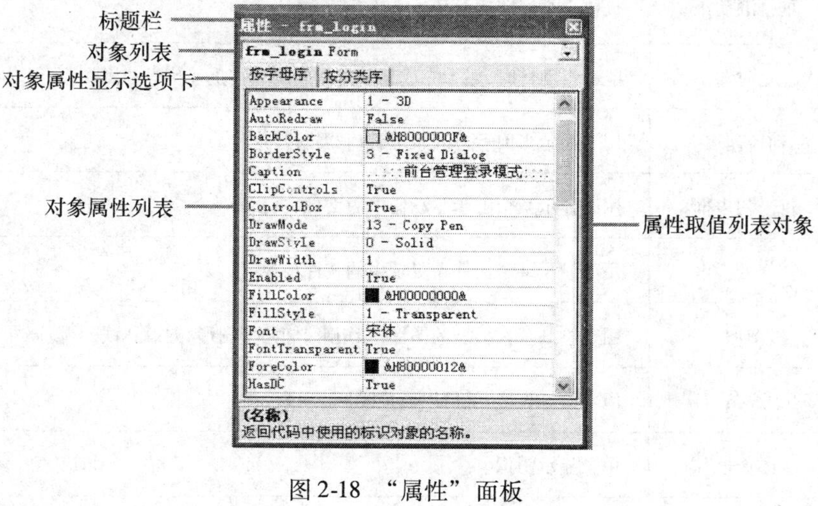

图 2-18 “属性”面板

3）对象列表列出了当前窗体中的所有对象，可通过下拉列表选择不同的对象。

4）每个对象都有其各自的属性，属性列表的显示方式根据选择“按字母序”或“按分类序”两个选项卡的不同，按照属性名称的拼写字母顺序或按照属性所属被分别显示出来，两个选项卡中的属性是一致的，只是显示顺序不同而已。

8.“窗体布局”面板

1）“窗体布局”面板由标题栏和窗体显示模拟器组成，主要用于设置各窗体在运行时的显示位置。

2）对于需要设置位置的窗体，如图2-19所示，可在模拟器中在该窗体的模拟显示图像上单击鼠标右键，从而进行相应属性的设置，如设置不同分辨率、设置窗体显示在屏幕中心或窗体所有者中心等。

9.“窗体”窗口

1）在进行窗体设计时，主要是在“窗体”窗口中进行。在该窗口中可以编辑窗体中的控件对象，设置对象属性。在该窗口中的编辑效果就是程序窗体的运行效果，如图2-20所示。

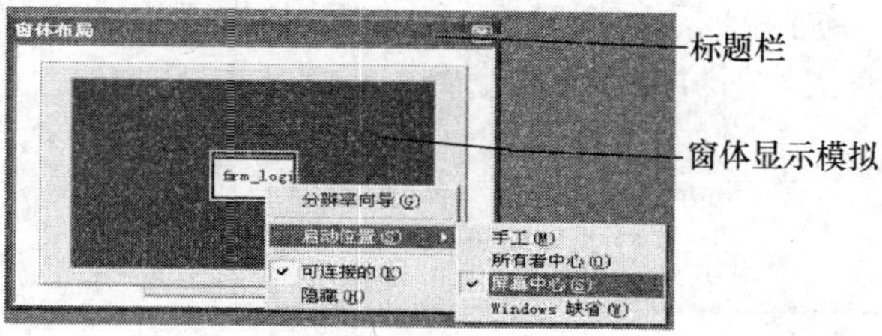

图2-19 “窗体布局”面板

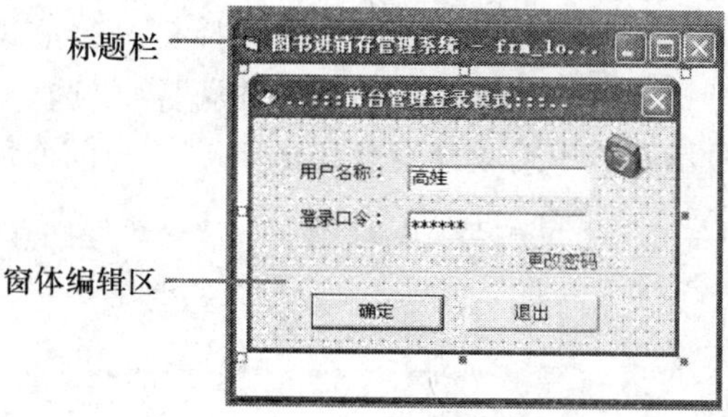

图2-20 “窗体”窗口

2）“窗体”窗口分为标题栏和窗体编辑区。标题栏中显示当前工程的名称以及当前窗体的名称。

信息卡

打开“窗体”窗口的方法有：

- 在“工程资源”面板中双击窗体对象。
- 在“工程资源”面板中单击“查看对象”按钮。
- 选择“视图”菜单中的“查看对象”命令或者直接按“Shift + F7”快捷键。

10.“代码”窗口

1）在之前的案例操作中已经介绍了“代码”窗口的打开方式。在“代码”窗口中可进行窗体中所有对象的事件以及函数过程代码的编辑。

2）如图2-21所示，“代码”窗口由标题栏、对象列表框、过程/事件列表框、代码编辑区域组成。

3）在编辑代码过程中可以通过对象列表框选择窗体中的对象，之后通过过程/事件列表框选择该对象的过程或事件，选择之后系统会自动将所选择对象事件代码段添加到代码编辑区域，在该事件代码段中编辑代码即可。

图 2-21 “代码”窗口

11.“立即”窗口、“监视”窗口和“本地”窗口

1）在“视图”菜单中选择打开“立即窗口”、“监视窗口”或“本地窗口”命令，即可打开这三个窗口，用户可根据需要选择是否打开。如图 2-22 所示，默认情况下会将它们显示在 VB 集成开发环境的下面。与前面所介绍的面板类似，其位置也可调整。

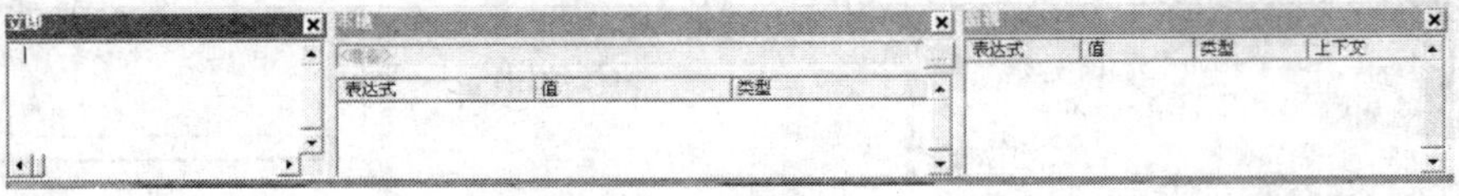

图 2-22 “立即”窗口和“本地”窗口和“监视”窗口

2）这三个窗口主要用于程序调试，可以通过在这三个窗口中设置不同的参数，从而实现在程序运行过程中实时监控对象或变量的取值变化情况，帮助程序设计人员及时发现程序问题，并更加有针对性地进行及时的修正，这在很大程度上给程序设计提供了便利。

子任务 3 使用 VB 集成开发环境

本节通过案例的操作来学习使用 VB 集成开发环境的基本方法。在案例操作之后在相关知识点中介绍 VB 程序开发的一般过程，以及对象属性修改的不同方法和代码书写规则。

【案例 2-6】 在窗体中添加对象，保存文件。

实现该案例的步骤：

1）启动 VB，新建工程。

2）在 Form1 窗体中添加两个标签对象和两个文本框对象，如图 2-23 所示。

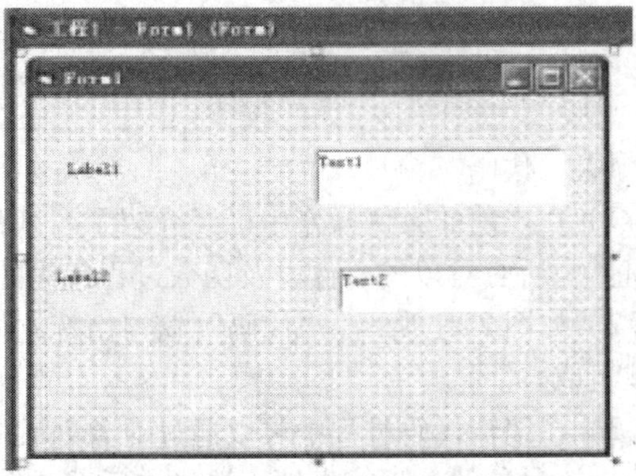

图 2-23 添加对象

信息卡

在窗体中添加控件对象的方法：

首先在“工具箱”中单击需要添加的控件按钮，将鼠标移动到窗体中，鼠标样式变为十字样式，单击鼠标画出控件对象即可。

3）选择“文件”菜单中“保存工程”命令或单击工具栏中的“保存工程”按钮即可。

【案例 2-7】 修改对象属性。

实现该案例的方法：

1）用鼠标单击窗体中需要修改属性的窗体或控件对象。

2）在“属性”面板中修改需要修改的属性值即可。如图 2-24 所示，将窗体中左上角标签对象的 Caption 属性值改为“用户名:”

图 2-24 在“属性”面板中修改对象属性

信息卡

在“属性”面板中修改对象属性时，应注意对象属性取值的数据类型。

3）使用同样方法将标签控件 Label2 的 Caption 属性设置为“密码:”；文本框对象 Text1 的 Text 属性设置为“高娃”；文本框对象 Text2 的 Text 属性设置为“111111”。

信息卡

密码数据一般会以“＊”或其他符号显示，修改文本框对象的 PasswordChar 属性即可。

【案例 2-8】 对象格式设置。

实现该案例的方法：

1）用鼠标单击需要设置格式的窗体中的控件对象。

2）在“格式”菜单中或者在“窗体编辑器”工具栏中选择相应命令或相应功能按钮即可实现。如图 2-25 所示，将两个标签对象 Label1 和 Label2 同时选中，并通过“格式”菜单中的“对齐”→“左对齐”，将它们设置为左对齐。

3）使用类似方法将两个文本框对象 Text1 和 Text2 设置为同样宽度，并设置为左对齐。

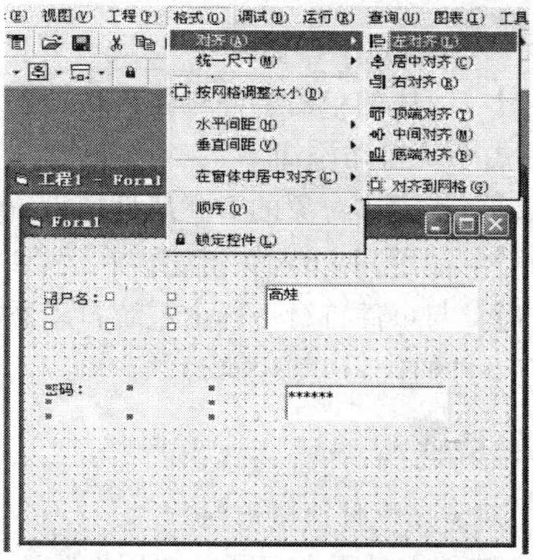

图 2-25 在“窗体编辑”面板中修改对象属性

【案例2-9】 代码编辑。

实现该案例的方法：

1）打开“代码”窗口。

2）在对象列表框以及过程/事件列表框中选择需要编辑的对象和该对象对应的过程或事件。如图2-26所示，本案例选择窗体对象From1的Click单击事件。

3）将鼠标在对应过程或事件的代码中单击，进入代码编辑状态。

4）输入代码。

5）运行调试程序，并保存。运行结果如图2-27所示。

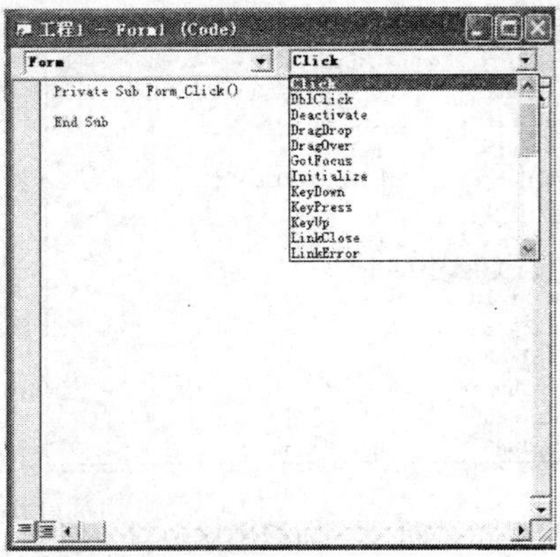

图2-26 对象过程/事件选择

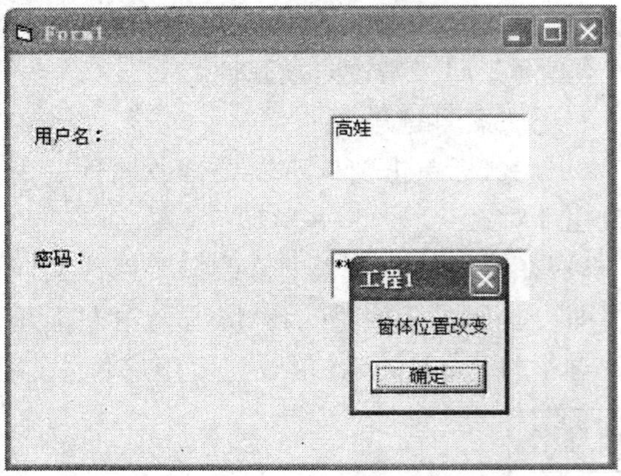

图2-27 运行结果

实现该案例代码如下：

```
Private Sub Form_ Click ()          【1】
    Form1. Left =5500               【2】
    Form1. Top =3000
    MsgBox " 窗体位置改变"           【3】
End Sub                             【4】
```

代码详解：

【1】 窗体的单击事件过程首行，表示事件过程的开始。此行代码在完成对象和事件的选择后由系统自动添加。

【2】 将窗体对象的Left属性值设置为5500，与下一行代码类似。

【3】 使用MsgBox关键字，在运行时弹出消息框，提示“窗体位置改变”。

【4】 与事件首行一样由系统自动添加，表示事件过程结束。开始和结束行中间的区域为当前事件的代码编辑区域。

知识点详解：

1. 对象属性修改的方法

1）在编辑过程中，通过“属性”面板修改对象属性。

2）在代码执行过程中，通过代码语句修改对象属性。

3）在编辑过程中通过菜单或工具栏命令调整对象属性。

2. VB 的代码编写规则

1）VB 具有代码提示功能。为了尽量帮助程序设计人员减轻代码编辑难度，VB 集成开发环境提供了代码提示功能，即在代码输入过程中输入“对象名.”之后在输入位置的右下角会出现该对象属性、事件、方法的提示列表，用户可使用“上、下箭头”键或鼠标来选择其中需要的内容，而无需记忆大量的属性、事件和方法的名称及功能。

2）VB 代码大小写不敏感。用户输入的 VB 代码不必区分大小写，因为 VB 具有自动转换大小写的功能。其转换规则是：系统关键字首字母大写；用户自定义变量名或过程名大小写以第一次定义为准。

3）VB 代码书写格式灵活。单行单句语句无需添加结束标志，直接换行书写即可；单行多句需在语句与语句之间以冒号（:）做分隔符；多行单句要求在需换行处添加空格和下画线（_ ）作为本行结束，从而可以在下行书写后续语句。

4）VB 中的注释方法有两种：单行注释使用单撇号（'）或用关键字“Rem”作为引导符；也可以在同时选中多行内容后使用“编辑”工具栏中的按钮或按钮，将多行内容设置为注释或取消注释。

5）应养成采用缩排格式书写代码的习惯，使程序呈阶梯式对齐方式分层显示，提高程序的可读性，也有利于排查错误。在输入代码时单击“Tab”键可自动将代码输入位置光标进行缩进；也可以在输入代码之后选中需要缩进的代码，单击“编辑”工具栏中的按钮或按钮来设置缩进或取消缩进。

任务二　了解 VB 基础知识

知识导读：

VB 基础知识包括数据类型、常量与变量、运算符、表达式、常用系统函数和数据的输入输出。了解 VB 相关知识并熟练应用，是使用 VB 进行程序设计的基础。

子任务 1　了解数据类型

计算机在处理实际问题时，都会将实际问题的处理转换为对各种不同类型的数据处理。基于这样的情况，各种程序开发平台均为用户提供了多种多样灵活的数据类型，以供用户根据所要处理的问题灵活选择，VB 也不例外。VB 不仅为用户提供了多种不同类型的基本数据类型，还允许用户根据实际需求自定义数据类型。本节通过案例以及相关知识点的学习，了解 VB 中的各种数据类型，并根据所开发的应用程序选择恰当的数据类型加以运用。

【案例 2-10】　利用数值型数据计算购书总计金额。

实现该案例的步骤：

1）创建工程，设计窗体，如图 2-28 所示。

2）编写代码，实现根据购书原价、折扣额度和购买数量计算购书总计金额功能。

3）运行调试该程序，运行结果如图2-29所示。

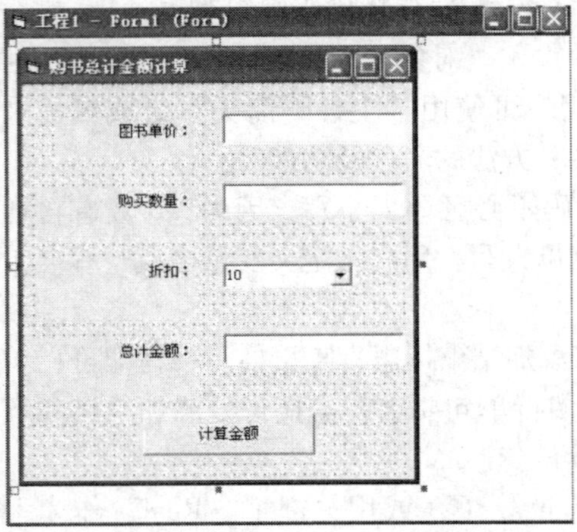

图2-28 界面设计

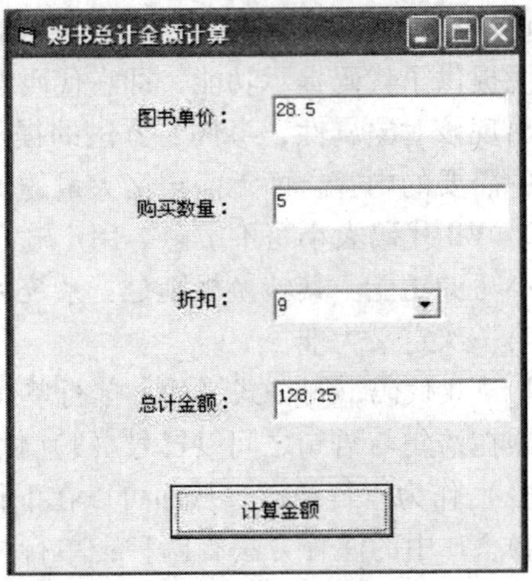

图2-29 运行结果

实现该案例代码如下：

```
Private Sub Command1_ Click ( )
On Error Resume Next                              【1】
    Dim cb As Double                              【2】
    Dim zb As Double
    Dim s As Integer                              【3】
    cb = Combo1. Text                             【4】
    zb = Text1. Text
    s = Text2. Text
    If Not Trim (Text2. Text) =" " Then           【5】
        Text3. Text = zb * cb / 10 * s            【6】
    End If
End Sub
```

信息

数据类型只是说明符，不能参与计算，只有和具体数据（常量或变量）同时使用才有意义。

代码详解：

【1】 异常处理，保证当程序运行出错时不会出现错误提示终止运行，而影响程序运行效果。此内容在后面章节会有所介绍。

【2】 定义变量保存图书购买折扣。变量名为zb，类型为Double实数类型，供后面代码中存入数据，进行相关计算。

【3】 定义变量保存购书数量。变量名为 s，类型为 Integer 整数类型，用于存储所购买图书的数量，供后面代码进行相关运算。

【4】 给所定义的变量赋值。此内容会在后面章节中详细介绍。

【5】 条件判断语句，主要实现的功能是判断用户是否输入了购书数量，也就是说购书数量不为空时计算购书总计金额才有意义。

【6】 根据实际需求计算出购书总计金额，并将计算结果显示在窗体中 Text3 对象中。

【案例 2-11】 逻辑型数据值的输出。

实现该案例的步骤：

1）创建工程，设计窗体，如图 2-30 所示。

2）编辑代码，实现显示结果功能。

3）调试运行该程序，运行结果如图 2-31 所示。

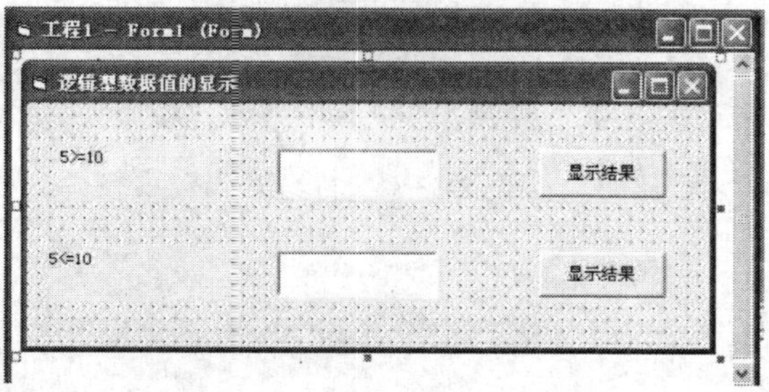

图 2-30 界面设计

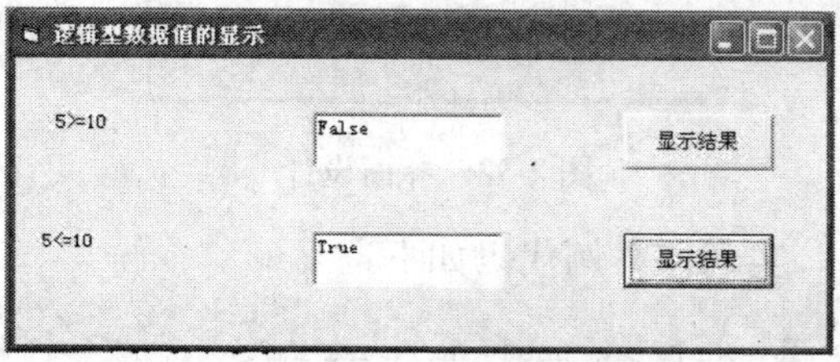

图 2-31 运行结果

实现该案例代码如下：

```
Private Sub Command1_ Click ( )
    Dim l1 As Boolean   【1】
    l1 =5 > = 10        【2】
    Text1. Text = l1
End Sub
Private Sub Command2_ Click ( )
    Dim l2 As Boolean
    l2 =5 < = 10
    Text2. Text = l2
End Sub
```

代码详解：

【1】 定义逻辑类型的数据 l1。

【2】 给 l1 赋值为一个关系表达式的值。

信息

逻辑类型数据只有两个值：True 和 False。

【案例 2-12】 定义字符串型数据，存储用户名，并显示。

实现该案例的步骤：

1）创建工程，设计窗体，如图 2-32 所示。

2）编辑代码，定义字符串类型数据，保存用户名，并通过消息框显示。

3）运行程序，并保存。该程序运行结果如图 2-33 所示。

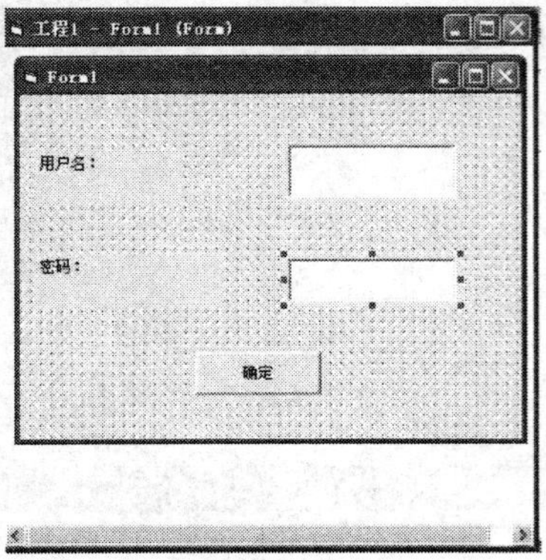

图 2-32　界面设计

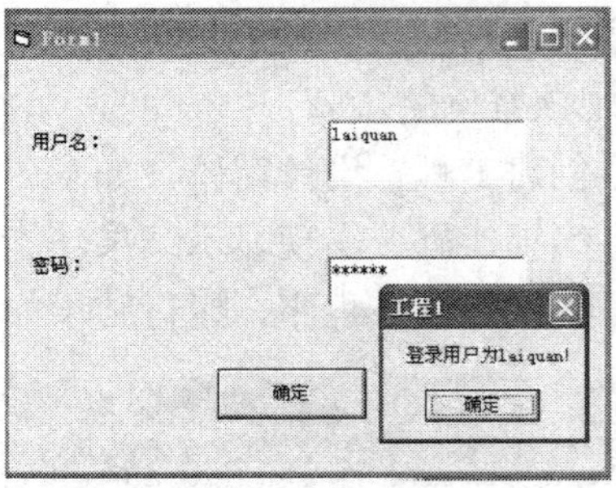

图 2-33　运行结果

实现该案例代码如下：

```
Private Sub Command1_ Click ( )          【1】
    Dim sname As String                  【2】
    sname = Text1. Text                  【3】
    MsgBox "  登录用户为"  + sname + "!"  【4】
End Sub
```

代码详解：

【1】 界面中“确定”按钮的单击事件完成该段代码功能。

【2】 定义 sname 变量为字符串 String 类型数据。

【3】 为该变量赋值。

【4】 使用消息框显示提示信息。

信息

VB 中“ + ”号可以作为字符串连接符。

【案例 2-13】 使用自定义数据类型定义名为 Book 的数据类型。

实现该案例代码如下：

```
Type Book                      【1】
    BName As String            【2】
    BAuthor As String          【3】
    BPrice As Single           【4】
    BPublisher As String       【5】
End Type                       【6】
```

代码详解：

【1】 自定义数据类型关键字为Type，Book为自定义数据类型的名称。

【2】 Book类型共由4个基本数据类型组成，其中第一部分字符串类型数据，其名称为BName，表示图书的名称。

【3】 第二部分为字符串类型数据，其名称为BAuthor，表示图书的作者名。

【4】 第三部分为单精度实数类型数据，其名称为BPrive，表示图书的单价。

【5】 第四部分为字符串类型数据，其名称为BPublisher，表示图书出版社名称。

【6】 自定义数据类型说明以End Type作为结束关键字。

知识点详解：

1. 数据类型概述

(1) 数据　计算机能够处理数值、文字、声音、图形、图像等信息，均称为数据。

(2) 数据类型　根据数据描述信息的含义，将数据分为不同的种类，对不同种类数据在存储方式、取值范围等方面均有完整规定，这些规则以及数据种类的名称即称为数据类型。数据类型的不同，则在内存中的存储结构也不同，占用空间也不同；取值范围不同，能够表示的实际含义也不相同。

(3) VB的数据类型　有基本数据类型和自定义数据类型。其中，基本数据类型包括数值型、货币型、逻辑型、日期型、字符串型、可变类型和对象型数据。

2. 基本数据类型

(1) 数值型　数值型数据分为整型数据和实型数据两大类。

1) 整型数据。包括整型（Interger）、长整型（Long）和字节型（Byte）三种，用于保存整数，具有运算速度快、精确的优点，但数据的取值范围较小。

- 整型数占用两个字节存储，表示数的范围为 -32768 ~ +32767。
- 长整型数占用四个字节存储，表示数的范围为 -2147483648 ~ +2147483647。
- 字节型数据为无符号整数，在内存中占用一个字节，取值范围为0~255。
- VB中也可以表示八进制和十六进制数。八进制数据必须在数据之前加“&”或者“&O”符号；十六进制数据必须在数据之前加“&H”符号。在八进制和十六进制数据表示长整型数据时，必须在数据之后加“&”作为结束标志。

2) 实型数据。包括单精度（Single）和双精度（Double）两种，用于保存小数，具有表示数据取值范围大的优势，但会有误差，而且运算速度较慢。

- 单精度（Single）数据占用四个字节存储。表示数的取值范围：在负数的时候是从 -3.402823E38 ~ -1.401298E-45，而在正数的时候是从1.401298E-45 ~ 3.402823E38。
- 单精度浮点数最多有7位十进制有效数字，单精度浮点数的指数用“E”或“e”表示。
- 单精度数有多种表示形式：±n.n（小数形式）±n E ±m（指数形式）±n.n E ±m（指数形式）。
- 双精度（Double）数据占用8个字节存储。表示数的取值范围为1.7E-308 ~ 1.7E+308。
- 双精度浮点数最多有15或16位十进制有效数字，双精度浮点数的指数用“D”或“d”表示。

● 双精度数表示形式：±aD±c 或 ±ad±c。

（2）货币型（Currency） 货币型是一种特殊的实数，是专门为处理货币而设计的数据类型。在内存中占用 8 个字节，小数点右边保留 4 位，小数点左边最多可以达到 15 位，所表示的数据取值范围为 -922337203685447.5808 ~ 922337203685447.5807。

如果数据定义为货币型，且其小数点后超过 4 位，那么超过的部分自动四舍五入。

信息

对数值型数据采用哪种数据类型，可从以下三个因素考虑：计算机内存占用量、程序执行速度和计算的精度。

（3）逻辑型（Boolean） 逻辑数据类型用于进行逻辑判断，其可取的值只有两个：真（True）或假（False），在计算机中占用两个字节。

逻辑数据转换成整型数据时，True 转换为 -1，False 转换为 0；其他类型数据转换为逻辑数据时，非 0 数转换为真，0 转换为假。

如果数据信息是“True/False”、“Yes/No”、“On/Off”信息，则可将它定义为 Boolean 类型。

（4）日期型（Data） 日期型数据在计算机中用 8 个字节的浮点数形式存储。日期可以表示从公元 100 年 1 月 1 日到公元 9999 年 12 月 31 日，时间则可以表示从 0 点 0 分 0 秒到 23 点 59 分 59 秒，即 00：00：00 ~ 23：59：59。

日期型数据表示方法有两种：一种是在数据前后加“#”符号的字面上被认为是日期和时间的字符；另一种是以数字序列表示。

例如，字面上时间日期表示为#08/10/2004#、#2004 - 08 - 10#、#September 1，2004#、#2004 - 9 - 10 13：30：15#均可以。

表示数字序列时，小数点左边的数字代表日期（Date），小数点右边的数字代表时间（Time）。其中，0 为午夜 0 点、0.5 为中午 12 点；负数代表 1899 年 12 月 31 日之前的日期和时间。例如，-3.0 表示 1899 年 12 月 27 日 00：00：00；1.5 表示 1899 年 12 月 31 日 12：00：00。

（5）字符串型（String） 字符串型用于存放字符串，包括中文、英文和各种符号。在 VB 中，字符串要用双撇号括起来，双撇号中间的内容为字符串的内容。字符串中每个字符都以 ASCII 编码进行存储，因此在字符串中字母的大小写是有区别的。

例如：" Visual Basic"、" 中国大学生"、" 123.456"、" everyone"、" "（空字符串）均是字符串类型数据。

（6）可变类型（Variant） 变型数据是一种可以随时改变数据类型的数据，使用可变型数据类型可以存储 VB 中的任何类型的数据。可变型数据可以随着可变赋值的不同改变类型。可变型数据有三个特殊值：Empty 表示还没有可变型变量赋值的状态；Null 表示未知数据，通常用于数据库中；Error 表示错误状态。

信息卡

可变类型不是没有类型的，而是可以根据需要自由地改变其类型。

（7）对象型（Object） 对象型数据使用32位地址来存储。与其他类型最大的不同是对象型数据需要使用Set来引用。在后面的模块中会对该类型有所介绍。

表2-2 VB的基本数据类型

数据类型名	关 键 字	类 型 符	所占字节
字节型	Byte	无	1
逻辑型	Boolean	无	2
整型	Integer	%	2
长整型	Long	&	4
单精度型	Single	!	4
双精度型	Double	#	8
货币型	Currency	@	8
日期型	Date	无	8
字符型	String	$	存储的字符数
可变类型	Variant	无	根据需要分配
对象型	Object	无	4

3. 自定义数据类型

1）用户自定义数据类型是由程序设计人员自己设计的数据类型，这种数据类型由若干基本数据类型组成，也称为记录数据类型。

2）自定义数据类型由Type语句来实现。定义语句的格式：

```
Type 自定义类型名
    元素名1 As 数据类型名
    元素名2 As 数据类型名
    …
    元素名n As 数据类型名
End Type
```

其中，Type是语句定义关键字，告诉VB要开始定义一个数据类型，其后的自定义数据类型名是要定义的该数据类型的名称，由用户确定；End Type表示类型定义结束；元素名是构成该自定义数据类型的基本类型数据。

例如：

```
Type Student
Num As Long 学号
Name As String 姓名，用可变长度的字符串存储
Sex As String * 5 性别，用长度为5的定长字符串来存储
Score As Single 得分，用单精度数来存储
End Type
```

3）自定义数据类型一般在标准模块中定义，这样当前工程都可以使用该类型；也可以在窗体的代码窗口中定义，此时如果希望所有窗体都可以使用，要在Type前面加上Public关键字；如果只想在当前窗体中定义，则Type前面必须加上Private关键字，表示该类型只对本窗体有效，其他窗体无法定义该类型的变量。

子任务2 了解常量与变量

作为VB的语法基础，不仅要了解VB中的数据类型，还应了解常量与变量的作用并且能够根据实际需要熟练应用。从“子任务1案例”操作中可以看出，数据类型只是数据说明符，但并不能直接参与运算，而是需要定义具体的变量才能顺利执行代码计算和数据存储功能。本节通过案例实践和知识点的学习，从常量与变量的角度学习数据的定义与引用等基础语法知识。

【案例2-14】 符号常量的使用方法。

实现该案例代码如下：

```
Private Sub Form_ DblClick ( )                【1】
    Form1. WindowState = vbMinimized          【2】
End Sub
Private Sub Form_ Load ( )                    【3】
Form1. BackColor = vbBlue                     【4】
End Sub
```

信息卡

vbMinimized表示最小化，vbMaximized表示最大化；vbBlue表示蓝色；vbRed表示红色。更多符号常量可通过“对象浏览器”查询。

代码详解：

【1】 窗体的双击事件。

【2】 将窗体的窗体状态属性设置为最小化。语句中的vbMinimized是VB系统内部定义的符号常量，用户可直接使用。

【3】 窗体的加载事件，该事件在程序运行显示该窗体时自动执行。

【4】 将窗体的背景色设置为蓝色。语句中vbBlue为符号常量。

【案例2-15】 输入圆的半径，求圆的周长和面积。

实现该案例代码如下：

```
Private Sub Form_ Click ( )
    Dim r As Double          【1】
    Dim c As Double
    Dim s As Double
    Const pi =3. 14159       【2】
    r = Text1. Text
    c =2 * r * pi            【3】
    s =r * r * pi
    Text2. Text = c          【4】
    Text3. Text = s
End Sub
```

代码详解：

【1】 定义局部变量，变量名为 r，变量类型为 Double。

【2】 定义常量，常量名为 pi。

【3】 为变量赋值。

【4】 将变量的值赋给对象的属性值，从而将变量的值显示在窗体中。

【案例 2-16】 使用静态变量统计单击按钮的次数。

实现该案例代码如下：

```
Private Sub Command1_ Click ( )
    Static n As Integer                          【1】
    n = n + 1                                    【2】
    Print "单击"确定"按钮" + Str (n) + "次!"      【3】
End Sub
```

代码详解：

【1】 定义局部静态变量，变量名为 n，变量类型为 Integer 整数类型。

【2】 每次执行该按钮单击事件，给 n 的值增 1。

【3】 在窗体中输出运行结果。程序运行结果如图 2-34 所示。

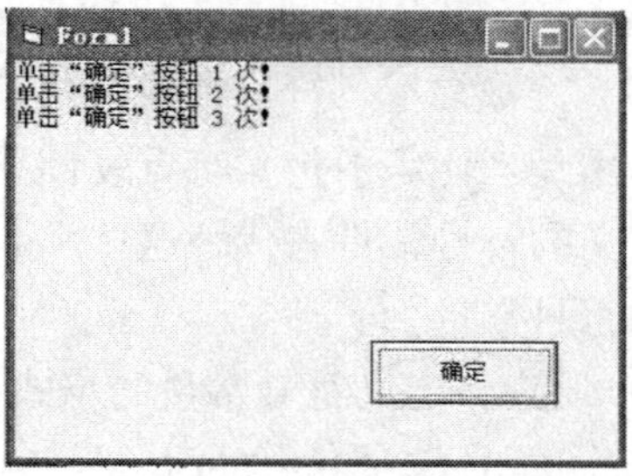

图 2-34 运行结果

信息卡

> 使用 Static 关键字声明的变量为静态变量，它与普通变量的区别在于：静态变量一次运行过程只做一次初始化，而普通变量每次触发事件做一次初始化。可以将上面案例中的 Static 改成 Dim，再运行以上程序，就可以直观地看出区别。

知识点详解：

1. 常量

（1）常量 在程序运行过程中值不会发生改变的量，即常量。在 VB 中，常量分为普通常量和符号常量。

（2）普通常量 普通常量的类型和值由它本身的表示形式决定，包括数值常量、字符串常量、逻辑常量和日期常量。

1）数值常量。常数，包括整数、小数、八进制数、十六进制数、正数、负数等。例如，12345 就是一个十进制整数常量，45E-6 就是一个浮点数小数常量。

2）字符串常量。即用双撇号引起来的字符序列，可以包括中文、英文和各种符号。但需要注意：双撇号并不算字符串的一部分，只作为字符串开始和结束的标志。例如，"12345" 就是一个长度为 5 的字符串常量；"student" 就是一个长度为 7 的字符串常量。

3）逻辑常量。只有两个：True 和 False。

4）日期常量。表示一个具体的日期和时间。日期常量可以有多种表示方式，但必须在日期和时间的前后加上“#”。例如，#8/12/2004 12：30：00#就是一个日期型常量。

信息卡

对于各种数据类型的常量值，为了显式地指明常数的类型，可以在常数后面加上类型说明符，这些说明符分别为：

“%”表示整型。

“&”表示长整型。

“!”表示单精度浮点型。

“#”表示双精度浮点型。

“@”表示货币型。

“$”表示字符串型。

例如，78.236#是一个双精度浮点型常数。

（3）符号常量　符号常量即用符号表示一个在运行过程中值不会改变的量。使用符号常量的作用是当代码中包含有重复使用的常量值时，为了提高程序的可读性和便于维护，可以用有意义的符号常量来代替这些常数值。符号常量分为两类：用户自定义的符号常量和系统内部的符号常量。

1）用户自定义符号常量的格式：

Const 符号常量名 [As 类型] =表达式 [，符号常量名 = 表达式…]

定义格式说明：

- Const 是定义符号常量的关键字。
- 这里定义的符号常量只是常数值的名字，不能在程序代码中修改它的值。
- 使用一个定义语句说明多个常数时使用逗号分隔。
- 常量说明语句若在过程内部，则符号常量只能在该过程内有效；若说明语句出现在窗体代码的声明部分，则窗体以及窗体中各控件的事件过程都能引用该符号常量。

例如：

Const N1 As String ="符号" '定义名为 N1 的符号常量，其值是字符串“符号”。

Const N2 As Integer= 100 '定义名为 N2 的符号常量，其值是整型数 100。

2）系统内部的符号常量。例如，vbRed 表示红色；vbBlue 表示蓝色；vbOk 表示“确定”按钮。在“对象浏览器”中可以查看系统内部符号常量。

2. 变量

（1）变量　在运行过程中值可以发生改变的量，即为变量。这些可以改变值的数据在内存中需要单独开辟内存空间来存放，从而实现数据的存取和改变。这就要求每个数据的存储位置需要有明确的说明，因此，对每个变量存储的内存地址起一个别名，这个别名称为变量名。同时还需要知道变量的数据类型，这样就可以实现存取数据操作了。因此，每个变量都有变量名和数据类型。

（2）变量的使用　VB 程序中的变量在使用之前应该进行声明，并指定一种数据类型，这样即可减少内存开销，又可提高运行速度，这种方式称为显式声明。可以强制要求变量声明，这样可能会减少调试时间。VB 也支持变量不进行声明直接引用，这种方式成为隐式声明。

（3）变量显式声明的格式

Dim/Public/Private/Static 变量名［As 数据类型］［，变量名［As 数据类型］…］

或者

Dim/Public/Private/Static 变量名 <类型符>［，变量名 <类型符>…］

格式说明：

1）声明语句使用不同的命令关键字以及不同的声明语句书写位置，都会使变量有不同的作用域。

2）变量名应遵从 VB 变量的命名规则。

3）变量的数据类型可以是前面讲过的任意一种。

4）括号中的内容可以省略。如果省略"As 数据类型"部分，系统默认为可变类型。

变量被声明后，VB 就为之赋了初值：数值型变量的初值为 0；字符串型为空串字符串；布尔型为 False；日期时间类型为 1899 年 12 月 30 日 0 点 0 分 0 秒；可变类型为空 Empty。

5）对于字符串变量，根据其存放的字符串长度是否固定，其定义方法有两种：

命令关键字 字符串变量名 AS String '声明不定长的字符串。

命令关键字 字符串变量名 AS String * 字符数' 声明定长的字符串。

例如：

```
Dim A as Integer, B As Double
Dim C!
```

声明了三个变量 A、B、C，分别为整形、双精度浮点型和单精度浮点型变量。

（4）变量的隐式声明　隐式声明为不声明直接引用。所有的变量都必须声明之后才能引用，所以对于这种没有声明直接引用的变量有些高级语言是不允许的，但 VB 允许，VB 可自动将变量声明为可变类型，从而可以实现引用。但隐式声明容易造成程序可读性差、错误率高的麻烦，所以不建议使用。

信息卡

在代码声明部分加入"Option Explicit"语句可要求强制声明，或者在"工具"菜单中选取"选项"后，单击"编辑器"选项卡，复选"要求变量声明"选项，此时发现隐式声明系统会报错。

3. VB 中变量的命名规则

1）变量的名称必须是字母或汉字开头，而不能使用数字或下划线开头。

2）变量名一般由字母、数字、下划线组成，不能含有 +、-、*、/、$、&、%、!、#、?、小数点、逗号、空格等字符。

3）变量名的总字数不能超过 255 个。

4）变量名不能含有 VB 的专用保留关键字。在 VB 中有特殊意义的单词、字母组合，如

Print 、sub、end、click 等。

5）VB 中变量名不区分大小写，即 sum、Sum 和 SUM 一样。

4. VB 中变量的作用域和生存期

（1）作用域　作用域又称为作用范围，从空间角度研究变量在什么范围内起作用；生存期从时间角度研究变量在程序运行过程中的什么时间段内起作用。

（2）变量作用域　表 2-3 列出了 VB 中变量作用域。

表 2-3　变量作用域

作用域	声明语句位置	声明关键字	可见范围
过程级	事件或过程中	Dim、Static	变量声明的过程或事件中可用
模块级	窗体或模块“通用-声明”部分	Dim、Private	变量声明的窗体或模块中可用
全局	模块的“通用-声明”部分	Public	整个工程可用

（3）变量的分类　从变量的生存期角度来看，变量可被分为局部变量和全局变量以及静态变量。

1）用 Dim 关键字声明局部变量，作用时间为声明语句之后到声明语句所在模块结束为止。例如，声明语句在某个事件中，那么当事件运行结束变量就不存在了，当事件再次被执行时，则会重新初始化该变量；声明语句写在窗体或模块的“通用-声明”部分，则当窗体或模块运行结束，变量就不存在了。

2）使用 Public 关键字声明全局变量，首先需要在“工程”菜单中选择“添加模块”选项，添加一个新模块文件或打开现有的模块文件。在该文件中声明变量，那么这个变量就会在工程运行过程中始终起作用。

3）使用 Static 关键字声明静态变量。使用静态变量声明语句只能写在过程或事件中，但与局部变量不同，静态变量在一次运行过程中只进行一次初始化。也就是说，当执行某个事件时，静态变量被初始化，事件运行结束后，静态变量仍然存在，下一次再运行该事件时，静态变量声明语句将被跳过，从而保留了上次运行后的该变量的值。这一特性在前面案例中就可以直观地看出。

子任务3　熟悉运算符与表达式

与很多高级语言一样，VB 同样为用户提供了丰富的运算符，并可根据一定运算符规则构成类型丰富的表达式，使得代码语句简洁直观、容易理解。通过本节的学习，熟悉 VB 中的基本运算符类型以及由这些运算符构成的不同类型的表达式。

【案例 2-17】　已知三角形三边长度，求其面积。

实现该案例的步骤：

1）创建工程，设计窗体，如图 2-35 所示。

2）在按钮的单击事件中输入代码。

3）运行程序，运行结果如图 2-36 所示。

实现该案例代码如下：

```
Private Sub Command1_Click()
    Dim a As Single, b As Single, c As Single        【1】
    Dim s As Double, p As Single
    a = Val(Text1.Text)                               【2】
    b = Val(Text2.Text)
    c = Val(Text3.Text)
    p = (a + b + c) / 2                               【3】
    s = Sqr(p * (p - a) * (p - b) * (p - c))          【4】
    Text4.Text = s
End Sub
```

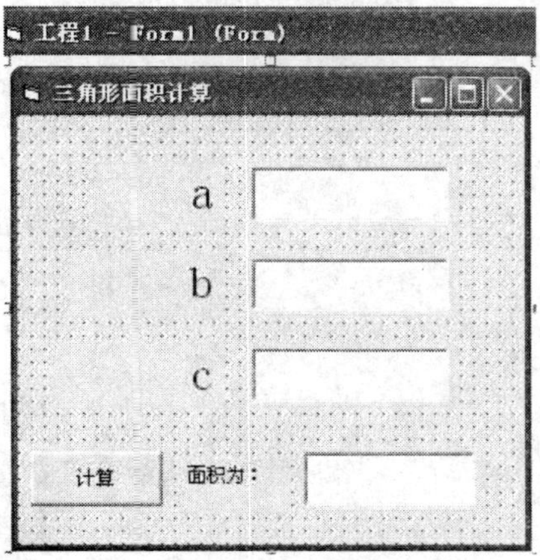

图 2-35　界面设计

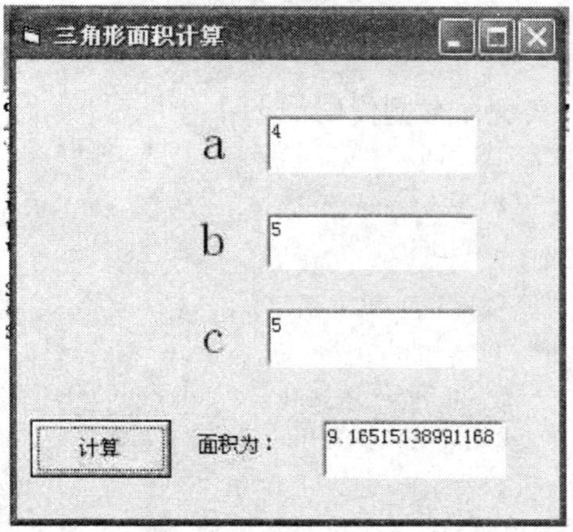

图 2-36　运行结果

代码详解：

【1】 定义变量用来存放三角形三边长度。

【2】 为变量赋值。

【3】 根据三角形面积计算公式，首先计算中间量，其计算方法使用变量、常量与数学运算符组成的表达式。基于数学运算符的运算顺序问题，因此，为除法之前的表达式加括号。

【4】 根据公式求出面积。此表达式中运用了 VB 提供的内置数学函数 Sqr 求平方根函数来计算。

【案例 2-18】 判断用户输入的年份是否为闰年。

实现该案例的步骤：

1）新建工程，进行界面设计，设计效果如图 2-37 所示。

2）在按钮的单击事件中输入代码。

3）运行程序，运行结果如图 2-38 所示。

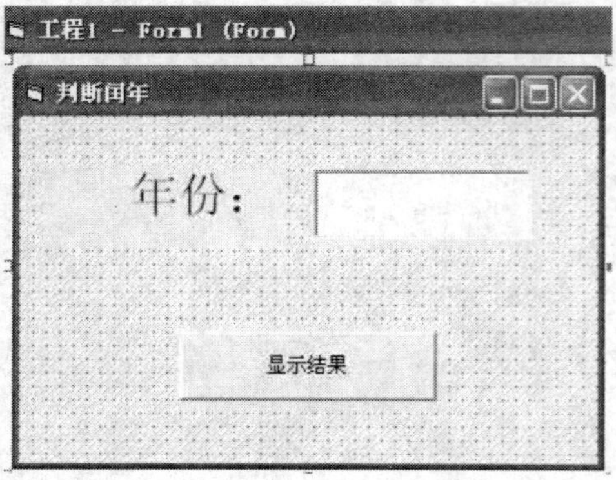

图 2-37　界面设计

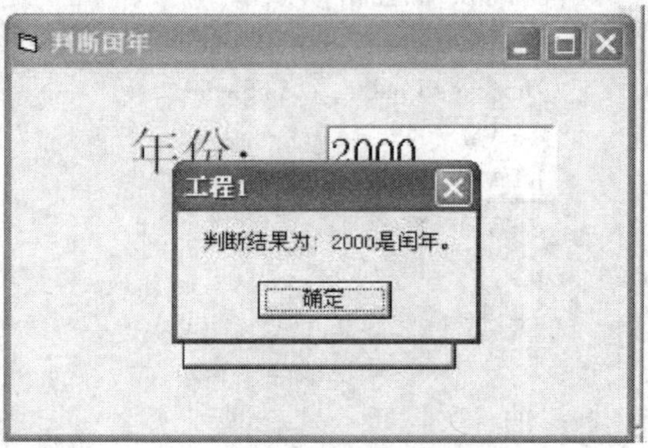

图 2-38　运行结果

实现该案例代码如下：

```
Private Sub Command1_ Click ()
Dim n As Integer
Dim r As Boolean                                                        【1】
n = Val (Text1. Text)
r = ((n Mod 4) =0 And (n Mod 100) < > 0) Or ((n Mod 400) =0)            【2】
If r = True Then MsgBox " 判断结果为:" + Str (n) + " 是闰年。" Else MsgBox " 判断结果为:
" + Str (n) + "不是闰年。"                                               【3】
End Sub
```

代码详解：

【1】 定义局部变量，用来存储年份判断结果。

【2】 根据闰年的判断原则，将结果存储在 r 当中。如果 r 值为 True 说明 n 是闰年；反之，如果 r 的值为 False，说明 n 不是闰年。

信息卡

> 年份能被 4 整除，但不能被 100 整除，或者年份能被 400 整除，则说明该年是闰年。

【3】 使用单行的 if 条件判断语句，根据 r 的值输出不同的结果。有关 if 条件语句的使用方法将在本书之后的章节中加以介绍。

【案例 2-19】 在窗体中显示字符串运算结果。

实现该案例的步骤：

1）新建工程，进行界面设计，设计效果如图 2-39 所示。

2）在按钮的单击事件中输入代码。

3）运行程序，运行结果如图 2-40 所示。

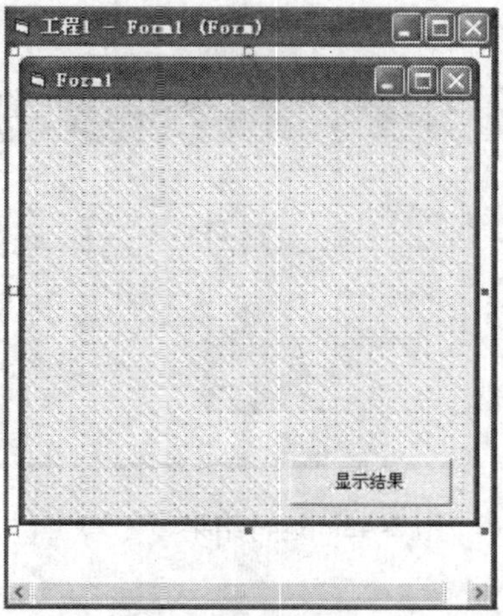

图 2-39 界面设计

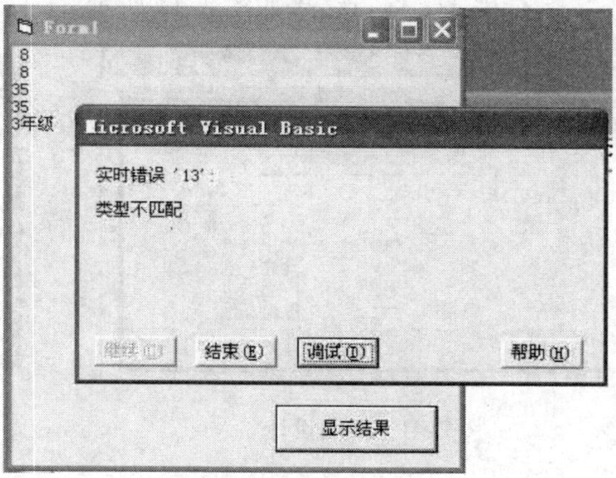

图 2-40 运行结果

实现该案例代码如下：

```
Private Sub Command1_ Click ()
    Print 3 +5                    【1】
    Print " 3"  +5                【2】
    Print " 3"  +" 5"             【3】
    Print 3 & 5                   【4】
    Print " 3"  +" 年级"          【5】
    Print 3 +" 年级"              【6】
End Sub
```

代码详解：

【1】 在窗体中输出算数表达式的值，结果为8。

【2】 加号（+）前后数据类型不一致，一个为字符串类型，另一个为数值类型，此时系统会检测字符串是否为纯数据组成的字符串，如果检查结果为字符串可以转换为数值型数据，则做加法，运行此行结果为8。

【3】 加号（+）前后数据类型一致，都是字符串类型，则此时做字符串连接，结果为“35”。

【4】 符号“&”是连接符，因此，无论该符号前后是什么类型数据都作为字符串连接，结果为“35”。

【5】 与第三行类似，做字符串连接运算，结果为“3 年级”。

【6】 与第二行类似，加号（+）前后数据类型不一致，但因为此时字符串不能被转换为数值类型，因此，程序运行到此行就会发生运行错误。

【案例 2-20】 使用内部函数，返回当前系统日期，并输出年份。

实现该案例的步骤：

1）新建二程，进行界面设计，设计效果如图 2-41 所示。

2）在按钮的单击事件中输入代码。

3）运行程序，运行结果如图2-42所示。

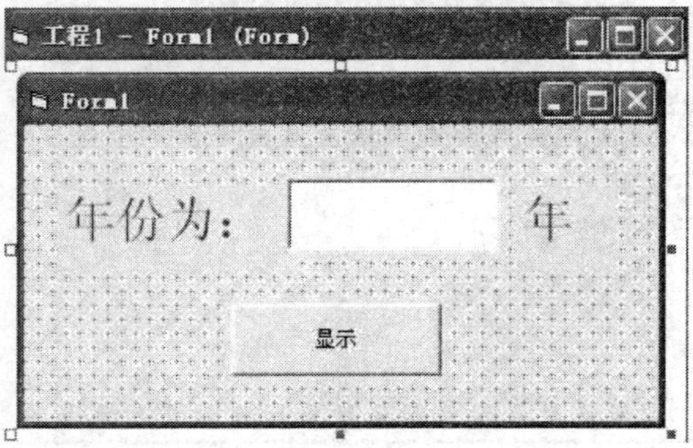

图2-41 界面设计

图2-42 运行结果

实现该案例代码如下：

```
Private Sub Command1_ Click ( )
    Dim s As Date                【1】
    s = Date                     【2】
    Text1. Text = Year (s)       【3】
End Sub
```

代码详解：

【1】 定义局部变量，变量名为s，类型为日期型。

【2】 使用VB内部函数Date，其功能是返回当前系统日期，将返回结果赋给变量s。

【3】 使用内部函数Year，该函数有一个日期型的参数，返回值为日期型参数的年份，将返回的年份赋给文本框对象Text1的Text属性，从而将年份显示在窗体中。

知识点详解：

1. 运算符与表达式概述

1）VB提供了丰富的运算符，分为算术运算符、逻辑运算符、关系运算符和字符串运算符。

2）表达式是由常量、变量、运算符、函数和括号构成的，具有一定含义的式子。表达式的运算结果也称为表达式的值。

3）VB中的表达式分为算术表达式、逻辑表达式、关系表达式、字符串表达式和日期表达式。

2. 算术运算符与算术表达式

（1）算术运算符 算术运算符可以对整型数、长整型数、单精度浮点数、双精度浮点数及货币型数据进行计算。也可将数字字符串、数值型数据转化为数值的可变型数据，以构成算术表达式进行计算。

（2）算术表达式 也称为数学表达式，是将数值型常量、变量、算术运算符、函数和括号连接在一起，具有一定含义的式子。算术表达式的值为数值型。

（3）算术运算符的优先级顺序 按优先级顺序，将算术运算符列出如下：

^(乘方)、-(负号)、*(乘)、/(除)、\(整除)、Mod(取余)、+(加)、-(减)

(4) 算术运算符相关说明

1) 在算术运算符中，除了负号(-)是单目运算符外，其余都是双目运算符。

2) +(加)、-(减)、*(乘)的概念和代数中的概念相同，但应注意在VB程序中不能像代数中那样省略乘号*。

3) 除法运算有两种：第一种，/(除)为一般除法，运算结果一般为单精度数。如果操作数有一个为双精度数，则结果为双精度数，如7/3=2.33333333333；第二种，\(整除)为整数除法，结果为整数，如7\3=2。

信息卡

> 如果参与\(整除)运算的数中有实数，则先将实数的小数部分做四舍五入再进行计算。

4) Mod(取余)运算符是求两数相除后的余数。例如，7 Mod 2 结果为1，2 Mod 7 结果为2，7.5 Mod 2 结果为0。

信息卡

> 如果参与Mod(取余)运算的数中有实数，则先将实数的小数部分做四舍五入再进行计算。

5) ^(乘方)运算对数据进行指数运算。例如，3^3=9、4^(1/2)=2。

6) 算术表达式中需要使用括号时不区分大、中、小括号，一律使用小括号，即圆括号。括号可以嵌套，但左圆括号和右圆括号必须成对出现，形成层次分明、有意义的表达式，否则系统会报错。运算时会根据括号的层次关系，从里向外依次根据运算符的优先级执行。

例如：

$10x^5+\frac{x}{20}+\sqrt[3]{x}$　　　　$(-3)^5+\frac{4}{ab}$

写成算术表达式分别为：

10*x^5+x/20+x^(1/3)　　　　(-3)^5+4/(a*b)

3. 关系运算符与关系表达式

(1) 关系运算符　关系运算符又称为比较运算符，其功能是对两个操作数进行大小比较，结果为逻辑值。如果关系成立，返回True，否则返回False。

(2) 关系运算符的优先级　关系运算符不分优先级，一律从左到右执行，VB的关系运算符如下：

<(小于)、<=(小于等于)、=(等于)、<>(不等于)、>=(大于等于)、>(大于)、Like(通配符比较)、Is(引用对象比较)

(3) 关系表达式　关系表达式是由关系运算符、数值表达式和字符串表达式构成，或者由常量、变量、函数构成，但是关系表达式与其他表达式不同，要求关系运算符左右两边的

数据类型必须一致。关系表达式的值为 Boolean 类型。

（4）关系运算符和关系表达式的相关说明

1）关系运算符是双目运算符。

2）VB 中 True 用 -1 表示；False 用 0 表示。也就是说，如果将 True 以数值形式输出则会显示 -1，False 以数值形式输出则会显示 0。

3）如果两个操作数是数值型，则按其大小比较；如果两个操作数是字符型，则按字符的 ASCII 值从左到右一一比较，直到遇到第一个不相同的字符为止。ASCII 值大的字符大。

例如，"abcd" < "abxd" 结果为 True。

4）汉字字符大于西文字符。

5）关系运算符中的等于（=）是判断两边的值是否相等。

6）日期型数据的比较按照日期先后，后边的大于前边的。

7）逻辑型 Boolean 数据的比较认为 True 小于 False。

信息卡

对于单精度和双精度数据的比较，可能会造成比较结果的不正确。例如，关系表达式（3.0/5.0＊5.0） =3.0 的值应该为 True，但由于运算先后顺序的原因，造成结果为 False。因此，对于浮点数的比较应特别注意，或者尽量避免。

8）Like 运算符用于字符串的模糊比较，即比较字符串的模式匹配，判断字符串是否属于某一模式。在 Like 运算符中会使用到通配符，VB 支持的通配符包括＊、?、#等。表 2-4 列出了通配符及其含义、实例。

表 2-4　Like 匹配模式

通配符	含　义	实　例	实例结果
＊	可匹配多个任意字符	"WXYZ"Like"＊X＊"	True
?	可匹配单个任意字符	"WXYZ"Like"? X?"	False
#	可匹配单个数字字符	"1234"Like"##3#"	True
[list]	可匹配列表中的单个字符	"W"Like"[X-Z]"	True
[! list]	可匹配列表以外的单个字符	"W"Like"[! X-Z]"	False

9）Is 运算符用来比较两个对象的引用变量，主要用于对象操作。

4. 逻辑运算符与逻辑表达式

（1）逻辑运算符　逻辑运算符用于连接布尔型数据（一般用于复合比较），对操作数进行逻辑运算。

（2）逻辑运算符的优先级　VB 支持的逻辑运算符按照优先级顺序列出如下：

Not(非)、And(与)、Or(或)、Xor(异或)、Eqv(等价)、Imp(蕴含)

（3）逻辑表达式　逻辑表达式由关系表达式、逻辑运算符、逻辑常量、逻辑变量和函数组成。一般格式为：<关系表达式1><逻辑运算符><关系表达式2>。逻辑表达式的值为逻辑值，当逻辑关系成立时，运算结果为 True；当逻辑关系不成立时，运算结果为 False。

信息卡

当逻辑表达式中出现数值型数据时，会将数值转换为逻辑值：0 为 False；非 0 为 True。

（4）逻辑表达式的取值　见表 2-5。

表 2-5　逻辑运算真值表

A	B	Not A	A And B	A Or B	A Xor B	A Eqv B	A Imp B
–1	–1	0	–1	–1	0	–1	–1
–1	0	0	0	–1	–1	0	0
0	–1	–1	0	–1	–1	0	–1
0	0	–1	0	0	0	–1	–1

（5）逻辑运算符运算规则

1）Not（逻辑非）：单目运算符。当参与运算的操作数为 False 时，运算结果为 True；当操作数为 True 时，运算结果为 False。例如，Not（3 >5）的运算结果为 True。

2）And（逻辑与）：双目运算符。当且仅当参与运算的两个操作数均为 True 时，运算结果为 True；否则，只要参与运算的两个操作数中有一个为 False 时，表达式的运算结果即为 False。例如，(3 < 5) And(8 = 8) 运算结果为 True；(3 > 5) And(6 > = 7) 运算结果为 False。

3）Or（逻辑或）：双目运算符。当且仅当参与运算的两个操作数均为 False 时，运算结果为 False；否则，只要参与运算的两个操作数中有一个为 True 时，表达式的运算结果即为 True。例如，(3 <5) Or(8 =8) 运算结果为 True；(3 >5) Or(6 < =7) 运算结果为 True。

4）Xor（异或）。当且仅当参与运算的两个操作数不同时，运算结果为 True。也就是说，参与运算的两个数一个为 True，另一个为 False 时，运算结果为 True。否则，当两个操作数相同，也就是说两个操作数均为 True 或者均为 False 时，运算结果为 False。例如，(3 <5）Xor（8 =8）运算结果为 False；(3 >5）Or（6 < =7）运算结果为 True。

5）Eqv（逻辑等价）：双目运算符。当且仅当参与运算的两个操作数相同时，运算结果为 True。也就是说，参与运算的两个数都为 True 或都为 False 时，运算结果为 True。否则，当操作数不同时，也就是一个为 True、一个为 False 时，运算结果为 False。例如，(3 <5) Eqv（8 =8) 运算结果为 True；(3 >5）Eqv（6 < =7) 运算结果为 False。

6）Imp（蕴含）：双目运算符。当且仅当参与运算的两个操作数中，第一个为 True，第二个为 False 时，运算结果为 False。否则，当参与运算的两个操作数都为 True 或都为 False 时，结果为 True；当第一个操作数为 False 时，无论第二个操作数为 True 还是为 False，运算结果都为 True。例如，(3 <5）Imp（8 =8) 运算结果为 True；(3 >5) Imp(6 <=7) 运算结果为 True。

信息卡

VB 对于逻辑表达式的运算采用最为提前判断的方式。也就是说，在知道第一个操作数的值之后，会提前判断该逻辑表达式的值，如果此时已经可以知道逻辑表达式的值，而第二个操作数的值为 True 还是为 False 都不会影响表达式的值的情况下，就会停止运算。例如，（3 <5） Or （6 < =7） 运算结果为 True。因为前面的操作数为 True，此时不论后面的操作数（6 < =7）的结果为 True 还是为 False，都不会影响结果，那么系统就不会继续运算，也就是说（6 < =7）并没有被判断就输出了表达式的值。

5. 字符串运算符与字符串表达式

（1）字符串运算符　字符串运算符包含两个：“&” 和 “ + ”。它们的作用是将符号前后的操作数连接形成一个新的字符串。

（2）字符串表达式　字符串表达式是指由字符串常量、字符串变量、字符串函数、数值型数据、可变类型数据和字符串运算符组成的式子。字符串表达式的基本格式为：<字符串1 > <字符串运算符 > <字符串 2 > <字符串运算符 > <字符串 3 >…

例如，“123” & “45” & “678” 运算结果为“12345678”。

（3）字符串运算符“&”说明　“&”的作用是将其连接的两个操作数强制连接在一起，生成一个新的字符串。此时，参与运算的操作数可以是字符串类型数据，也可以是数值型或可变类型数据，无论是常量还是变量，“&” 运算符都会将它们具体的值强制连接。

例如：

```
Private Sub Form_ Click ( )
    Dim a As Integer
    Dim b
    a = 16
    Dim s As String
    s = "www. " & a & 3 & b & ". com"
    Print s
End Sub
```

该段代码的运行结果为：当单击窗体后，在窗体上输出 www. 163. com。从中可以看出，符号“&”强制连接了字符串常量、数值型变量、数值型常量、可变类型变量（注意：因为可变型变量 b 并没有被赋值，因此其值为 Empty，所以连接之后并没有看到其值）。

信息卡

使用“&”符号作为字符串运算符时需注意：

“&”符号在 VB 中也作为长整型类型和八进制数据的标志符。因此，“&”作为字符串操作符连接数值常量时，必须在该符号前后各加一个空格，否则系统会报错。

如果“&”符号前后没有空格，那么当操作数是字符串或变量名时，作为字符串连接符；当操作数是数值常量时，则作为八进制标志符处理。

（4）字符串运算符“+”说明 “+”的作用是将其连接的两个字符串连接在一起，生成一个新的字符串。此时，参与运算的操作数只能是字符串常量或字符串变量。例如，“VB案例”+“教程”，运算结果为“VB案例教程”。

信息卡

“+”既可作为算术运算符，又可作为字符串连接运算符。VB规定：当“+”运算符前后操作数均为数值型数据时，做加法；当“+”前后操作数有一个为数值型数据，另一个为纯数字组成的字符串时，将字符串转化为数值型数据做加法；当“+”前后操作数都是字符串类型数据时，做字符串连接；当“+”前后操作数有一个为数值型数据，另一个不是纯数字组成的字符串时，则产生类型不匹配错误，系统报错。

6. 日期运算符和日期表达式

（1）日期运算符 日期型数据是一种特殊的数值型数据，对于日期型数据可以进行“+”、“-”运算，此时，“+”和“-”作为日期运算符，可以连接日期型数据和数值型数据。

（2）日期表达式 日期表达式是由日期型数据和日期运算符以及数值型常量、变量或函数组成的式子。

（3）日期型数据做加、减法 有三种情况：

1）两个日期型数据相减，运算结果为两个日期相差的天数，是一个数值型数据。例如，#07/21/2010# - #08/01/2010#，结果为11。

2）一个日期型数据与一个数值型数据n相加，结果为该日期向后推n天的日期。例如，#07/21/2010#+20，结果为#08/10/2010#。

3）一个日期型数据减去一个数值型数据n，结果为该日期向前推n天的日期。例如，#08/15/2010# - 20，结果为#07/26/2010#。

7. 运算符的优先级

1）在一个表达式中进行多个运算时，每一部分都会按预先确定的顺序进行计算求解，这个顺序被称为运算符优先级。

2）在VB的表达式中，按照括号、函数、运算符的顺序运算。对于运算符运算的优先级如下：

算术运算符→字符串连接运算符（“&”）→关系运算符→逻辑运算符

VB中运算符优先级见表2-6。

3）同级运算符运算顺序为从左到右依次计算。例如，当乘法和除法同时出现在表达式中时，按照从左到右出现的顺序处理每个运算符。同样，当加法和减法同时出现在表达式中时，也按照从左到右出现的顺序处理每个运算符。

4）括号可改变优先级的顺序，强制优先处理表达式的某部分。括号内的操作总是比括号外的操作先被执行。但是在括号内，仍保持正常的运算符优先级。

5）当指数运算和负号相邻时，负号优先。例如，4^-2结果为0.0625。

8. 数据类型转换

1）在表达式中常常会出现不同数据类型混合运算的情况，在这种情况下，需要进行数据类型转换。

2）VB 对数据类型转换的有两种方式：系统自动转换和使用转换函数转换。

表 2-6　运算符优先级

分类	运　算　符	类内优先级	总体优先级
算术运算符	^ -（负号） *、/ \ Mod +、-	高 ↓ 低	高 ↓ 低
字符串运算符	&、+（字符串连接符）	同级	
关系运算符	>、>=、<、<=、<>、Like、Is	同级	
逻辑运算符	Not And Or Xor Eqv Imp	高 ↓ 低	

3）系统自动转换。对于算术运算，当参与运算的数据具有不同的精度时，系统会自动进行数据类型转换，数据运算以精度高的数据类型为准。进行关系运算和逻辑运算时，将数值型数据转换为逻辑值，非 0 为 True，0 为 False。进行字符串连接运算时，根据之前介绍的“&”和“+”的运算规则转换。

4）转换函数。具体内容会在下面内容中介绍。

9. 表达式书写规则

1）乘号不能省略。

2）括号必须成对出现，且都用圆括号。

3）表达式从左至右在同一基准上写，无高低、大小之分。

10. 常用系统函数

（1）函数的分类　VB 中函数分为两类：系统函数和用户自定义函数。

（2）系统函数也称为内部函数或标准函数，是由系统定义好，供用户使用的函数。在程序中需要使用某个系统函数时，只要给出函数名称和相应参数，运行时就可以得到该函数的函数结果（函数值）。

（3）VB 的常用系统函数　包括数学函数、字符串函数、转换函数、时间/日期函数、随机函数和格式输出控制函数。

（4）数学函数

1）Abs（x）：返回自变量 x 的绝对值。例如，x = -8，y = Abs(x)，运行后 y 的值为：8。

2）Sqr（x）：返回自变量 x 的平方根。例如，x =25，y = Sqr(x)，运行后 y 的值为：5。

3）Sgn（x）：返回自变量 x 的符号。例如，x1 = -3.7，x2 =6，y1 = Sgn(x1)，y2 = Sgn(x2)，运行后 y1 的值为：-1，y2 的值为：1。

4）Exp（x）：返回以e为底，以x为指数的值。例如，x=0，y= Exp(x)，运行后y的值为：1。

5）Log（x）：返回x的自然对数。例如，x=1，y= Log(x)，运行后y的值为：0。

6）Sin（x）：返回自变量x的正弦值。例如，x=30，y= Sin(x*3.14159/180)，运行后y的值为：0.5。

信息卡

如果x的值是以角度给出的，需要使用公式：x*3.14159/180转换成弧度再调用函数计算。

7）Cos（x）：返回自变量x的余弦值。例如，x=60，y= Cos（x*3.14159/180），运行后y的值为：0.5。

8）Tan（x）：返回自变量x的正切值。例如，x=45，y= Tan（x*3.14159/180），运行后y的值为：1。

9）Atn（x）：返回自变量x的反正切值。例如，x=0，y= Atn（x），运行后y的值为：0。

（5）转换类函数

1）Asc（c）：返回字符串x中第一个字符的ASCII字符。例如，c= "AB"，n= Asc（c），运行后n的值为：65。

2）Chr（n）：把x的值转换为相应的ASCII字符。例如，n=66，c= Chr（n），运行后c的值为："B"。

信息卡

对于返回值为字符串类型的函数，可以在函数名之后加"$"符号，表示该函数返回值为字符串类型。这种写法，对函数功能没有影响。例如，函数Chr(n)写成Chr$(x)，只是写法不同而已。

3）Str（n）：把x的值转换为一个字符串。例如，n=3.14159，c= Str（n），运行后c的值为："3.14159"。

4）Val（c）：将数值字符串转换为数值型数据。例如，c= "3.14159"，n= Val（c），运行后n的值为：3.14159。

5）Int（x）：将浮点型数据转换为整型数据。例如，x1=5.9，x2= -5.9，y1= Int（x1），y2= Int（x2），运行后y1的值为：5，y2的值为：-6。

6）Fix（x）：将浮点型数据转换为整型数据。例如：x1=5.9，x2= -5.9，y1= Fix（x1），y2= Fix（x2），运行后y1的值为：5，y2的值为：-5。

7）LCase（c）：将字符串c中的大写字母转换为小写字母。例如，c= "Visual Basic 6.0"，s=LCase（c），运行后s的值为："visual basic 6.0"。

8）UCase（c）：将字符串c中的小写字母转换为大写字母。例如，c= "Visual Basic 6.0"，s= UCase（c），运行后s的值为："VISUAL BASIC 6.0"。

9）此外，转换函数还有：

Hex（x），把一个十进制数转换为十六进制数。

Oct（x），把一个十进制数转换为八进制数。

Cint（x），把x的小数部分四舍五入，转换为整数。

Ccur（x），把x的值转换为货币类型值，小数部分最多保留4位且自动四舍五入。

CDbl（x），把x值转换为双精度数。

CLng（x），把x的小数部分四舍五入转换为长整型数。

CSng（x），把x值转换为单精度数。

Cvar（x），把x值转换为变体类型值。

（6）字符串处理函数

1）Len（c）：求字符串的长度。例如，c = “Visual Basic 6.0 案例教程”，n = Len（c），运行后n的值为：20。

2）Left（c，n）、Right（c，n）、Mid（c，p，n）：分别返回字符串c左边、右边和中间的n个字符。例如，c = “Visual Basic 6.0”，s1 = Left（c，3），s1 = Right（c，3），s1 = Mid（c，3，6），运行后s1的值为：“Vis”，s2的值为：“6.0”，s2的值为：“sual B”。

3）LTrim（c）、RTrim（c）、Trim（c）：分别去掉字符串左边、右边、左右两边的空格。例如，c = “ Visual Basic 6.0 ”，s1 = LTrim（c），s1 = RTrim（c），s1 = Trim（c），运行后s1的值为：“Visual Basic 6.0 ”，s2的值为：“ Visual Basic 6.0”，s3的值为：“Visual Basic 6.0”。

4）String（n，c）：返回由字符串c的首字符组成的n个字符的字符串。例如，c = “Visual Basic 6.0”，n = 5，s = String（n，c），运行后s的值为：“VVVVV”。

5）Space（n）：返回由n个空格组成的字符串。例如，n = 5，s = Space（n），运行后s的值为：“ ”。

6）InStr（n，c1，c2）：在字符串1中查找字符串2。例如，c1 = “Visual Basic 6.0”，c2 = “as”，n = 5，x = InStr（n，c1，c2），运行后x的值为：9。

信息

> InStr（n，c1，c2）函数可以省略第一个参数n，InStr（c1，c2）从第一个字符开始查找。

（7）时间日期函数

1）Date函数：返回系统日期。例如，d = Date，运行后d的值为：2010－7－10。

2）Time函数：返回系统时间。例如，t = Time，运行后t的值为：15：34：28。

3）Year（d）、Month（d）、Day（d）：三个函数的功能分别为返回日期中的年、月、日。例如，d = #07/16/2010#，n1 = Year（d），n2 = Month（d），n3 = Day（d），运行后n1的值为：2007，运行后n2的值为：7，运行后n3的值为：16。

4）Hour（t）、Minute（t）、Second（t）三个函数的功能分别为返回时间中的小时、分钟、秒。例如，t = #18：07：16#，n1 = Hour（t），n2 = Minute（t），n3 = Second（t），运行后n1的值为：18，运行后n2的值为：7，运行后n3的值为：16。

5）WeekDay（d）：返回日期的星期号。例如，d = #07/16/2010#，n = WeekDay（d），运行后 n1 的值为：6。

（8）随机函数 Rnd [（x）]

1）产生一个 0 ~ 1 之间的单精度随机数。省略 x 或 x > 0，每次产生不同的随机数；n = 0，每次产生与上次相同的随机数；n < 0，每次产生相同的随机数。

2）调用 Rnd 函数之前使用 Randmize 来初始化随机数发生器，避免产生相同的随机数。

信息卡

Rnd 函数常与 Int 函数配合使用，用于生成一定范围内的随机数。

- Int（Rnd * n）：生成 0 ~ n − 1 中的某个随机整数。
- Int（Rnd * n）+ 1：生成 1 ~ n 中的某个随机整数。
- Int（Rnd *（n − m + 1））+ m：生成 m ~ n 的某个随机整数。
- Chr（Int（Rnd * 26）+ 65）：随机生成一个大写字母。
- Chr（Int（Rnd * 26）+ 97）：随机生成一个小写字母。

（9）其他函数　除以上类型函数之外，VB 中常用的函数还包括输入输出函数和文件访问函数。其中，输出函数会在本章后面内容中介绍，文件访问函数将在本书后面章节中介绍。

子任务 4　掌握数据的输出与输入

数据的输入与输出对于应用程序来说是必不可少的部分，是实现人机交互的必经环节。VB 采用界面与代码结合的程序设计方法设计出 Windows 应用程序，这就使得数据的输入与输出灵活了许多，数据输入一般通过窗体中的控件对象来完成，而输出则既可通过窗体中的控件对象显示，也可通过输出函数实现。同时，VB 还为用户提供了输入对话框和消息对话框两种对话框，使用户可以轻松地实现数据的输入与输出。

对于能够实现数据输入输出的控件的使用，本书会在后面章节中加以介绍，本节重点介绍数据输出函数的使用，以及输入对话框和输出消息对话框的使用。

【案例 2-21】　使用数据输出函数输出数据信息。

实现该案例代码如下：

```
Private Sub Form_ Click ()
    Form1. Print " 第一行数据"                              【1】
    Print " 第二行数据"                                     【2】
    Print " 第三行数据 1"; " 第三行数据 2"                  【3】
    Print " 第四行数据 1"; Tab (30); " 第四行数据 2"        【4】
    Print " 第五行数据 1"; Tab (10); " 第五行数据 2"        【5】
    Print                                                   【6】
    Print 7                                                 【7】
    End Sub
```

该程序的运行结果如图2-43所示。

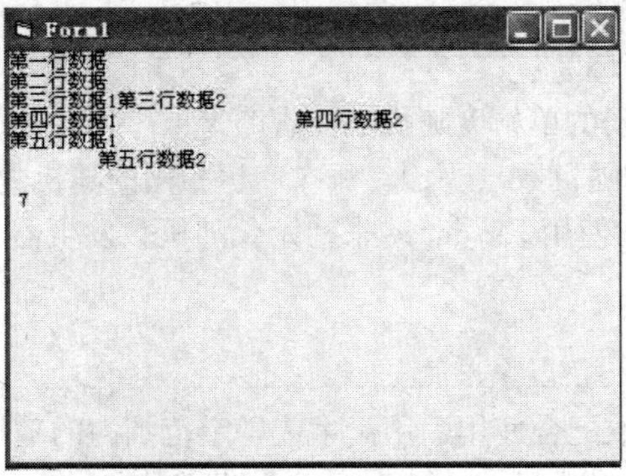

图2-43 运行结果

代码详解：

【1】 在窗体单击事件中完成多行数据的输出。第一行在窗体中输出字符串。

信息卡

Print 函数的基本语法格式为：［对象名.］Print 输出参数。当对象为当前窗体时可以省略。

【2】 第二行与第一行功能类似，但省略了 Print 前面的对象名称。

【3】 第三行在同一行输出两部分字符串。

信息卡

同一个 Print 语句输出多个参数时，参数中间用分号（;）分开即可。

【4】 第四行输出两部分字符串，在两部分中间添加了空格进行分隔。

信息卡

Tab 函数实现输出位置控制。Tab（30）表示从当前窗体的第30列开始输出。

【5】 第五行同样在输出的两部分中间添加空格，但由于空格不足以放下前面一部分，因此，第二部分换行输出。

信息卡

当输入位置已经有输出内容的时候，系统会自动换行，在下一行的该列进行输出。

【6】 没有输出内容，起到换行的作用。

信息卡

> Print 函数没有参数时，会输出一个回车，即起到换行的作用。

【7】 输出参数不是字符串类型常量，而是整数类型常量 7。

信息卡

> Print 函数的参数为字符串类型常量时需加双撇号，除此之外的情况一律直接输出。

【案例 2-22】 使用数据输出函数配合格式控制函数输出数据信息。

实现该案例代码如下：

```
Private Sub Form_ Click ( )
    Print Format (12345.6, " 000, 000.00")          【1】
    Print Format (12345.6, " ###, ###.##")          【2】
    Print Format (12345.6, " ###, ##0.00")
    Print Format (12345.6, "  -###, ##0.00")        【3】
    Print Format (0.123, " 0.00%")                  【4】
    Print Format (12345.6, " 0.00E+00")             【5】
    Print Format (0.1234567, " 0.00E-00")
End Sub
```

该程序的运行结果如图 2-44 所示。

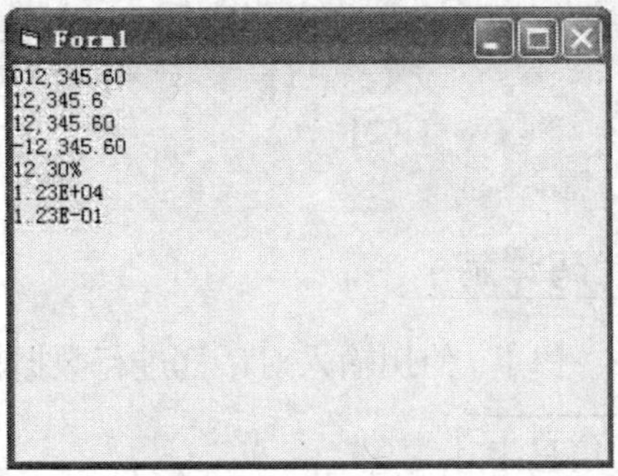

图 2-44 运行结果

代码详解：

【1】 以“0”作为格式说明符，不足位数的用 0 来补足。

【2】 以“#”作为格式说明符，如果数据位数少于说明符位数，则不用 0 补足。

【3】 使用“-”作为负号说明符，会在数据前面添加“-”号表示负数。

【4】 数据输出使用了“%”，将数据以百分数形式输出。

【5】 数据以指数形式输出。

【案例 2-23】 使用输入对话框输入三角形的三边长，在窗体中输出面积。

实现该案例的步骤：

1）新建工程，进行界面设计，设计效果如图 2-45 所示。

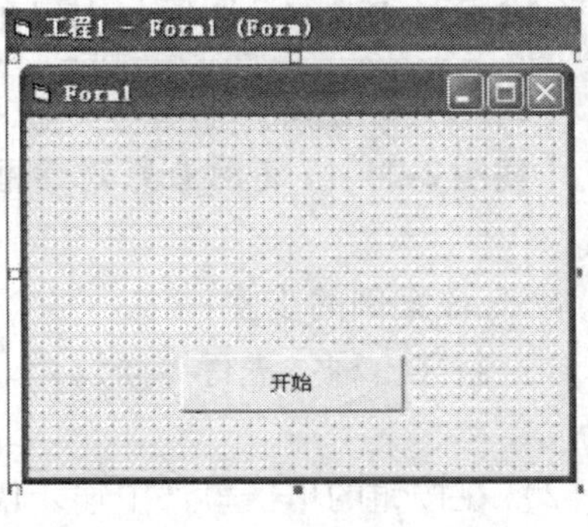

图 2-45 界面设计

2）在按钮的单击事件中输入代码。

3）运行程序，运行过程需要在输入对话框中输入数据，如图2-46所示。运行结果如图2-47所示。

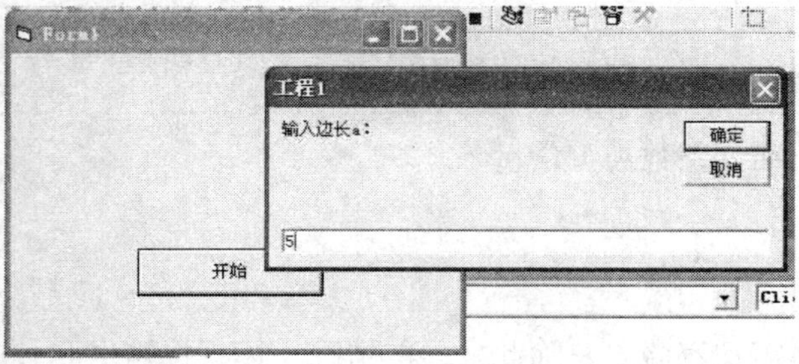

图2-46 运行过程

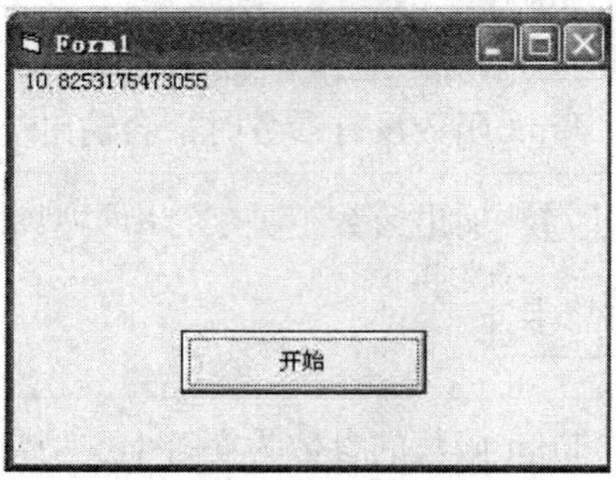

图2-47 运行结果

实现该案例代码如下：

```
Private Sub Command1_ Click ()
    Dim a As Single
    Dim b As Single
    Dim c As Single
    a = InputBox (" 输入边长 a:")【1】
    b = InputBox (" 输入边长 b:")
    c = InputBox ( “输入边长 c:”)
    Dim p As Single
    Dim s As Double
    p = (a + b + c) / 2
    s = Sqr (p * (p - a) * (p - b) * (p - c))
    Print s【2】
End Sub
```

代码详解：

【1】 使用输入对话框进行数据输入，并将输入的数据值赋给变量。

信息卡

输入对话框的返回值与用户在输入对话框中输入的数据一致。

【2】 直接在窗体中输出变量s对应的值。

【案例2-24】 使用消息对话框，提示用户登录结果。

实现该案例的步骤：

1）新建工程，进行界面设计，设计效果如图2-48所示。

2）在按钮的单击事件中输入代码。

3）运行程序，运行结果如图2-49所示。

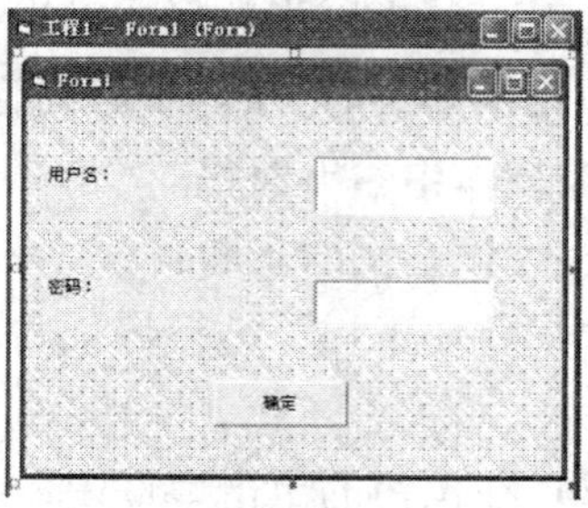

图2-48 界面设计

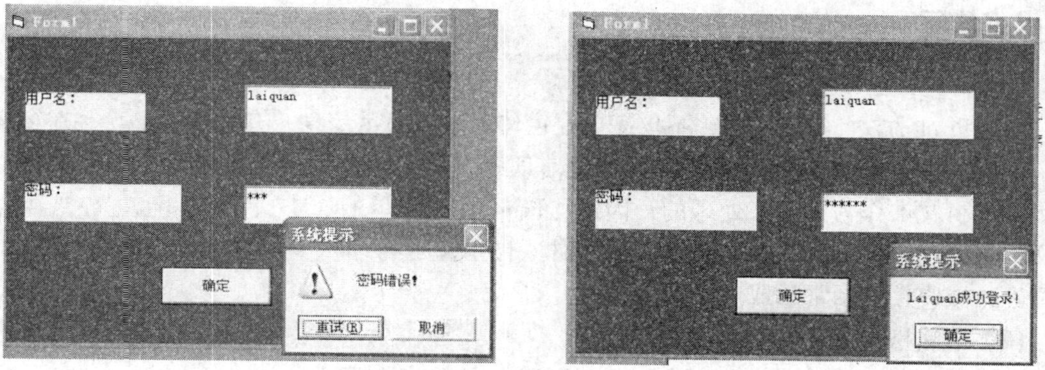

图 2-49　运行结果

实现该案例代码如下：

```
Private Sub Command1_ Click ( )
    Dim sname As String
    sname = Text1. Text
    Dim spw As String
    spw = Text2. Text                                              【1】
    If spw = "123456" Then                                         【2】
        MsgBox sname + "成功登录!", vbOKOnly, "系统提示"           【3】
    Else
        MsgBox " 密码错误!", 48 + 5, "系统提示"                    【4】
    End If
    End Sub
```

代码详解：

【1】 将用户在文本框 Text2 中输入的内容存入变量 spw 中，以供后面代码进行密码正确与否的判断。

【2】 使用 if 语句进行条件判断，判断密码是不是等于"123456"。关于 if 语句的详细内容将会在本书后面的模块中介绍。

【3】 如果密码等于"123456"，使用消息对话框提示用户登录成功。

信息卡

> MsgBox 三个参数分别表示提示信息、消息框按钮和图表样式、消息框标题。

【4】 否则，如果密码不等于"123456"，使用消息对话框提示用户密码错误。

信息卡

> 消息框按钮和图标样式的设置可以使用数值相加的方式表示，也可以使用 VB 内置常量表示。

知识点详解：

1. Print 方法

（1）Print 方法　在 VB 中，不仅需要在窗体对象中显示信息，有时还需要直接在窗体中显示内容。而 Print 方法正是专门用来输出信息的一个方法过程。使用 Print 方法显示的文本实际上是将文本作为图像来处理的，因此，Print 方法显示的文本或字符串也往往被当做图形文本来处理。Visual Basic 允许程序在窗体、图形框或打印机上使用 print 方法来显示文本字符串，或直接显示常量或变量的值。

（2）语法格式

[对象名称]. Print [Spc(n)|Tab(n) 输出内容列表][;|, …]

信息卡

> 输入 Print 方法时可以用问号（?）代替，运行时系统会自动将问号翻译成 Print。

语法具体说明：

1）对象：是指定文本显示的地方。对象可以是窗体名称（Form）、图片框名称（Picture）或者打印机（Printer），也可以是立即窗口（Debug）。Print 方法中对象名称可以省略，如果省略“对象名称”，则是指在当前窗体上输出。

2）Spc（n）：可选项，作用是用来在输出的内容中插入空白字符（即空格），这里 n 是需要插入的空白字符个数。

3）Tab（n）：可选项，作用是用来将插入点定位在绝对列号上，这里 n 为列号。

4）输出内容列表：要输出的常量或变量或者表达式。输出常量可直接写，注意字符串常量需加双撇号；输出变量只需写变量的名称即可，运行时系统会自动查找变量的数据类型并计算变量的值，将具体的值进行输出；输出内容也可以是表达式，这种情况下在运行时会计算该表达式的值，并输出该值。输出内容可以为空，如果没有输出内容则会输出一个空行，起到换行的作用。

5）一个 Print 方法语句可以输出多项内容，其间使用逗号（,）或分号（;）进行分隔：使用逗号，会将逗号后的下一个输出字符的输出位置定位在下一个制表符上（一个制表符为 14 个字符的宽度）；使用分号，直接将插入点定位在上一个被显示字符之后，即连续输出，中间没有空格。

信息卡

> 在默认的情况下，Print 方法在窗体的加载事件（Form_ Load）中是不起作用的，如果需要在这个事件中使用 Print 方法，需要将窗体的 AutoRedraw 属性设置为 True，或者在事件过程中加上 Form. Show 方法。

（3）与 Print 方法相关的函数

1）Tab 函数。

- Tab 函数的使用语法格式：

Tab [(n)]

其中，n 为数值表达式，表示输出对象的绝对列号。

● Tab 函数的作用是将其后面要输出的内容输出在绝对列号位置上。例如，Tab (20) 表示将其后面的内容输出在第 20 列上。如果省略 n，只写 Tab，表示将其后面的内容输出在下一个打印起点上，此时功能与逗号类似。如果 n 的值小于当前输出位置，也就是说本行列号为 n 的位置上已经有输出内容，则会将其后面的内容输出在下一行列号为 n 的位置上。

●使用 Tab 函数可以实现整齐地排列输出。

例如：

```
Private Sub Form_ Paint ( )
    Print " 12345678901234567890123456789O"
    Print Tab (1);" 姓名"; Tab (10); " 性别"; Tab (20); " 地址"
End Sub
```

以上代码实现：在第 1 列输出“姓名”，在第 10 列输出“性别”，在第 20 列输出“地址”。

2) Spc 函数。

● Spc 函数的语法格式：

Spc (n)

其中，n 为 0 ~ 32767 之间的整数。

● Spc 函数的作用是用于显示指定数量的空格。

例如：

```
Private Sub Form_ Paint ( )
    Print " 123456789012345678901234567890"
    Print " 姓名"; Spc (6); " 性别"; Spc (6); " 地址"
End Sub
```

以上代码实现：在第一个字符串“姓名”后插入 6 个空格，在第二个字符串“性别”后插入 6 个空格并写上“地址”。

3) 输出格式控制 Format 函数：

● Format 函数的语法格式：

Format（表达式，格式字符串）

其中，表达式可以是数值型、日期型或字符型的表达式。

● Format 函数的功能是：按“格式字符串”指定的格式输出“表达式”的值。如果省略“格式字符串”，Format 函数的功能与 Str 函数基本相同。差别是，当把正数转换成字符串时，Str 函数在字符串前面会留有一个空格，而 Format 函数则不留空格。

● Format 函数中字符串的常用格式说明符有三类：

第一类：数字的格式化输出。

格式说明符“#”，用于显示一个数字或者什么都不显示，并且不在数字的前面和后面补零。

格式说明符“0”，用于显示数字。如果要显示的数值的位数小于“0”的个数，多余的位用 0 补足。

例如，Print Format (12345," 00000000")，Print Format (12345," ########")，以上

两句输出结果为：00012345，12345。

格式说明符“.”，表示小数点占位符。“.”与“#”或“0”配合使用，可以放在显示区段的任何位置。根据格式字符串的位置，小数部分多余的数字按四舍五入处理。

例如，Print Format（350.72，"###.##"），Print Format（4.876，"000.00"），以上两句输出结果为：350.72，004.88。

格式说明符“,”表示千位分隔符。与“#”或“0”配合使用，在格式字符串中插入逗号，起到“分位”作用，即从小数点开始，每3位用一个逗号分开。逗号可以放在小数点左边（注意：不要放在头部和紧靠在小数点的尾部）的任何位置。

例如，Print Format（12345.678，"#，####.##"），Print Format（12345.678，"，#####.##"），以上两句的输出结果为：1，2345.68，，12345.68。显然，第二句是没有意义的。

格式说明符“%”，表示百分比符号占位符，通常放在格式字符串的尾部，用来输出百分号，此时表达式的值会被乘以100。

例如，Print Format（.2377，"00.0%"），以上语句的运行输出结果为：23.8%。

格式说明符“$”，表示美元符号占位符，通常放在数值的首位，即可在所要显示的数值前面添加一个美元符号“$”。

例如，Print Format（548.2，"$####0.00"），以上语句执行结果为：$548.20。

格式说明符“+”和“-”，表示正负号占位符，其作用分别为在所要显示的数值前加上正号或负号，使显示的数值为正、负数。通常将“+”或“-”放在格式字符串的前面，保证输出的数值有意义。

例如，Print Format（748.52，" -0000.00"），Print Format（748.52，" +0000.00"），Print Format（-378.52，" -0000.00"），Print Format（-378.52，" +0000.00"），以上语句的输出结果为：-0748.52，+0748.52，--0378.52，-+0378.52。

显然后面两句是没有意义的输出。

格式说明符“E+”和“E-”，表示指数符号占位符。“E+”和“E-”两个符号都是用于以指数形式显示数值，两个符号的作用基本是一样的。

例如，Print Format（5254.52，"0.00E+00"），Print Format（5274.52，"0.00E-00"），Print Format（0.0527452，"0.00E+00"），Print Format（0.0527552，"0.00E-00"），以上语句的输出结果为：5.25E+03，5.27E03，5.27E-02，5.28E-02。

第二类：字符串格式输出。

格式说明符“@”，表示字符串占位符。当字符串字符数多于格式说明符时，原样输出；当字符串字符数少于格式说明符时，在前面以空格补足。

例如，Print Format（"abc123"，"@@@"），Print Format（"abc123"，"@@@@@@@@"），以上两句的输出结果为：abc123， abc123。

第三类：时间日期格式输出。

格式说明符“tttt”，表示以“时：分：秒”的形式显示时间。

例如，Print Format（#3：04：05 AM#），Print Format（#3：04：05 AM#，"ttttt"），以上语句的运行结果为：3：04：05，3：04：05。

格式说明符“h时m分s秒”，表示以时间配合中文字说明的形式输出时间，中文字可以是任意的文字，但必须使用h表示小时、m表示分钟、s表示秒，否则使用其他字母将原样输出。

例如，Print Format（#3：04：05 AM#，" h时m分s秒"），以上语句的输出结果为：3小时4分5秒。

格式说明符“dddddd”，表示按照日期控制面板中的日期格式显示日期。

例如，Print Format（#3/3/2009#），Print Format（#3/3/2009#，" dddddd"），以上语句的输出结果为：2009-3-3，2009年3月3日。

格式说明符“yymmdd”，y代表年份位数，m代表月份位数，d代表日期位数。

例如，Print Format（#3/3/2009#，" yymmdd"），Print Format（#3/3/2009#，" yyyymmdd"），以上两句输出结果为：090303，20090303。

为了增加灵活性，Format函数还提供了命名格式，可以在运行时自动决定使用何种转换，包括General date、long date、medium date和short date。

例如，Print Format（#3/3/2009#，" General date"），Print Format（#3/3/2009#，" long date"），Print Format（#3/3/2009#，" medium date"），Print Format（#3/3/2009#，" short date"），以上语句输出结果为：2009-3-3，2009年3月3日，09-03-03，2009-3-3。

2. 输入对话框

（1）VB中数据的输入方式　主要有两种：第一种，在窗体中使用窗体对象进行数据的输入，如文本框等；第二种，使用系统提供的专门用于数据输入的对话框进行输入，即“输入对话框”。使用输入对话框的方法是在代码语句中运用InputBox函数。

（2）InputBox函数的语法格式

InputBox（提示信息［，对话框标题］［，默认值］［，X，Y］［，帮助文档，内容］）

语法具体说明：

1）提示信息是InputBox函数必不可少的参数，其数据类型为字符串型，内容为在对话框中显示的提示信息。最大长度不得超出1024个字符。如果提示信息包含多个行，可以在各行之间用回车符［Chr（13）］、换行符［Chr（10）］或回车换行符的组合［Chr（13）& Chr（10）］来进行分隔。其对应的VB常量为vbCr、vbLf、vbCrLf。

2）对话框标题为可选参数，其数据类型为字符串类型，会显示在输入对话框的标题栏中，如果省略title，则把应用程序名放入标题栏中。

3）默认值为可选参数，显示文本框中的字符串表达式，在没有其他输入时作为默认值。如果省略default，则文本框为空。

4）X、Y成对出现，分别用于指定输入对话框左边和上边显示时距离显示器屏幕左边和上边的距离。如果省略，则对话框会在水平方向居中，在垂直方向大约为距离显示器屏幕上边1/3处。

5）帮助文档和内容同样成对出现，帮助文档指定帮助文件，用该文件为对话框提供上下文相关的帮助。内容则由帮助文件的作者指定给某个帮助主题的上下文编号。如果同时提供了帮助文档与内容，用户可以按“F1”键来查看与内容相应的帮助主题。

信息卡

> 如果不希望指定前面的参数而指定后面的参数，需要使用逗号进行分隔占位。

（3）InputBox 功能说明

运行过程中如果用户单击“确定”按钮，InputBox 则会返回用户输入的数据；如果用户单击“取消”按钮，则返回空字符串。

InputBox 一次只能输入一个数据。

信息卡

未打补丁的 VB，使用输入对话框输入中文会出现乱码，安装补丁之后即可消除此问题。

3. 消息对话框

（1）消息对话框的作用　是在屏幕上显示提示、警告、错误信息或询问性信息。此功能可以通过用户自行设计对话框实现，但这样会花费掉较多时间，给编程带来麻烦。VB 为用户提供的消息对话框，可直接通过 MsgBox 函数或方法实现，简单明了，最大的优点是消息对话框符合微软公司软件设计的提示信息对话框风格，使得使用程序的人容易理解。

（2）消息对话框的组成　消息对话框由提示信息、标题栏、图表和按钮组成。

（3）MsgBox 函数　语法格式：

MsgBox（提示信息［，按钮和图标类型］［，标题］［，帮助文档，内容］）

语法具体说明：

1）提示信息是必要的参数，其类型为字符串表达式，作用是显示在对话框中的信息。提示信息的最大长度不得超出为 1024 个字符，由所用字符的宽度决定。如果提示信息为多行内容时，可以在每一行之间用回车符［Chr（13）］、换行符［Chr（10）］或是回车与换行符的组合［Chr（13）& Chr（10）］将各行分隔开来。这一点与输入对话框相同。

2）按钮和图标类型在消息对话框中是较为灵活的，程序设计人员可根据具体情况进行选择。该参数是可选参数，由四类数值相加产生，具体类型和值见表 2-7。例如，3 + 64 和 67 和 vbYesNoCancel + vbInformation 表示相同含义。

3）标题参数可选，会显示在消息对话框的标题栏中。如果省略，则在标题栏中显示工程名称。

4）帮助文档与内容参数与输入对话框功能相同，为成对出现，指定帮助文档。

消息对话框函数具有返回值，其返回值取决于用户在消息对话框中单击的按钮。表 2-8 列出了单击不同按钮不同的返回值。程序设计中可根据不同的返回值做进一步处理。

表 2-7　消息对话框按钮图标参数值和含义

分　类	符 号 常 量	取值	含　义
按钮类型	vbOkOnly	0	显示“确定”按钮
	vbOkCancel	1	显示“确定”和“取消”按钮
	vbAbortRetryIgnore	2	显示“终止”、“重试”、“忽略”按钮
	vbYesNoCancel	3	显示“是”、“否”、“取消”按钮
	vbYesNo	4	显示“是”、“否”按钮
	vbRetryCancel	5	显示“重试”、“取消”按钮

（续）

分　类	符号常量	取值	含　义
图标类型	vbCritical	16	显示图标
	vbQuestion	32	显示图标
	vbExclamation	48	显示图标
	vbInformation	64	显示图标
默认按钮	vbDefaultButton1	0	设置第一个按钮为默认值
	vbDefaultButton2	256	设置第二个按钮为默认值
	vbDefaultButton3	512	设置第三个按钮为默认值
强制返回类型	vbApplicationModal	0	应用模式
	vbSystemModal	4096	系统模式

表 2-8　消息对话框返回值

符号常量	返回值	含　义	符号常量	返回值	含　义
vbOk	1	单击“确定”按钮	vbIgore	5	单击“忽略”按钮
vbCancel	2	单击“取消”按钮	vbYes	6	单击“是”按钮
vbAbort	3	单击“终止”按钮	vbNo	7	单击“否”按钮
vbRetry	4	单击“重试”按钮			

（4）MsgBox 语句　语句格式：

MsgBox 提示信息[，按钮和图标类型][，标题][，帮助文档，内容]

其中，所有参数均与 MsgBox 函数相同。

MsgBox 语句与 MsgBox 函数不同之处在于 MsgBox 语句没有返回值。

学 材 小 结

本模块为进行 VB 程序开发的前期准备学习模块，了解本模块中的内容会对日后使用 VB 进行程序设计开发大有益处。本模块主要包括三个方面的内容：①介绍了 VB 6.0 软件的安装、启动、退出、卸载等方法；②介绍了 VB 集成开发环境的各部分名称与功能，以及使用方法；③重点介绍了 VB 语法基础知识。这三方面的知识分为两个任务进行了学习，其中第二个任务更为重要。

通过本模块的学习，需要掌握：①能够根据安装向导安装 VB 6.0 软件；②学会几种启动 VB 的方法；③能够熟练操作 VB 集成开发环境中的各面板和窗口相关操作；④了解 VB 基本数据类型；⑤能够根据程序设计需求定义和使用变量及常量，以及灵活运用运算符和表达式；⑥能够灵活地使用数据输入、输出实现程序功能。

理论知识

1．填空题

（1）表达式 NOT（" ABC" =" ABK"）OR（" abc" =" habc"）的结果为____________。

(2) Visual Basic 6.0 的三个版本分别为________、________和 ________。

(3) INT（-7.3）=____________。

(4) 返回系统日期的函数是____________。

(5) 三个逻辑运算符 NOT、AND 和 OR 在运算过程中，优先级最高的是________，最低的是 ________。

(6) VB 工程文件的扩展名为________________。

(7) 退出 VB 的方法之一是通过“文件”菜单中的________________命令实现。

(8) 3^2 * 12 - 4^（2/4）的值为________________。

(9) 33 mod 17 \ 3 * 2 的值为________________。

(10) 设 m =" morning"，Left（m，3）结果为________________。

(11) 下列语句执行后，s 的值为________________。

s =" VB 程序设计案例教程"

s = Right（s，2）+Mid（s，4，2）

(12) True Xor Not 10 的值为________________。

(13) Month（#5/4/2007#）的值为________________。

(14) Str（3.14159）的值为________________。

(15) Fix（15.86）=________________

2. 选择题

(1) 关于 VB 6.0，下列说法不正确的是（　　）。

A. 面向对象的可视化设计平台　　B. 事件驱动的编程机制

C. 结构化的程序设计语言　　D. 面向过程的程序设计平台

(2) 创建一个 VB 程序的基本步骤应该是（　　）。

A. 创建界面、设置属性、编写代码　　B. 设置属性、编写代码、创建界面

C. 编写代码、创建界面、设置属性　　D. 编写代码、设置属性、创建界面

(3) 在 VB 中，11 \ 2 的运算结果是（　　）。

A. 5　　B. 0.5

C. 5.5　　D. 无此运算符

(4) 设 a=2，b=3，c=4，d=5，表达式 a>b AND c<=d OR 2*a>c 的值是（　　）。

A. True　　B. False

C. -1　　D. 1

(5) 要使 Print 方法在 Form_ Load 事件中起作用，要对窗体的（　　）属性进行设置。

A. BackColor　　B. BorderStyle

C. AutoRedraw　　D. Caption

(6) 当运行程序时，系统自动执行启动窗体的（　　）事件过程。

A. Load　　B. Click

C. Unload　　D. GetFocus

(7) VB 中声明和命名元素，以下说法错误的是（　　）。

A. 这些元素必须以字母或汉字开头

B. 它们不能包含句号或者类型声明字符

C. 它们的长度不能超过 8 个字符

D. 它们不能与关键字同名

(8) 表达式 3 & 6 的运算结果是（　　）。

A. 9　　B. 18

C. " 9"　　D. " 36"

(9) 设 a = 2，b = 3，c = 4，d = 5，表达式 a > b OR c < = d AND 50 * a > c 的值是（　　）。

A. True　　B. False

C. -1　　D. 1

(10) 表达式 16 / 4 - 2 * 3 mod 5 的值为（　　）。

A. 1　　B. -1

C. 2　　D. 3

(11) VB 6.0 集成开发环境的主界面中不包括（　　）。

A. 标题栏　　B. 工具栏

C. 状态栏　　D. 菜单栏

(12) VB 6.0 编辑工具栏中能够实现的功能是（　　）。

A. 查找　　B. 设置对象对齐方式

C. 设置代码缩进方式　　D. 新建窗体

(13) LEN (" 英语 ABC") = (　　)。

A. 5　　B. 6

C. 7　　D. 10

实训任务

案例 1. 求两数平方根。

【实训目的】

(1) 能够根据需要定义变量，选择恰当的数据类型。

(2) 学会使用数学运算符和数学表达式。

(3) 能够根据需要使用 VB 内部函数。

【实训内容】

本案例主要是运用数学运算符和内部函数计算两个数的平方根。

实现该案例代码如下：

```
Private Sub Command1_ Click ( )
    ________a As Single
    Dim b As Single
    Dim c As Double
    a = Text1. Text
    b = Text2. Text
    c = Sqr (a * a + (2) )
    Text3. Text = c
End Sub
```

案例2. 计算矩形周长和面积。

【实训目的】

（1）能够根据需要定义变量，选择恰当的数据类型。

（2）学会使用数学运算符和数学表达式。

（3）学会使用输入对话框输入进行数据。

【实训内容】

本案例主要使用输入对话框计算矩形的周长和面积。

实现该案例代码如下：

```
Private Sub Command1_ Click ()
    On Error GoTo err1
    Dim a As Single
    Dim b As Single
    a = InputBox ("输入矩形的长 (单位：厘米)")
    b = ________ ("输入矩形的宽 (单位：厘米)")
    Dim s As Single
    Dim c As Single
    s = a * b
    c = (__________) * 2
    Text1. Text = c
    Text2. Text = s
err1:
    Exit Sub
End Sub
```

案例3. 求一个三位数各个位上的数字。

【实训目的】

（1）能够根据需要定义变量，选择恰当的数据类型。

（2）能够根据需求分析问题，将数学知识转换为VB程序，解决问题。

【实训内容】

本案例主要是灵活运用所学知识，求出一个三位数各个位上的数字。

实现该案例代码如下：

```
Private Sub Command1_ Click ()
    Dim n As Integer
    Dim a As Integer, b As Integer, c As Integer
    n = Text1. Text
    a = n ________10
    c = n / 100
    b = (n - c * 100 - a) / 10
    Label1. Caption = Str (n) + "的百位上的数字为" + Str (________)
    Label2. ________ = Str (n) + "的十位上的数字为" + Str (b)
    Label3. Caption = Str (n) + "的个位上的数字为" + Str (a)
End Sub
```

案例4. 显示不同样式的消息对话框

【实训目的】

（1）学会使用消息对话框。

（2）能够根据实际需求，显示不同样式的消息对话框。

【实训内容】

本案例主要在程序中显示不同样式的消息对话框。需要显示的消息框样式如图2-50所示。

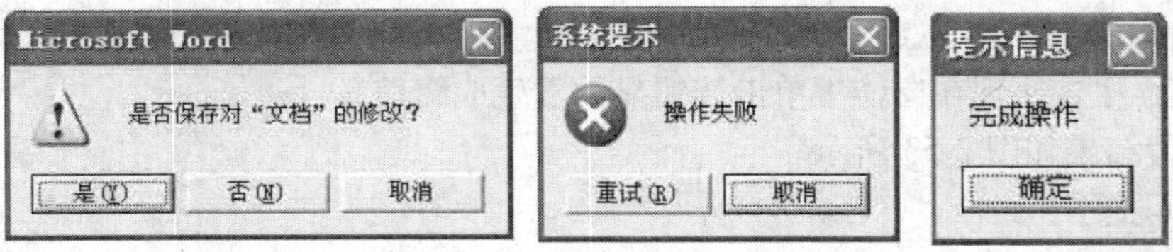

图2-50　需要显示的消息对话框样式

实现该案例代码如下：

```
Private Sub Ccmmand1_ Click ( )
    MsgBox " 是否保存对" 文档" 的修改?", ________________
End Sub
Private Sub Command2_ Click ( )
    MsgBox " 操作失败", 5 +16 +256, " 系统提示"
End Sub
Private Sub Command3_ Click ( )
    MsgBox " 完成操作", ________________, " 提示信息"
End Sub
```

拓展练习

1. 设计程序，实现华氏/摄氏温度转换。

转换公式如下：

华氏转换为摄氏：$℃ = \frac{5}{9}(℉ - 32)$

摄氏转换为华氏：$℉ = \frac{9}{5}℃ + 32$

图2-51　程序界面设计

程序界面如图2-51所示。

部分代码提示：

```
Private Sub Command1_ Click ( )
    ...
    c= (5 / 9) * (f - 32)
    ...
End Sub
...
```

2. 设计程序，实现在窗体中显示唐诗（唐诗内容可任选）。

程序运行结果如图 2-52 所示。

部分代码提示：

```
Private Sub Command1_ Click ( )
    ...
    Print Tab (8) ; " 城阙辅三秦，风烟望五津。"
    ...
End Sub
```

3. 设计程序，实现在窗体中单击按钮显示学生成绩信息。

程序运行结果如图 2-53 所示。

部分代码提示：

```
Private Sub Command1_ Click ( )
    ...
    Print Tab (13) ;" 学号" ; Tab (21) ;" 姓名" ; Tab (29) ;" 成绩"
    Print Tab (11) ; String (28, "  -")
    ...
End Sub
```

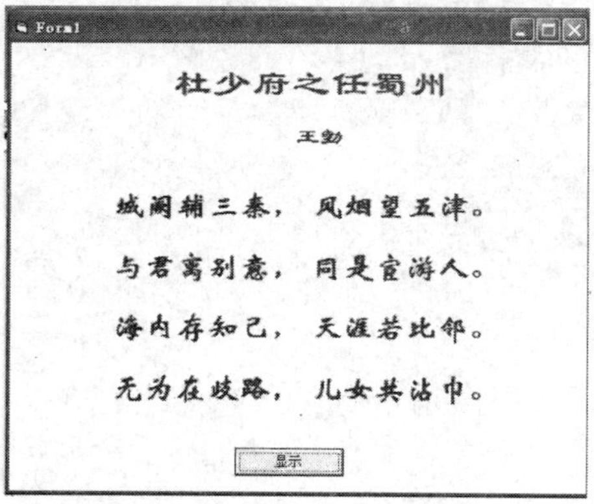

图 2-52　程序运行结果

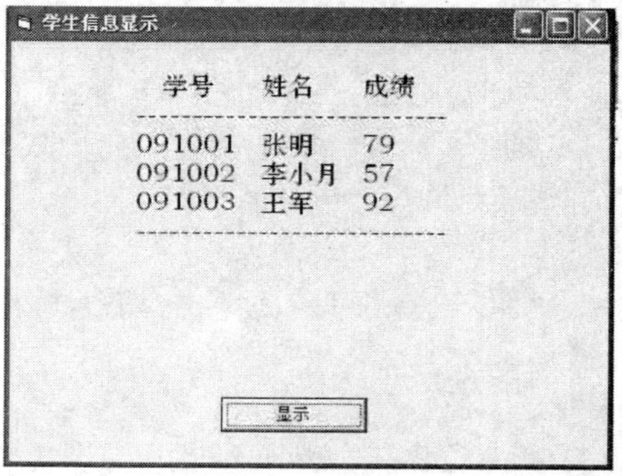

图 2-53　程序运行结果

模块三

VB程序设计初步

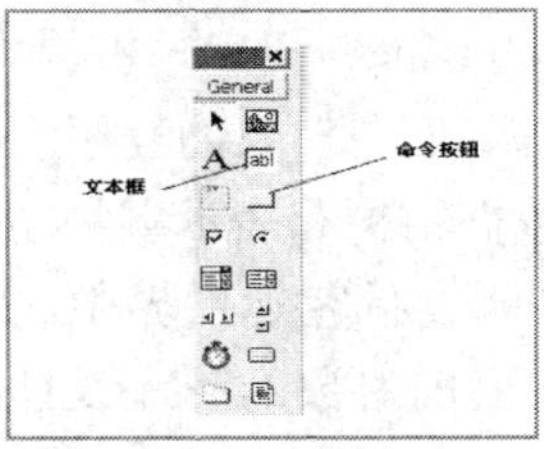

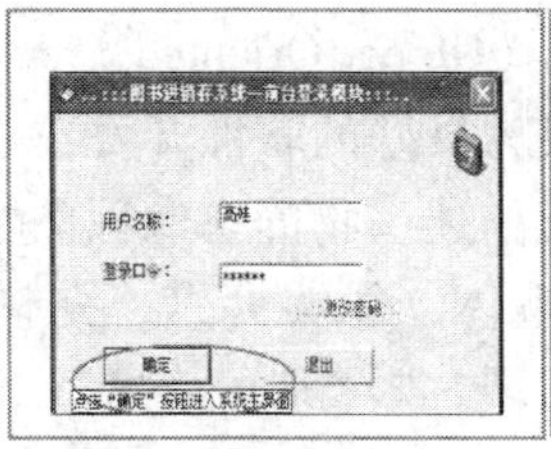

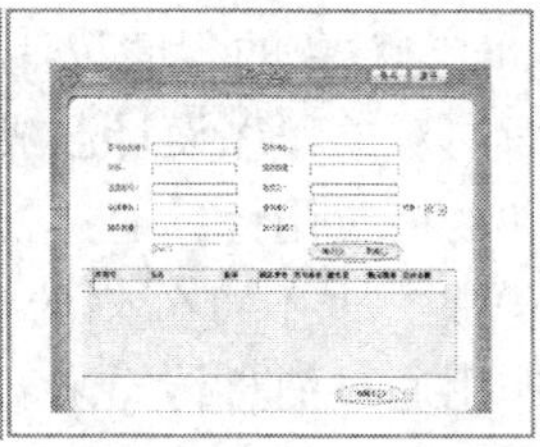
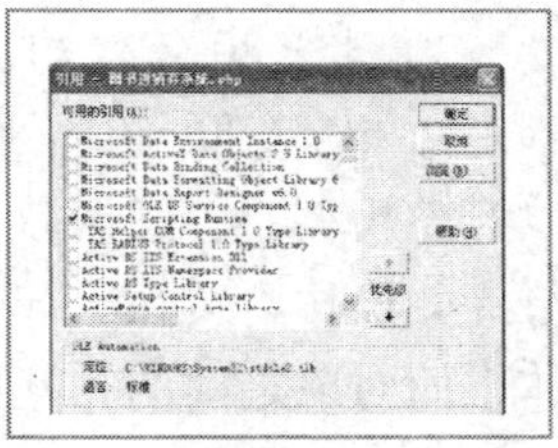

本模块导读

VB是基于面向对象、可视化、事件驱动的编程机制。对象是面向对象程序设计的核心，VB的对象具有属性、方法和事件三要素。属性是描述对象特征的数据；方法是对象要执行的动作；事件是预先定义好、能被对象识别的动作。

窗体和控件是VB两个最基本的对象。窗体是创建应用程序界面的基础，控件是构成VB应用程序界面的一些基本组成部件。

本模块主要介绍VB中类和对象的基本概念。创建VB应用程序需要完成可视化设计和程序设计两大任务，主要包括：设计程序的用户界面、设置对象的属性、对象事件过程的代码设计；VB中三个常用控件（标签、文本框和命令按钮）各自的功能、常用属性、事件和方法；设置工程管理及环境以及程序调试和错误处理。

本模块要点

- 理解类和对象的基本概念。
- 建立简单的应用程序。
- 掌握窗体和基本控件。
- 管理工程及设置环境。
- 调试程序和处理错误。

任务一 理解类和对象的基本概念

子任务1 理 解 对 象

知识导读：

尽管结构化程序设计方法得到了广泛的应用，但该方法将处理的数据与相关操作分离，因此程序模块和数据结构的关系是松散的，较难保持数据和操作的一致性。面向对象的程序设计方法正是针对这个问题提出的一种全新的程序设计技术。

20世纪80年代初，面向对象的程序设计（Object Oriented Programming，OOP）被提出。到了20世纪90年代，面向对象程序设计已成为最好的软件开发技术。面向对象的程序设计以对象为核心，强调软件的可重用性，通过把描述事物静态属性的数据结构和表示事物动态行为的操作封装在一起构成一个不可分割的整体，能够自然、完整地表示客观世界中的实体，而对象之间的相互作用通过消息传递来实现。“对象+消息”的面向对象的程序设计模式，已逐渐取代了“数据结构+算法”的面向过程的程序设计模式。

1. VB类和对象的概念

VB面向对象的可视化编程是通过系统提供的大量控件对象来实现的。因此，正确地理解和掌握对象的概念，是学习VB程序设计的基础。

（1）对象 对象即指现实世界中无所不在的、各种各样的实体。它可以是具体的事物，也可以是抽象的事物，如一个人、一个账户、一项计划等。每个对象都有自己的特征、行为和发生在该对象上的事件。例如，以某个“学生”作为对象，该对象具有姓名、性别、年龄等特征，具有学习、行走、吃饭等行为，以及外界作用在“学生”对象上的各种活动，如上、下课铃声等。

在面向对象程序设计中把对象的特征称为属性，对象的行为称为方法，对象的活动称为事件，这就是构成对象的三要素。对象是构成程序的基本成分和核心。

（2）类 在现实世界中，具有相似性质，执行相同操作的对象，称为同一类对象。所以，类是对同一种对象的抽象，如人类是对“人”的抽象。类是创建对象实例的模板，对象则是类的一个实例，如一个具体的“人”是人类的实例。在面向对象程序设计中，通过类将对象属性的数据以及对这些数据进行操作的方法进行封装。

类的内部实现细节对用户是透明的，用户只需了解和使用类的对外接口即可。这就如同购买的一部MP3，用户只要了解如何播放/停止、选择歌曲、调节音量等功能即可，而不必了解其内部电路结构的设计。

（3）VB中的类和对象 VB中的类分为两种：一类由系统设计，直接供用户使用；另一类由用户自己定义。下面首先介绍系统提供的类。

【案例3-1】 使用系统提供的类。

在VB工具箱上的可视图标是由VB系统设计的标准控件类，如命令按钮类、文本框类等，通过将控件类实例化，可以得到该类的对象，如图3-1、图3-2所示。

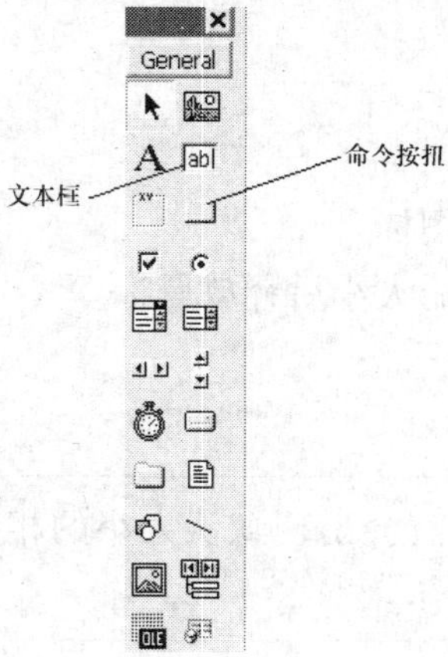

图3-1　控件类

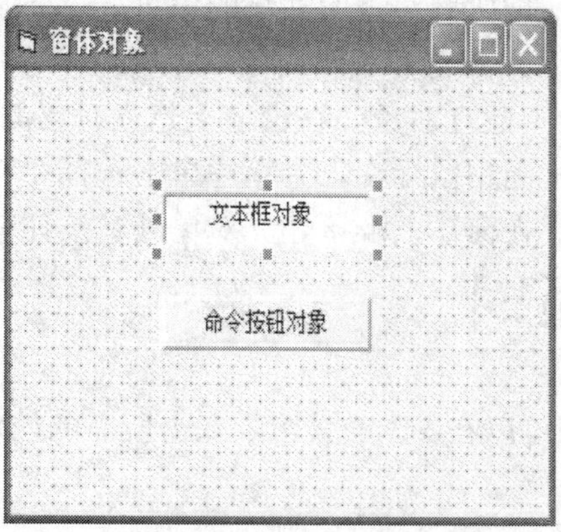

图3-2　控件对象

“对象”是一些数据结构、一组程序代码的封装体，它的基本功能和所需的参数是开发时预先定义好的。为了使对象既具有明确的功能，又具有灵活性和多样性，将它的特性分为三种：对象的属性、对象的方法和对象的事件。其中，“属性”用来描述或设置对象的特性和状态，“方法”是在对象上可执行的动作，而“事件”则是由于人机交互而发生在对象上的事件。

信息卡

VB工具箱中的工具统称为“控件类”，而把在窗体内由控件类实例化而成的对象统称为“控件对象”（简称为“对象”）。

2. 建立和编辑对象

（1）定义VB中的对象　对象（Object）就是既包含数据，又包含有对数据进行操作的方法，并将两者封装起来的一个独立实体。

面向对象程序设计（OOP）中，对象定义为：

Object = [On，Op，Od，Opn]

其中：

On——对象的名称。

Op——对象的操作（方法）集合。

Od——对象的数据结构。

Opn——对象的操作名（方法名）集合。

由上述定义可知，一个对象有它自己的名字，也就是对象名；有按某种结构存储的数据；有每个方法名所对应的程序代码段。

从访问控制属性看，每一个对象都由两部分组成：

1）私有部分（Private）。用于存储对象的私有数据区域，它描述同一类对象之间的不同特性。

2）公有部分（Public）。用于描述同一类对象之间的相同点，包括方法名、方法代码以及同一类所有对象所共享的信息。

（2）建立和编辑对象

1）建立对象。在窗体上建立对象的步骤：

①利用鼠标在工具箱中单击选择要建立对象的控件类图标。

②在窗体上准备建立对象处，按住鼠标左键拖动到所需大小后释放鼠标。

信息卡

可以在 VB 工具箱中双击所需的控件图标，在窗体中就会出现默认大小的相应控件对象。

2）编辑对象。

①选择对象。通过在对象上单击，即可选择对象。此时，对象被 8 个控制方向的控制柄所包围。

信息卡

若一次选择多个对象，则利用下列两种方法：

（1）拖动鼠标，将所需的对象包围即可。

（2）先选择一个对象，按下“Ctrl”键，再单击其他控件即可。

②复制/删除对象。首先选中要复制/删除的对象，利用“编辑”菜单，或单击鼠标右键，在快捷菜单中选择“复制”或“删除”命令即可。

3）对象的属性和方法。VB 中每个对象都具有自己的属性、事件和方法三要素，如图 3-3 所示。

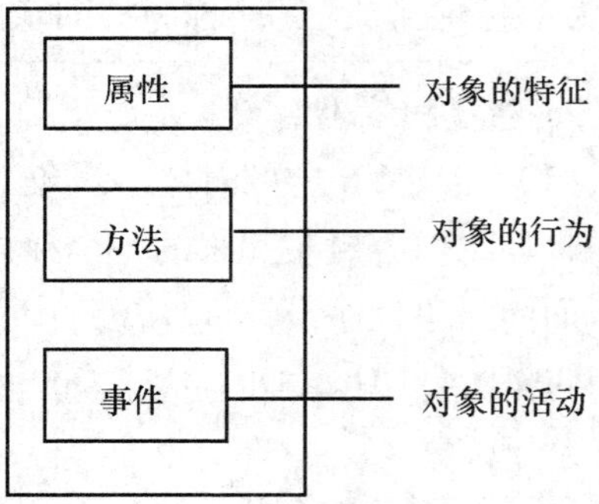

图 3-3　对象的三要素

①属性。VB 程序中每个对象都有许多属性，它们是用来描述和反映对象的不同特征。例如，控件名称（Name）、标题（Caption）、文本（Text）、颜色（Color）、字体（FontName）、是否可见（Visible）等属性决定了对象展现给用户的界面具有什么样的外观及功能，不同的对象具有各自不同的属性。

可以通过以下两种方法设置对象的属性：

第一种方法，在设计阶段直接利用属性框设置对象的属性，如图 3-4、图 3-5 所示。

第二种方法，在程序的代码中，利用赋值的方式实现。其格式为：

对象名.属性名 = 属性值

例如，给一个对象名为 Command 的命令按钮的 Caption 属性赋值为字符串"命令按钮对象"，即按钮显示为"命令按钮对象"。其在程序代码中为：

```
Command1. Caption = "命令按钮对象"
```

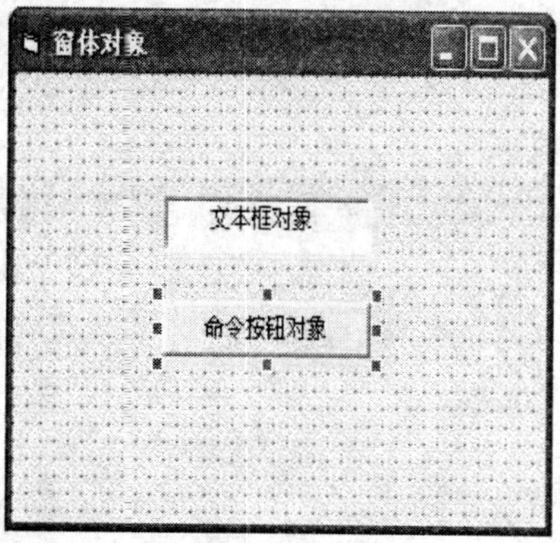

图 3-4　命令按钮对象

图 3-5　命令按钮对象的属性

信息卡

> 对象的属性既可在设计阶段也可在程序运行阶段设置，这种属性称为可读/写属性。也有些属性只能在设计阶段通过属性窗口设置，而在程序运行阶段不可改变，称为只读属性。

（3）事件、事件过程和事件驱动

1）事件。对象的事件就是发生在该对象上的行为。同一事件，作用于不同的对象，就会引发不同的反应、产生不同的结果。例如，上课铃声是一个事件，学生听到铃声，准备上课；教师听到铃声，就准备开始讲课；而学校管理人员，就可不予响应。

在 VB 中，系统已为每个对象预先定义好了一系列的事件。例如，单击（Click）、双击（DbClick）、按下键盘（KeyPress）、改变（Change）、获取焦点（GotFocus）等，如图 3-6 所示。

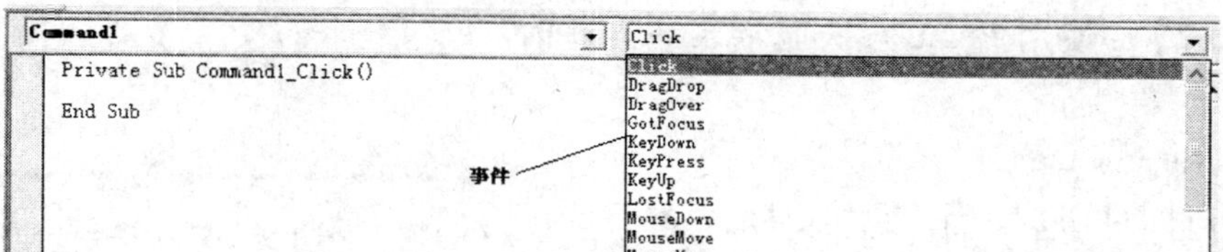

图 3-6　命令按钮的事件

2）事件过程。当在对象上激发了某个事件后，应用程序就要处理这个事件。而处理的步骤就是事件过程。它是针对某一对象，并与该对象的一个事件相联系。

VB 事件过程的形式如下：

```
Sub 对象名_事件名（［参数列表］）
   事件过程
End Sub
```

其中：

对象名：对象的 Name 属性。

事件名：VB 预先定义好的事件或用户自定义的事件。

参数列表：有些事件需要有参数。

事件处理代码：用来处理该事件的程序。

“退出”按钮的 Click 事件如图 3-7 所示。

其代码为：

```
Private Sub Command2 _ Click ( )
  End
End Sub
```

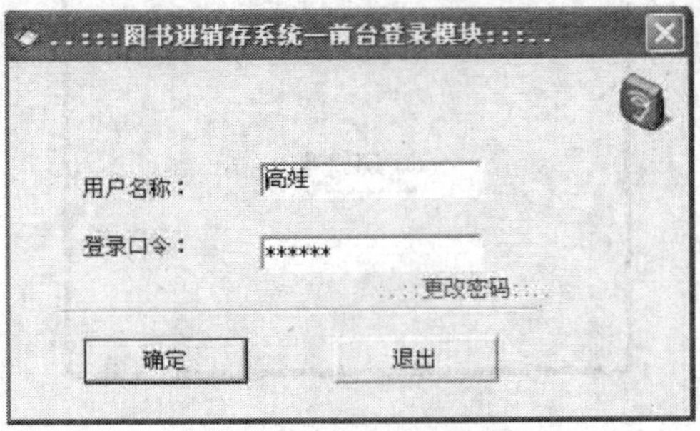

图 3-7　系统登录界面

3）事件驱动的程序设计。在传统的面向过程的程序中，程序自身控制了按何种顺序执行代码。即代码的执行是从第一行开始，随着程序流程执行代码的不同部分，程序执行的先后次序由设计人员编写的代码决定，用户无法改变程序的执行流程。

在 VB 中，程序的执行发生了根本的变化，程序执行后系统等待某个事件的发生，然后去执行处理此事件的事件过程，等事件过程执行完后，系统又处于等待某事件发生的状态，这就是事件驱动程序设计方式，如图 3-8 所示。

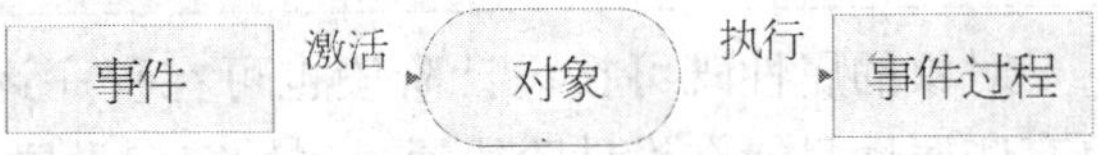

图 3-8　对象、事件和事件过程之间

4）方法。方法是对象表现的行为，即指使对象动作的命令。面向对象的程序设计语言 VB，为程序设计人员提供了一种特殊的过程，称为方法，供用户直接调用。

对象方法的调用格式为：

[对象.] 方法 [参数名表]

其中，若省略了对象，表示为当前对象，一般指窗体。

【案例 3-2】　使用 Print 方法显示系统当前时间。

```
Private Sub Command1 _ Click ( )
  [Form1. ] Print " 当前系统时间:" & Time
End Sub
```

图 3-9　Print 方法的使用

该语句使用 Print 方法，在对象为 Form1 的窗体中显示当前系统的时间，如图 3-9 所示。

子任务 2　创建自定义类

知识导读：

VB 提供了 Class Modules，让用户利用相关的属性、方法和事件创建自己的类。类模块的优点是它们可以分别编译，并被其他 Windows 应用甚至其他的 VB 程序所使用，类模块可看成是没有可视界面的控件。

创建类的步骤如下。

1. 插入一个类模块

在设计时通过选择“工程”菜单的“添加类模块”命令，然后在其对话框选择“新建”标签中的“类模块”，就插入了一个类模块。建立新类后，必须为类设置“名称”属性（默认为 Class1），供以后对象创建时使用。类文件默认的扩展名为．cls，如图 3-10 所示。

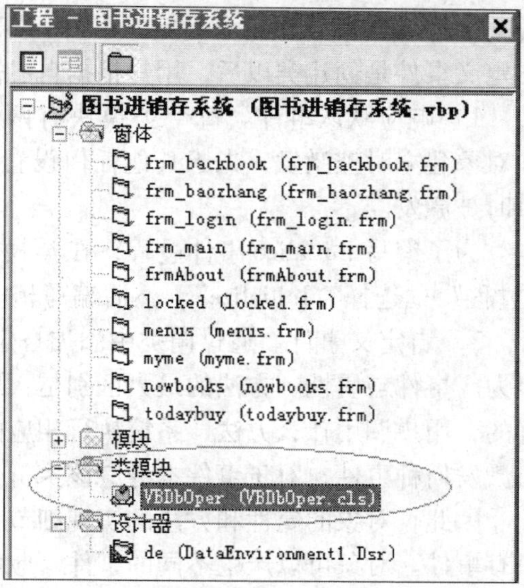

图 3-10　插入一个类模块

2. 定义类的属性

在创建类模块后，就可以定义属性了。通常可以两种方式定义属性。

（1）使用公共变量　创建属性最简单的方法就是使用公共变量，只需要在类模块的声明段输入即可。

例如：

Public 属性名 As 类型

使用公共变量定义属性的缺点是公共变量对应用程序是可见的，程序的任意部分都可以改变其值。

（2）使用属性过程　在类中建立属性最好的方法是使用属性过程。属性过程具有封装功能，通常以下情况应该使用属性过程，见表 3-1。

表 3-1　属 性 过 程

过　程	功　　能
Property Get	返回属性值的一个函数，当用户读取属性值时执行
Property Let	设置属性值的一个子程序，当用户写入属性值时执行
Property Set	Property Let 的特例，当变量的类型设置为对象时使用

利用“工具”菜单的“添加过程”命令，建立属性过程。在该对话框输入过程名（这个名字将成为对象的属性名），然后选择“属性”单选按钮，完成后在代码窗口显示该属性的框架。

属性过程应成对出现，即具有相同过程名（即为属性名）的 Property Let 和 Property Get 过程，表示该属性可读可写。若只有 Property Get 过程，则该属性为只读属性，即应用程序不能直接改变该属性的值，若改变必须通过类方法编程来实现。

（3）添加类的方法　类方法定义了该类全部对象的行为。

信息卡

例如，Form 的 Show 方法使窗体显示。对用户而言，不必知道 Show 方法是如何实现的，只要按照该方法规定的调用接口使用即可。

若要为自己的类创建方法，只要在类模块中添加公共过程，若该方法有返回值就使用 Public Function 函数过程，否则就添加 Public Sub 函数过程。同样，在类模块中添加私有过程要使用 Private Function 或 Private Sub。

(4) 响应默认事件和自定义事件　默认事件是指创建类以后，系统就提供的事件。而自定义事件是创建类以后，用户根据自己需要在类模块中新增的事件。

1) 响应默认事件。每个类模块有两个默认事件过程：Initialize 和 Terminate。Initialize 在对象建立时被激发，先于其他任何设置属性或执行方法的动作；Terminate 则是在对象结束时被激发。

为了编写 Initialize 事件过程，在类模块的代码窗口中的“对象”框选择“class”，在“过程”框选择“Initialize”，然后编写相应的代码即可。

2) 自定义事件。通过向类中添加自定义事件，可以使对象具有与应用程序进行交互的能力。事件与属性、方法的最大区别是：属性和方法对应的代码是类模块的设计者预先设计好的，用户调用什么方法，系统执行相应的代码；而对于事件，类模块的设计者只能决定何时激发何种事件，对于事件本身应该执行什么操作是由用户决定的。

因此，对象的属性和方法的实现细节都被封装到对象的内部，能够发送到外部过程中的只有事件。对象可以产生不同的事件，应用程序根据不同的事件作出相应的处理。

要在类模块中添加事件，应做下面两件事：①在类模块的声明部分使用 Event 语句声明类中的公共事件；②在类模块的代码的适当位置使用 RaiseEvent 语句激发事件。

在使用类模块的模块中，也必须做两件事：①在使用类的窗体声明部分用 WithEvents 语句来声明一个对象；②为对象的事件添加用户所需的代码，即编写事件过程代码。

3) 在程序中访问类。在程序中操作的是对象，因此，必须创建类的对象。当类实例化后，就可以设置对象的属性（执行类中 Property 过程）、调用对象的方法（执行类中 Sub 或 Function 过程）和响应对象的事件（编写事件过程代码）。

要使用一个类的新对象，需要先做以下工作：

①声明对象变量。创建一个对象前，必须声明一个对象变量，其形式如下：

Dim 对象变量名 As 类名

其作用是声明了一个指向类对应的对象变量。

②创建对象。在使用对象变量前，必须创建对象，其形式如下：

Set 对象变量名 = New 类名

其作用利用 New 关键字建立一个类相应的对象，然后利用 Set 语句将对象变量指向该对象。

另外，还用一种形式，可同时进行“变量声明”与“创建对象”：

Dim 对象变量名 As New 类名

使用对象就是指使用对象的三要素：属性、方法和事件。属性、方法与使用普通控件的属性、方法相同。为了使对象能响应事件，对象变量的声明必须含有 WithEvents 关键字，否则对象的所有事件都将被忽略。

形式如下：

Private（Public）WithEvents 对象名 As 类名

当对象变量不再需要时，可以使用语句：

Set 对象名 = Nothing

其作用是释放对象变量所占用的内存空间。

【案例 3-3】 创建自定义类（Account 类）。

实现账户的管理。账户类的属性有：账号（No）、密码（PassWord）和余额（Balance）。该类的方法有：查询余额、存款（Deposit）和取款（Draw）。当取款超过余额时，就发生余额不足的事件（Lack），如图 3-11 所示。

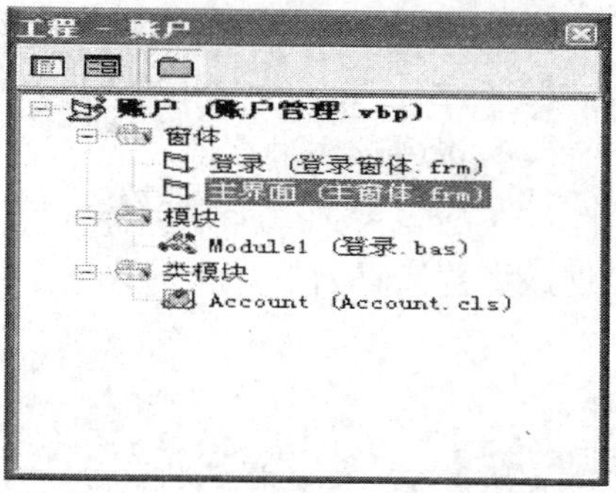

图 3-11　工程资源管理器

（1）类模块（Account. cls）　实现该案例代码如下：

```
Private mNo As Integer
Private mPassWord As Integer
Private mBalance As Currency
Public Event Lack( )
Private Sub Class_Initialize( )                    【1】
  mBalance = 100
  mNo = 111
  mPassWord = 123
End Sub
Public Property Get No( ) As Integer               【2】
  No = mNo
End Property
Public Property Get PassWord( ) As Integer
  PassWord = mPassWord
End Property
Public Property Get Balance( ) As Currency
  Balance = mBalance
End Property
Public Sub Deposit(ByVal AddMoney As Currency)
  mBalance = mBalance + AddMoney
End Sub
Public Sub Draw(ByVal DrawMoney As Currency)       【3】
  If DrawMoney > mBalance Then
    RaiseEvent Lack                                【4】
    Exit Sub
End If
mBalance = mBalance - DrawMoney
End Sub
```

代码详解：

【1】Account 类的 Initialize 事件过程对余额、卡号和密码属性进行初始化。

【2】设置 Account 类的属性过程。

【3】添加 Account 类的方法。

【4】激发该类的事件。

（2）登录界面（登录窗体. frm） 如图 3-12 所示。

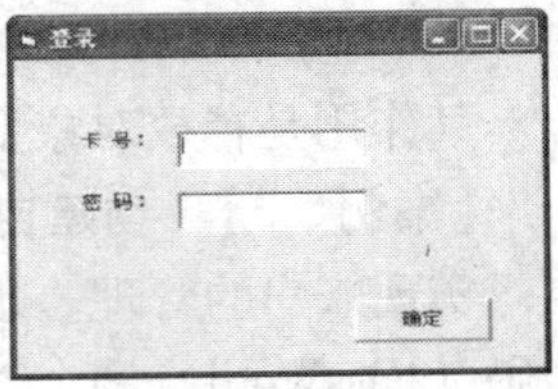

图 3-12 系统登录界面

实现该案例代码如下:

```
Dim x As Integer
Private Sub Command1 _ Click( )
If Val(Text1) = PerAccount. No And Val(Text2) = PerAccount. PassWord Then【1】
    Load 主界面
    主界面. Show
    Unload Me
End If
Text1 = ""
Text2 = ""
x = x + 1
If x > 3 Then                                                         【2】
    Set PerAccount = Nothing
    End
End If
End Sub
Private Sub Form _ Load( )
  Set PerAccount = New Account                                        【3】
  x = 0
End Sub
```

代码详解:

【1】输入的值与类中的属性值进行比较是否相等。

【2】如果卡号或密码的输入不对次数超过 3 次，则结束程序。

【3】定义 Account 类的对象 PerAccount。

（3）主要窗体（主窗体. frm） 如图 3-13 所示。

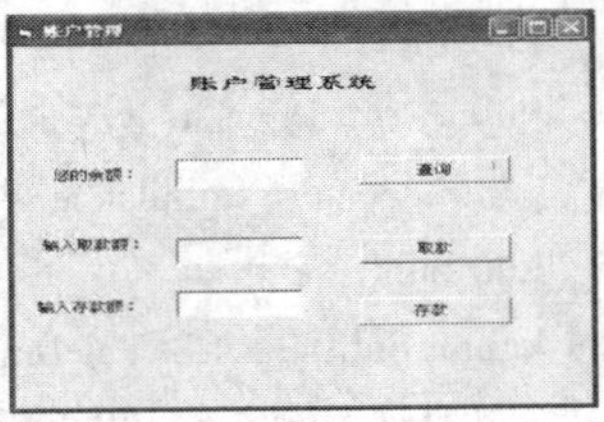

图 3-13 系统主界面

实现主界面代码如下:

```
Private WithEvents PerAccount As Account【1】
Private Sub Command1 _ Click ( )        【2】
  PerAccount. Draw Val (Text4)
  MyShow
End Sub
Private Sub Command2 _ Click ( )        【3】
  PerAccount. Deposit Val (Text3)
```

```
    MyShow
  End Sub
  Private Sub Command3 _ Click ( ) 【4】
    Text2 = PerAccount. balance
  End Sub
  Private Sub PerAccount _ Lack ( ) 【5】
    MsgBox " 透支，不能取钱!"
    MyShow
  End Sub
  Public Sub MyShow ( )              【6】
    Text2 = PerAccount. balance
  End Sub
  Private Sub Form _ Load ( )
    Set PerAccount = New Account
  End Sub
```

代码详解：

【1】使对象 PerAccount 能响应事件。
【2】取款的事件过程。
【3】存款的事件过程。
【4】查询的事件过程。
【5】响应 Lack 事件过程。
【6】自定义过程，显示余额。

信息卡

查看类及其属性、方法和事件：利用“F2”键打开对象浏览窗口，在窗口左边的“类”列表框中选择所要查看的类，右边列表框显示该类的成员（类的属性、方法、事件以及类内部使用的私有变量、常数），如图 3-14 所示。

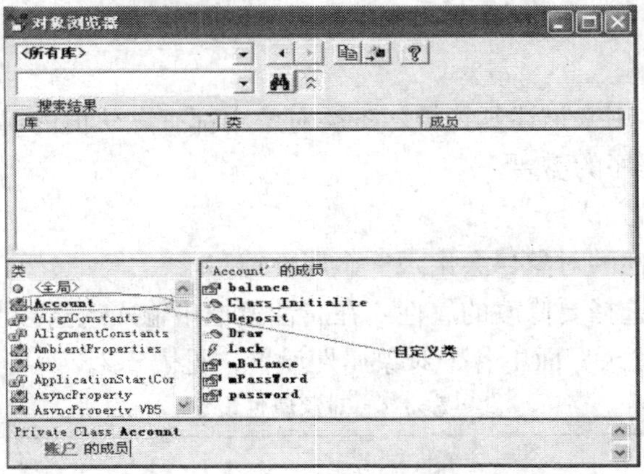

图 3-14　对象浏览器窗口

任务二 建立简单的应用程序

知识导读：

在 VB 中，建立一个应用程序分为以下几步完成：

1）建立用户界面对象。

2）设置对象的属性。

3）选择对象事件过程及编程。

4）保存和运行程序。

子任务1 建立用户界面对象

要建立应用程序，首先要考虑该程序的用户界面。用户界面的作用主要是向用户提供输入数据以及程序运行后的结果。

一个应用程序就是一个工程，通过“文件”菜单中的“新建工程”命令来建立一个新的工程，在新窗体上进行用户界面的设计。根据问题需要，在工具箱中选择所需的控件，然后在窗体上画出相应控件类对象，并进行界面布局。

例如，图书进销存管理系统中的前台登录界面，如图 3-15 所示。

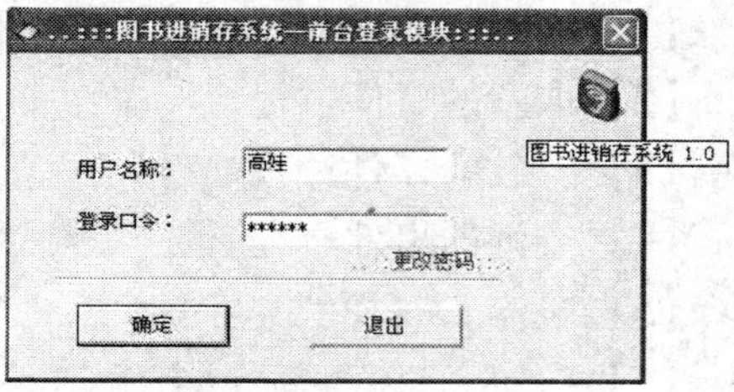

图 3-15 系统登录界面

该例中除窗体外共有 9 个对象：2 个 Text 控件（文本框），3 个 Label 控件（标签），1 个 Frame 控件，2 个 Command 控件（命令按钮），1 个 Image 控件（图像）。其中，Label 用来显示信息，不能用于输入；Text 用来输入数据，也可显示；Command 用来执行有关的操作；Frame 为控件提供可标志的分组；Image 控件用来显示图形。

子任务2 设置对象的属性

设置对象的属性，用来描述其特征。各类对象中都有默认值的属性值，设置对象属性是为了使对象符合应用程序的需要。

设置属性的步骤和方法：

1）单击待设置属性的对象，会出现一个属性窗口。

2）在属性窗口中选择要修改的属性，在属性值框中输入或选择所需的属性值。

图 3-15 所示系统登录界面中各个对象属性设置，见表 3-2。

表 3-2 对象属性设置

控件名	主要相关属性	属 性 值
Label1	Caption	用户名称：

（续）

控件名	主要相关属性	属　性　值
Label2	Caption	登录口令：
Label3	Caption	..::更改密码::..
Text1	Text	高娃
Text2	Text	111111
Text2	PasswordChar	*
Command1	Caption	确定
Command2	Caption	退出
Image1	ToolTipText	图书进销存管理系统 1.0
Frame1	无	无

信息卡

若窗体上各控件的字号属性要设置为相同的大小，可不用逐个设置，在建立控件之前将窗体的字号等属性进行设置，以后将要建立的控件都具有该默认属性值。

子任务3　选择对象事件过程及编程

建立用户界面并为每个对象设置属性后，接着要考虑采用什么事件来激发对象执行所需要的操作。这就涉及事件和编写事件过程代码。通常可以利用以下三种方法在代码窗口编写程序：

1）在 Form 窗口中双击控件对象。

2）在“工程”窗口中单击“查看代码”按钮，如图 3-16 所示。

3）在“视图”菜单中选择“代码窗口”命令。

在代码窗口左边的“对象列表框”列出了该窗体中的所有对象（包括窗体），右边的“过程列表框”列出了该对象相关的事件。在 VB 程序设计中，许多功能已经封装在对象内部，如“文本框”本身具有各种文本编辑功能等。因此，只要编写少量的代码即可满足系统功能的要求，如图 3-17 所示。

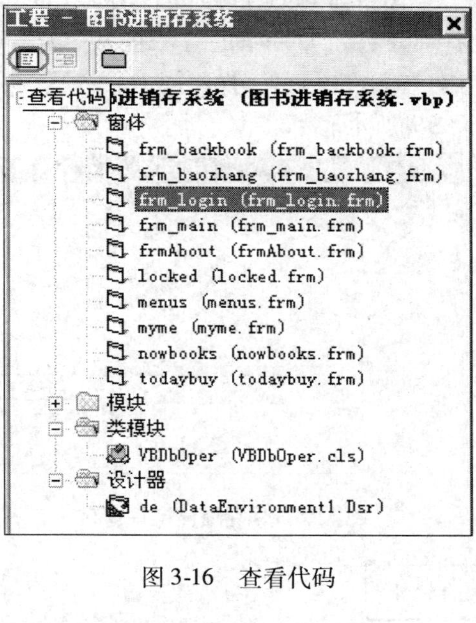

图 3-16　查看代码

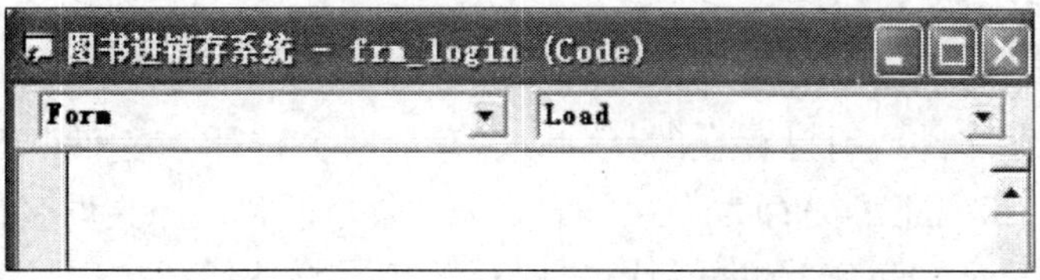

图 3-17　代码窗口

```
Private Sub Form_Load( )                                          【1】
  If Not DBOper.DataBaseLink("图书进销存管理系统", MOZHI) Then
    MsgBox "还没有注册或者填写的注册信息不正确!"                       【2】
    End
  End If
End Sub
```

代码详解:

【1】Form 窗体的 Load 事件。

【2】如果还没有注册，弹出注册数据库的对话框。

子任务4　保存和运行程序

1. 保存程序

由于一个工程中涉及多种类型文件，应该分别保存。保存文件的步骤如下：

选择“文件”菜单下的 Form“另存为”（窗体文件），系统弹出“文件另存为”对话框，提示用户输入文件名，在“保存在”文本框选择要保存文件的文件夹。在“文件名”文本框输入文件名（扩展名由系统根据不同的文件类型自动添加）。

本例窗体 frm_login 文件名为 frm_login.frm，保存在“VB 案例程序设计”文件夹下。选择“文件”菜单下的“工程另存为”（工程文件），系统弹出“工程另存为”对话框，提示用户输入文件名，操作同上。本案例工程文件名为：“图书进销存系统.vbp”，如图 3-18、图 3-19 所示。

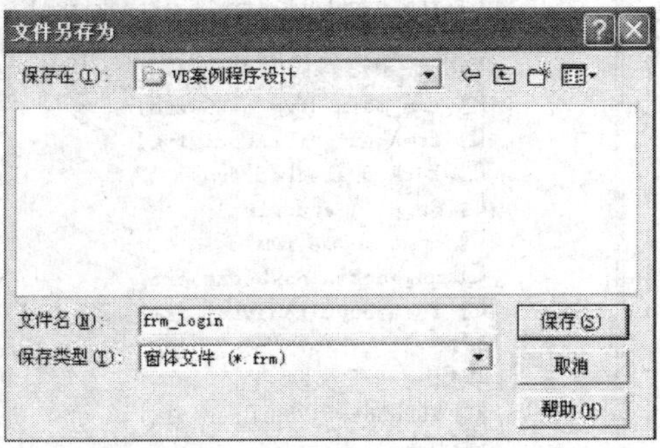

图 3-18　保存窗体文件窗口

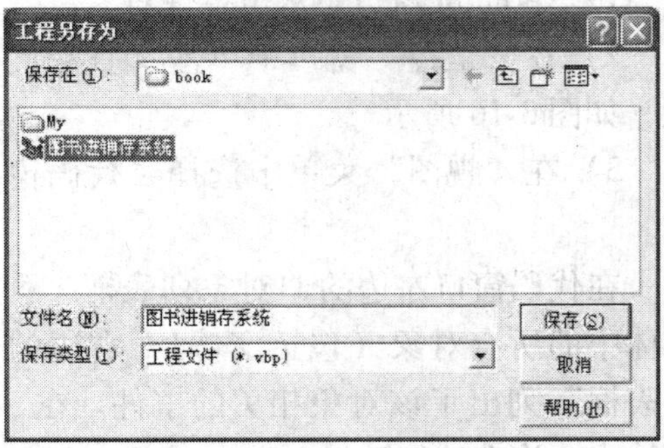

图 3-19　保存工程文件窗口

信息卡

保存文件需注意：

1）第一次保存文件或对已存在的文件改名存放时，选择“文件”菜单下的 Form1 另存为“窗体文件”和“工程另存为”（工程文件）命令；若以原文件名保存，则利用“保存 Form”、“保存工程”命令，也可利用“保存”工具栏按钮。

2）在存盘时要记住文件保存的位置和文件名，系统默认为 VB 安装目录。

3）用户要再次修改或运行该文件，只需选择“文件”菜单的“打开工程”命令，输入文件名即可。

2. 运行程序

程序设计完成后，即可运行程序。在 VB 中程序可以以两种模式运行：编译运行模式和解释运行模式。

编译运行模式是由系统读取程序中的全部代码，将其转换为机器代码，并保存在 .exe 的可执行文件中，供以后多次运行，如图 3-20 所示。

解释运行模式是由系统读取事件激发的那段事件过程代码，将其转换为机器代码，然后执行该机器代码。由于转换后的机器代码不保存，如需再次运行该程序，必须再解释一次，运行速度显然比编译运行模式要慢。

选择“运行”菜单中的“启动”命令，或按“F5”键，或选择“启动”工具栏按钮，执行程序，如图 3-21 所示。

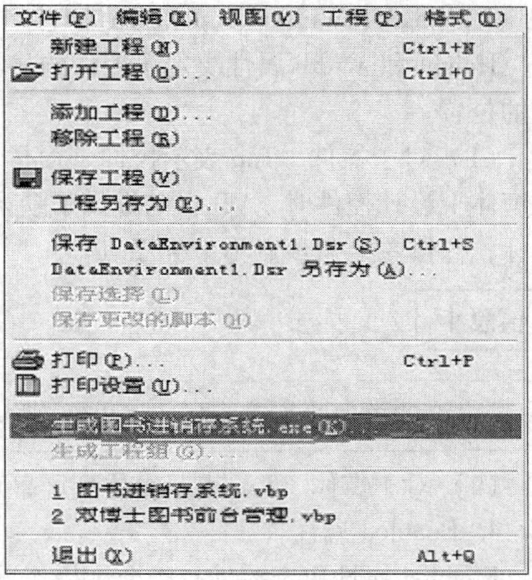

图 3-20 编译运行模式

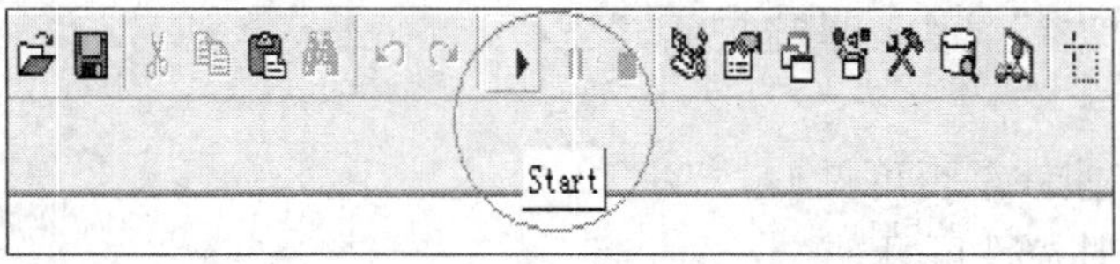

图 3-21 解释运行模式

任务三 掌握窗体和基本控件

子任务 1 使用基本属性

知识导读：

VB 中每一个控件都有自己的属性，如名称（Name）、标题（Caption）、是否可见（Visible）等。在属性窗口可看到所选控件的属性设置。这些控件有许多相同的属性，也有许多不同的属性。例如，每个对象都有名称（Name）属性，而命令按钮（CommandButton）有 Caption 属性，文本框（TextBox）则没有 Caption 属性。改变一个控件的属性，控件的行为和外观也相应地发生变化。

1. Name 属性

该属性是所有的对象都具有的属性，是所创建对象的名称。所有的控件在创建时由 VB 自动提供一个默认名称。在 VB 中，Name 属性在属性窗口的“名称”栏中进行修改。在程序中，利用对象名来标志对象。

2. Caption 属性

该属性决定了控件上显示的具体内容。

3. Height、Width、Top 和 Left 属性

Height 和 Width 属性决定了控件的显示高度和宽度。Top 和 Left 属性决定了控件在窗体中的位置。

（1）对于控件　Top 表示控件到窗体顶部的距离，Left 表示控件到窗体左边框的距离。在窗体上设计控件时，VB 自动提供了默认坐标系统，窗体的上边框为横坐标，左边框为纵坐标，窗体左上角顶点为坐标原点。

信息卡

坐标的单位为 twip，1twip = 1/20 点 = 1/1440in = 1/567cm。

（2）对于窗体　Top 表示窗体到屏幕顶部的距离。Left 表示窗体到屏幕左边的距离。

4. Enabled 属性

Enabled 属性决定控件是否允许操作。

True：允许用户进行操作，并对操作作出响应。

False：禁止用户进行操作，呈暗灰色。

5. Visible 属性

Visible 属性决定控件是否可见。

True：程序运行时控件可见。

False：程序运行时控件看不到，但控件本身是存在的。

6. Font 属性

Font 属性改变文字的字体。

7. ForeColor 属性

该属性用来设置控件的前景（正文）颜色。其值是一个 16 进制常数，用户可以在调色板中直接选择所需颜色。

8. BackColor 属性

背景（正文以外）的显示区域的颜色。

9. BackStyle 属性

0——Transparent：透明显示，即控件背景颜色显示不出来。

1——Opaque：不透明，此时可设置控件背景颜色。

10. BorderStyle 属性

0——None：控件周围没有边框。

1——Fixed Single：控件带有单边框。

11. Alignment 属性

Alignment 属性决定控件内的对齐方式。

0——Left Justify：正文左对齐。

1——Right Justify：正文右对齐。

2——Center：正文居中。

12. AutoSize 属性

AutoSize 属性决定控件是否自动调整大小。

True：自动调整大小。

False：保持原设计的大小，若正文太长自动裁剪。

13. MousePointer 属性

该值指示在运行时当鼠标移动到对象的一个特定部分时，被显示的鼠标指针的类型。设置值的范围为 0 ~ 15，具体值的含义见属性窗口，值若为 99，用户自定义图标。

14. Mouse Icon 属性

设置自定义的鼠标图标，文件类型为 . ico 或 . cur，图标库在 Graphics 目录下。

信息卡

该属性必须在 MousePointer 属性设为 99 时使用。

15. WordWarp 属性

Autosize 属性设置为 True 时，WordWarp 属性才有效。

True：表示按照文本和字体大小在垂直方向上改变显示区域的大小。在水平方向上不发生变化。

False：表示在水平方向上按正文长度放大和缩小。在垂直方向上以字体大小来放大或缩小显示区域。

16. TabIndex 属性

TabIndex 属性决定了按“Tab”键时，焦点在各个控件移动的顺序。

【案例 3-4】 设置命令按钮控件对象的基本属性（见图 3-22、图 3-23）。

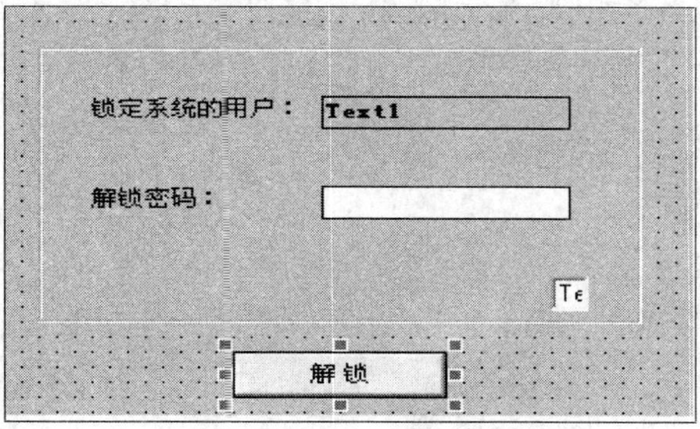

图 3-22　系统的解锁窗体

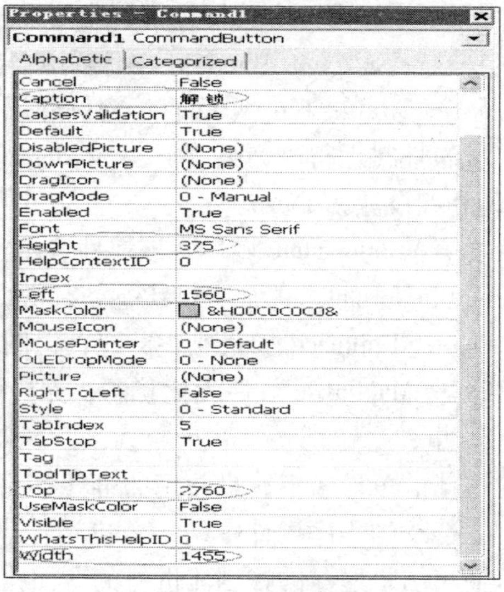

图 3-23　解锁命令按钮的属性窗口

子任务2 使用窗体

知识导读:

窗体（Form）是一块“画布”，在其上可以直观地创建应用程序，每个窗体对应于程序运行时的一个窗口。窗体也是VB中的对象，具有自己的属性、事件和方法。

1. 属性

窗体属性决定了窗体的外观和操作。对大部分窗体属性，既可以通过属性窗口设置，也可以在程序中设置，而只有少量属性只能在设计状态设置，或只能在运行期间设置。

2. 窗体基本属性

（1）Caption属性　Caption属性决定窗体标题栏显示的内容。

（2）MaxButton和MinButtn属性　MaxBotton属性为True，窗体右上角有最大化按钮；MinButton属性为True，窗体右上角有最小化按钮。

（3）Icon和ControlBox属性　在属性窗口中，通过单击Icon设置框右边的“…”，打开一个“加载图标”对话框，用户可以选择一个图标文件装入，当窗体最小化时以该图标显示，否则以VB默认的图标显示。

ControlBox控制菜单属性为True，窗体左上角有控制菜单框。若为False，则无控制菜单框，这时系统将MaxButton和MinButton自动设置为False。

（4）Picture图片属性　设置窗体中要显示的图片。在属性窗口中，可以单击Picture设置框右边的“…”，打开一个“加载图片”对话框，可以选择一个图片文件载入。

（5）BorderStyle边框样式属性

0——None：窗体无边框，无法移动及改变大小。

1——Fixed Single：窗体为单线边框，可移动、不可以改变大小。

2——Sizable：窗体为双线边框，可移动并可以改变大小。

3——FixedDouble：窗体为固定对话框，不可改变大小。

4——Fixed Tool Window：窗体外观与工具条相似，有关闭按钮，不能改变大小。

5——Sizable Tool Window：窗体外观与工具条相似，有关闭按钮，能改变大小。

该属性在运行时为只读。当BorderStyle设置为不是2的值时，系统自动将MinButton和MaxButton设置为False。

（6）WindowState属性　该属性表示窗体执行时以什么状态显示。

0——Normal：正常窗口状态，有窗口边界。

1——Minimized：最小化状态，以图标方式运行。

2——Maximized：最大化状态，无边框，充满整个屏幕。

3. 事件

窗体的事件较多，最常用的事件有Click、DblClick、Load等。

在传统的程序设计中，一个应用程序结构一般以变量的声明、变量的初始化、功能处理、输出结果这样的控制流进行的。而在VB是以事件驱动的执行方式执行的。

在VB事件驱动的执行方式，程序以启动窗体的Load事件（若无Initial事件）开始，程序的结束就是 End 语句所在的事件过程。

Load 事件是在窗体被装入工作区时被激发的事件。当应用程序启动，自动执行该事件，所以该事件通常用来在启动应用程序时对属性和变量进行初始化。

4. 方法

窗体上常用的方法有 Print、Cls、Move 等。

子任务3 使用标签

知识导读：

标签主要是用来显示文本信息，但是不能作为输入信息的界面。也就是标签控件的内容只能用 Caption 属性来设置或修改，不能编辑。

1. 主要属性

标签主要的属性包括 Caption、Font、Left、Top、Borderstyle 等。

2. 事件

标签经常接收的事件有 Click、DbClick 和 Change。但实际应用中标签仅起到在窗体上显示文字作用，因此，一般不需编写事件过程。

【案例 3-5】 设置标签控件对象的基本属性（见图 3-24、图 3-25）。

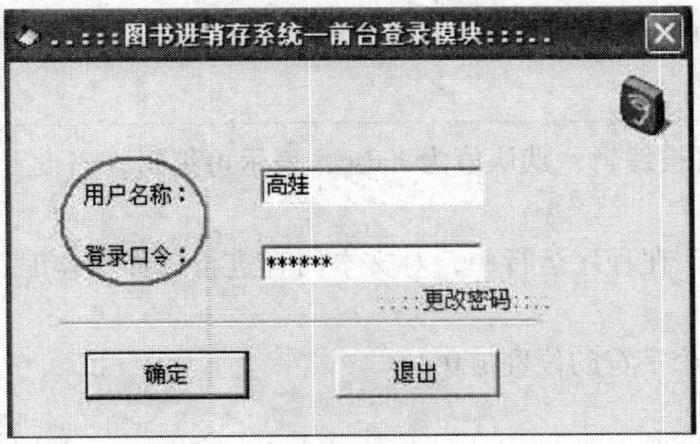

图 3-24 标签的使用

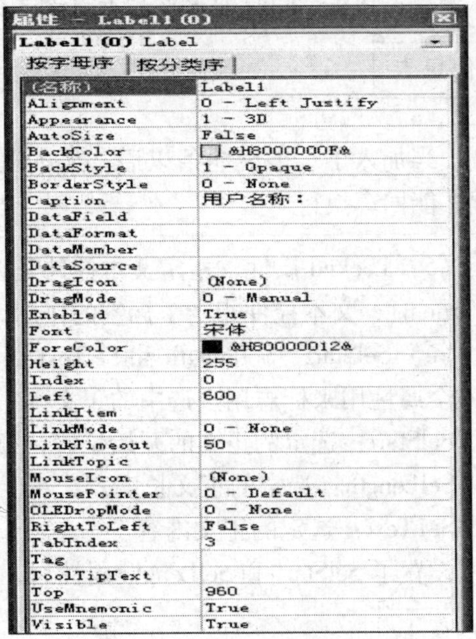

图 3-25 用户名称标签的属性窗口

子任务4 使用文本框

知识导读：

文本框提供一个文本编辑区域，用户可以在该区域输入、编辑、修改和显示正文内容，即为用户可以创建一个文本编辑器。

1. 属性

（1）Text 文本属性　文本框没有 Caption 属性，显示的正文内容存放在 Text 属性中。当程序执行时，用户通过键盘输入、编辑正文。

（2）Maxlength 属性　Maxlength 属性指明文本框中能够输入的正文内容的最大长度。

0：任意长字符串。

非零值：文本框中字符个数的最大值。

信息卡

> 在 VB 中字符长度以字为单位，即一个西文字符与一个汉字都是一个字，长度为 1。

（3）MultiLine 多行属性　当 MultiLine 属性为 True 时，文本框可以输入或显示多行正文。按“Enter”键可插入一个空行。

（4）ScrollBars 滚动条属性　当 Multiline 属性为 True 时，ScrollBars 属性才有效。

0——None：无滚动条。

1——Horizontal：加水平滚动条。

2——Vertical：加垂直滚动条。

3——Both：同时加水平和垂直滚动条。

信息卡

> 当加入了水平滚动条以后，文本框内的自动换行功能会自动消失，只有按“Enter”键才能回车换行。

（5）Locked 属性　指定文本控件是否可被编辑，默认值为 False，表示可编辑，当设置为 True 时，文本控件相当于标签的作用。

（6）SelStart、SelLength 和 SelText 属性　在程序运行中，对文本内容进行选择操作时，这三个属性用来标志用户选中的正文。

SelStart：选定的正文的开始位置，第一个字符的位置是 0。

SelLength：选定的正文长度。

Se1Text：选定的正文内容。

设置了 SelStart 和 SelLength 属性后，VB 会自动将设定的正文送入 SelText 存放。

信息卡

> 这些属性一般用于在文本编辑中设置插入点及范围、选择字符串、清除文本等，并且经常与剪贴板一起使用，完成文本信息的剪切、复制、粘贴等功能。

2. 事件

在文本框所能响应的事件中，Change、KeyPress、LostFocus 和 GotFocus 是最重要的事件。

（1）Change 事件　当用户输入新内容或当程序将 Text 属性设置新值，从而改变文本框的 Text 属性时，会引发该事件。用户每输入一个字符，就会引发一次 Change 事件。

例如，用户输入“VB”时，会引发 2 次 Change 事件。

（2）KeyPress 事件　当用户按下并且释放键盘上的一个 ANSI 键时，就会引发焦点所在控件的 KeyPress 事件，此事件会返回一个 KeyAscII 参数到该事件过程中。

信息卡

> 同 Change 事件一样，每输入一个字符就会引发一次该事件；事件中最常用的是对输入的是否为回车符（KeyASCII 的值为 13）的判断，表示文本的输入结束。

（3）LostFocus 事件　此事件是在一个对象失去焦点时发生，焦点的丢失或者是由于制表键（Tab）移动或单击另一个对象操作的结果。

LostFocus 事件过程主要是用来对数据更新进行验证和确认。常用于检查 Text 属性的内容，比在 Change 事件过程中检查更有效。

（4）GotFocus 事件　GotFocus 事件与 LostFocus 事件相反，当一个对象获得焦点时发生。

3. 方法

文本框最有用的方法是 SetFocus，该方法是把光标移到指定的文本框中。当在窗体上建立了多个文本框后，可以用该方法把光标置于所需要的文本框上。其形式如下：

[对象]. SetFocus

SetFocus 还可以用于如 CheckBox、CommandBox 和 ListBox 等控件。

【案例 3-6】　设置控件对象的事件及事件过程。

结合案例程序，要求“用户名称：”后的文本框不能输入数字数据。当输入结束时，对输入的数字数据显示错误信息，清除文本框中的内容，并使焦点重新回到文本框，如图 3-26、图 3-27 所示。

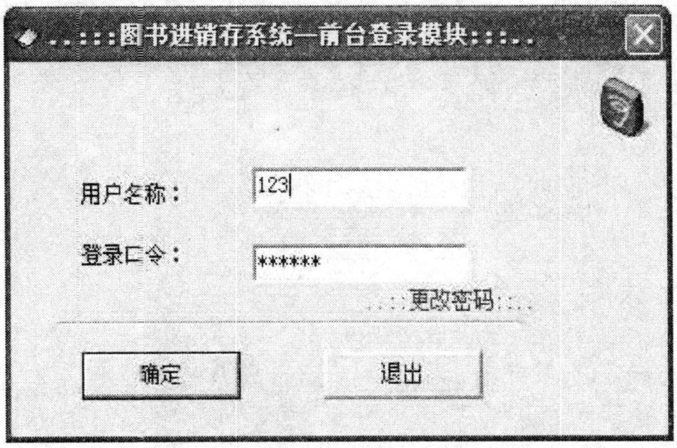

图 3-26　文本框的使用

图 3-27　错误信息框

```
Private Sub Text1 _ LostFocus( )
    If IsNumeric(Text1)Then【1】
    MsgBox "输入非法,请重新输入!"
```

```
Text1.Text = ""
  End If
End Sub
```

代码详解:

如果文本框中输入的是数字，则输出错误提示信息。

子任务5　使用命令按钮

知识导读:

在应用程序中，命令按钮的应用十分广泛。在程序执行期间，当用户选择某个命令按钮时就会执行相应的事件过程。

在程序运行时，常用以下方法选中命令按钮：

1）用鼠标单击。

2）按“Tab”键将焦点移到命令按钮上，再按“回车”键。

3）使用快捷键（“Alt + 有下画线的字母”），设置快捷键的方法见下面 Caption 属性介绍。

1. 主要属性

（1）Caption 标题属性　在设置 Caption 属性时，如果在某个字母前加上“&”，则程序运行时标题中的该字母带有下画线，该字母就成为快捷键，当用户按下“Alt + 快捷键”时，便可激活该按钮并执行相应操作。例如，在为某个按钮设置其 Caption 属性时，输入“确定(&O)”，程序运行时就会显示“确定（O）”，当用户按下“Alt + O”快捷键时便可激活并操作“确定”按钮。

【案例 3-7】　设置命令按钮的主要属性（见图 3-28、图 3-29）。

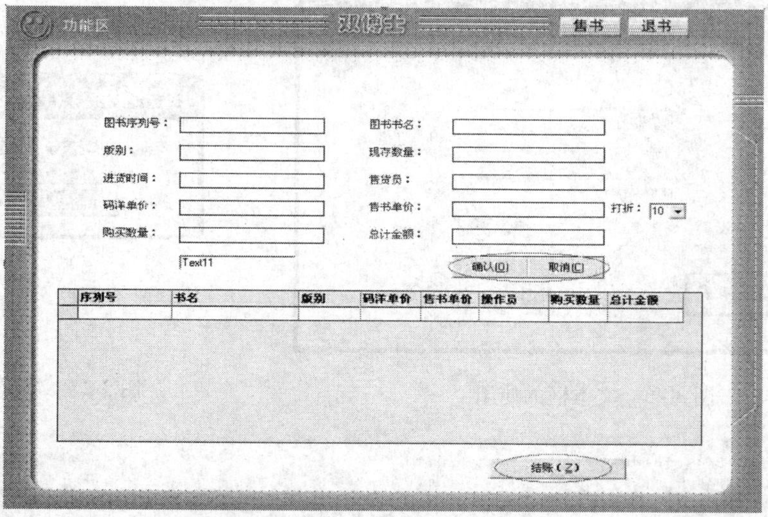

图 3-28　系统售书界面

图 3-29　命令按钮的属性

（2）Style 属性　在 VB 5.0 以上版本，命令按钮不仅可以显示文字，也可以显示图形。若要显示图形，首先必须在 Style 属性中设置为 1，然后在 Picture 属性中设置显示的图形文件。在运行时 Style 属性是只读的。

0——Standard：（默认）标准的，按钮上不能显示图形。

1——Graphical：图形的，按钮上可以显示图形的样式，也能显示文字。

信息卡

若在 Picture 图形属性中选择了图片文件，而 Style 属性值为 0，则图形仍不能显示。

（3）Picture 图形属性　若 Style 属性值设置为 1，则 Picture 属性可显示图形文件（. bmp 和 . ico）。

（4）ToolTipText 工具提示属性　与 Picture 属性同时使用。在 VB 以前的版本中，用户设计具有工具栏提示功能的界面，需要编写程序来实现。现在，通过该属性即可实现，如图 3-30、图 3-31 所示。

（5）Default 默认属性　该属性使按钮成为默认的“活动按钮”，可用“回车”键选中。

（6）Cancel 取消属性　该属性使按钮成为默认的“取消按钮”，可用“Esc”键选中。

注意

在一个窗体中，只能有一个命令按钮可以设为默认的“活动按钮”，也只能有一个命令按钮可以设为默认的“取消按钮”。

2. 事件

最主要的事件是单击（Click）事件。

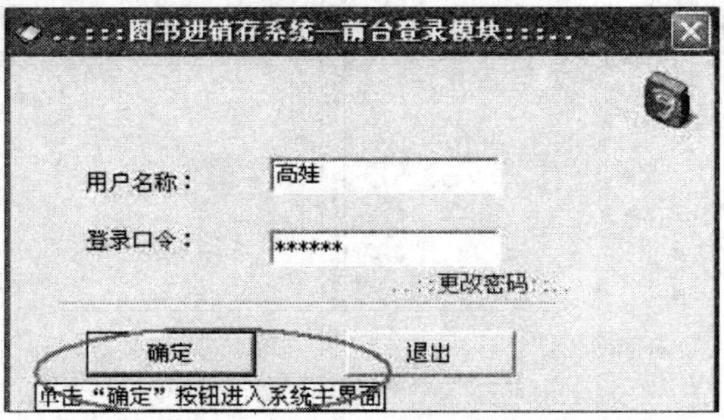

图 3-30 命令按钮的 ToolTipText 属性

图 3-31 命令按钮的属性

子任务6 使用常用方法

在面向对象编程过程中，仅通过对象的属性实现对象的控制是不够的，对象对事件的响应过程需要用相应的方法来描述。对于标题的对象，VB 提供了不同的方法，但使用方法的语法结构是相同的。形式如下：

[对象.] 方法 [参数列表]

下面介绍常用的方法，其他一些方法在介绍相关对象时再介绍。

1. Print 方法

Print 方法的作用是在对象上输出信息。

例如，显示当前系统的时间：

[Form1.]Print"当前系统时间:" & Time

形式如下：

[object.] Print [{Spc(n)|Tab(n)}][表达式列表][;|,]

Print 方法的使用见表 3-3。

表 3-3 Print 方法的使用

参数	说　明
object	窗体、图形框或打印机（Printer），省略对象在窗体输出
Spc（n）函数	插入 n 个空格，允许重复使用
Tab（n）函数	对输出进行定位，指定在第 n 列输出下一输出项
表达式列表	要输出的数值或字符串表达式，若省略，则输出一个空行，多个表达式之间用空格、逗号、分号分隔
；（分号）	光标定位上一个显示的字符后
，（逗号）	光标定位在下一个打印区的开始位置处
无 ；、，	表示换行

2. Cls 方法

Cls 方法用于清除运行时在窗体或图形框中显示的文本或图形。形式如下：

[对象.] Cls

其中，“对象”为窗体或图形框，省略为窗体。

例如：

Picture1. Cls '清除图形框内显示的图形或文本

Cls '清除窗体上显示的文本

信息卡

Cls 方法的使用：

1）Cls 方法只清除运行时在窗体或图形框中显示的文本或图形，不清除窗体在设计时的文本和图形。

2）Cls 方法使用后，属性 CurrentX、CurrentY 被设置为 0。

3. Move 方法

Move 方法用于移动窗体或控件，并可改变其大小。形式如下：

[对象.]Move 左边距离[,上边距离[,宽度[,高度]]]

其中：

对象，是指除菜单、时钟外的所有控件，省略对象为窗体。

左边距离、上边距离、宽度、高度是数值表达式，以 twip 为单位。若对象是窗体，则“左边距离”和“上边距离”以屏幕左边界和上边界为准，否则以窗体的左边界和上边界为准。

宽度和高度表示可改变其大小。

信息卡

在窗体上移动一个控件，实质就是改变控件的 Left 和 Top 属性。可以用两种方法实现：①利用赋值语句；②利用 Move 方法。

任务四 管理工程及设置环境

知识导读：

用户建立的一个包含各种应用的程序，被保存在称为“工程”的文件中。也就是说，在 VB 中使用工程来管理构成应用程序的所有不同的文件。

子任务1 工程的组成

工程的构成如图 3-32 所示。

一个工程包括各种类型的文件，见表3-4。

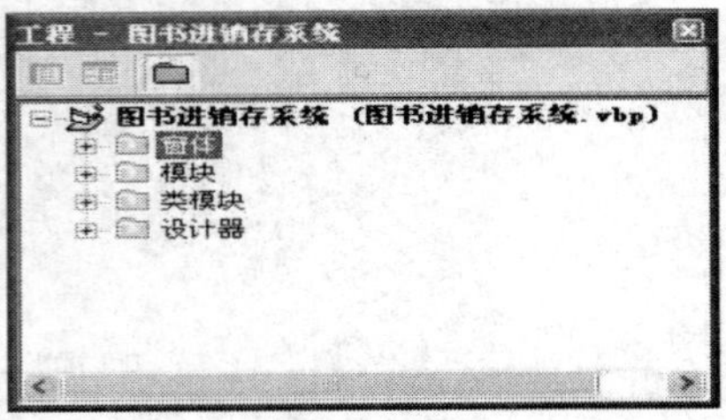

图3-32　工程的构成

表3-4　工程的构成

文件类型	说　明
工程文件(.vbp)	包含与工程有关的全部对象和文件
窗体文件(.frm)	包含该窗体及控件的各个属性的设置；窗体级的变量及外部过程的声明；事件过程和用户自定义过程；每个窗体对应一个窗体文件
窗体的二进制数据文件(.frx)	若窗体上控件含有二进制属性数据（图片、图标），在保存窗体文件时，系统自动产生同名的.frx文件
标准模块文件(.bas)	该文件是可选的，包含模块级的变量和外部过程的声明，是用户自定义的，是可供本工程内部窗体使用的过程
类模块文件(.cls)	该文件是可选的，用于创建含有属性和方法的用户自定义的对象

子任务2　创建、打开和保存工程

对工程文件的操作，可以使用“文件”菜单中相应的工程命令，也可以使用对应的工具栏按钮。常用的菜单命令见表3-5。

表3-5　文件菜单中相应的工程命令

文件菜单中相应的工程命令	说　明
新建工程	系统会提示新建工程的类型
打开工程	首先保存当前的工程，然后打开一个已有的工程文件
保存工程	以原有的工程名保存工程，若是第一次保存，则提示保存在何处
工程另存为	选择保存的位置，保存工程

信息卡

关于工程文件：

1）当保存工程文件，同时还保存与工程有关的修改过的窗体或标准模块等文件。

2）单个窗体或模块文件可以在几个工程文件中共享，对一个工程中的窗体或模块所做的改变会影响到共享该模块的所有工程文件。

子任务3　添加、删除和保存文件

对于简单的工程，一般只有一个窗体文件，但在实际的应用程序设计中，要使用多个窗体、标准模块文件等，对每个文件也存在着文件的相关操作见表3-6。

可以利用菜单添加、删除窗体，如图3-33、图3-34所示。

表 3-6 文件的操作

菜单	命 令	说 明
工程	添加 Form 或 Module 等	系统会显示添加对话框，有“新建”或“现存”两种情况
	删除 Form 或 Module 等	移除当前工程中选定的文件，“工程”菜单中显示删除对应的文件类型命令（如 . frm，. bas，. cls 等）
文件	保存 Form 或 Module	以原文件名保存当前工程中选定的文件，“文件”菜单中显示保存对应的文件类型命令。若第一次保存，系统弹出“文件另存为”对话框
	Form 或 Module 另存为	以给定的文件名保存

图 3-33 工程菜单

图 3-34 添加窗体的两种方式

信息卡

1）区别窗体名和窗体文件名。前者是窗体的 Name 属性，在代码中用这个名称来引用该窗体，同一工程不能有相同的窗体名；后者是存放在外部介质的窗体文件名，该文件包含了该窗体的所有控件属性和代码，同一文件夹不能有相同的文件名。

2）在工程中添加“现存”文件时，只是简单地将对于该文件的引用加入工程中；而不是添加该文件的副本。因此，如果更改了文件并保存，这个更改会影响包含此文件的任何工程。如果想改变文件而不影响其他工程，应将已有的文件复制为规定的文件名，再将复制文件添加到当前工程中，对复制文件的改变不影响其他工程。

3）在工程中移除文件时，此文件将从工程中移除，但是仍存在于磁盘上。如果从工程中移除了文件，再保存此工程时 VB 会更新此工程文件中的相应信息。但是，如果在 VB 之外删除一个文件，VB 不能更新此工程文件；因此，当打开此工程时，将显示一个错误信息，警告一个文件丢失。

4）若要对文件改名，如将现存的窗体文件 Form1. frm 改名为 my. frm，方法有两种：

①打开工程文件，选中要改名的 Form1. frm 文件，然后用“工程另存为”命令将文件复制为 my. frm，保存该工程文件；再通过资源管理器将 Form1. frm 文件删除。

②通过资源管理器将 Form1. frm 改名为 my. frm；用文本编辑器将工程文件中的“Form = form1. frm”改为“From = my. frm”，改变了工程文件与窗体文件的联系。

注意

当工程中有多个窗体时，必须指定启动窗体。方法是：选择“工程”菜单中“工程属性”命令打开“通用”选项卡，在“启动对象”下拉式列表栏，选择运行时显示的第一个窗体，如图 3-35 所示。

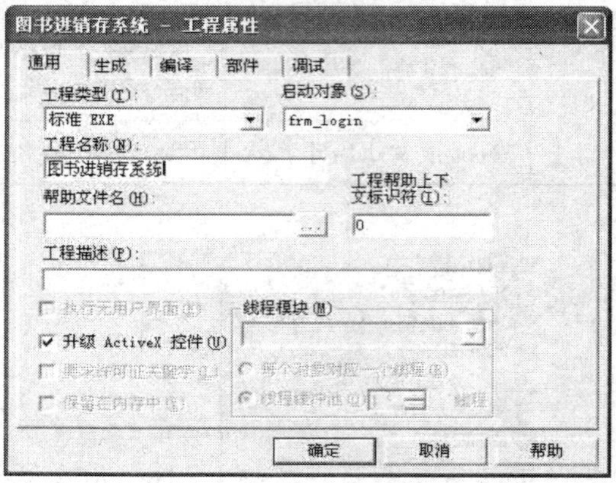

图 3-35　设置启动对象

子任务4　设 置 环 境

在 VB 中，针对不同的程序设计者，提供了一些设置功能来调整最适合用户的软件开发环境。使用“工具”菜单下的“选项”命令打开各个选项卡，供用户根据自己的需要进行设置。

1. “编辑器”选项卡

在“选项”对话框中打开“编辑器”选项卡，如图 3-36 所示。该选项卡指定代码窗口和工程窗口设置值，有关功能说明如下。

（1）自动语法检测　当用户输入完一条命令按回车键时，系统自动对此行代码进行语法检查。如该项功能选中，当出现语法错误时会弹出一个警告信息窗口，错误代码行以红色显示，如图 3-37 所示。

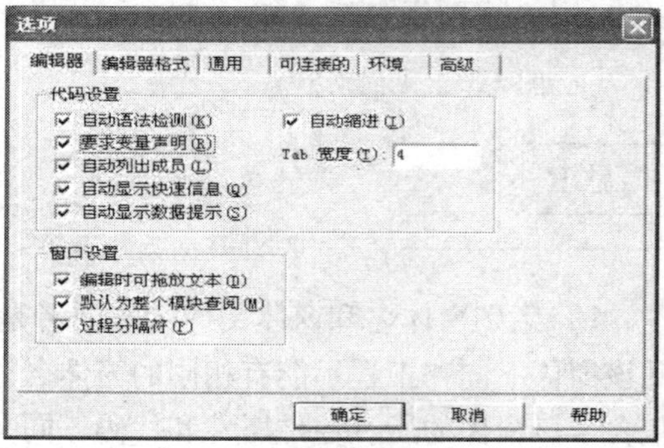

图 3-36　“编辑器”选项卡

图 3-37　自动语法检测

（2）要求变量声明　对于具有良好习惯的程序设计人员来说应选中该复选框。选择该复选框后，新建的程序在模块文件的顶部自动加入“Option Explicit”声明。当程序中使用未经声明的变量，尤其对已声明的变量名在以后使用时输入变量名错误的情况下，使用了“Option Explicit”的声明后程序运行时会报错。

（3）自动列出成员　当用户在程序中输入控件名和“.”后，系统自动列出该控件在该运行模式下可用的属性和方法，用户只要在列表框选中所需的内容即可，如图3-38所示。

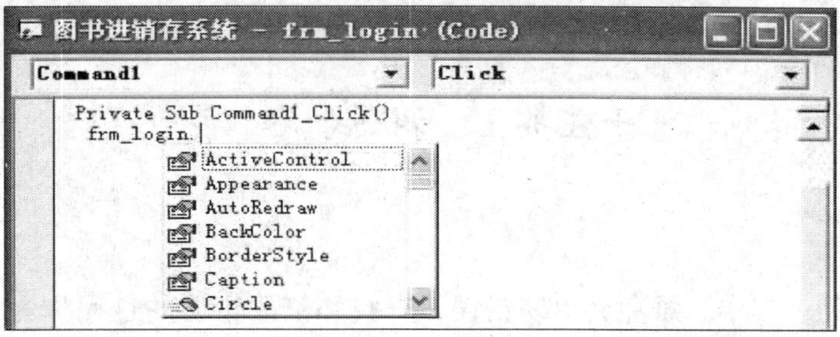

图3-38　自动列出成员

（4）自动显示快速信息　选中此功能后，当程序要调用某函数或过程名时，系统会自动列出该函数或过程的参数信息以提示用户正确地使用，如图3-39所示。

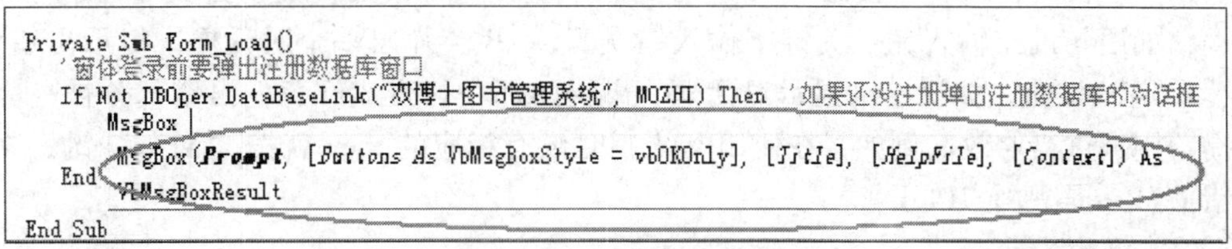

图3-39　自动显示快速信息

（5）默认为整个模块查阅　此功能选中后，或在代码窗口左下角按下第二个按钮，即可看到程序的所有过程。若选中“过程分隔线”选项，则各个过程间以分隔线隔开。

2. “通用”选项卡

在“选项”对话框中打开“通用”选项卡，如图3-40所示。该选项卡为当前的VB工程指定设置值、错误处理以及编译设置值，有关功能说明如下。

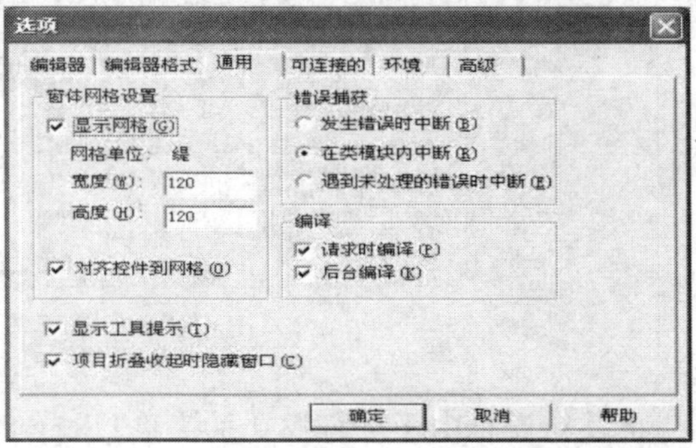

图3-40　“通用”选项卡

（1）窗体网格设置　在设计时，这里的选项决定窗体网格的外观。其中：

“显示网格”决定是否在设计时显示网格。默认显示网格，在设计模式可看到网格点均匀分布在窗体上。

“宽度”和“高度”调整网格的间距，网格单位默认的是缇（twip）。

“对齐控件到网格”可自动将控件的外部边缘定位在网格线上。

（2）显示工具提示　为工具栏和工具箱各项显示工具提示。

（3）错误捕获　决定在VB开发环境中怎样处理错误，并为后面的所有VB实例设置默认的错误捕获状态。一般选用默认的“在类模块内中断”，出错的程序代码行可被标出来。

（4）编译　决定如何编译应用程序，一般将两个选项全部选中。

任务五　调试程序及处理错误

子任务1　调 试 程 序

知识导读：

在编写程序的过程中，难免会出现错误，查找和修改错误的过程称为程序调试。VB为调试程序提供了一组有效、交互的调试工具。VB将错误分为编辑时错误、编译时错误、运行时错误和逻辑错误4种。

1. 编辑时错误

当用户在代码窗口编辑代码时，VB会对程序直接进行语法检查，当发现程序中存在输入错误，如语句没有输入完、关键字输入错误等，VB会弹出一个对话框，提示出错信息。单击“确定”按钮，关闭出错提示对话框，出错的那一行变成红色，出错部分被高亮度显示，提示用户进行修改。例如，在使用If语句时没有相应的then就按“回车”键，系统显示出错信息，提醒用户改正。

2. 编译时错误

编译时错误是指单击了“启动”按钮，VB开始运行程序前，先编译执行的程序段时产生的错误。此类错误是由于未定义变量、关键字不正确等原因产生的。这时，VB弹出一个对话框，提示出错信息，如图3-41所示。出错的那一行被高亮显示，同时VB停止编译。这时，用户必须单击“确定”按钮，关闭“出错提示”对话框，然后对出错行进行修改。

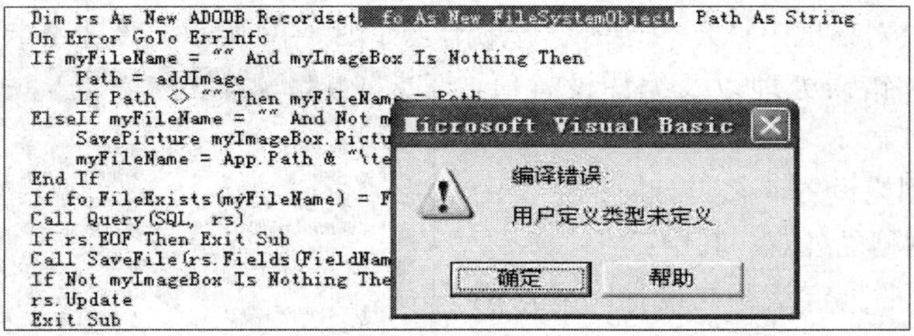

图3-41　编译错误

上述错误是由于没有找到系统类FileSystemObject的定义，该类包含在一个称为Scripting的类型库中，此类型库位于Scrrun. dll文件中。

解决办法：在“工程”菜单中选择“引用”菜单项，将“Microsoft Scripting Runtime”加入即可，如图3-42所示。

3. 运行时错误

运行时错误是指VB在编译通过后，运行代码时发生的错误，这类错误往往是由指令代码执行非法操作引起的。例如，类型不匹配、试图打开一个不存在的文件等，系统运行时显示如图3-43所示出错信息。当用户单击了“调试”按钮，进入中断模式，光标停留在引起出错的那一句上，此时允许修改代码。

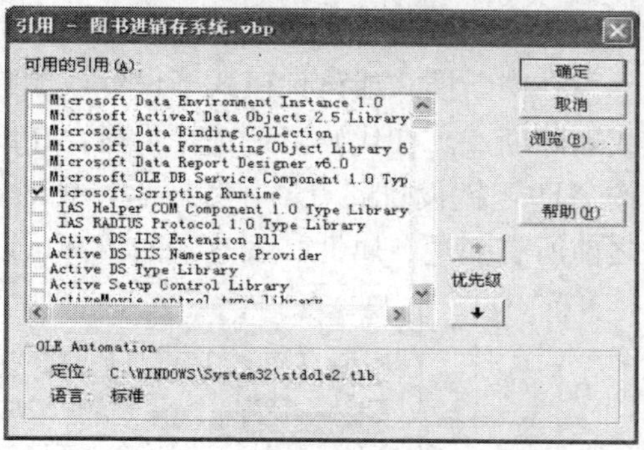

图3-42 引用对象

4. 逻辑错误

程序运行后，得不到所期望的结果，这说明程序存在逻辑错误。例如，循环语句的起始、终值不正确，语句的次序不对，算法错误等。通常，逻辑错误不会产生错误提示信息，故错误较难排除。

图3-43 运行时错误

子任务2 调试和排错

知识导读：

为了改正程序中发生的不同类型错误，VB提供的调试工具主要通过设置断点、插入观察变量、逐行执行和过程跟踪等手段，在调试窗口中显示信息。

1. VB的三种模式

作为一个集成开发环境，VB的工作状态可分为三种模式。为了测试和调试应用程序，用户需要知道自己的程序正在何种模式下工作。

（1）设计模式　在设计模式下可以进行程序的界面设计、属性设置、代码编写等。此时标题栏显示“设计”，在此模式下不能运行程序，也不能使用调试工具。

（2）运行模式　执行“运行”菜单下的“启动”命令（也可按“F5”键或单击工具栏的“启动”按钮），即由设计模式进入运行模式，标题栏显示“运行”。在此阶段，可以查看程序代码，但不能修改。若要修改代码，必须选择“运行”菜单的“结束”命令（或单击工具栏的“结束”按钮）转到设计模式；或选择“运行”菜单的“中断”命令（或单击工具栏的“中断”按钮）进入中断模式。

（3）中断模式　当程序运行时，单击“中断”按钮或选择运行菜单的“中断”命令，可进入中断模式。当程序出现运行错误时，也可以进入中断模式。在中断模式下运行的程序被挂起，可以查看代码、修改代码、检查数据。修改结束，再单击“继续”按钮继续程序的运行，或单击“结束”命令停止程序执行。

2. 插入断点和逐条语句跟踪

在调试程序时，通常会设置断点来中断程序的运行，然后逐语句跟踪检查相关变量、属性和表达式的值是否正确。

可在中断模式或设计模式下设置或删除断点。当应用程序处于空闲时，也可在运行时设置或删除断点。在代码窗口选择可能存在问题的位置，利用“调试”菜单中的“切换断点”或按“F9”键设置断点，在程序运行到断点语句处（该语句还未执行），进入中断模式，在此之前所有变量、属性、表达式的值都可以看到，如图3-44所示。

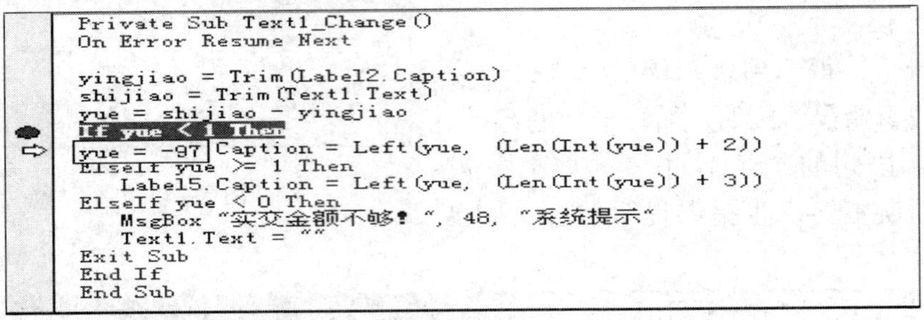

图3-44　插入断点和逐条语句跟踪

VB提供在中断模式下直接查看某个变量的值，只要把鼠标指向所关心的变量处，稍停一下，就在鼠标下方显示该变量的当前值。

若要继续跟踪断点以后的语句执行情况，只要按“F8”键或选择“运行”菜单的“逐语句”执行即可。文本框左侧小箭头为当前行标记。将设置断点和逐条语句跟踪执行相结合，是初学者调试程序最方便的方法。

3. 调试窗口

在中断模式，除了用鼠标指向要观察的变量直接显示其值外，还可以使用“立即”窗口、“监视”窗口和“本地”窗口观察有关变量的值。可通过单击“视图”菜单中的对应菜单项打开这些窗口。

（1）“立即”窗口　“立即”窗口是在调试窗口中使用最方便、最常用的窗口。可以在程序代码中利用Debug. Print将结果输出到“立即”窗口。也可以直接在该窗口使用Print语句或“?”显示变量的值，如图3-45所示。

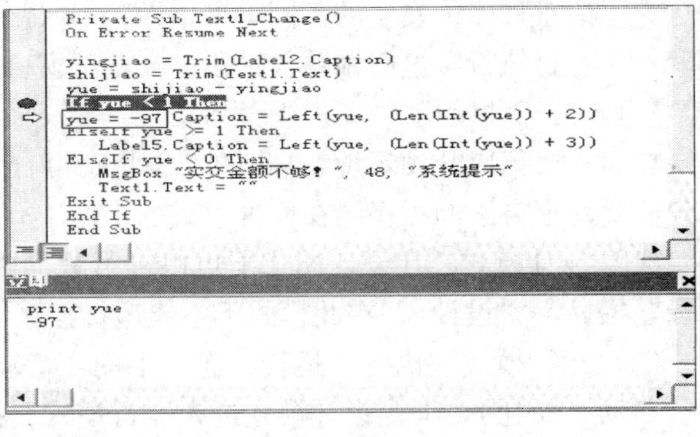

图3-45　立即窗口

（2）“本地”窗口　“本地”窗口显示当前过程中所有变量的值。当程序的执行从一个过程切换到另一过程时，“本地”窗口的内容也会发生改变，它只反映当前过程中可用的变量及其值，如图3-46所示。

表达式	值	类型
yingjiao	"108"	Variant/String
shijiao	"11"	Variant/String
yue	-97	Variant/Double

图3-46　本地窗口

（3）“监视”窗口　“监视”窗口可显示当前的监视表达式。在设计阶段，利用“调试”菜单的“添加监视命令”或“快速监视”命令，添加监视表达式以及设置的监视类型。在运行时显示在“监视”窗口，根据所设置的监视类型进行相应的显示，如图3-47所示。

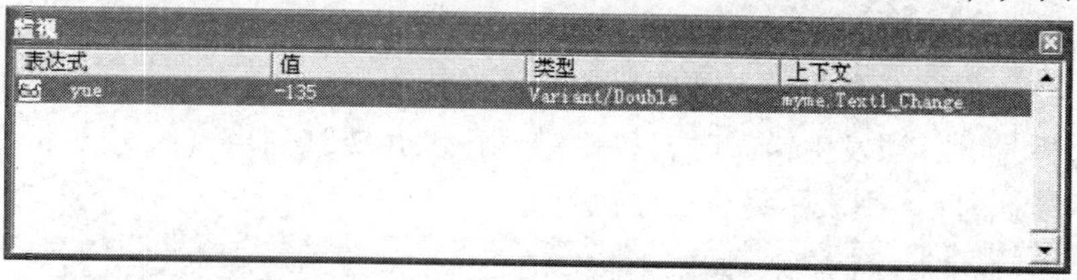

图3-47　监视窗口

子任务3　处理错误

知识导读：

出错处理就是允许编写的应用程序对错误进行响应。当错误发生时，程序能捕捉到这一错误，并按程序设计者事先设计的方法处理这一错误。这是程序健壮性的重要的表现。例如，两个数相除，当分母为零时，VB会终止代码的执行并显示错误信息，如图3-48所示。

为了避免当发生错误程序强行被终止的情况，在VB中可使用错误处理技术捕获错误，并执行正确操作。

当错误发生时，VB将设置错误对象Err的各种属性，如错误号、描述等信息。这样，在错误处理例程中就能使用Err对象及其属性，以便应用程序能够正确地对错误作出响应。

图3-48　错误信息

1. 设计错误陷阱

在程序中适当的地方加入语句来捕捉错误，一旦错误发生，程序将转移到错误处理程序，根据所捕获到的错误代码，执行相应操作。

2. 编写错误处理程序

当程序运行中出现错误时，程序的流程将转到错误处理程序，该程序根据错误的类型决定采取何种措施。VB提供的On Error语句用于设置错误陷阱，捕捉错误。On Error语句有如下几种形式：

（1）On Error Resume Next　当错误发生时，忽略错误行，继续执行下一条语句。

（2）On Error GoTo 语句标号　当错误发生时，程序转跳到语句标号所指示的程序块。

（3）On Error GoTo 0　当发生错误时，不使用错误处理程序块。这里的GoTo 0并不指第0行，即使程序中有第0行。

当On Error捕捉到错误后，Err对象的属性Number指示对应错误号。于是，在错误处理程序块中可使用“If Err. Number =”或“Select Case Err. Number”语句执行相应的错误处理程序。

指令 Resume 可单独使用，它具有重新执行语句的能力，提供了退出错误处理程序的方法：

Resume：重新执行引起错误的语句或指令。

Resume Next：当发生错误时，忽略错误行，继续执行下一语句。

Resume <标号>：当发生错误时，忽略错误行，并转跳到由（标号）指明的语句继续执行。若<标号>为0，则表示终止程序执行。

```
Function Divide(number1, number2) As Variant
    Const ErrDivByZero = 11   【1】
    Const ErrOverFlow = 6     【2】
    On Error GoTo MathHandler
      Divide = number1 / number2
      Exit Function
MathHandler:
  If Err.number = ErrDivByZero Or _
    Err.number = ErrOverFlow Then
    Divide = Null
    Msg = "错误信息：" & Err.number & "," & Err.Description
  End If
Resume Next
End Function
```

代码详解:

【1】被零除。

【2】溢出。

信息卡

如果要在每个函数或过程中加上出错处理，将导致程序变得冗长。通常按其性质将其归类，用一个或几个公用的程序处理这些错误，当某个函数或过程在执行时产生运行错误，调用公用错误处理程序。公用错误处理程序在处理错误后，再返回到上层调用程序继续执行。这种集中式错误处理方式在实际应用中效果较好。

学 材 小 结

本模块主要介绍 VB 中类和对象的基本概念。创建 VB 应用程序需要完成可视化设计和程序设计两大任务，主要包括：设计程序的用户界面、设置对象的属性、对象事件过程的代码设计。VB 中三个常用控件（标签、文本框、命令按钮）具有各自的功能、常用属性、事件和方法。此外，还介绍了设置工程管理及环境以及程序调试和错误处理。

理论知识

1. 填空题

（1）在代码模块中加入 Option Explicit 的目的是____________________。

（2）在 VB 中，用一个简单的____________语句就能实现退出程序。

（3）若要将窗体 Form1 隐藏起来，则可通过执行代码________________来实现。

（4）所有控件都具有的共同属性是________________属性。

（5）通常情况下，VB 中一个工程主要包括 4 个文件：窗体文件、工程文件、类模块文件和____________文件。

（6）VB 中的类分为两种：一类是____________；另一类是________________。

（7）假定建立一个工程，该工程包括两个窗体，其名称（Name 属性）分别为 Form1 和 Form2，启动窗体为 Form1。在 Form1 中添加一个命令按钮 Command1，程序运行后，要求当单击该命令按钮时，Form1 窗体消失，显示窗体 Form2。请将下列程序补充完整。

Private Sub Command1 _ Click ( )

____________ Form1

Form2. ____________

End Sub

（8）所谓出错处理，就是允许编写的应用程序对错误进行响应。当错误发生时，程序能____这一错误，并可按________________来处理这一错误。

2. 选择题

（1）VB 支持面向对象的编程机制，其控件的三要素是（　）。

A. 属性、事件、事件过程　　B. 控件、窗体、事件

C. 属性、过程、方法　　D. 属性、事件、方法

（2）决定标签（Label）显示的属性是（　）。

A. Text　　B. Name　　C. Caption　　D. Alignment

（3）运行时，当用户向文本框输入新的内容，或在程序代码中对文本框的 TEXT 属性进行赋值从而改变了文本框的 TEXT 属性值时，将触发文本框的（　）事件。

A. CLICK　　B. DBLCLICK　　C. GOTFOCUS　　D. CHANGE

（4）决定控件上文字的字体、字形、大小及效果的属性是（　）。

A. TEXT　　B. CAPTION　　C. NAME　　D. FONT

（5）任何控件都具有的属性是（　）。

A. TEXT　　B. CAPTION　　C. NAME　　D. FORECOLOR

（6）VB 应用程序的运行模式是（　）。

A. 解释运行模式　B. 编译运行模式　　C. 两者都有　　D. 汇编模式

（7）以下能够触发文本框 Change 事件的操作是（　）。

A. 文本框失去焦点　　B. 文本框获得焦点

C. 设置文本框的焦点　　D. 改变文本框的内容

（8）在运行阶段，要在文本框 TEXT1 获得焦点时选中文本框中所有内容，对应的事件过程是（　）。

A. Private Sub Text1 _ GotFocus( )
```
    Text1.SelStart =0
    Text1.Sellength = Len(Text1.Text)
End Sub
```
B. Private Sub Text1 _ LostFocus( )
```
    Text1.SelStart =0
    Text1.Sellength = Len(Text1.Text)
End Sub
```
C. Private Sub Text1 _ Change( )
```
    Text1.SelStart =0
    Text1.Sellength = Len(Text1.Text)
End Sub
```
D. Private Sub Text1 _ SetFocus( )
```
    Text1.SelStart =0
    Text1.Sellength = Len(Text1.Text)
End Sub
```

(9) 在运行时，若要调用某命令按钮的 Click 事件过程，则可设置该命令按钮对象的(　)属性为 True 来实现。

A. Enabled　　B. Value　　C. Default　　D. Cancel

(10) 在运行时，若要获得用户在文本框中所选择的文本，可通过访问(　)属性来实现。

A. SelStart　　B. SelLenght　　C. Text　　D. SelText

(11) Visual Basic 提供的 On Error Resume next 错误陷阱语句表示 (　)。

A. 当发生错误时，使程序转跳到语句标号为 0 的程序块

B. 当发生错误时，不使用错误处理程序块

C. 当发生错误时，忽略错误行，继续执行下一语句

D. 当发生错误时，终止本过程执行，继续执行下一过程

拓展练习

1. 在 Text1 中输入任一英文字母，在 Text2 中显示该英文字母及其对应的 ASCII 码值。要求在文本框 Text2 中显示出所有输入的英文字母及其 ASCII 码值，运行结果如图 3-49 所示。

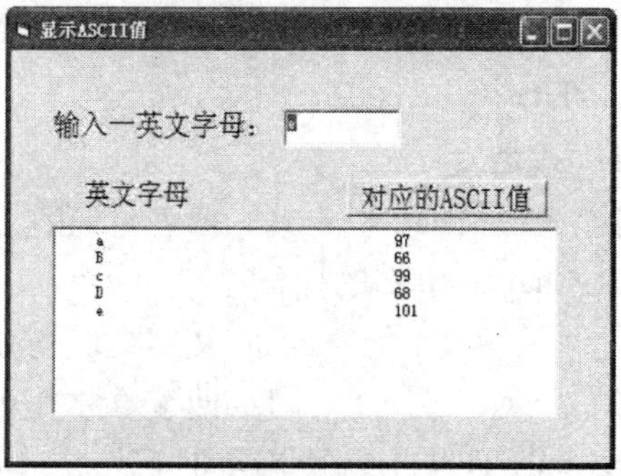

图 3-49　运行结果

部分代码提示：

```
Private Sub Command1 _ Click( )
    Dim Char As String * 1
    Char = Trim(Text1. Text)
    Text2. Text = Text2. Text & Space(5) & Char & _
        Space(10) & Str(Asc(Char)) & Chr(13) & Chr(10)
    Text1. SetFocus
    Text1. SelStart = 0
    Text1. SelLength = Len(Text1. Text)
End Sub
```

2. 建立一个如图 3-50 所示的简单文本编辑器。用户在文本框（Text1）中输入文本后，选中某些文本时可进行“剪切”、“复制”和“粘贴”操作。假设在窗体声明部分定义了一个变量 content _ str，用于保存复制和剪切的内容。程序运行界面如图 3-50 所示。

部分代码提示：

```
    Private Sub Command1 _ Click( )
    str1 = Text1. SelText
    Text1. SelText = ""
End Sub
```

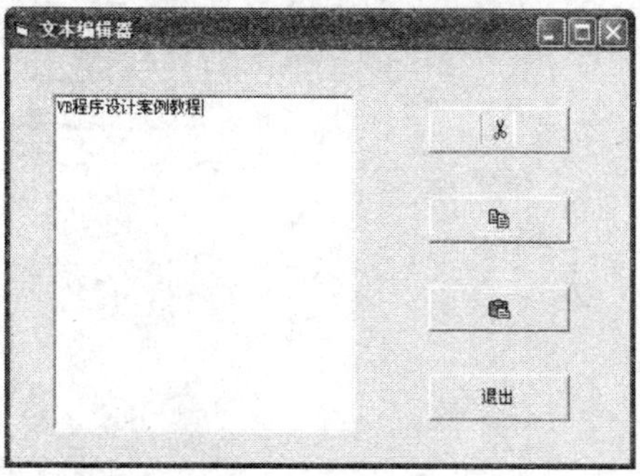

图 3-50 运行结果

实训任务

计算两个正整数的最大公约数，要求建立如图 3-51 所示的界面。

【实训目的】

（1）掌握标签、文本框和命令按钮控件的使用。

（2）掌握求两个正整数的最大公约数的算法。

【实训内容】

本案例主要利用求最大公约数的算法，结合控件的属性的使用来输出结果值。

实现该案例代码如下：

```
Private Sub Command1 _ Click( )
    Dim m, n, r As Integer
    m = Val(Text1. Text)
    n = Val(Text2. Text)
    If m < 0 Or n < 0 Then
      Label4. Caption = "输入的数据非法!"
    Else
      r = m Mod n
      Do While ____________
        ____________
        ____________
```

```
        ______________
        Loop
        Label4. Caption  = ________________
    End If
End Sub
```

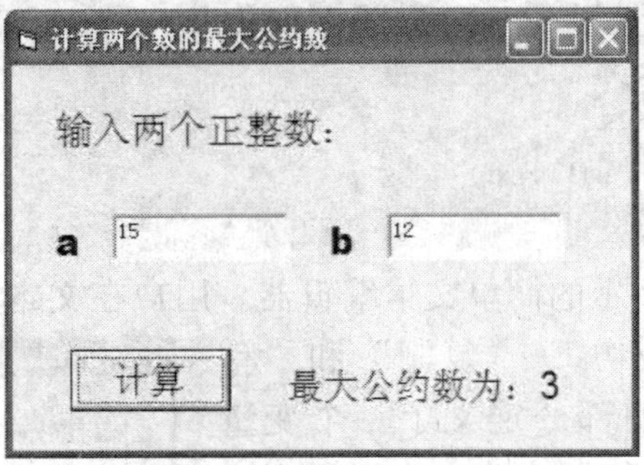

图 3-51　运行结果

模块四

介绍VB程序设计语句

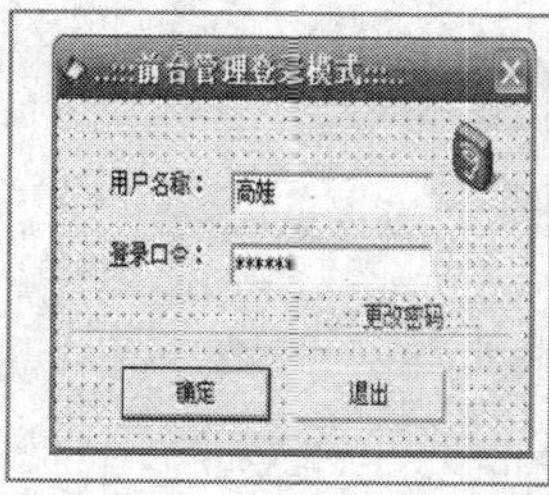

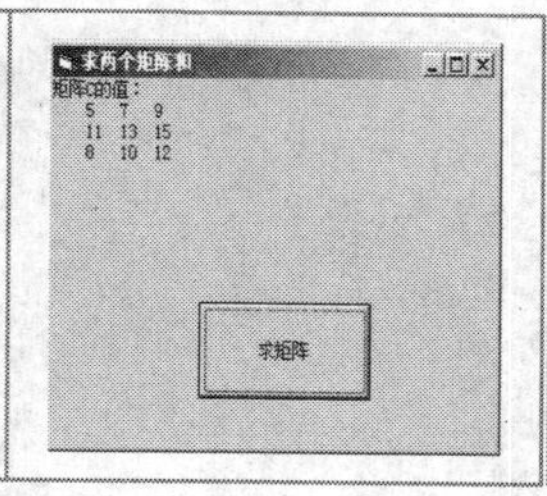

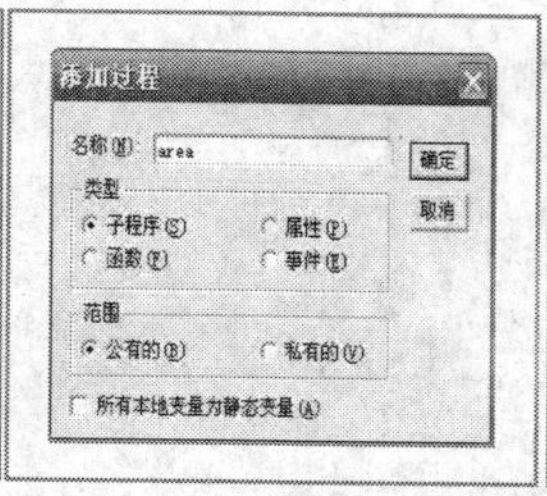

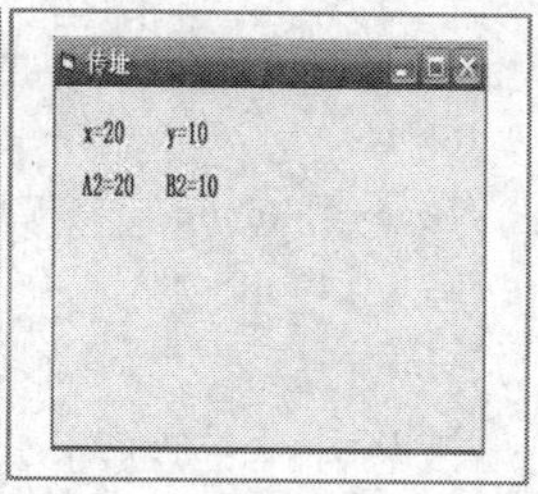

本模块导读

VB语言是结构化程序设计语言，结构化程序由三种基本控制结构组成，即顺序结构、分支结构和循环结构。这三种基本结构可以组成所有的各种复杂程序。在VB编程中，可通过简单的变量来存取一个数据，而在实际应用中经常需要处理一批数据，因此，VB提供了一种数据类型：数组。利用数组，可以方便灵活地组织和使用数据。

在应用程序的编写过程中，为了避免重复劳动，使程序简练并且便于调试和维护，按照结构化程序设计的原则，可以把问题逐步细化，分成若干个功能模块，通过VB提供的自定义过程功能模块定义成一个个通用过程，供事件过程多次调用。通过本模块的学习和实训，应掌握控制语句、循环语句的使用，掌握数组、过程、函数的定义和使用。

本模块要点

- 如何使用控制语句。
- 如何使用循环语句。
- 如何定义和使用数组。
- 如何定义和使用过程。
- 如何定义和使用函数。

任务一　理解 VB 程序设计语句

子任务 1　应用赋值语句

【案例 4-1】　给变量赋值。

实现该案例代码如下：

```
Dim   R   As   Integer
Dim   S   As   Double
Dim   name   As   String * 20
R = 16                          【1】
Name = "Round Area"             【2】
S = 3.14 * R * R                【3】
Print
Print
Print Name;" = ";S
```

信息卡

赋值语句是 VB 中最常用的基本语句之一，它的作用是将一个数据赋给一个变量。它的标准格式为：变量名 = 表达式。

代码详解：

【1】把数值 16 赋给整型变量 R。

【2】把字符串" Round Area" 赋给字符串变量 Nane。

【3】把一个表达式的值赋给一个双精度实型变量 S。

【案例 4-2】　给对象的属性赋值。

实现该案例代码如下：

```
cmdDisplay.Caption  = "显示下一页"【1】
txtDisplay. FontName = "宋体"       【2】
txtDisplay. FontSize = "16"         【3】
```

信息卡

在 VB 中，可以在程序中用赋值语句为对象的属性设置属性值。它的标准格式为：对象 . 属性 = 属性值。

代码详解：

【1】为命令按钮 cmdDisplay 的标题 Caption 设计属性值。

【2】为文本框 txtDisplay 的字体 FontName 设置属性值。

【3】为文本框 txtDisplay 的字号大小 FontSize 设置属性值。

【案例 4-3】 给用户自定义型变量的各元素赋值。

实现该案例代码如下：

```
Type book                                          【1】
    Name        As String *40
    Author      As String *12
    Price       As Single
    Publisher As String *60
End Type
Dim bookMessage As book                            【2】
bookMessage. name = "Visual Basic 程序设计"         【3】
bookMessage. author = "谭浩强"
bookMessage. price = "28.00"
bookMessage. publisher = "清华大学出版社"
```

信息卡

为用户自定义型变量的各元素赋值的一般格式为：变量名. 元素名 = 表达式。

代码详解：

【1】用户自定义一个数据类型 book。

【2】定义一个数据 book 类型的变量 bookMessage。

【3】为变量 bookMessage 中的各元素 bookMessage. name、bookMessage. author、bookMessage. price、bookMessage. publisher 赋值。

知识点详解：

赋值语句是 VB 中最常用的基本语句之一，它的作用是将一个数据赋给一个变量。

1. 语法形式

[Let] <变量名> = <表达式>

或[Let] <对象名.属性> = <表达式>

2. 功能

将 <表达式>的值保存在一个变量或对象的属性中。

3. 说明

语句中的“=”称为赋值符号，它不同于数学中的等号。“=”右边的表达式可以是变量、常量、函数等；左边只能是变量名或对象的属性引用，不能是常量、符号常量、表达式。但两边的数据类型一般要求一致。赋值语句以关键字 Let 开头，因此也称为 Let 语句。

其中的关键字 Let 可以默认。

子任务2 应用条件语句

【案例 4-4】 利用条件语句设计完成系统的登录窗体界面，如图 4-1 所示。

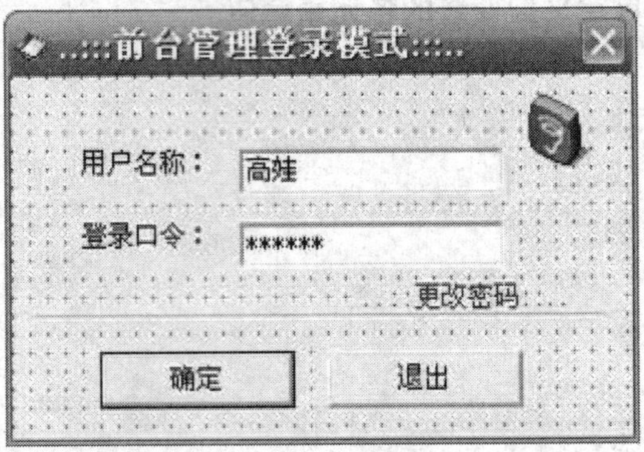

图 4-1 前台管理登录界面

实现该案例代码如下：

```
Private Sub Command1 _ Click( )
      Dim strQuery As String
      Dim Rec As ADODB. Recordset
          If Text1. Text  =  "" Then
        MsgBox "用户号码没有填写!", 48, "提示"
        Text1. SetFocus
        Exit Sub
  End If                                                          【1】
  If Text2. Text  =  "" Then
      MsgBox "登录口令没有填写!", 48, "提示"
      Text2. SetFocus
      Exit Sub
  End If                                                          【2】
  strQuery  =  "SELECT  *  FROM worker _ table WHERE username ='" & Text1. Text & "' AND workerpass ='"
& Text2. Text & "' and levels ='售货员'"
        Set Rec  =  DBOper. QueryR( strQuery)                     【3】
  If Not Rec. RecordCount  =  0 Then                              【4】
        strQuery  =  "Update Dayrecord Set username ='" & Trim( Text1. Text)& "',
        logintime =#" & DateTime. Now & "#, biaozhi ='True', remarks ='售货员'"
        DBOper. Query ( strQuery)
        frm _ main. StatusBar1. Panels(2). Text  =  Trim $ ( Text1. Text)  【5】
        frm _ main. Show                                          【6】
        Unload Me                                                 【7】
  Else
```

```
        MsgBox "您没有权限登录", 16, "提示"
        Text2.SetFocus
        'SendKeys "{Home}+{End}"
        End If                                          【8】
End Sub
```

代码详解:

【1】判断是否已经输入用户名，如果没有输入，提示用户名没有填写并退出。

【2】判断是否已经输入用户密码，如果没有输入，提示登录口令没有填写并退出。

【3】运行 SQL 语句得到一个记录集并赋值给变量 Rec。

【4】判断输入的用户名和密码是否正确，如果正确，把登录信息写入日志表格。

【5】在主窗体的状态栏上显示登录名称。

【6】打开主窗体。

【7】关闭登录窗体。

【8】如果用户名和密码输入不正确，提示“您没有权限登录”。

知识点详解:

Visual Basic 是结构化程序设计语言，而选择结构是一种常用的基本结构。Visual Basic 提供了多种形式的条件语句来实现选择结构。即对条件进行判断，根据判断结果，选择执行不同的分支。在 Visual Basic 中实现选择结构的语句有：If…then 语句、If…then…Else 语句和 Select Case 语句。

1. If…then 语句

（1）语法形式

If <条件> then

<语句>

End If

（2）功能　如果条件表达式的值为真（True），执行 Then 后的语句块内容；否则不执行语句内容，而执行 End If 后面的语句。

（3）说明

1）表达式可以是关系表达式、逻辑表达式或算术表达式。若为算术表达式，值为 0 则为假，非 0 则为真。

2）如果是单行 If 格式，所有的代码必须写在同一行中，绝对不能换行。如果是块 If 语句，各语句块必须独占一行，End If 不能省略。

3）语句若是一条语句，可用单行 If 结构；为多条语句，则采用多分支 If 结构较好。当然也可以采用单行 If 格式，这时各语句必须在同一行中，且用“:”分隔，不能出现 End If。例如，If min > max then max = min：min = 0。

2. If…Then…Else 结构

（1）语法形式

If <条件> then

<语句1>

Else

<语句2>

End If

(2) 功能　该结构用于解决“二选一”的问题。当表达式的值为真时，执行语句1的语句内容；否则，执行语句2的语句内容。

(3) 说明

1) 表达式最终的值必须为逻辑值，即取值为真或假。

2) 若语句1和语句2都是单条语句，可采用单行If格式，否则采用多分支If语句。

3) 与If…Then不同，该结构中即使表达式值为假，也有语句2的内容可被执行。

例如，输入用户名和密码时，提示对错信息：

```
Private Sub Command1_Click()
Dim user As String
Dim psw As String
user = Text1.Text
psw = Text2.Text
If user ="SYL" And psw = "123456" Then
    MsgBox ("正确!")
Else
    MsgBox ("错误!")
End If
End Sub
```

信息卡

Visual Basic 提供的条件函数IIf() 函数，是If…Then…Else结构的简写版本。格式为：IIf(条件，表达式1，表达式2)。IIf() 函数中的三个参数都不能省略，并且表达式1、表达式2和结果变量的类型必须一致。

例如：

```
If user ="SYL"  And  psw = "123456"  Then
    MsgBox ("正确!")
Else
    MsgBox ("错误!")
End If
```

等同于:IIf(user = "SYL" And psw = "123456", MsgBox("正确!"), MsgBox("错误!"))。

3. 多分支If结构

(1) 语法形式

If <条件1> Then

　　<语句1>
Else If <条件2> Then
　　<语句2>
[Else If <条件3> Then
　　<语句3>]
…
[Else
　　<语句n>]
End If

（2）功能　先测试<条件1>，如果<条件1>成立（True），执行Then后面的<语句1>；如果<条件1>不成立，继续测试<条件2>，如果<条件2>成立（True），执行Then后面的<语句2>…如此测试下去，如果所有的条件都不成立，执行Else后面的<语句n>。

（3）说明

1）表达式最终的值必须为逻辑型，即取值是真或者是假。

2）如果要产生n个分支，则需要n-1个测试表达式。

3）此结构不能转换成单行If格式。

例如，学生成绩按分数转换等级：

```
If Score >=90 Then
  Print "优"
Else IF Score >=80 Then
  Print "良"
Else IF Score >=70 Then
  Print "中"
Else IF Score >=60 Then
  Print "及格"
Else
  Print "不及格"
End If
```

【案例4-5】　使用Select Case条件语句设计学生成绩按分数转换等级。

实现该案例代码如下：

```
Private Sub Command1_Click()
Dim Score As Single
Score = Val(Text1.text)        【1】
Select Case Score
  Case Is >=90
    Text2.Text = "优秀"       【2】
  Case Is >=80
    Text2.Text = "良好"       【3】
  Case Is >=70
    Text2.Text = "中"         【4】
```

```
    Case Is > =60
      Text2. Text = "及格"    【5】
    Case Else
      Text2. Text = "不及格"【6】
  End Select
  End Sub
```

代码详解:

【1】通过文本框输入成绩 Score。

【2】判断成绩 Score 是否大于等于 90 分，如果成立，显示“优秀”。

【3】判断成绩 Score 是否大于等于 80 分，如果成立，显示“良好”。

【4】判断成绩 Score 是否大于等于 70 分，如果成立，显示“中”。

【5】判断成绩 Score 是否大于等于 60 分，如果成立，显示“及格”。

【6】以上情况都不是，则显示“不及格”。

知识点详解:

Select Case 语句同样可以解决多分支问题，但与 If 嵌套结构的不同在于这种结构中只有一个用于判断的测试表达式，根据此表达式产生的不同计算结果执行不同分支的语句块内容。

1. 语法形式

```
Select Case <变量或表达式>
Case <表达式列表 1>
 <语句 1>
Case <表达式列表 2>
 <语句 2>
Case <表达式列表 n-1>
 <语句 n-1>
[Case Else
 <语句 n>]
End Select
```

2. 功能

在同一个测试条件上可以有多个分支并列，根据测试表达式的不同计算结果来执行不同的分支。当测试值处于表达式列表 1 范围时，则执行语句 1 并退出 Select Case 语句；当其值处于表达式列表 2 范围时，则执行语句 2 并退出 Select Case 语句；以此类推。若其值与所有的表达式列表表示的值都不匹配时，则执行 Case Else 对应的语句 n 并退出 Select Case 语句。

3. 说明

（1）变量或表达式可以是数值型或字符串表达式，通常为变量。

（2）表达式列表 i 称为域值，与“变量或表达式”的数据类型必须相同，可以是下列 4 种形式之一：

1）表达式。

2）一组用逗号分隔的枚举值，如 Case 2，5，9。

3）表达式 To 表达式，如 Case 1 To 5。

4）Is 关系运算表达式，使用的运算符包括< 、< = 、> 、> =、=、< >，如 Case Is < 12。

（3）在使用 Select Case 语句处理多路分支问题时，应避免不同的 Case 子句中的条件和相应的操作出现矛盾。VB 系统是按照 Case 出现的次序，从上往下依次检查测试表达式的值是否与某个 Case 子句指定的条件匹配，当发现一个 Case 子句具备匹配的条件后，其他的 Case 子句都不起作用。而这种逻辑上的错误系统是不会去检查的，因此，在使用 Select Case 语句时就要避免类似情况的出现。

信息卡

> 表达式列表 i 也可以是 4 种形式在数据类型相同的情况下混合使用，如 Case 1，5，Is >20。

子任务3　应用循环语句

【案例 4-6】 使用 For…Next 语句求 N!。

实现该案例代码如下：

```
Private Sub Command1 _ Click( )
    Dim Sum As Integer, i As Integer,N As Integer【1】
    Sum  =1
    N = InputBox("请输入 N 值")                【2】
    For i = 1 to N
      Sum = Sum * i
    Next i                                    【3】
    Print
    Print N;" 阶乘值 Sum = ";
    Print Sum                                 【4】
  End Sub
```

代码详解：

【1】定义变量 Sum（阶乘值）、i（用于循环计数器变量）、N（用户想求阶乘数）。

【2】提示用户输入具体要求的阶乘的 N 值。

【3】执行 For…Next 循环。

【4】窗口输出 Sum 值。

知识点详解：

For…Next 循环是最常用的循环结构之一，主要用于控制循环次数预先已知的循环结构。

1. 语法形式

For 循环变量 = 初值 To 终值［Step 步长］

<循环体>

［Exit For］

<循环体>

Next <循环变量>

2. 功能

执行 For…Next 语句，先计算初值、终值和步长，接着判断循环变量的值是否大于（或小于）终值，如果成立就停止执行循环体，跳出循环，执行 Next 后面的语句；如果不成立就执行一次循环体，然后把循环变量的值加步长值再赋给循环变量，再去判断，直至跳出循环，从而结束循环，如图 4-2 所示。

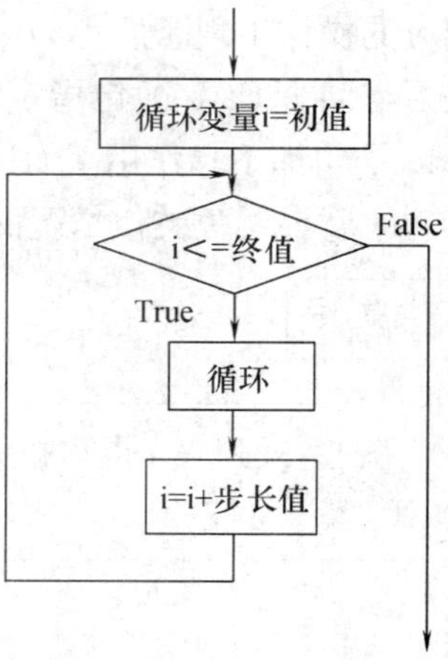

图 4-2 For…Next 语句流程图

3. 说明

1）步长可以为正数也可以为负数，若省略，默认值为 1。当步长为正数时，终值 > 初值；当步长为负数时，终值 < 初值。

2）循环体可以是一条语句，也可以是多条语句。

3）Exit For 表示遇到该语句时退出循环，执行 Next 的下一条语句。

4）Next 表示循环控制变量取下一个值，即循环变量 = 循环变量 + 步长。

5）可以将一个 For…Next 循环放置在另一个 For…Next 循环中，组成嵌套循环。不过每个循环中的循环变量要使用不同的变量名。

【案例 4-7】 使用 While 循环语句求 N！。

实现该案例代码如下：

```
Private Sub Command1 _ Click( )
Dim Sum As Single, i As Integer,N As Integer【1】
Sum = 1
i = 1
N = InputBox("请输入 N 值")
While (i < = N)                          【2】
    Sum = Sum * i
    i = i + 1                            【3】
Wend
Print
Print N;"阶乘值 Sum = ";
Print Sum                                【4】
End Sub
```

代码详解：

【1】定义变量 Sum（阶乘值）、i（用于循环计数器变量）、N（用户要求的阶乘数）。

【2】判断循环变量 i 是否小于等于 N 值。

【3】循环变量 = 循环变量 +1。

【4】窗口输出 Sum 值。

知识点详解：

While 循环先判断条件，再决定是否执行循环体，因此称为当型循环控制结构。

1. 语法形式

```
While <条件>
    <循环体>
Wend
```

2. 功能

While 循环先判断条件，如果条件成立，则执行循环体；遇到 Wend 语句时返回 While 语句，并对条件重新判断，如果条件成立，则重复上面过程；如果条件不成立，则跳出 While 循环，执行 Wend 后面的语句。

3. 说明

1）条件为布尔表达式。

2）While 循环是先判断条件，再决定是否执行循环体，如果条件开始就不成立时，循环体一次都不执行。

【案例 4-8】 求 S =1 + (1 +2) + … + (1 +2 +3 + … +100) 的值。

实现该案例代码如下：

```
Private Sub Command1_Click()
    Dim sum As Long, n As Integer, k As Integer                                      【1】
    Label1.Caption = "sum =1 + (1 +2) + (1 +2 +3) + …(1 +2 +3 + …100) = ?"            【2】
    sum = 0: n = 0: k = 1
    Do
      n = n + k                                                                      【3】
      sum = sum + n                                                                  【4】
      k = k + 1                                                                      【5】
    Loop While k <= 100                                                              【6】
    Label2.Caption = "sum =1 + (1 +2) + (1 +2 +3)... + (1 +2 +3 + ... +100) = " & sum 【7】
End Sub
```

代码详解：

【1】定义变量 sum（累加和）、n（第一个小项和）、k（计数器变量）。

【2】通过标签 Label1 在窗体上显示" sum =1 + （1 +2） + （1 +2 +3） +… （1 +2 +3 +…100） =？" 内容。

【3】求"小和"，即求 sum 中的每一项的和。

【4】求"大和"，即求 sum 的累加和。

【5】"大和" 的项数（也即"小和" 中的末项值）。

【6】当计数器变量值 k < =100 时，进入 Do…Loop While 循环进行计算，否则跳出循环

体。（这里还可以把 While 语句换成 Until k >100 语句）

【7】通过标签 Label2 在窗体上显示“sum =1 +（1 +2）+（1 +2 +3）+…（1 +2 +3 +…100）= ?”和值 sum。

知识点详解：

Do 循环语句是用来控制循环次数未知的循环结构。

1. 语法形式

语法 1：

```
Do [While | Until 循环条件]
      <循环体>
      [Exit For]
      <循环体>
Loop
```

语法 2：

```
Do
      <循环体>
      [Exit Do]
      <循环体>
Loop [While | Until 循环条件]
```

2. 功能

1）对于 Do While…Loop 循环，首先计算条件，当其值为 True 时执行循环体，否则退出循环，执行 Loop 后面的语句。

2）对于 Do Until…Loop 循环，首先计算条件，当其值为 False 时执行循环体，否则退出循环，执行 Loop 后面的语句。

3）对于 Do…Loop While 循环，首先执行循环体，然后判断条件，其值为 True 时执行循环体，否则退出循环，执行 Loop 后面的语句，如图 4-3 所示。

4）对于 Do…Loop Until 循环，首先执行循环体，然后判断条件，其值为 False 时执行循环体，否则退出循环，执行 Loop 后面的语句，如图 4-4 所示。

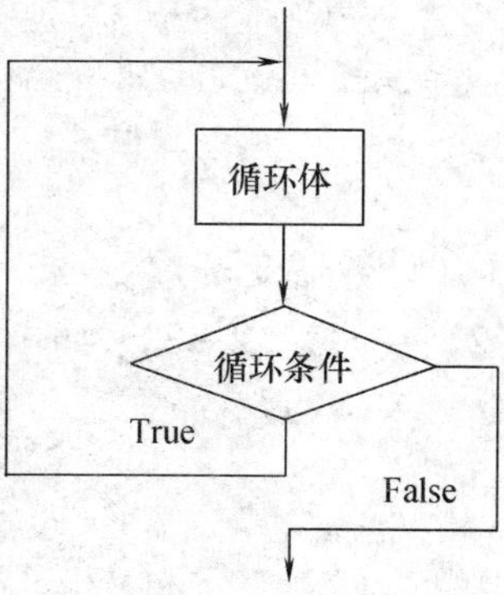

图 4-3　Do…Loop While 循环语句流程图

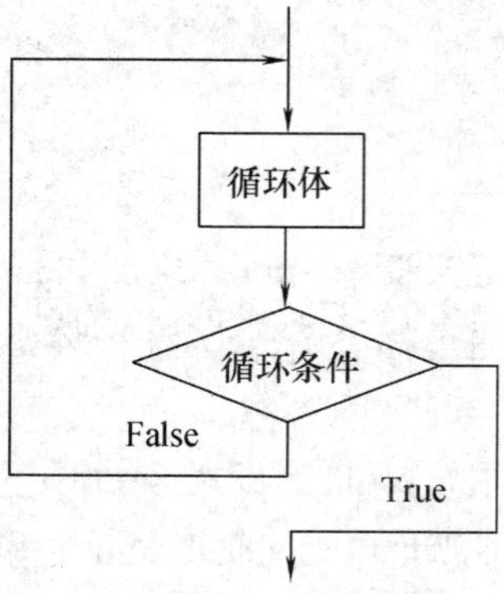

图 4-4　Do…Loop Until 循环语句流程图

5）对于 Do…Loop 循环，循环将会无限制地执行下去，除非执行 Exit Do 语句，才能退出循环。

3. 说明

1）While | Until 循环条件是可选参数，其值为 True 或 False。

2）Exit Do 是可选项，在 Do…Loop 循环中可以在任何位置上放置任意个数的 Exit Do 语句，随时跳出 Do…Loop 循环。Exit Do 语句通常被用于条件判断之后，如 If…Then，在这种情况下，Exit Do 语句将控制权转移到紧接在 Loop 命令之后的语句。

子任务4　应用其他辅助控制语句

【案例 4-9】　改变窗体的多个属性值。

实现该案例代码如下：

```
…
With Form1                    【1】
    .Width = 7000             【2】
    .Height = 4000            【3】
    .FontName = "隶书"        【4】
    .ForeColor = "蓝色"       【5】
End With                      【6】
…
```

代码详解：

【1】使用 With 语句对 Form1 窗体的多个属性赋值。
【2】把 Form1 窗体的宽度设置为 7000。
【3】把 Form1 窗体的高度设置为 4000。
【4】把 Form1 窗体的字体名称设置为隶书。
【5】把 Form1 窗体的字体颜色设置为蓝色。
【6】结束 With 语句。

知识点详解：

1. 语法形式

With 对象

语句

End With

2. 功能

With 语句是对某个对象执行一系列的语句操作，而不用重复指出对象的名称。

3. 说明

1）一个 With 语句只能设置一个对象进入 With 语句中，对象名是不能改变的。

2）在 With 语句中，对象属性前面的“.”是不能省略的。

信息卡

在 VB 中，还有一些其他辅助控制语句：Exit 语句和 End 语句。Exit 语句一般用于退出某种控制结构的执行；End 语句用于结束一个过程的执行。

任务二 理解数组

子任务1 定义数组

【案例 4-10】 求 45 个人的平均成绩。

实现该案例代码如下：

```
Const N As Integer = 45                                                                    【1】
Private Sub Command1 _ Click( )
  Dim a(1 To N) As Integer【2】, i As Integer, sum As Integer, averb( ) As Integer, i% 【3】
    For i = 1 To N
      a(i) = Val(InputBox("请输入第" & i & "位学生的成绩"))
    Next i                                                                                 【4】
  b = a                                                                                    【5】
  sum = 0
  For i = 1 To N                                                                           【6】
      sum = sum + b(i)
  Next i
  aver = sum / N                                                                           【7】
  Print "平均成绩是"; aver                                                                  【8】
End Sub
```

代码详解：

【1】定义变量 N 并赋值为 45。
【2】定义存放 N 个学生成绩的静态数组 a。
【3】定义动态数组 b。
【4】通过 For…Next 循环语句为数组输入学生的成绩。
【5】把数组 a 赋值给数组 b。
【6】通过 For…Next 循环语句累加学生成绩。
【7】计算平均成绩。
【8】输出平均成绩。

知识点详解:

数组用于表示一组性质相同的、有序的数据集合，这组数据用一个统一的名称来代替，称为数组名。数组中每一个数据称为数组的一个元素。数组的维数也就是定义数据时下标的个数，如果只月一个下标，称为一维数组；如果使用两个或是多个下标，则称为二维数组或是多维数组。在 VB 中一个数组中的元素可以是相同类型数据，也可以是不同数据类型的数据。

1. 一维数组

（1）定义　Dim 数组名([下界 To]上界)As 类型。

（2）引用　数组名（下标）。

（3）说明

1）数组必须先定义，后使用。

2）数组名的命名规则与变量名相同，但是在同一个过程中，数组名不能与变量名同名。

3）给数组元素赋值的方法与变量的赋值相同。

4）要用圆括号将下标括起来，不能用中括号或者大括号代替，也不能省略圆括号。例如，将数组元素 a（1）表示成 a［1］或者 a｛1｝都是错误的。

5）下标可以是常量、变量或者表达式，但是其值必须是整数，且在被引用前必须有确定的值，否则将会被自动四舍五入成整数。

6）下标的最小取值称为下界，下标的最大取值称为上界。在不加任何说明的情况下，数组的下界默认为 0。

2. 二维数组

（1）定义　Dim 数组名([下界 To]上界,[下界 To]上界)As 类型。

（2）引用　数组名（下标 1，下标 2）。

（3）说明

1）通常把二维数组的第一个下标形象地称为行下标，第二个下标称为列下标。

2）二维数组的元素个数为行的长度×列的长度，行或者列的长度为各自的上界 - 下界 +1。

信息卡

> 在 VB 中，数组定义除了用在窗体模块或标准模块中使用的 Dim 定义外，还可以用下列语句定义：
>
> ReDim　　用在过程中。
>
> Static　　用在过程中。
>
> Public　　用在标准模块中，定义全局数组。
>
> 它们定义数组的格式相同，但适用范围不同。

3. 动态数组

（1）定义　Dim 数组名（）As 类型。

（2）引用 数组名（下标）。

（3）说明

1）定义动态数组的方法是：在窗体层、标准模块或过程中使用 Dim 或 Public 语句声明一个没有下标（即括号内为空，且括号不能省略）的数组。

2）使用时用 ReDim 语句重新分配数组的实际元素个数。

信息卡

静态数组：在程序执行前、系统进行编译时，根据数组说明语句开辟固定的存储空间，直到程序执行完毕，在整个过程中存储空间大小不再改变，这种数组就叫做静态数组。

动态数组：在执行过程中给数组开辟存储空间后，还可以用 Redim（或 Dim）语句再次分配存储空间，这种数组就叫做动态数组。

在程序未执行时，动态数组不占用内存；而静态数组，编译程序将为它的数据段预留空间。

子任务2 应用数组的基本操作

【案例 4-11】 求矩阵 a$\begin{pmatrix}1 & 3 & 7\\6 & 4 & 3\\3 & 4 & 5\end{pmatrix}$和 b$\begin{pmatrix}4 & 4 & 2\\5 & 9 & 12\\5 & 6 & 7\end{pmatrix}$的和。

实现该案例代码如下：

```
Private Sub Command1 _ Click( )
    Const N As Integer = 3
    Dim a(1 To N, 1 To N)As Integer, b(1 To N, 1 To N)As Integer【1】
    Dim c(1 To N, 1 To N)As Integer,【2】i As Integer, j As Integer
    For i = 1 To N                                              【3】
      For j = 1 To N
        a(i, j) = Val(InputBox("输入 a(" & i & "," & j & ")"))
      Next j
    Next i
      For i = 1 To N                                            【4】
        For j = 1 To N
          b(i, j) = Val(InputBox("输入 b(" & i & "," & j & ")"))
        Next j
    Next i
    Print "矩阵 C 的值:"
    For i = 1 To N                                              【5】
      For j = 1 To N
      c(i, j) = a(i, j) + b(i, j)
```

```
        Next j
    Next i
    For i = 1 To N                                              【6】
        For j = 1 To N
            Print Tab(j * 4); c(i, j);
        Next j
    Print                                                       【7】
    Next i
End Sub
```

代码详解：

【1】定义二维数组 a 和 b。

【2】定义二维数组 c。

【3】通过 For…Next 循环嵌套语句输入数据存入数组 a。

【4】通过 For…Next 循环嵌套语句输入数据存入数组 b。

【5】通过 For…Next 循环嵌套语句求矩阵和。

【6】通过 For…Next 循环嵌套语句输出数组 c 的值，如图 4-5 所示。

【7】输出一行数据，另换一行。

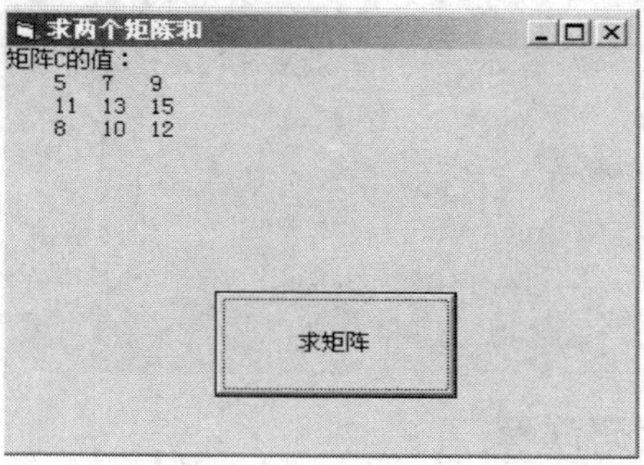

图 4-5 矩阵输出窗口

子任务3 应用控件数组

【案例 4-12】 学生信息查询窗口中“输入”功能，如图 4-6 所示。

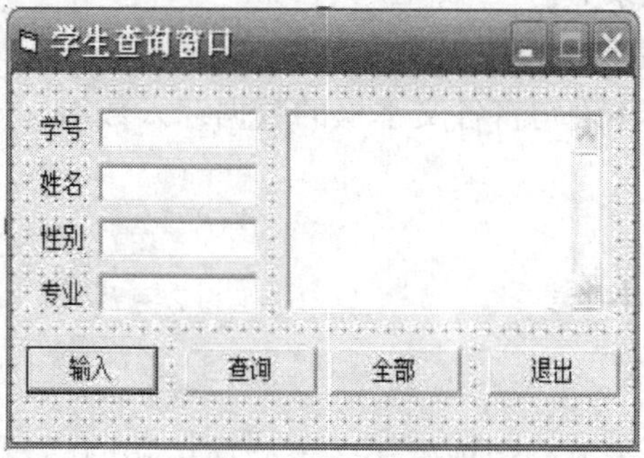

图 4-6 学生信息查询窗口

实现该案例代码如下：

```
  Explicit
Dim  SStu()  As String                                          【1】
Dim  RecNum  As  Integer                                        【2】
Private Sub cmdInput _ Click()
```

```
  Static i As Integer                                              【3】
Dim j As Integer
For j = 0 To 3
    If Trim $ (Text1(j).Text) = "" Then                            【4】
      MsgBox "请输入" & Label1(j).Caption, vbInformation, " 提示"  【5】
      Text1(j).SetFocus
      Exit Sub
  End If
Next
i = i + 1                                                          【6】
ReDim Preserve SStu (3, i)                                         【7】
      For j = 0 To 3                                               【8】
    SStu (j, i) = Trim $ (Text1(j).Text)
    Text1(j).Text = ""
Next
RecNum = i                                                         【9】
    Text1(0).SetFocus                                              【10】
End Sub
```

代码详解:

【1】定义动态数组 SStu ( )。

【2】定义存放记录数变量 RecNum。

【3】定义静态变量 i，存放记录数。

【4】检查各文本框是否为空，若第 (j) 个文本框无内容，执行语句【5】。

【5】利用标签控件数组 Label1 (j) 对应元素的 Caption 属性提示应输入哪一项内容。

【6】静态变量 i 累加记录数。

【7】根据记录数重新定义动态数组末维上界。

【8】利用 For…Next 循环语句将各文本框的数据存入数组，同时清空文本框以备输入下一记录。

【9】保存记录数。

【10】返回“学号”文本框。

知识点详解:

控件数组是由一组相同类型的控件组成，它们使用相同的名称，具有基本相同的属性，执行不同的功能。根据建立时的顺序，系统给每个控件元素一个唯一的索引号 (Index)，即下标，下标从 0 开始。这些控件元素共享相同的事件过程，在事件过程中使用 Index 区分各个元素。控件数组的建立有以下几种方法。

1. 复制粘贴法

步骤:

1) 在窗体上创建第一个控件，并设置好控件的属性。

2）选中该控件，进行“复制”和“粘贴”操作，系统将会弹出提示消息框，如图4-7所示。

图4-7　创建控件数组窗口

3）单击“是”按钮后，就建立了一个控件数组，在此之后进行的“粘贴”操作生成的控件都是控件数组中的元素。

2. Name设置法

将需要放置在数组中的控件的Name属性都设置为相同，当设置第二个控件的Name时也会弹出以上的提示建立控件数组的消息框。

3. 运行时建立控件数组

步骤：

1）在窗体上画出某控件，并设置Index的值为0，表示这个控件是数组元素。还可以通过对控件的Name值进行设置。

2）在程序代码中通过Load方法添加其余的控件数组元素，通过Unload方法删除数组中的某个控件。

3）每个新添加的控件数组元素可以通过设置Left和Top属性，确定每个元素在窗口中的位置，并将Visible属性值设为True。

任务三　理 解 过 程

知识导读：

在结构化的程序中，经常将一个较大的程序划分成若干个较小的程序模块，每个模块只完成一个或若干个功能。这些模块通过执行一系列语句完成一个特定的操作，称为“过程”。

过程可使大程序分解成多个逻辑单元，容易编写、调试和阅读，避免重复劳动。一个程序中的过程可以被另一个程序使用。在VB中，过程分为事件过程和通用过程。通用过程又分为子过程（Sub）和函数（Function）过程。

子任务1　应用Sub过程

【案例4-13】　编写两个数交换的Sub过程。

实现该案例代码如下：

```
Private Sub Swap( X As Integer, Y As Integer【1】)【2】
    Dim temp As Integer
    Temp = X : X = Y : Y = Temp
End Sub                                        【3】
Private Sub Cmdchange1 _ Click( )              【4】
    Dim a As Integer, b As Integer
    a = 4: b = 5
    Print "交换前 a,b 的值为:"
    Print "a = "; a, "b = "; b
    Call swap(a, b)Print "交换后 a,b 的值为:"【5】
    Print "a = "; a, "b = "; b
End Sub                                        【6】
Private Sub Cmdchange2 _ Click( )
    Dim c As Integer, d As Integer
    c = 2: d = 3
    Print
    Print
    Print "交换前 c,d 的值为:"
  Print "c = "; c, "d = "; d
    Swap c, d Print "交换后 c,d 的值为:"
    Print "c = "; c, "d = "; d
End Sub
```

代码详解:

【1】定义一个通用过程 Swap 中的参数。

信息卡

通用过程的特点:

1）这类过程与对象无相关，是用户创建的一段共享代码。

2）过程的名称由用户自己来命名。

【2】定义一个通用过程 Swap。

【3】结束通过过程定义。

【4】定义一个事件过程。

信息卡

事件过程的特点:

1）这类过程与对象有关，对象事件触发后被调用。

2）事件过程的过程名由系统自动指定。

【5】调用通过过程 Swap。

【6】结束事件过程定义。

知识点详解：

子过程由 Sub…End Sub 过程定义，所以又称为 Sub 过程。Sub 过程完成一定的操作和功能，无返回值，通过程序调用和事件触发而执行。

1. Sub 过程的定义

(1) 定义格式

```
[Private |Public][Static] Sub <过程名>[(<参数列表>)]
  [<语句1>]
    [Exit Sub]
    [<语句2>]
End Sub
```

(2) 说明

1) Sub 过程以 Sub 开头，以 End Sub 结束，在它们之间是描述这个过程操作的语句，又称为过程体。格式中各参量的含义如下：

Private：表示 Sub 过程是私有过程，只能在本窗体或模块中被调用。

Public：表示 Sub 过程是公有过程，可以在程序的任何地方调用它。

Static：表示 Sub 过程中的局部变量是静态变量，在调用过程结束后，其值仍然被保留。

过程名：是该过程的唯一名字，长度不超过 255 个字符，命名规则同变量。

参数列表：指明了从调用过程传送给子过程的变量个数及参数的数据类型，参数之间用逗号分隔，如（a，b，x）。这些参数称为形式参数，简称形参。形参并不代表一个实际存在的变量，也没有固定的值。它完全由调用过程的程序决定其内容，只是一个“形式上的变量参数”。形参只在被调用时被一个确定的值代替，因此形参的名字并不重要，重要的是其表示的对应关系和调用时所给定的实际参数。

2) End Sub 标志着 Sub 过程的结束。当程序执行到 End Sub 时，将退出该过程，并立即返回到调用语句下面的语句。此外，在过程体内可以用一个或多个 Exit Sub 语句从过程中退出。

3) Sub 过程不能嵌套定义。

2. Sub 过程的建立

方法 1：直接在代码窗口定义。进入代码窗口，在左侧显示对象名的下拉框中选择“通用”，在右侧显示过程的下拉框中选择“声明”，然后输入 Sub 及子过程名。系统会自动加上 End Sub 与子程序名后的一对括号，这时便可以在窗口中输入子程序语句，如图 4-8 所示。

方法 2：利用工具菜单中“添加过程”对话框定义。进入代码窗口后，单击主窗口菜单中的“工具”菜单，选择“添加过程”后，系统自动打开一个“添加过程”对话框，如图 4-9 所示。

3. Sub 过程的调用

(1) 调用格式

1）用 Call 语句调用 Sub 过程。

格式：Call　过程名［（实际参数）］

例如，Call swap（a，b）。

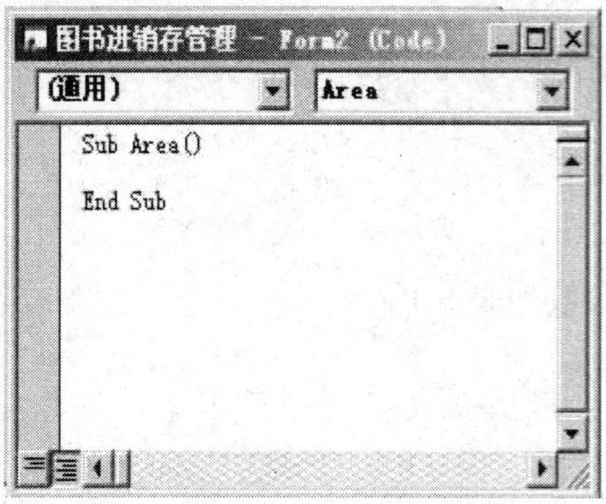

图 4-8　创建 Sub 过程窗口方法 1

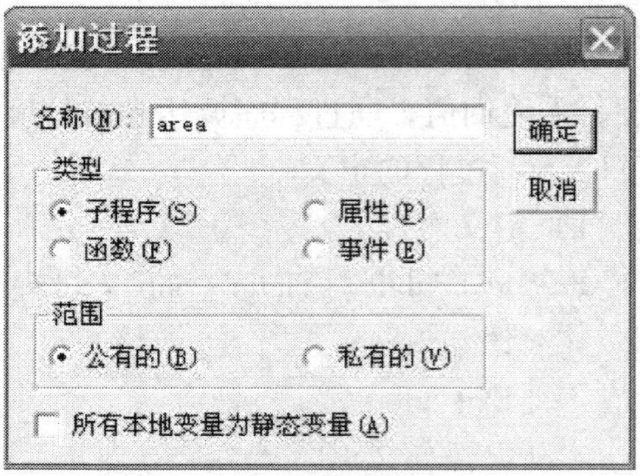

图 4-9　创建 Sub 过程窗口方法 2

2）直接使用过程名调用 Sub 过程。

格式：过程名［实际参数］

例如，Swap c，d。

（2）调用说明

1）第一种调用形式使用了关键字 Call，而第二种调用形式不仅没有 Call，并且也没有括号。

2）实参即实际参数，表示传递给被调过程的一些必要数据，实参之间用逗号隔开。如果调用时没有实参，则可以省略实参列表和括号。

3）主调过程调用被调过程时，经常需要向被调过程传递一些数据，这主要是通过实参与形参的结合来完成的。形参是变量，过程调用时才被分配内存空间，过程调用语句中的实参会把数据传递给相应的形参。

4）VB 语言要求实参与形参个数相等，类型尽量保持一致。实参向形参传递数据时，遵循从左向右、一一对应的规则。

子任务 2　应用函数（Function）过程

【案例 4-14】　计算 n!。

实现该案例代码如下：

```
Private Sub Command1_Click()                    【1】
  Dim s As Long, n As Integer
  n = Val(Text1.Text)                           【2】
  s = fac(n)                                    【3】
  Text2.Text = Str(s)
End Sub
Private Function fac(ByVal n As Integer) As Long    【4】'
```

```
    Dim s As Long, i As Integer
    s = 1
    For i = 1 To n                    【5】
    s = s * i
    Next i
    fac = s                           【6】
End Function                          【7】
```

代码详解:

【1】定义一个事件过程 Command1 _ Click。
【2】在文本框 Text1 中输入 n 的值。
【3】调用函数过程，得到返回值并赋值给 s。
【4】定义函数过程 fac。
【5】利用 For…Next 循环计算 n！的值。
【6】确定函数过程的返回值。
【7】结束函数过程 fac 的定义。

知识点详解:

函数也属于过程。它与 Sub 过程的根本区别是可以返回一个值给调用程序。其定义方法同过程相似。

1. 函数过程的定义

（1）定义格式

```
[Private |Public][Static] Function <函数名>([ <形参表> ])[As <类型>]
    [ <语句 1> ]
    [函数名 = <表达式> ]
    [Exit Function]
    [ <语句 2> ]
    [函数名 = <表达式> ]
End Function
```

（2）说明

1）As 类型指定 Function 过程返回值的类型，可以是 Integer、Long、Single、Double、String、Currency 或 boolean。如果没有 As 子句，默认的数据类型为 Variant。

2）表达式的值是函数返回的结果。在语法中通过赋值语句将值赋给函数名，该值就是 Function 过程返回的值。如果在 Function 过程中省略“函数名 = 表达式”，则该过程返回一个默认值，如数值函数返回 0。

3）语句 1、2 是程序段，语句中可以用一个或多个 Exit Function 语句从函数中退出。

4）Exit Function：表示退出函数过程，常常是与选择结构（If 或 Select Case 语句）联用，即当满足一定条件时，退出函数过程。

5）Function 前加上 Public | Private | Static，作用与 Sub 过程一样，表示作用范围。

2. 函数（Function）过程的建立

方法1：直接在代码窗口定义。进入代码窗口后，在左侧显示对象名的下拉列表框中选择“通用”，在右侧显示过程的下拉列表框中选择“声明”，然后输入 Function 及函数名，系统会自动加上 End Function 与函数名后的一对括号，这时便可以在窗口中输入程序语句，如图 4-10 所示。

方法2：利用工具菜单中“添加过程”对话框定义。打开窗体或模块的代码窗口，单击“工具”菜单，选择“添加过程”，系统自动打开一个“添加过程”对话框，然后在对话框的“类型”中选择“函数”，如图 4-11 所示。

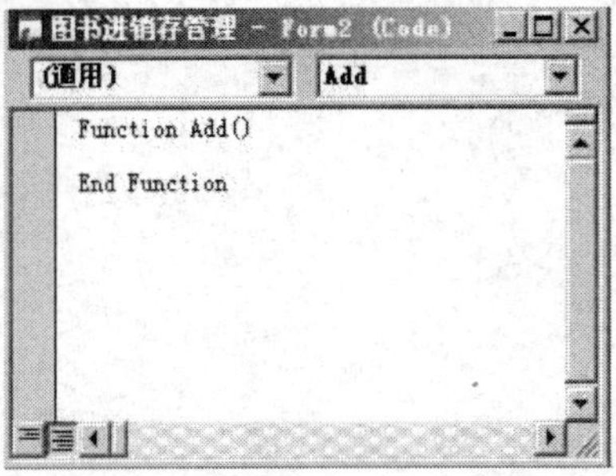

图 4-10　创建函数过程窗口方法 1

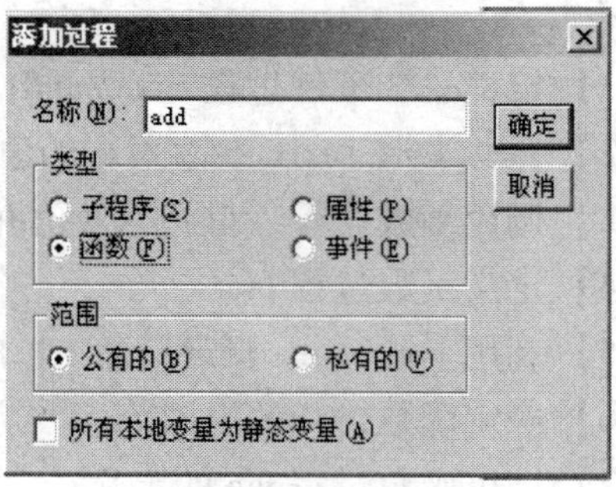

图 4-11　创建函数过程窗口方法 2

3. Sub 过程的调用

（1）调用格式　函数名（实参列表）。

（2）说明　在调用时，实参和形参的数据类型、顺序和个数必须匹配。函数调用只能出现在表达式中，其功能是求得函数的返回值。

子任务 3　传递过程参数

【案例 4-15】 传值和传址。

实现该案例代码如下：

```
Sub Swap1(ByVal x%, ByVal y%)【1】
    Dim Temp%
    Temp = x: x = y: y = Temp
    Form1.Print "x =";x,"y =";y
End Sub
Sub Swap2(x%, y%)                【2】
    Dim Temp%
    Temp = x: x = y: y = Temp
    Form1.Print "x =";x,"y =";y
End Sub
Private Sub Form_Click()         【3】
    Dim a%,b%
    a = 10: b = 20
```

```
        Swap1 a, b                    【4】
        Print "A1 ="; a, "B1 ="; b
        a = 10: b = 20
        Swap2 a, b                    【5】
        Print "A2 ="; a, "B2 ="; b
    End Sub
```

代码详解：

【1】定义一个传值过程 Swap1。
【2】定义一个传址过程 Swap2。
【3】定义过程 Sub。
【4】调用传值过程 Swap1，如图 4-12 所示。
【5】调用传址过程 Swap2，如图 4-13 所示。

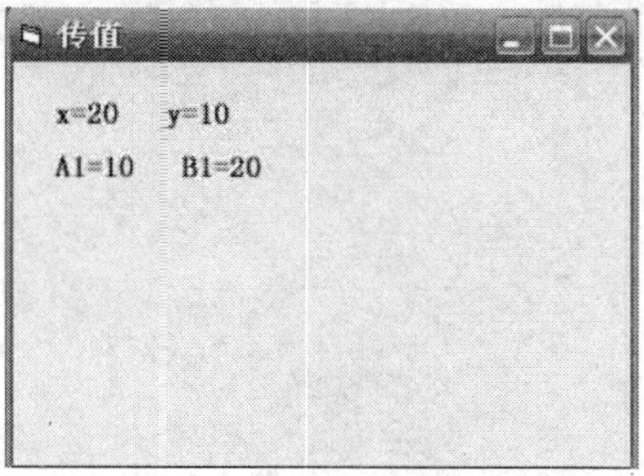

图 4-12　传值结果

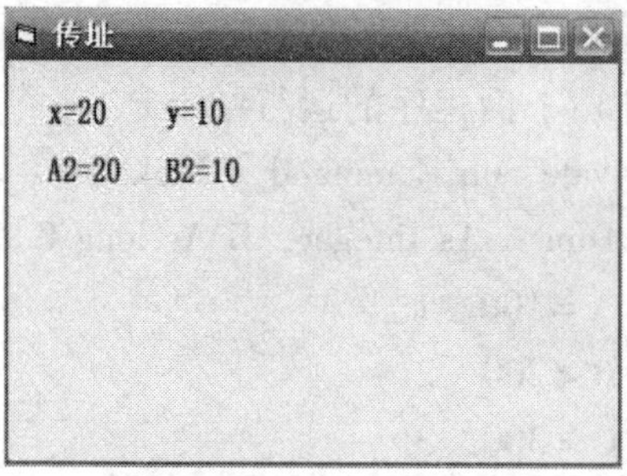

图 4-13　传址结果

知识点详解：

所谓参数传递，是在调用过程时给出过程的实际参数。在 VB 中，参数的传递有两种方法：传值方式和传址方式。

1. 传值方式

如果在声明过程时，形参使用关键字 ByVal 声明，则规定了在调用此过程时，该参数将按值传递。

传值方式的特点：形参得到的是实参的值，形参值的改变不会影响实参的值。

2. 传址方式

如果在声明过程时，形参使用关键字 ByRef，则规定了在调用此过程时，该参数将按地址传递。

传址参数就是让过程根据变量的内存地址去访问实际变量的内容，即形式参数和实际参数使用相同的内存地址单元，这样通过子过程可以改变变量本身的值。传址参数对应的实参必须也是变量，否则无法达到传址。常量和表达式无法传址。

信息卡

在 VB 中允许把数组作为实参传递给一个过程，此时，应将数组名分别放入实参表和形参表中，并省去数组的上下界，但是数组名后面的小括号不能省略。用数组做过程参数时，只能通过传址方式进行。

除了可以用变量做通用过程的形式参数外，VB 中还允许用对象（窗体或控件）做参数。用窗体或控件做形参时，过程的定义格式与变量做参数相同，不同的是把形参表中对象参数的类型定义为“Control”或“Form”，传递方式为传址方式。

学材小结

本模块主要介绍了 VB 的三种基本控制结构：顺序结构、分支结构和循环结构，并介绍了数组和过程的定义及使用。

理论知识

1. 填空题

（1）下面程序的运行结果是____________。

```
Private Sub Command _ Click ( )
   Dim A As Integer, B As long C As Double
   A =100. 1
   B =200. 2
   C =300. 3
   Print A + B + C
End Sub
```

（2）执行下列语句后，Z 的类型为____________，结果为____________。

```
Dim x As Integer, Y As Integer
X =1
Y =2
Z = X + Y
```

（3）执行下列语句后，窗体输出____________。

```
I =2:J =3
If I + J <10 Then I =5:J =1
Print I;J
```

（4）下列程序段可以代替系统提供的内部函数____________。

```
Dim X As Single,Y As Integer
X = input("数据")
Select Case x
   Case 0
      Y =0
   Case is >0
      Y =1
```

```
  Case is <0
     Y = -1
End Select
```

（5）运行下列程序，单击窗体，执行结果是____________。

```
Private Sub Form_Click()
     s = 0
     Do
        s = (s + 1) * (s + 2)
        Number = Number + 1
     Loop Until s >= 30
     Print Number ;s
End Sub
```

（6）运行下列程序，单击窗体，则执行结果是____________。

```
Private Sub Form_Click()
   b = 1
   a = 2
   Do While b < 10
        b = 2 * a + b
   Loop
   Print b
End Sub
```

（7）运行下列程序，单击窗体，则执行结果是____________。

```
Private Sub Form_Click ()
     a = 100
     s = 0
     Do
        s = s + a
        a = a + 1
     Loop While a > 111
     Print a
End Sub
```

（8）运行下列程序，单击窗体，则执行结果是____________。

```
Private Sub Form_Click ( )
     a = 0
     For j = 1 To 15
            a = a + j Mod 3
     Next j
     Print a
End Sub
```

2. 选择题

(1) 执行下列语句后，X 的值是（　　）。

```
X = 10
If X mod 4 > 1 Then X = X + X Mod 3
```

A. 2　　B. 4　　C. 10　　D. 11

(2) 执行下列语句后，Sum 的值是（　　）。

```
For X = -10 To 1
   Sum  = Sum + X
   X = X + 1
Next X
```

A. -30　　B. -54　　C. 程序有错，不能循环　　D. -10

(3) 语句 Dim（-6 To 8）As Integer 定义了一个有（　　）个元素的整形数组。

A. 6　　B. 8　　C. 14　　D. 15

(4) 如果变量 X 能被 7 整除，则输出 "Yes"。下列语句中错误的是（　　）。

A. If x】 = Int(x】)Then Print"Yes"

B. If x/7 = Int(x/7)Then Print"Yes"

C. If x】 = x/7 Then Print"Yes"

D. If x Mod 7 = 0 Then Print"Yes"

(5) 下面程序的输出结果是（　　）。

```
Private Sub Command1 _ Click()
   Dim X As Integer
   X = 3
   If X > 6 Then
      Print " > "
   ElseIf X < 10 Then
      Print " < "
   ElseIf X = 3 Then
      Print " = "
   End If
End Sub
```

A. >　　B. <　　C. =　　D. 输出不确定

(6) 下面的一个过程中定义了 4 个数组，定义语句对应于语句标号 1 ~ 4，其中错误的数组定义语句是（　　）。

```
Private Sub Command1 _ Click()
     Dim X As Integer
     Const L = 100
     N = 20
  1: Dim A( -10 To -5)
  2: Dim B(1 To L)
```

```
  3：Dim C(L+1)
  4：Dim D(N+1)
End Sub
```

A. 4　　B. 3　　C. 2　　D. 1

(7) 单击 Command2 按钮执行以下过程后，数组中最大值元素的下标是（　　），最大值是（　　）。

```
Private Sub Command2_Click()
    Dim A(6) As Integer
    Dim I,J As Integer
    For I = 1 To 3
      For J = 3 To 1 Step -1
        A(I + J) = I * J + A(I + J)
      Next J
    Next I
    For I = 0 To 6
      Print A(I)
    Next I
End Sub
```

①A. 3　　B. 4　　C. 5　　D. 6

②A. 4　　B. 10　　C. 12　　D. 24

(8) 单击 Command2 按钮后，程序的输出结果为（　　）。

```
Private Sub Command2_Click()
    Dim X As Integer
    X = 1
    For j = 1 To 3
      Print examp(X)
    Next j
  End Sub
Function examp(X As Integer)
    Dim Y As Integer
    Static Z
    Y = Y + 1:Z = Z + 1
    examp = X + Y + Z
End Function
```

A. 1 1 1　　B. 3 3 3　　C. 3 4 5　　D. 1 2 3

实训任务

1. 计算圆面积。

【实训目的】

（1）掌握通用过程和事件过程的定义。

（2）掌握过程的调用。

【实训内容】

本案例主要结合过程的定义和调用来计算圆的面积。

实现该案例代码如下：

```
Sub Area(r)
    Dim S
  S=3.14*r*r
  MsgBox "Round Area is"&S
End Sub
Sub Form_Click()
  Dim A
  A = Val(InputBox("输入半径"))
__________
End Sub
```

2. 利用条件语句设计完成如图 4-14 所示的登录窗体界面。

【实训目的】

（1）掌握条件语句 If…then 语句的使用。

（2）掌握条件语句 If…then…Else 语句的使用。

（3）掌握系统登录窗体的界面代码设计。

【实训内容】

本案例主要结合 If…then 语句和 If…then…Else 语句来制作双博士图书进销存管理系统的登录窗体界面。

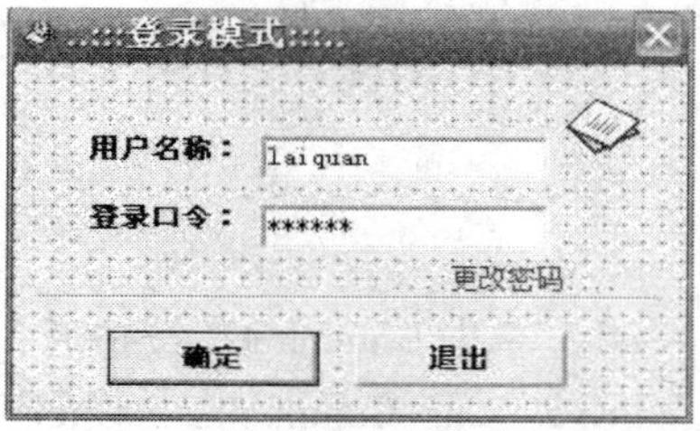

图 4-14　双博士图书进销存管理系统的登录

实现该案例代码如下：

```
Dim strSql As String
Dim Rec As ADODB.Recordset
Private Sub Command1_Click()
    If Text1.Text = "" Then
      __________
      Text1.SetFocus
      Exit Sub
    End If
    If Text2.Text = "" Then
      __________
      Text2.SetFocus
      Exit Sub
    __________
      strSql = "SELECT * FROM worker_table WHERE username ='" & Text1.Text & "' AND workerpass
='" & Text2.Text & "' and levels ='管理员'"
```

```
        Set Rec = DBOper.QueryR(strSql)
    If Not Rec.RecordCount = 0 Then '可以登录
          strSql = "SELECT * FROM DAYRECORD "
          Set Rec = DBOper.QueryR(strSql)
          Rec.AddNew
          Rec.Fields("username") = Trim$(Text1.Text)
          Rec.Fields("logintime") = DateTime.Now
          Rec.Fields("biaozhi") = "true"
          Rec.Fields("remarks") = "管理员"
          Rec.Update
          frm_main.StatusBar1.Panels(2).Text = Trim$(Text1.Text)
          frm_main.Show
          Unload Me
    Else
          MsgBox "您没有权限登录", 16, "提示"
          Text2.SetFocus
          SendKeys "{Home} + {End}"
    End If
End Sub
Private Sub Command2_Click()
    End
    End Sub
Private Sub Form_Load()
'---------------窗体登录前要弹出注册数据库窗口
  If Not DBOper.DataBaseLink("双博士图书进销存管理系统", "") Then
'如果还没注册弹出注册数据库的对话框
  MsgBox "还没有注册或者填写的注册信息不正确!"
    End
  End If
End Sub
```

拓展练习

1. 编写九九乘法表（全部、下三角、上三角、结束），如图4-15所示。

部分代码提示：

```
Private Sub Command2_Click()'下三角
      Picture1.Cls
      Picture1.Print vbCr; Tab(41); "九九乘法表"
      Picture1.Print " " & String$(89, "-")
      For i = 1 To 9
        For j = 1 To i '将9改为i
          strS = i & "×" & j & "=" & i * j
```

```
            Picture1.Print Tab((j - 1) * 10 + 3); strS;
        Next j
        Picture1.Print
    Next i
    Picture1.Print " " & String$(89, "-")
End Sub
```

2. 文本字体设置，如图 4-16 所示。

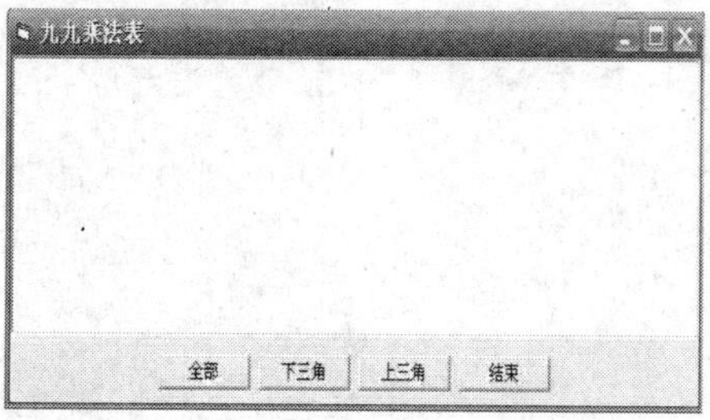

图 4-15　九九乘法表

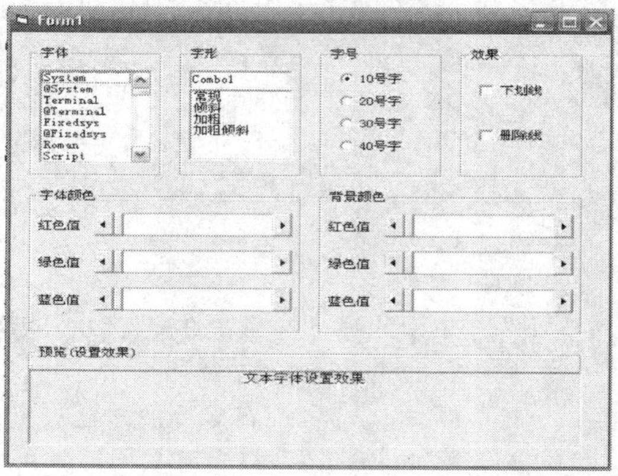

图 4-16　文本字体设置窗口

部分代码提示：

```
Private Sub Check1_Click(Index As Integer)
    If Check1(0).Value = 1 Then
        Label3.FontUnderline = True
    Else
        Label3.FontUnderline = False
    End If
    If Check1(1).Value = 1 Then
        Label3.FontStrikethru = True
    Else
        Label3.FontStrikethru = False
    End If
End Sub
Private Sub Combo1_Click()
    Select Case Combo1.Text
    Case "常规"
        Label3.FontBold = False
        Label3.FontItalic = False
    Case "倾斜"
        Label3.FontBold = False
        Label3.FontItalic = True
```

```
        Case "加粗"
            Label3.FontBold = True
            Label3.FontItalic = False
        Case "加粗倾斜"
            Label3.FontBold = True
            Label3.FontItalic = True
        End Select
End Sub
```

模块五

介绍常用控件

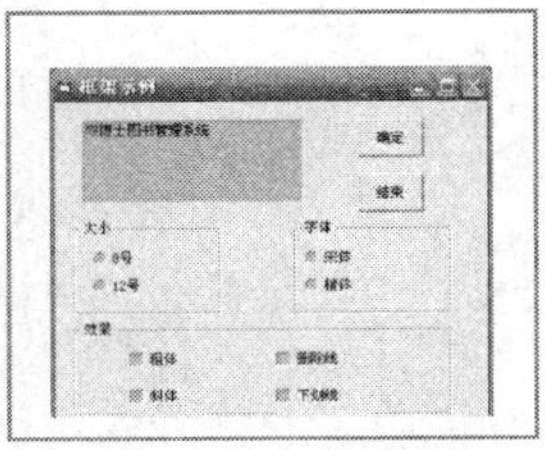

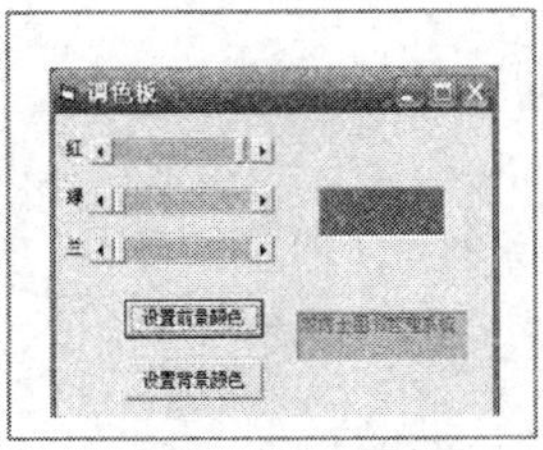

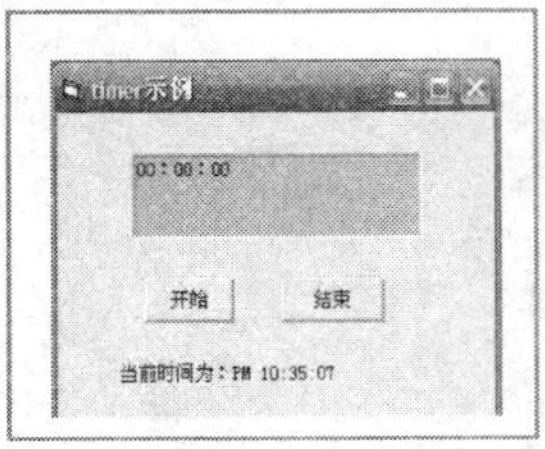

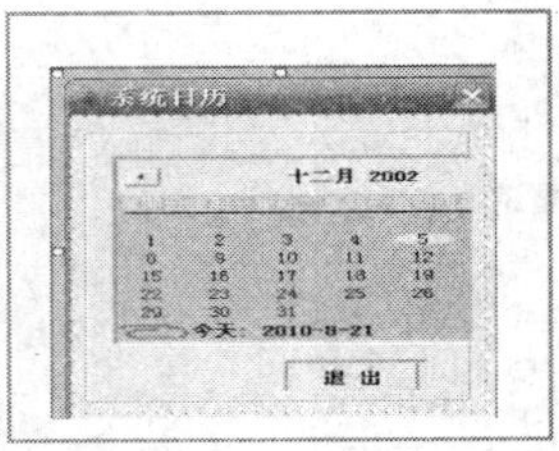

本模块导读

控件是 Visual Basic 中建立图形用户界面的基本要素，每一个控件都有一组属性、方法和事件，为使用 Visual Basic 进行程序设计提供了丰富的空间和编程方法。本模块介绍更多的 VB 常用控件，为编写、设计更为丰富而实用的程序打下基础。本模块将系统和深入地介绍其他部分标准控件的用法，包括单选框、复选框、框架、列表框、组合框、水平滚动条、垂直滚动条、时钟控件等，以及 ActiveX 控件的使用，还将介绍与键盘和鼠标有关的事件过程。

本模块要点

- 如何创建单选框和复选框控件及使用。
- 如何创建框架控件及使用。
- 如何创建组合框（ComboBox）控件、列表框（ListBox）控件及使用。
- 如何创建滚动条（HScrollBar）控件及使用。
- 如何创建定时器（Timer）控件及使用。
- 掌握常用的 ActiveX（如 MonthView 、ProgressBar、Slider、SSTab、StatuaBar ToolBar、UpDown 等）控件的使用。
- 掌握鼠标事件过程和键盘事件过程。
- 掌握键盘和鼠标事件过程中的常用事件及相关参数的使用。

任务一　常用标准控件

知识导读：

前面模块介绍了文本框、标签和命令按钮等标准控件的用法，本模块将系统和深入地介绍其他部分标准控件的用法，包括单选框、复选框、框架、列表框、组合框、水平滚动条、垂直滚动条、时钟控件等，以及 ActiveX 控件的使用，还将介绍与键盘和鼠标有关的事件过程。只有掌握了控件的属性、事件和方法，才能编写具有实用价值的应用程序。

Visual Basic 中的控件分为三类：标准控件（或称内部控件）、ActiveX 控件和可插入对象。启动 Visual Basic 后，工具箱中只有标准控件，共 20 个。

子任务1　使用单选框和复选框

在应用程序中，有时需要用户进行选择，这些选择有的很简单，有的则比较复杂。为此，Visual Basic 提供了几个用于选择的内部控件，包括单选框、复选框、列表框和组合框。

【案例 5-1】　通过单选框和复选框设置文本框的字体。运行界面如图 5-1 所示。

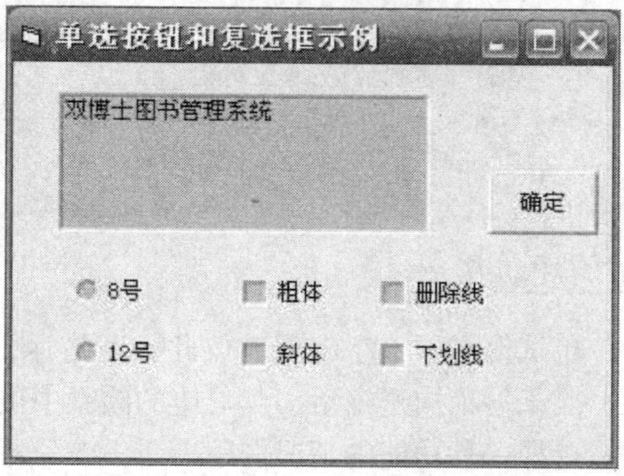

图 5-1　单选框和复选框示例

1. 界面设计

在窗体上放置 1 个文本框、1 个按钮、2 个单选框和 4 个复选框，文本框的 Text 属性设置为“双博士图书管理系统”。

2. 属性设置

根据图 5-1 所示进行属性设置，设置窗体上单选框和复选框的属性。

表 5-1　控件属性

控件名（Name）	标题（Caption）	控件名（Name）	标题（Caption）
Option1	8 号	Option2	12 号
Check1	粗体	Check2	斜体
Check3	删除线	Check4	下划线

3. 事件过程代码

```
Private Sub Command1 _ Click( )
   If Option1. Value Then
    Text1. Font. Size = 8
   Else
    Text1. Font. Size = 12
   End If
```

```
    If Check1. Value = 1 Then
     Text1. Font. Bold = True
    Else
     Text1. Font. Bold = False
    End If
    If Check2. Value = 1 Then
     Text1. Font. Italic = True
    Else
     Text1. Font. Italic = False
    End If
    If Check3. Value = 1 Then
     Text1. Font. Strikethrough = True
    Else
     Text1. Font. Strikethrough = False
    End If
    If Check4. Value = 1 Then
     Text1. Font. Underline = True
    Else
     Text1. Font. Underline = False
    End If
End Sub
```

知识点详解：

单选框必须成组出现，彼此相互排斥，用户在一组单选框中必须并且最多只能选择一项。当某一项被选定后，其对应的圆圈中出现一个黑点⊙。单选框主要用于在多种功能中由用户选择一种功能的情况。

复选框也称为检查框。复选框列出可供用户选择的选项彼此独立工作,用户根据需要选定其中的一项或多项。当某一项被选中后,其左边的小方框就变成☑,再次单击,则又变成□。

1. 主要属性

（1）Caption 属性　设置单选框或复选框的文本注释内容，即单选框或复选框旁边的文本标题。

（2）Alignment 属性　设置标题和按钮显示位置。

0：控件按钮在左边，标题显示在右边，默认设置。

1：控件按钮在右边，标题显示在左边。

（3）Value 属性

1）单选框。

True：单选框被选定。

False：单选框未被选定，默认设置。

2）复选框。

0（或 Unchecked）：复选框未被选定，默认设置。

1（或 Checked）：复选框被选定。

2（或 Grayed）：复选框变成灰色，禁止用户选择，但在运行时仍可选择。

（4）Style 属性　指定单选框或复选框的显示方式，用于改善视觉效果。

0（或 Standard）：标准方式。

1（或 Graphical）：图形方式。

2. 常用方法

单选框和复选框的常用方法是 SetFocus 方法。

1）单选框。触发一次 Click 事件，并将 Value 属性设置为 True。

2）复选框。使复选框得到焦点，但不触发 Click 事件，也不改变 Value 属性值。

3. 事件

单选框和复选框都能接收 Click 事件。

1）单选框。单击单选框时，若它原来没有被选中，则选中该项，Value 属性变成 True，并执行单击事件过程代码；若它原来已选中，则不再执行单击事件过程代码。

2）复选框。单击复选框时，无论其原先是否被选中，都将触发一次 Click 事件。如果单击未选中的复选框时，Value 属性变为 1。

信息卡

> 如果单击已选中的复选框时，Value 属性变为 0。如果单击变灰的复选框时，Value 属性变为 0。

子任务 2　使用框架

框架（Frame）是一个容器控件，用于将屏幕上的对象分组。可以把不同的对象放在一个框架中，框架提供了视觉上的区分和总体的激活/屏蔽特性。

【案例 5-2】　框架用法示例

在“图书进销存管理系统”中无论前台还是后台管理都多次用到框架，如图 5-2 所示。本任务以图 5-3 所示界面为例进行讲解。

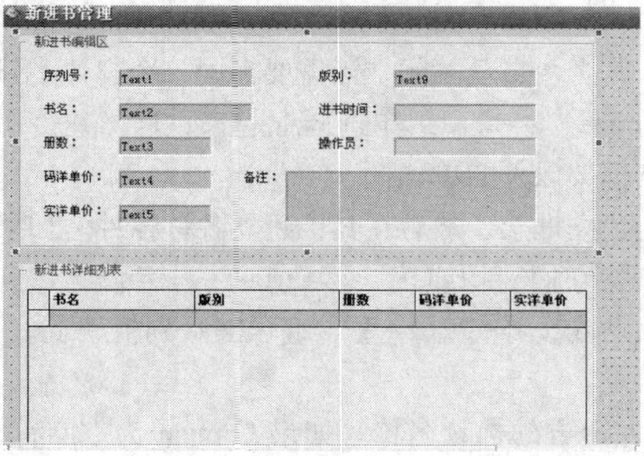

图 5-2　新书编辑区框架

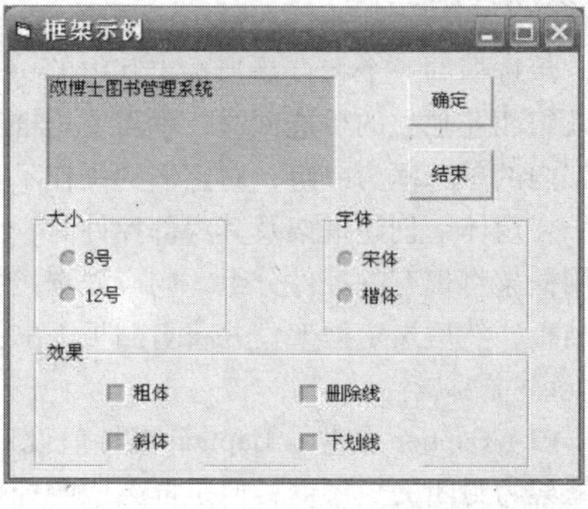

图 5-3　框架示例

1. 界面设计

如图5-3所示，在窗体中建立了两组单选框，分别放在标题为“字体”和“大小”的框架中，还建立了一组复选框，标题为“效果”。因此，当用户选定了字体后，还可以选择字号及效果。

2. 各控件属性设置（见表5-2）

表5-2 控件属性

Name 属性	Caption 属性值	Name 属性	属性值
Option1	宋体	Form1	Caption = 框架示例
Option2	楷体	Text1	Text = 双博士图书管理系统
Option3	8号	Frame1	Caption = 字体
Option4	12号	Frame2	Caption = 大小
Check1	粗体	Frame3	Caption = 效果
Check2	斜体	Option2	Value = True
Check3	删除线	Option4	Value = True
Check4	下划线	Check1	Value = 1
Command1	确定	Check4	Value = 1
Command2	结束		

3. 事件过程代码

```
Private Sub Command1 _ Click( )
    Text1. Font. Name = IIf( Option1 , "宋体" , "楷体" )
    Text1. Font. Size = IIf( Option3 , 8 , 12)
    Text1. Font. Bold = IIf( Check1 = 1 , True, False)
    Text1. Font. Italic = IIf( Check2 = 1 , True, False)
    Text1. Font. Strikethrough = IIf( Check3 = 1 , True, False)
    Text1. Font. Underline = IIf( Check4 = 1 , True, False)
End Sub
Private Sub Command2 _ Click( )
    End
End Sub
```

知识点详解：

单选框的一个特点是当选定其中的一个时，其余会自动关闭。当需要在同一个窗体中建立几组相互独立的单选框时，就需要用框架（Frame）将每一组单选框框起来，这样在一个框架内的单选框为一组，对它们的操作不会影响框架以外的单选框。

在窗体上创建框架及其内部控件时，必须先建立框架，然后在其中建立各种控件。如果要用框架将现有的控件分组，则应先选定控件，将它们剪切或按（“Ctrl + X”组合键）到剪贴板，然后选定框架，并将剪贴板上的控件粘贴或按（“Ctrl + V”组合键）到框架上。

1. 主要属性

（1）Caption 属性　Caption 属性值设定框架左上方的标题名称。如果 Caption 为空字符，则框架为封闭的矩形框，但是框架中的控件仍然和单纯用矩形框起来的控件不同。

（2）Enabled 属性　默认为 True。框架内的所有控件将随框架一起移动、显示、消失和屏蔽。当将框架的 Enabled 属性设置为 False 时，程序运行时该框架在窗体中的标题正文为灰色，表示框架内的所有对象均被屏蔽，不允许用户对其进行操作。

（3）Visible 属性　若框架的 Visible 属性为 False，则在程序执行期间，框架及其内部所有控件全部被隐藏起来，用户看不见。

2. 事件

框架可以响应 Click 和 DblClick 事件。但是，在应用程序中一般不需要编写有关框架的事件过程。

信息卡

> 创建控件不能使用双击工具箱上相关工具的自动方式，而应该先单击工具箱上的工具，然后用出现的"＋"指针，在框架中适当位置拖拉出适当大小的控件。

子任务3　使用列表框和组合框

列表框（ListBox）通过显示多个选项，供用户选择，达到与用户对话的目的。如果有较多的选项而不能一次全部显示时，VB 会自动加上滚动条。列表框最主要的特点是只能从其中选择，而不能直接修改其中的内容。

组合框（ComboBox）是组合了文本框和列表框的特性而形成的一种控件。当列表框中没有所需选项时，除了下拉式列表框（Style，属性为 2）之外，均允许在文本框中用键盘输入，但输入的内容不能自动添加到列表框中。

【案例 5-3】　组合框列表框用法示例。

运行界面如图 5-4 所示。

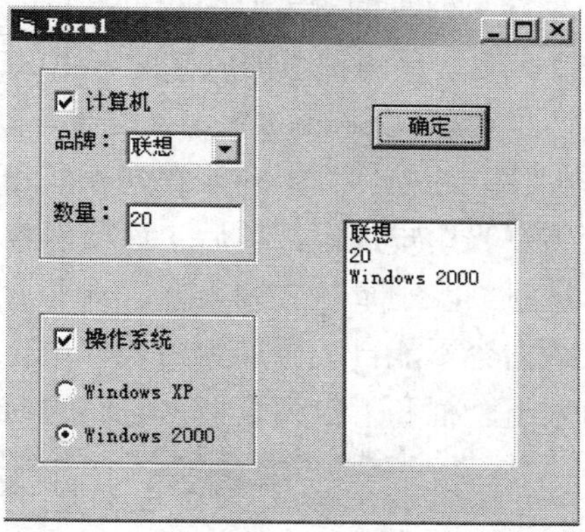

图 5-4　组合框列表框示例

代码如下：

```
Private Sub Command1_Click()
    If Check1.Value = 1 Then
    List1.AddItem Combo1
    List1.AddItem Text1
    End If
    If Check2.Value = 1 Then
    If Option1 Then
    List1.AddItem "Windows XP"
    Else
    List1.AddItem "Windows 2000"
    End If
```

```
End If
End Sub
Private Sub Form _ Load( )
      ' Combo1 中的选项已在设计状态通过 List 属性设计
      Combo1. Enabled = False
      Text1. Enabled = False
      Option1. Enabled = False
      Option2. Enabled = False
End Sub
```

知识点详解：

利用列表框可以选择所需要的项目，而组合框可以把一个文本框和列表框组合为单个控制窗口。

列表框(ListBox)用于在多个项目中作出选择的操作。在列表框中可以有多个项目供选择,用户可以通过单击某一项选择自己所需要的项目。如果项目太多,超出了列表框设计的长度,则 Visual Basic 会自动给列表框加上垂直滚动条。为了能正确操作,列表框的高度应不少于 3 行。列表框最主要的特点是只能从其中选择,可多选,但不能直接编辑修改其中的内容。图 5-5 所示是两种不同风格的有 10 个选择项的列表框,它们的 Style 属性分别为 0 和 1。

组合框（ComboBox）是由组合列表框和文本框组合而成的控件。也就是说，组合框是一种独立的控件，但它兼有列表框和文本框的功能。组合框在列表框中列出可供用户选择的选项，当用户选定某项后，该项内容自动装入文本框中，但只能单选。当列表框中没有所需选项时，除了下拉式列表框（Style 属性为 2）之外，都允许在文本框中用键盘输入，但输入的内容不能自动添加到列表框中。图 5-6 所示是三种不同风格的组合框：下拉式组合框、简单组合框和下拉列表框，它们的 Style 属性分别为 0、1 和 2。

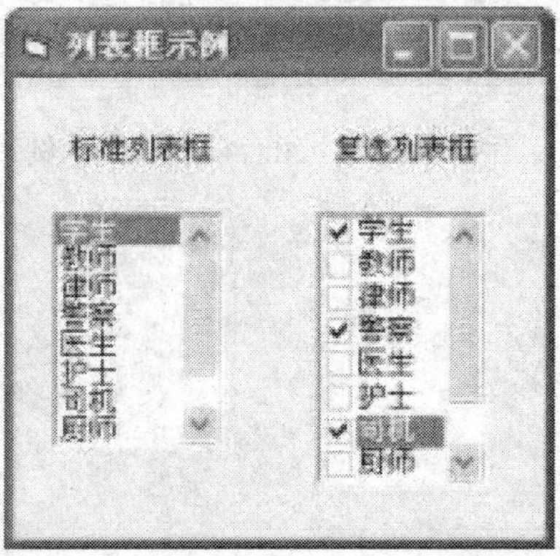

图 5-5　列表框

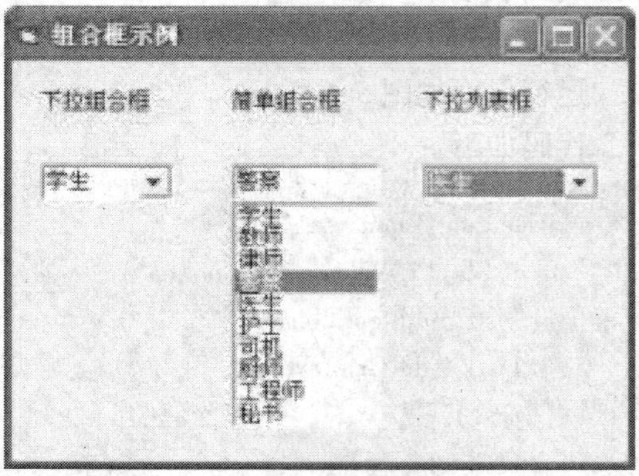

图 5-6　组合框

1. 共同属性

（1）List 属性　该属性是一个字符型数组，存放列表框或组合框的选项。它的项目引用格式：对象名 . List（i）。其中，对象名为列表框或组合框的名称；i 为 List 数组的下标，它的取值范围为 0 ~ ListCount - 1，也就是说 List 数组的下标是从 0 开始的，即第一个选项的下标是0，最后一个选项的下标是 ListCount－1。例如，在图5-7中，List1. List（0）的值是“医生”，List1. List（3）的值是“厨师”。

在设计模式下，可通过属性窗口的List下拉列表框输入选项内容，每输入一项后，按“Ctrl＋Enter”键，便可继续输入下一个选项，按“Enter”键即可结束列表内容的输入。

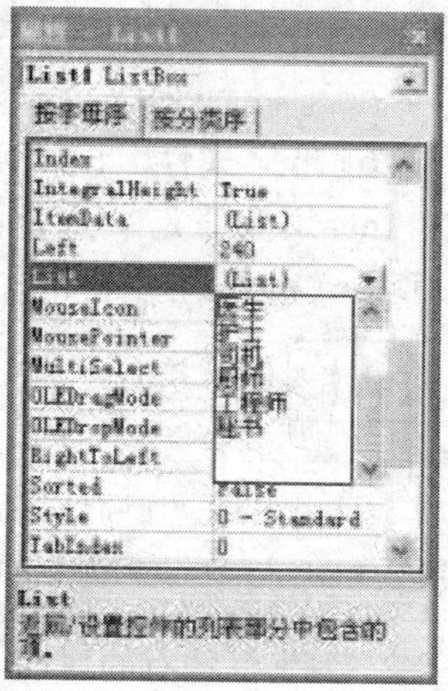

图5-7 List属性

List属性既可以在设计模式下设置，也可以在程序中设置或引用。

（2）ListCount属性　该属性只能在程序中设置或引用。ListCount的值表示列表框或组合框中选项的个数，即List数组中元素的个数。ListCount－1表示最后一个选项的下标。

（3）ListIndex属性　该属性只能在程序中设置或引用。

ListIndex属性用于返回或设置列表中当前被选定的选项的下标，第一个选项的下标为0，最后一个选项的下标为ListCount－1，如果未选中任何选项，则ListIndex为－1。在图5-8左侧，“学生”被选定，List1. ListIndex的值为0。

（4）Style属性　该属性指示控件的显示类型和行为，运行时是只读的。

对于列表框（ListBox）控件，当Style＝1时，必须使MultiSelect＝0。当Style＝0时，若MultiSelect＝0，则只能选择一项；若MultiSelect＝1或2，则允许多项选择。ListBox控件的Style属性的取值及含义见表5-3，ListBox控件的显示风格如图5-8所示。

表5-3 ListBox的Style属性

值	内部常数	含　义
0	VbListBoxStandard	默认设置，普通方式显示
1	VbListBoxCheckbox	列表的每一个选项左边均有一个复选框，可多选

对于组合框（ComboBox）控件，ComboBox控件的Style属性的取值及含义见表5-4，ComboBox控件的显示风格如图5-9所示。

表5-4 ComboBox的Style属性

值	内部常数	含　义
0	VbComboDropdown	下拉式，包括一个下拉列表框和一个文本框，既可选，也可输入编辑，默认设置
1	VbComboSimple	简单式，包括一个不能下拉的列表框和一个文本框，既可选，也可输入编辑
2	VbComboDropdownList	下拉式，只可选

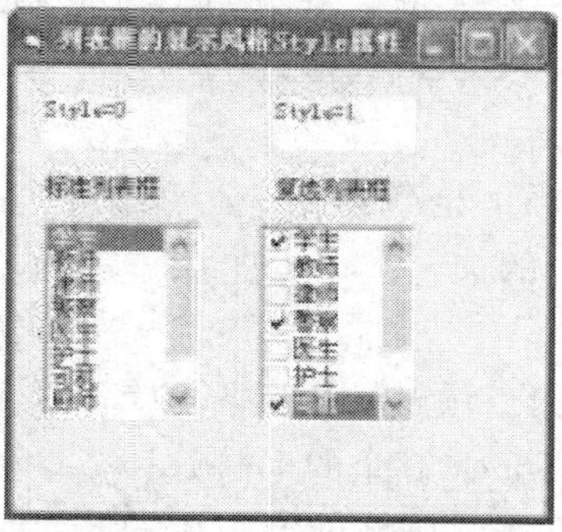

图5-8 列表框的显示风格

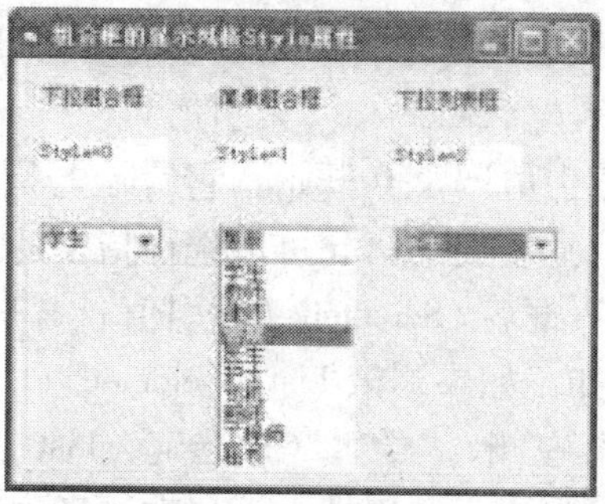

图5-9 组合框的显示风格

(5) Sorted 属性　该属性只能在设计模式下设置。

Sorted 属性决定在程序运行期间列表框或组合框的选项是否按字母顺序排列显示。如果 Sorted 为 True，则选项按字母顺序排列显示；如果 Sorted 为 False，则选项按加入的先后顺序排列显示。

(6) Text 属性　该属性是默认属性，只能在程序中设置或引用。

Text 属性值是被选定的选项的文本内容。例如，在图 5-9 左侧，“学生”被选定，List1. Text 的值为“学生”。

信息卡

List1. List（List1. ListIndex）等于 List1. Text。例如，在图 5-9 左侧，“学生”被选定，Lis1. ListIndex 为 0，List1. List（List1. ListIndex）为“学生”。

2. 列表框特有的属性

(1) MultiSelect 属性　该属性用来设置一次可以选择的表项数。对于一个标准列表框，该属性的设置值决定了用户是否可以在列表框中选择多个选项。MultiSelect 属性可以设置成以下 3 种值：

0——None：每次只能选择一项，如果选择另一项则会取消对前一项的选择。

1——Simple：可以同时选择多个项，后续的选择不会取消前面所选择的项。可以用鼠标或空格键选择。

2——Extended：可以选择指定范围内的表项。其方法是单击所要选择的范围的第 1 项，然后按住“Shift”键，并单击所要选择的范围的最后一项。如果按住“Ctrl”键，并单击列表框中的选项，则可不连续地选择多个选项。

信息卡

如果选择了多个选项，ListIndex 和 Text 的属性只表示最后一次的选择值。为了确定所选择的表项，必须检查 Selected 属性的每个元素。

(2) Selected 属性　该属性只能在程序中设置或引用。

Selected 属性是一个逻辑数组，其元素对应列表框中相应的项，各个元素的值为 True 或 False，常用于测试某一项是否被选中。当元素的值为 True 时，表明选择了该项；如为 False，则表示未选择。用下面的语句可以测试指定的选项是否被选择：

列表框 . Selected（索引值）

“索引值”从 0 开始，它实际上是数组的下标。上面的语句返回一个逻辑值（True 或 False）。用下面的语句可以选择指定的选项或取消已选择的选项：

列表框名 . Selected（索引值） = True | False

例如，如果测试 List1. Selected（0）为 True，表示第一项被选中，否则表示未被选中。在图 5-9 左侧，“学生”被选定，List1. Selected（0）为 True，其余的都是 False。

(3) Columns 属性　该属性用来确定列表框的列数。当该属性设置为 0（默认）时，所有的选项呈单列显示。如果该属性等于 1，则列表框呈多行多列显示；如果大于 1 且小于列表框中的项目数，则列表框呈单行多列显示。默认设置（0）时，如果选项的总高度超过了列表框的高度，将在列表框的右边加上一个垂直滚动条，可以通过它上下移动列表。当 Columns 的设置值不为 0 时，如果选项的总高度超过了列表框的高度，将把部分选项移到右边一列或几列显示。当各列的宽度之和超过列表框宽度时，将自动在底部增加一个水平滚动条。

3. 方法

列表框和组合框中的选项可以简单地在设计模式下通过 List 属性设置，也可以在程序中用 AddItem 方法来添加，用 RemoveItem 或 Clear 方法删除。

（1）AddItem 方法　AddItem 方法把一个选项加入列表框或组合框。其形式如下：

对象 . AddItem　Item　[, Index]

其中：

对象，可以是列表框或组合框，即 AddItem 方法可适用于列表框或组合框。

Item，必须是字符串表达式，是将要加入列表框或组合框的选项。

Index，决定新增选项在列表框或组合框中的位置，如果 Index 省略，当 Sorted 为 False 时，Item 将添加到列表的末尾；当 Sorted 为 True 时，Item 则添加到恰当的排序位置。对于第一个选项，Index 为 0。

（2）RemoveItem 方法　从列表框或组合框中删除一个选项应使用 RemoveItem 方法。其形式如下：

对象 . RemcveItem　Index

其中：

对象，可以是列表框或组合框，即 RemoveItem 方法适用于列表框或组合框。

Index，是被删除项目在列表框或组合框中的位置，对于第一个选项，Index 为 0。

（3）Clear 方法　Clear 方法可清除列表框或组合框的所有内容。其形式如下：

对象 . Clear

4. 事件

（1）Click 事件　单击某一列表选项时触发该事件。列表框和组合框都能响应 Click 事件。一般情况下，不需要编写 Click 事件过程，因为该事件发生时系统会自动改变控件的 ListIndex、Selected、Text 等属性。

（2）DblClick 事件　双击某一列表选项时触发该事件。列表框能响应 DblClick 事件，但是只有简单组合框（Style 属性为 1）才能接收 DblClick 事件（注意：Style = 0 或 2 的组合框不能接收 DblClick 事件）。

（3）Change 事件　列表框无此事件。当组合框的文本内容改变时触发该事件。

信息卡

许多软件平台为构建 GUI 而提供了“基本类库的工具”。Java 基本类库（JFC）通过添加一组 GUI 类库扩展了原始 AWT，提供附加的可视化组件类一级屏幕设计的独特方式。

子任务4　使用滚动条控件

【案例5-4】　使用滚动条制作调色板。

运行界面如图5-10所示。

1）使用三个滚动条作为三种基本颜色的输入工具，合成的颜色显示在右边的颜色区中，颜色区实际上是一个文本框（Text1），用合成的颜色设置其BackColor属性。当完成调色以后，用“设置前景颜色（Command1）”或“设置背景颜色（Command2）”按钮设置下边的文本框（Text2）的颜色。

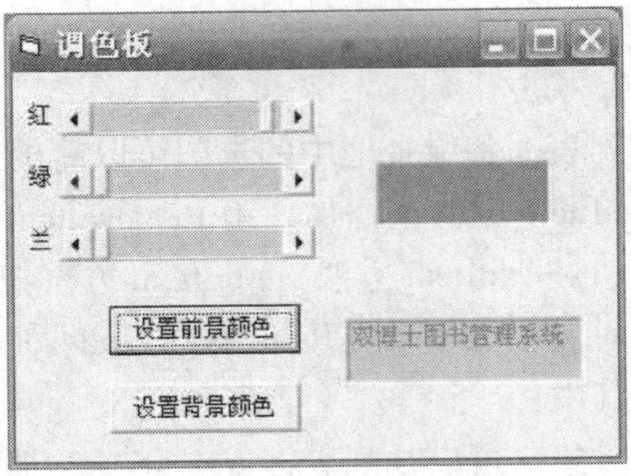

图5-10　滚动条示例

2）窗体上的三个滚动条的属性按表5-5设置。

表5-5　滚动条属性

Name	Max	Min	SmallChange	LargeChange	Value
HScroll1	255	0	1	25	0
HScroll2	255	0	1	25	0
HScroll3	255	0	1	25	0

3）各事件过程如下：

```
Dim Red, Green, Blue As Long
Private Sub HScroll1 _ Change( )                '或者 Private Sub HScroll1 _ Scroll( )
    Red = HScroll1. Value
    Green = HScroll2. Value
    Blue = HScroll3. Value
    Text1. BackColor = RGB(Red, Green, Blue)
End Sub
Private Sub HScroll2 _ Change( )                '或者 Private Sub HScroll2 _ Scroll( )
    Red = HScroll1. Value
    Green = HScroll2. Value
    Blue = HScroll3. Value
    Text1. BackColor = RGB(Red, Green, Blue)
End Sub
Private Sub HScroll3 _ Change( )                '或者 Private Sub HScroll3 _ Scroll( )
    Red = HScroll1. Value
    Green = HScroll2. Value
    Blue = HScroll3. Value
    Text1. BackColor = RGB(Red, Green, Blue)
End Sub
```

```
Private Sub Command1 _ Click( )
    Text2. ForeColor = Text1. BackColor      '设置前景颜色
End Sub
Private Sub Command2 _ Click( )
    Text2. BackColor = Text1. BackColor      '设置背景颜色
End Sub
```

知识点详解：

滚动条（ScrollBar）通常用来附在窗体上协助观察数据或确定位置，也可用来作为数据输入的工具，被广泛地用于Windows应用程序中。滚动条有水平和垂直两种。滚动条中有滑块，用于鼠标拖放以变化数据或位置。水平滚动条的滑块在最左端代表最小值，在最右端代表最大值。垂直滚动条的滑块在最上端代表最小值，在最下端代表最大值。滚动条的取值范围在－32768～32767。

信息卡

滚动条的坐标系与它当前的尺寸大小无关。可以把每个滚动条当做有数字刻度的直线，从一个整数到另一个整数。

1. 主要属性

滚动条的属性用来标志滚动条的状态。除支持Enabled、Height、Left、Caption、Top、Visible、Width等基本属性外，还具有以下属性：

（1）Max　该属性表示滚动条所能表示的最大值，取值范围为－32768～32767。当滚动框位于最右端或最下端时，Value属性（见下）取该值。

（2）Min　该属性表示滚动条所能表示的最小值，取值范围为－32768～32767。当滚动框位于最左端或最上端时，Value属性（见下）取该值。

设置Max和Min属性后，滚动条被分为“Max～Min”个间隔。当滚动框在滚动条上移动时，其属性Value值也随之在Max和Min之间变化。

（3）Value　该属性值表示滚动框在滚动条上的当前位置。如果在程序中设置该值，则把滚动框移到相应的位置。Value属性设置为Max和Min范围之间的值。

（4）LargeChange　单击滚动条中滚动框前面或后面的空白处（也就是滚动框和滚动箭头之间的区域）时，Value属性减少或增加的增量值。取值范围为1～32767，默认值为1。

（5）SmallChange　单击滚动条两端的箭头时，Value属性减少或增加的增量值。取值范围为1～32767，默认值为1。

2. 事件

（1）Scroll事件　当在滚动条内拖动滚动框时会触发该事件（单击滚动箭头或滚动条时不发生Scroll事件），当滚动框滚动时，该事件一直发生。Scroll事件用于跟踪滚动条的动态变化。

（2）Change事件　当改变Value属性时触发该事件，并且在滚动框滚动结束后才发生一次。Change 事件用来得到滚动条的最后的值。

信息卡

> 改变 Value 值属性时会触发滚动条的 Change 事件。

子任务5　使用计时器控件

在 Windows 应用程序中常常要用到时间控制的功能，如在程序界面上显示当前时间，或者每隔多长时间触发一个事件等。而 Visual Basic 中的 Timer（计时器）就是专门解决这方面问题的控件。一个 Timer 控件经过预定的时间间隔，将激发计时器的 Timer 事件。使用 Timer 事件可以完成许多实用功能，如显示系统时钟、制作动画等。

【案例 5-5】　模拟电子秒表。

程序运行界面如图 5-11 所示。

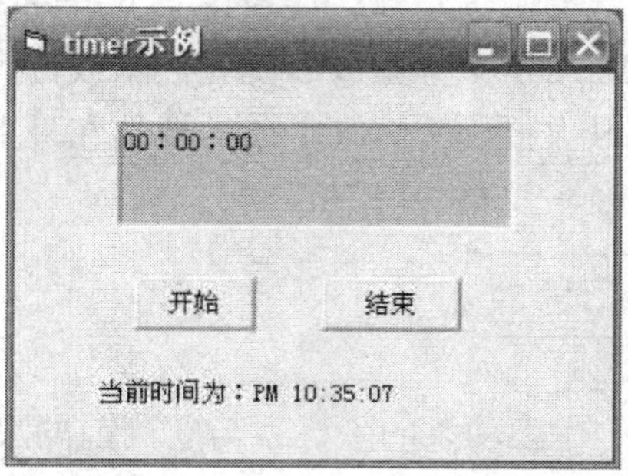

图 5-11　计时器示例

1）在窗体上建立一个文本框 Text1、两个命令按钮“开始（Command1）”和“结束（Command2）”、一个时钟控件 Timer1。程序运行时，单击“开始”按钮，计时开始；单击“结束”按钮，计时终止。时间显示在文本框 Text1 中。

2）各控件属性见表 5-6。

表 5-6　控件属性

控件名	属性	属性值
Form1	Caption	timer 示例
Timer1	Interval	1000
Command1	Caption	开始
Command2	Caption	结束

3）各事件过程如下：

```
Option Explicit  '强制显式声明
Dim ss% , mm% , hh%
Private Sub Form _ Load( )
        Label1. Caption = " 当前时间为:" & Time    'Time 是 Visual Basic 中的关键词,表示显示系统时
间。
    Timer1. Enabled = False
    Text1. Text = Format( hh, "00" ) & ":" & Format( mm, "00" ) & ":" & Format( ss, "00" )
End Sub
Private Sub Command1 _ Click( )
    Timer1. Enabled = True
```

```
End Sub
Private Sub Command2_Click()
    Timer1.Enabled = False
End Sub
Private Sub Timer1_Timer()
    ss = ss + 1
    If ss >= 60 Then
        mm = mm + 1
        ss = 0
        If mm >= 60 Then
            hh = hh + 1
            mm = 0
        End If
    End If
    Text1.Text = Format(hh, "00") & ":" & Format(mm, "00") & ":" & Format(ss, "00")
End Sub
```

知识点详解：

Timer 控件能有规律地以一定的时间间隔激发计时器事件（Timer）而执行相应的程序代码。因此，时钟用于有规律地定时执行指定的工作。

所谓时间间隔，指的是各计时器事件之间的时间，它以 ms（1/1000s）为单位。在大多数个人计算机中，计时器每秒钟最多可产生 18 个事件，即两个事件之间的间隔为 56/1000s。也就是说，时间间隔的准确度不会超过 1/18s。

1. 主要属性

Timer 控件可以使用 Name 属性与 Enabled 属性,但最重要的是 Interval 即时间间隔属性。

（1）Interval　该属性用来设置计时器事件之间的间隔，以 ms 为单位，其取值范围为 1 ~65535ms，因此其最大时间间隔不能超过 65s。若该属性设置为 0 或负数，则时钟不起作用。如果把 Interval 属性设置为 1000，则表明每秒钟发生一个计时器事件（Timer）。

（2）Enabled　该属性决定时钟控件是否随时间的推移，在到达时间间隔时响应 Timer 事件。当 Enabled 属性为 True 且 0 < Interval < =65535 时，激活时钟开始计时；当 Enabled 属性为 False 时，时钟处于休眠状态、不计时。

2. 事件

时钟控件只能响应 Timer 事件。以 Interval 属性指定的时间间隔触发该事件，需要定时执行的操作放在该事件过程中。

信息卡

在程序运行阶段，由于时钟控件不可见，所以在界面设计时可以把时钟放置在窗体的任何位置。一个窗体可以使用多个时钟控件，它们各自的时间间隔相互独立。Timer 控件的大小不会改变。

任务二 使用 ActiveX 控件

知识导读：

ActiveX 控件是 Visual Basic 工具箱的扩充部分，是可以重复使用的编程代码和数据。在程序中加入 ActiveX 控件后，它将成为开发和运行环境的一部分，并为应用程序提供新的功能。ActiveX 部件是由用 ActiveX 技术创建的一个或多个对象所组成。ActiveX 部件文件的扩展名为 OCX，一般保存在 Windows 的 SYSTEM 目录中。

ActiveX 部件包括 ActiveX 控件、ActiveX 文档、ActiveX DLL 和 ActiveX EXE。

子任务1 加载 ActiveX 控件

这里的 ActiveX 控件是指 VB 标准工具箱中没有的控件，它们必须在“工程”菜单中的“部件”对话框中进行添加。具体方法是：单击“工程”菜单中的“部件”命令，打开“部件”对话框。在“部件”对话框中选择“Microsoft Windows Common Controls 6. 0”，然后单击“确定”按钮。这样，会在 VB 的工具箱上显示出新添加的部件，如图 5-12 所示。常用的 ActiveX 控件所在的文件见表 5-7。

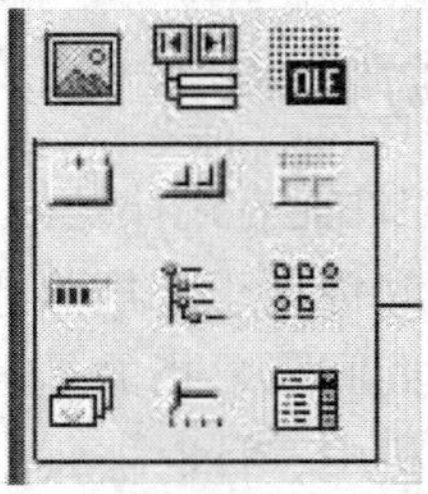

图 5-12 在工具箱中新添加的控件

表 5-7 常用 ActiveX 控件所在的文件

ActiveX 控件	ActiveX 部件	文件名
TabStrip 页框	Windows 通用控件 Microsoft windows common control 6. 0	路径： Windows \ system \ mscomctl. ocx
Toolbar 工具栏		
Statusbar 状态栏		
ProgessBar 进程条		
TreeView 分层显示		
ListView 排列显示		
ImageList 图像列表		
Slider 滑块		
ImageCombo 图像组合框		
CommonDialog 通用对话框	Microsoft common dialog control 6. 0	Comdlg32. ocx
MMControl1 多媒体	Microsoft multimedia control 6. 0	Mci32. ocx
MediaPlayer 媒体播放器	Microsoft media player	Msdxm. ocx

子任务2 使用图像列表（ImageList）控件

知识点详解：

ImageList 控件是包含 ImageList 对象的集合，该集合中的每个对象都可以通过其索引或关键字被引用。ImageList 控件不能独立使用，只是作为一个便于向其他控件提供图像的资源中心。

ImageList 控件的作用像图像的储藏室，它需要其他的控件显示所储存的图像。其他的控件可以是任何能显示图像 Picture 对象的控件，也可以是特别设计的、用于绑定 ImageList 控件的 Windows 通用控件之一。这些控件包括 ListView、ToolBar、TabStrip、Header、ImageCombo 和 TreeView 控件。为了与这些控件一同使用 ImageList，必须通过一个适当的属性将特定的 ImageList 控件绑定到其他控件。对于 ListView 控件，必须设置其 Icons 和 SmallIcons 属性为 ImageList 控件。对于 TreeView、TabStrip、ImageCombo 和 Toolbar 控件，必须设置 ImageList 属性为 ImageList 控件。

一旦 ImageList 与某个 Windows 通用控件相关联，就可以在过程中用 Index 属性或 Key 属性的值来引用 ListImage 对象。

当与 Windows 通用控件一起使用 ImageList 控件时，在将它绑定到其他控件之前，应按照希望的顺序将全部需要的图像插入到 ImageList。一旦 ImageList 被绑定到其他控件，就不能再删除图像了，并且也不能将图像插入到 ListImages 集合中间。但是可以在集合的末尾添加图像。

子任务3 使用工具栏（ToolBar）控件

【案例 5-6】 建立工具栏。

运行界面如图 5-13 所示。

通过 ToolBar、ImageList 组合使用建立工具栏，步骤如下：

（1）在 ImageList 控件中添加所需的图像 双击 ImageList 控件，在 MDI 窗体上将会出现默认名为“ImageList1”的控件，这时用鼠标右键单击该控件，在弹出的快捷菜单中选择“属性”命令，调出“属性页”对话框，并选择“图像”选项卡，如图 5-14 所示。

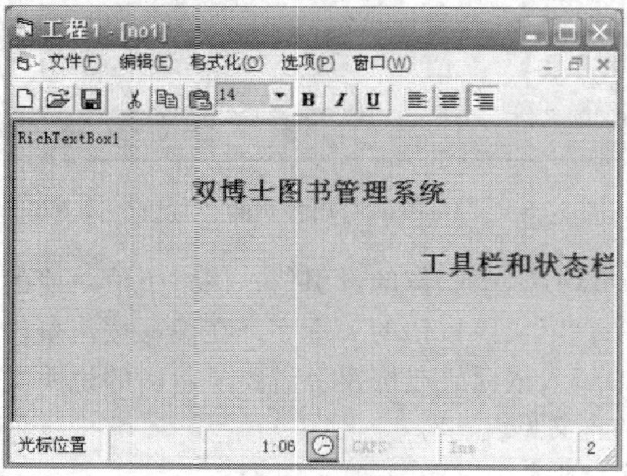

图 5-13 工具栏控件示例

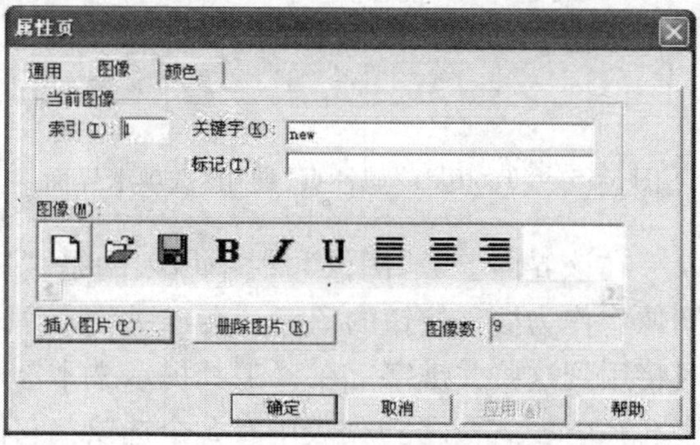

图 5-14 “ImageList1”控件“属性页”设置图

（2）单击“插入图片”按钮，插入按钮图标文件 在该属性页上，每插入一张图片，该图片相对应的索引值（Index）会自动加 1，关键字（Key）中的内容必须自定义。从图 5-14 中可知，本例中一共加入了 9 张图片作为按钮图标。

这样，ImageList1 中的按钮图标就全部添加完毕。

信息卡

ImageList1 控件只是一个存放图片的容器，它存放的图片将在后面使用 ToolBar 控件添加按钮时提供图的链接。ImageList 控件只能在设计阶段显示，程序运行阶段无法看到，类似于 Timer 控件。

（3）在 ToolBar 控件中创建 Button 对象。

1）在工具箱上双击“ToolBar”控件，MDI 窗体的菜单栏下方将会出现一条灰色的工具栏区域，这就是“ToolBar1”控件。用鼠标右键单击“ToolBar1”控件，在弹出的快捷菜单中选择“属性”命令，在弹出的“属性页”对话框的“通用”选项卡中进行相关设置，如图 5-15 所示。

在这个界面中，在图像列表下拉列表中选择“ImageList1”，即将按钮的图像与“ImageList1”相关联起来。一旦“ImageList1”与“ToolBar”相关联，“ImageList1”中的图像将不能再被修改和删除，如要要进行修改和删除，则需要将上图中“图像列表”中的值设为“无”。

2）选中“按钮”选项卡进行相关设置，如图 5-16 所示。

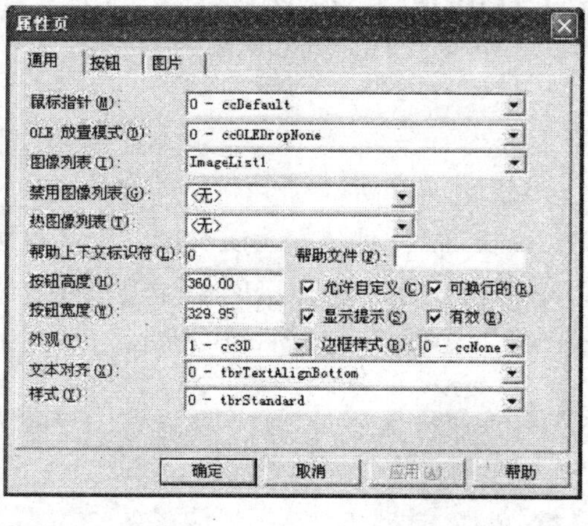

图 5-15 “ToolBar1”属性页“通用”选项卡界面

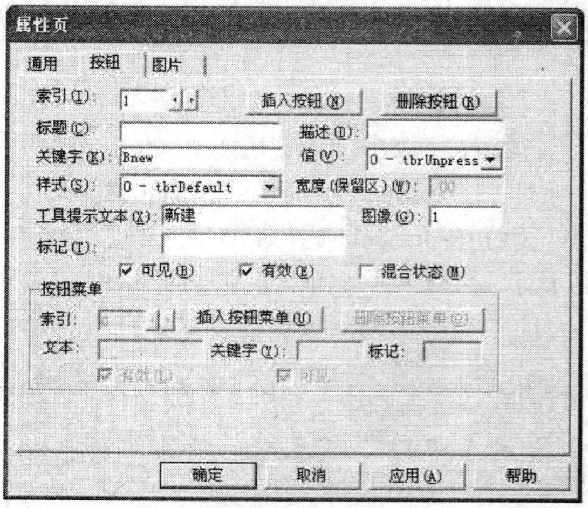

图 5-16 “ToolBar1”属性页的“按钮”选项卡

在该界面上，“图像”栏中填入的是“ImageList1”中图像的索引值，该索引值对应的图像将作为插入按钮的图标。在“关键字”栏中自定义该按钮的关键字，在编写按钮事件时将用到这些关键字。在“工具提示文本”栏中填入鼠标放在按钮上需要显示出的说明文字。在“样式”下拉列表中有 5 个选项：它们的含义见表 5-8。

表 5-8 按 钮 样 式

值	常数	按钮	含义
0	ThrDfault	普通按钮	按钮按下后恢复原态，如“新建”按钮
1	ThrCheck	开关按钮	按钮按下后将保持按下状态，如“加粗”按钮
2	ThrButtonGroup	编组按钮	一组按钮同时只能一个有效，如“右对齐”按钮
3	ThrSepatator	分隔按钮	把左右的按钮分隔开的按钮（相当于空格）
4	ThrPlaceholder	占位按钮	可以用来安放其他的控件，只需设置按钮宽度
5	Thrdropdown	菜单按钮	有下拉式菜单，如 Word 中的“字符缩放”按钮

工具栏创建成功后的效果图如图 5-17 所示，各种按钮的样式也可以有更直观认识。

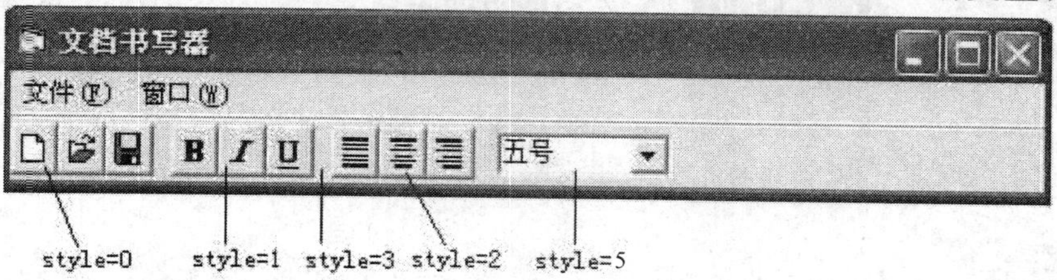

图 5-17 工具栏效果图

（4）在 ButtonClick 事件中用 Select Case 语句对各按钮进行相应的编程 按钮添加完毕后，接下来介绍如果编写按钮的事件过程。ToolBar 控件常用的事件有两个：ButtonClick 和 ButtonMenuClick。前者对应按钮样式为 0～2 的菜单按钮，后者对应样式为 3～5 的菜单按钮。工具栏上的按钮是作为控件数组存在的，这个控件数组中的索引值（Index）所对应的就是创建按钮时的索引值。下面以 ButtonClick 事件举例说明。

1）用索引 Index 确定按钮。

```
private Sub Toolbar1 _ click(ByVal Button As ComctlLib. Button)
  select case Button. index
    case 1
      FileNew        '索引值为 1 时表示按下"新建"按钮,则调用 FileNew 过程
    Case 2
      FileOpen       '索引值为 2 时表示按下"打开"按钮,则调用 FileOpen 过程
…
  end select
end sub
```

2）用关键字（Key）确定按钮。

```
Private Sub Toolbar1 _ ButtonClick(ByVal Button As MSComctlLib. Button)
  Select case button. key
    Case "Bnew"         'Bnew 是"新建"按钮的关键字,表示按下的是该按钮
      FileNew
    Case "Bopen"        'Bopen 是"打开"按钮的关键字,表示按下的是该按钮
      FileOpen
    …
  end select
End Sub
```

从一般意义上来说，使用 Button. key 程序可读性好，当按钮有增、删时，使用关键字 Key 不影响其他程序。

子任务 4 使用状态栏（StatusBar）控件

状态栏显示系统信息和对用户的提示，如系统日期、软件版本、光标的当前位置、键盘

的状态等。状态栏一般位于窗口的底部，如图 5-18 所示。

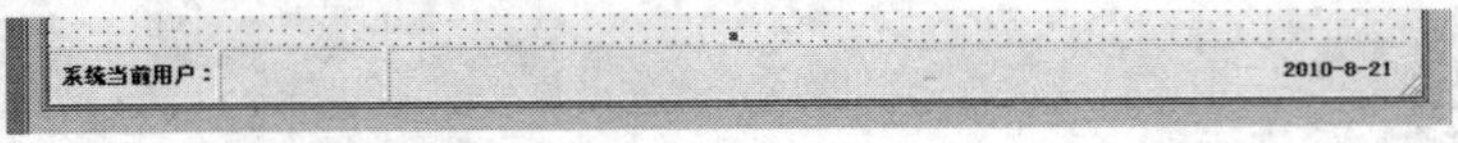

图 5-18 状态栏示例

知识点详解：

将状态栏按钮拖入窗体，在状态栏上单击鼠标右键，在弹出的快捷菜单中选择“属性”命令，打开如图 5-19 所示对话框。

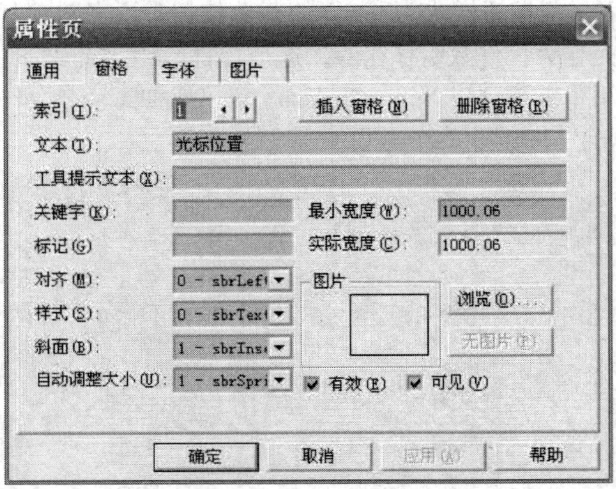

图 5-19 状态栏“属性页”对话框

子任务 5 使用图像组合框（ImageCombo）控件

知识点详解：

ImageCombo 控件是标准 Windows 组合框的允许绘图版本。控件列表部分中的每一项都可以有一幅指定的图片。它可以显示一个包含图片的项目列表，每一项可以有自己的图片，也可以对多个列表项使用相同的图片。除了支持图片之外，ImageCombo 还提供了一个对象和基于集合的列表控件。控件列表部分的每一项是一个不同的 ComboItem 对象，而且列表中的所有项组合起来构成 ComboItems 集合。这就使它易于一项一项地指定诸如标记文本、ToolTip 文本、关键字值以及缩进等级等属性。

子任务 6 使用进度栏（ProgressBar）控件

在 Windows 中，当执行耗时较长的操作时会用一个进度条显示事务处理的进程。在 VB

中，ProgressBar 控件用于设计这样的进度条。ProgressBar 控件不是 VB 的标准控件，它位于 Microsoft Windows Common Control 6.0 部件中。

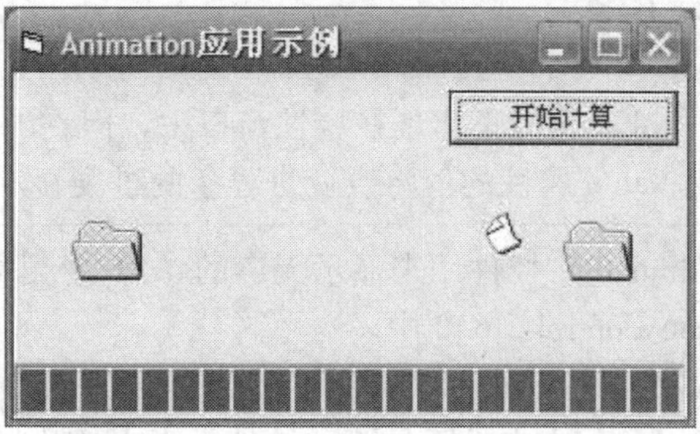

图 5-20 进度条示例

【案例 5-7】 进度条显示。

运行界面如图 5-20 所示。

在窗体中设计一个进度条控件、一个时钟控件、一个命令按钮控件和一个标签控件，在标签控件中显示时间的进度。

```
Dim i As Integer
Private Sub Command1_Click()
'对进度条控件的属性进行设置
  ProgressBar1.Max = 100
  ProgressBar1.Min = 1
  ProgressBar1.Visible = True
  ProgressBar1.Value = 1
  i = 0
End Sub
Private Sub Timer1_Timer()
  i = i + 1
  ProgressBar1.Value = i                    '令进度条显示时间的进度
  j = Int(i / ProgressBar1.Max * 100)
  Label1.Caption = j & "%"                  '令标签显示时间进度的百分比
  If i = ProgressBar1.Max Then
      ProgressBar1.Visible = False
      End
  End If
End Sub
```

知识点详解：

在编制应用程序时如果进行较长时间的计算或事务处理工作，也需要在窗体中设计一个 ProgressBar 控件，并编程显示计算或事务处理的进程，否则操作者会误认为死机或程序出现故障，导致用户的各种误操作。

ProgressBar 控件的三个重要属性：

（1）Max 属性　Max 属性表示 ProgressBar 控件的上界值。

（2）Min 属性　Min 属性表示 ProgressBar 控件的下界值。

（3）Value 属性　在显示某个操作的进展情况时，Value 将从 Min 值持续增长到 Max 值。

信息卡

Value 属性不出现在属性窗口中，但它的确存在，它大于 Min 属性，小于 Max 属性。改变 Value 属性的值将改变进程条的进度显示。

Animation 控件用来显示无声的 AVI 视频文件，播放无声动画，位于 Microsoft Windows Common Control-2 6.0 中。

属性：

Center，决定动画是否在控件的中央播放。

AutoPlay 属性，决定在用 Open 方法打开文件时是否自动播放。

方法：

Open，打开文件。

Play，播放动画。

Stop，停止播放。

Close，关闭文件。

子任务7　使用滑动块（Slider）控件

Slider 控件是包含滑动块和可选择性刻度标记的窗口。Slider 控件不是 VB 的标准控件，位于 Microsoft Windows Common Control 6.0 部件中。

【案例5-8】　使用 Slider 控件设置窗体中一个文本框中字体的大小。

运行界面如图 5-21 所示。

在窗体中设计一个 Slider 控件、一个 text 控件、两个标签控件，在标签控件中显示字号大小。

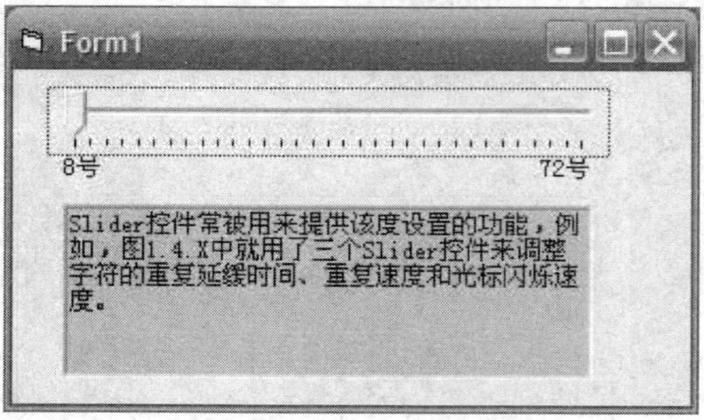

图 5-21　滑动块示例

```
Private Sub Form_Load()
    Slider1.Min = 8
    Slider1.Max = 72
    Slider1.SmallChange = 2
    Slider1.LargeChange = 8
    Slider1.TickFrequency = 2
End Sub
Private Sub Slider1_change()
    Text1.FontSize = Slider1.Value
End Sub
```

1. Slider 控件的三个重要属性

Slider 控件除了 Min、Max、SmallChange、LargeChange、Value 等属性外，还有如下重要属性：

（1）TickStyle 属性　TickStyle 属性决定控件的显示样式。

（2）TickFrequency 属性　TickFrequency 属性决定控件上刻度的密度。

（3）TextPosition 属性　TextPosition 属性用于显示当前刻度值的位置。

2. Slider 控件的主要事件

（1）Scroll 事件　拖动滑块会触发 Slider 控件的 Scroll 事件。

（2）Change 事件　改变 Slider 控件的 Value 属性值会触发 Change 事件。

子任务8　使用列表视图（ListView）控件

如同 Windows“资源管理器”的右侧一样，通过列表视图控件，可将项目组成带有或不带有列标头的列，并显示伴随的图标和文本。

可使用 ListView 控件将称为 ListItem 对象的列表条目组织成下列 4 种不同的视图：大（标准）图标 、小图标、列表和报表。

View 属性决定在列表中控件使用何种视图显示项目。还可用 LabelWrap 属性控制列表中与项目关联的标签是否可换行显示。另外，还可管理列表中项目的排序方法和选定项目的外观。

ListView 控件包括 ListItem 和 ColumnHeader 对象。ListItem 对象定义 ListView 控件中项目的各种特性，如项目的简要描述、由 ImageList 控件提供的与项目一起出现的图标、附加的文本片段，称为子项目，它们与显示在报表视图中的 ListItem 对象关联。

可以使用 HideColumnHeaders 属性决定是否在 ListView 控件中显示列标头。列标头可以在设计时添加，也可以在运行时添加。设计时，使用 ListView“控件属性”对话框的“列首”选项卡添加列标头。运行时，使用 Add 方法添加 ColumnHeader 对象到 ColumnHeaders 集合中。

子任务9　使用树状视图（TreeView）控件

该控件像 Windows“资源管理器”的左侧一样，用于显示节点（ Node）对象的分层列表，每个 Node 对象均由一个标签和一个可选的位图组成。TreeView 一般用于显示文档标题、索引入口、磁盘上的文件和目录，或有效地分层显示的其他种类信息。

创建了 TreeView 控件之后，可以通过设置属性与调用方法对各 Node 对象进行操作，这些操作包括添加、删除、对齐和其他操作。可以编程展开与折回 Node 对象来显示或隐藏所有子节点。

TreeView 控件使用由 ImageList 属性指定的 ImageList 控件，存储显示于 Node 对象的位图和图标。任何时刻，TreeView 控件只能使用一个 ImageList。这意味着，当 TreeView 控件的 Style 属性被设置成显示图像的样式时，TreeView 控件中每一项的旁边都有一个同样大小的图像。

子任务10 使用月视图（MonthView）控件

【案例5-9】 系统日历。

运行界面如图5-22所示。

子任务11 使用选项卡（SSTab）控件

【案例5-10】 选项卡制作示例。

运行界面如图5-23所示。

图5-22 系统日历

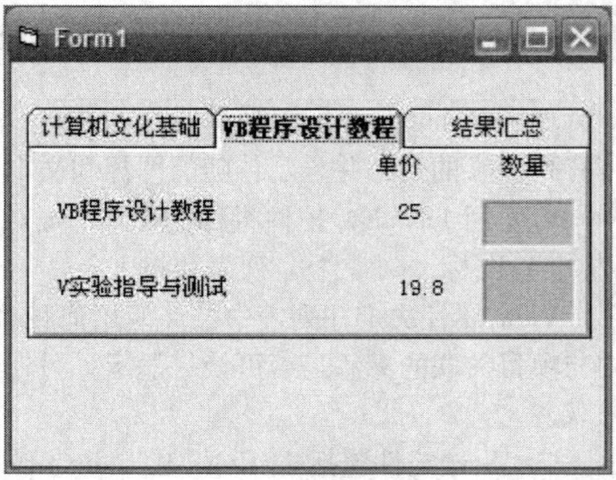

图5-23 选项卡示例

代码如下：

```
Sub SSTab1 _ Click(PreviousTab As Integer)
    ' PreviousTab 标志先前为活动的选项卡
    If PreviousTab = 0 Or PreviousTab = 1 Then
    Text5 = Val(Text1) * 22 + Val(Text2) * 14 + Val(Text3) * 25 + Val(Text4) * 19.8
    End If
End Sub
```

知识点详解：

Tab控件是VB为用户制作这种类型对话框而提供的控件。在SSTab控件中，所有的选项卡都能作为其他控件的容器，但是一次只能有一个选项卡被激活，当某个选项卡被激活后，其内容被显示，而其余选项卡被隐藏起来。该控件位于Microsoft Tabbed Dialog Control 6.0部件中。

其重要属性如下。

Style：选项卡样式。

0-ssStyleTabbedDialog（默认的），如果选择了这种样式，则活动选项卡的字体是粗体的。

1-ssStylePropertyPage：如果选择了这种样式，则活动选项卡的字体不是粗体的。

Tabs：选项卡总数。

TabsPerRow：每一行选项卡的数目。

Rows：选项卡总行数。

TabOrientation：选项卡的位置。

ShowFocusRect：决定选项卡上的焦点矩形是否可视。

Tab：当前选项卡的序号。序号从 0 开始，如果 Tab 为 1，则第二个选项卡为当前选项卡。

子任务 12　使用 UpDown 控件

【案例 5-11】　使用 UpDown 控件。

在窗体中设计一个 UpDown 控件和一个 Text1 控件，将 UpDown 控件和 Text1 控件捆绑，编程实现当用户用鼠标单击 UpDown 控件中的上下箭头时，Text1 控件显示变化的数据。UpDown 控件的 UpClick 和 DownClick 事件程序如下：

```
Private Sub UpDown1 _ DownClick( )
  UpDown1. Increment = 4
End Sub
Private Sub UpDown1 _ UpClick( )
  UpDown1. Increment = 4
End Sub
```

知识点详解：

UpDown 控件是 Windows 应用程序中的常见控件，位于 Microsoft Windows Common Control -2 6.0 部件中。Updown 控件不能单独使用，它与其他控件捆绑在一起使用，以便于用户修改与其关联的伙伴控件中的数据。在设计中主要利用 UpDown 控件的“属性页”对该控件进行设置。UpDown 控件的“属性页”如图 5-24 所示。

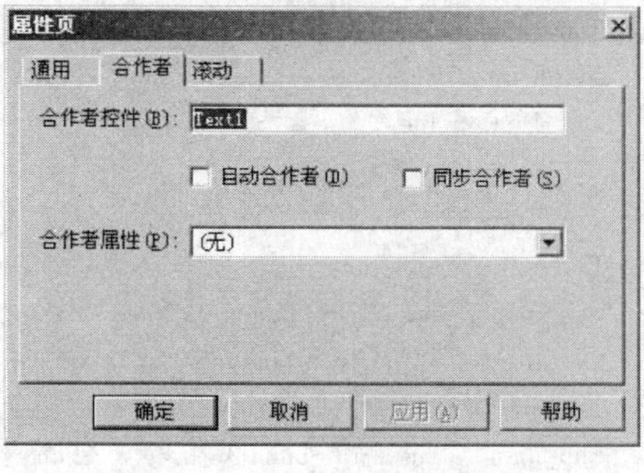

图 5-24　UpDown 控件的“属性页”

1. 将 Updown 控件与其他控件关联的步骤

第一步：打开 UpDown 控件的“属性页”。

第二步：在“合作者”选项卡中输入合作者控件的名称和合作者控件的属性，程序运行时，合作者控件的属性与 UpDown 的 Value 值同步。

第三步：在“滚动”选项卡中设置滚动范围和滚动率。

2. UpDown 控件的主要属性

除基本属性外，UpDown 控件的主要属性是 Increment，该属性用于设置或返回当用户用鼠标单击 UpDown 控件中的上、下箭头时，UpDown 控件改变值的量（系统默认值为 1）。

3. UpDown 控件的主要事件

UpDown 控件的主要事件是 UpClick 和 DownClick 事件，这两个事件分别在当用户用鼠标单击 UpDown 控件中的上、下箭头时触发。

任务三 认识鼠标键盘事件

知识导读：

前面已经介绍了一些通用过程和一些常用的事件过程，本任务介绍与键盘和鼠标有关的事件过程。键盘事件过程可以处理当按下或释放键盘上某个键时所执行的操作，而鼠标事件过程可用来处理与鼠标光标的移动和位置有关的操作。

子任务 1 认识鼠标事件

鼠标对于 Windows 应用程序设计来说几乎是必需的，尤其是在图形图像处理的程序设计中，显得更为重要。而鼠标应用的基础是鼠标事件。

【案例 5-12】 创建鼠标绘制。

运行界面如图 5-25 所示。

代码如下：

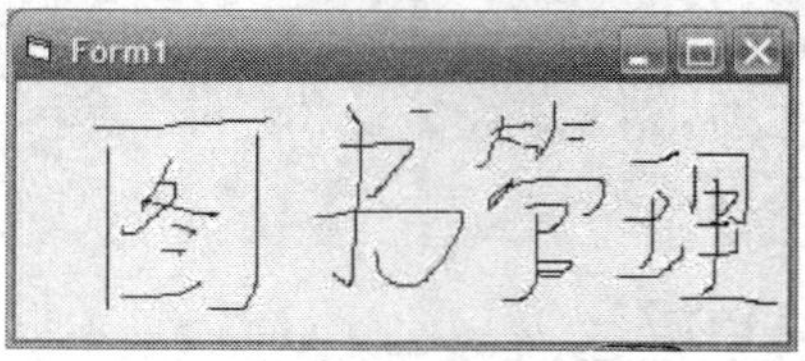

图 5-25 鼠标事件示例

```
Dim Draw As Integer
Sub Form_MouseDown (Button As Integer, Shift As Integer, X As Single, Y As Single)
    Draw = True
    CurrentX = X
    CurrentY = Y
End Sub
Sub Form_MouseMove (Button As Integer, Shift As Integer, X As Single, Y As Single)
    If Draw = True Then Line - (X, Y)
End Sub
Sub Form_MouseUp (Button As Integer, Shift As Integer, X As Single, Y As Single)
    Draw = False
End Sub
```

知识点详解：

所谓鼠标事件，是由用户操作鼠标而引发的能被 VB 中的各种对象识别的事件。鼠标事件除了单击（Click）和双击（DblClick）外，重要的还有下列三个：

MouseDown 事件：在按下任意一个鼠标按钮时被触发。

MouseUp 事件：在释放任意一个鼠标按钮时被触发。

MouseMove 事件：在移动鼠标时被触发。

工具箱中的大多数控件都能响应这三个事件。其语句格式如下：

```
Private Sub Object _ Click( )
Private Sub Object _ DblClick( )
Private Sub Object _ MouseDown( [index As Integer,] Button As Integer, Shift As Integer, X As Single, Y As Single)
Private Sub Object _ MouseUp( [index As Integer,] Button As Integer, Shift As Integer, X As Single, Y As Single)
Private Sub Object _ MouseMove( [index As Integer,] Button As Integer, Shift As Integer, X As Single, Y As Single)
```

其中：

（1）Object 是事件对象　它可以是窗体对象或大多数控件，包括复选框、命令按钮、单选框、框架、文本框、目录框、文件框、图片框、图像框、标签、列表框等。

（2）Index 用于控件数组　用来唯一标志一个在控件数组中的控件（如果没有控件数组则不出现该参数）。

（3）Button 参数用来标志鼠标哪个键被按下或释放　该参数是一个 16 位的二进制整数，在设置鼠标按钮状态时实际上只使用了低 3 位，见表 5-9。其中最低位表示左按钮，倒数第二位表示右按钮，倒数第三位表示中间按钮。当按下或释放某个按钮时，相应的位被置 1，否则置 0。

表 5-9　鼠标按钮状态

Button 参数值	鼠标键状态	Button 参数值	鼠标键状态
000（十进制 0）	未按下或释放任何鼠标键	100（十进制 4）	按下或释放中键
001（十进制 1）	按下或释放左键（默认）	101（十进制 5）	同时按下或释放左、中键
010（十进制 2）	按下或释放右键	110（十进制 6）	同时按下或释放中、右键
011（十进制 3）	同时按下或释放左、右键	111（十进制 7）	同时按下或释放 3 个键

说明：

1）对于 MouseDown 和 MouseUp 事件来说，只能用鼠标的按钮参数判断是否按下或释放某一个按钮，不能检查两个按钮被同时按下或释放。因此，Button 参数的取值只有 3 种，Button 取值与鼠标按钮状态的对应关系见表 5-10。

表 5-10　Button 参数取值

二进制数	十进制数	内部常数	鼠标按钮状态
001	1	vbLeftButton	按下或释放鼠标左键
010	2	vbRightButton	按下或释放鼠标右键
100	4	vbMiddleButton	按下或释放鼠标中键

2）对于 MouseMove 事件来说，可以通过 Button 参数判断按下一个或同时按下 2 个、3 个按钮。

例如，下面程序用来判断在移动鼠标时是否按着右键：

```
Private Sub Form_MouseMove(Button As Integer, Shift As Integer, X As Single, Y As Single)
    If Button =2  Then Print "按着右键"
  End Sub
```

又如，用下面语句可以判断是否同时按下了左、右键：

```
Private Sub Form_MouseMove(Button As Integer, Shift As Integer, X As Single, Y As Single)
If (Button And 3) =3  Then Print "同时按着左、右键"
End Sub
```

再如，用下面语句可以判断是否同时按下了3个键：

```
Private Sub Form_MouseMove(Button As Integer, Shift As Integer, X As Single, Y As Single)
If (Button And 7) =7  Then Print "同时按着左、中、右键"
End Sub
```

(4) Shift参数包含了“Shift”、“Ctrl”和“Alt”键的状态信息 它表示鼠标事件发生时，键盘上的“Shift”、“Ctrl”和“Alt”键是否被按下。该参数是一个16位的二进制整数，并用其低3位表示。

(5) X、Y这两个值对应于当前鼠标的位置 采用的坐标系是用ScaleMode属性指定的坐标系。这里的X、Y不需要给出具体的数值，它随鼠标光标在窗体上的移动而变化。Shift参数的设置值见表5-11。

表5-11 Shift参数的设置值

Shift值	转换键状态	Shift值	转换键状态
000（十进制0）	未按转换键	100（十进制4）	按下“Alt”键
001（十进制1）	按下“Shift”键	101（十进制5）	同时按下“Alt”和“Shift”键
010（十进制2）	按下“Ctrl”键	110（十进制6）	同时按下“Alt”和“Ctrl”键
011（十进制3）	同时按下“Shift”和“Ctrl”键	111（十进制7）	同时按下“Shift”、“Ctrl”和“Alt”键

子任务2 认识键盘事件

Visual Basic中的对象识别键盘事件，包括KeyPress、KeyUp和KeyDown事件。用户按下并且释放一个能产生ASCII码的按键时就会触发KeyPress事件；用户按下任意一个键时触发KeyDown事件，释放引发KeyUp事件。在引发键盘事件的同时，用户所按的键盘码作为实参传递给相应的事件过程，供程序判断识别用户的操作。

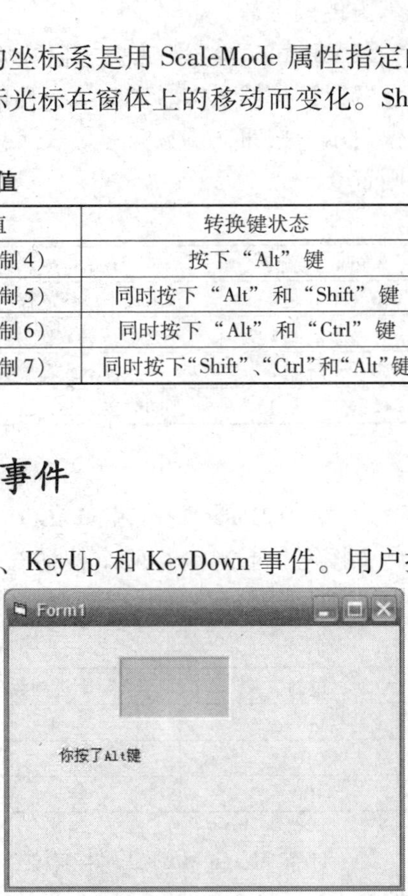

图5-26 键盘事件示例

【案例5-13】 创建KeyDown示例。

运行界面如图5-26所示。

用户在文本框（Text1）中所做的每一个键盘组合操作都显示在标签（Label1）中。

事件过程如下：

```
Private Sub Text1 _ KeyDown(KeyCode As Integer, Shift As Integer)
  Select Case Shift
     Case 1
       Label1. Caption = "你按了 Shift 键"
     Case 2
       Label1. Caption = "你按了 Ctrl 键"
     Case 3
       Label1. Caption = "你按了 Shift + Ctrl 键"
     Case 4
       Label1. Caption = "你按了 Alt 键"
     Case 5
       Label1. Caption = "你按了 Shift + Alt 键"
     Case 6
       Label1. Caption = "你按了 Ctrl + Alt 键"
     Case 7
       Label1. Caption = "你按了 Shift + Ctrl + Alt 键"
  End Select
End Sub
```

知识点详解：

1. KeyPress 事件

KeyPress 事件过程形式如下。

（1）对于窗体和普通控件 其 KeyPress 事件过程形式如下：

```
Private Sub <对象> _ KeyPress(KeyAscii As Integer)
    …
End Sub
```

（2）对于控件数组 其 KeyPress 事件过程形式如下：

```
Private Sub <控件数组名>_ KeyPress(Index As Integer, KeyAscii As Integer)
    …
End Sub
```

说明：

1）<对象>指的是窗体、命令按钮、DataGrid、组合框、列表框、图片框、文本框、滚动条以及与文件有关的控件。

2）其中 KeyAscii 为用户按键所产生的 ASCII 值。

例如，在管理信息系统中，当用户通过数据捆绑控件对系统中的数据进行了编辑修改后，经常会习惯性地以按“Enter”（回车）键结束，因此在开发管理信息系统的应用程序时，需要编制响应用户按“Enter”键后所触发的事件。

下面两个事件过程，就是当用户按“Enter”键后，令鼠标编辑指针移到控件的下一列或下一个控件，以便用户继续编辑数据的 KeyPress 事件过程：

```
Private Sub DataGrid1 _ KeyPress(KeyAscii As Integer)
If KeyAscii = 13 Then   '如果用户所按键的 ASCII 值为 13(“Enter”键的 ASCII 值是 13)
    KeyAscii = 9
End If
End Sub
Private Sub Text1 _ KeyPress(Index As Integer, KeyAscii As Integer)
If KeyAscii = 13 Then   KeyAscii = 9
End Sub
```

说明：Text1 是一个控件数组。

2. KeyDown 和 KeyUp 事件

与 KeyPress 事件不同，KeyDown 和 KeyUp 事件返回的是用户所按或释放键的直接状态。例如，当用户按下字母键“A”时，KeyDown 所得到的 KeyCode 码与按“a”键所得码是相同的，而对于 KeyPress 来说，所得到的 ASCII 值是不一样的。

与 KeyPress 事件过程一样，KeyDown 和 KeyUp 事件的形式也分为对控件数组及对窗体和普通的控件两种形式，下面只介绍对窗体和普通控件的形式。

KeyDown 和 KeyUp 事件过程形式如下：

```
Private Sub <对象>_ KeyDown(KeyCode As Integer, Shift As Integer)
    …
End Sub
Private Sub <对象> _ KeyUp(KeyCode As Integer, Shift As Integer)
    …
End Sub
```

说明：

1）KeyCode 是用户所操作键的扫描代码，在键盘上，同一个键的上、下档字符的扫描码相同。

【案例 5-14】 编写程序，当按下“Alt + F5”时终止程序的运行。

先把窗体的 KeyPreview 设置为 True，再编写如下的程序：

```
Sub Form _ KeyDown(KeyCode As Integer, Shift As Integer)
    '按下“Alt”键时，“Shift”的值为 4
    If (KeyCode = vbKeyF5) And (Shift = 4) Then
    End
    End If
End Sub
```

子任务 3 认识鼠标拖放事件

鼠标拖放是指用鼠标将对象从一个位置移到另一个位置再放下。整个操作分为两步：第一步是发生在源对象的“拖”操作；第二步是发生在目标对象上的“放”操作。

【案例 5-15】 鼠标拖放。

例如，在窗体上创建一个 Label1（标签）控件，并将 Label1 的背景颜色设置为白色，将其 Caption 属性设置为“禁区”两个汉字。然后再创建一个 Image1（图形）控件，将 Image1 的 DragMode 属性设置为 1，在 Image1 的 Picture 属性中装入一个图标文件。要求在对 Image1 进行拖放操作时，如果 Image1 控件拖放到标有“禁区”字样的 Label1 控件上方时，取消对 Image1 的拖放操作。

实现上述要求的 DragDrop 和 DragOver 事件程序如下：

```
Private Sub Form_DragDrop(Source As Control, X As Single, Y As Single)
   Source.Move (X - Source.Width / 2), (Y - Source.Height / 2)
End Sub
Private Sub Label1_DragOver(Source As Control, X As Single, _
Y As Single, State As Integer)
   Source.Drag 0
End Sub
```

知识点详解：

1. 与鼠标拖放有关的属性

（1）DragMode 属性　DragMode 属性用于设置自动或手工拖放的模式。该属性既可以在属性窗口中设置，也可在程序中设置。当该属性值为 0 时，拖放的模式为手工（系统默认）；当该属性值为 1 时，拖放的模式为自动。

例如，要设置 Picture1 控件为自动拖放模式，就可以在程序中写入如下语句：

Picture1.DragMode = 1

信息卡

“手动”是指必须编写程序来处理拖放操作；“自动”是指控件可以自行处理它所接受的拖放操作。如果要让控件可以被拖动，必须将控件的 DragMode 属性设置为 1。

（2）DrawIcon 属性　若要在拖动一个对象的过程中，不显示对象本身的拖动，而是显示代表对象的图标在拖动，就需要对对象的 DrawIcon 属性进行设置。

被拖放对象的 DrawIcon 属性在设计时或在程序中应赋值，否则对象随鼠标移动的只是其边框。

信息卡

当拖动结束后，对象仍恢复原来的形状，不会变成拖动时的图标。

例如，在拖动 Picture1 控件的过程中，要显示文件“disk06.ico”所代表的图标，就要对 Picture1 的 DrawIcon 属性进行如下设置：

Picture1. DrawIcon = LoadPicture (" c: \ vb98 \ graphics \ icons \ computer \ disk06. ico") ###

2. 与拖放有关的事件

(1) DragDrop 事件　对象被拖放到目标后，如果松开鼠标键，就会引发 DragDrop 事件。DragDrop 事件的过程形式如下：

```
Private Sub <对象>_DragDrop(Source As Control, X As Single, Y As Single)
…
End Sub
```

说明：

1）过程中的 Source 是一个对象变量，代表被拖动的对象。

2）过程中的 X、Y 表示用户松开鼠标键的位置。

3）在事件过程中，可以利用 Source 属性，对被拖动的对象属性做出更改。

(2) DragOver 事件　当对象在拖动过程中越过一个控件时，会引发 DragOver 事件。DragOver 事件的过程形式如下：

```
Private Sub <对象>_DragOver (Source As Control, X As Single, Y As Single,state as Integer)
…
End Sub
```

说明：

1）过程中的 Source 是一个对象变量，代表被拖动的对象。

2）过程中的 X、Y 表示用户松开鼠标键的位置。

3）State 表示被拖动对象与它所越过控件之间相对位置的改变状态。

State 的值有：0 表示移入所越控件；1 表示移出所越控件；2 表示跨越所越控件。

3. 与拖放有关的方法

与拖放有关的方法有 Move 和 Drag。下面介绍 Drag 方法。

Drag 方法的格式为：<控件>. Drag　n　　（n 的取值范围是：0，1，2）

说明：

1）0 表示取消控件的拖放。

2）1 表示当 Drag 方法出现在控件的事件过程中时，允许拖放控件。

3）2 表示结束控件的拖动，并触发越过 DragDrop 的事件。

学 材 小 结

模块五通过案例分解,主要学习 VB 标准控件和 ActiveX 控件的使用以及鼠标、键盘的使用,从而学习和掌握各控件的属性事件及方法等相关技能和知识,为开发程序打好基础。

理论知识

1. 填空题

(1) 为了能自动放大或缩小图像框中的图形，从而与图像框的大小相适应，必须把该图像框的______属性设置为 True。

（2）窗体、图片框或图像框中的图形通过对象的______属性设置。

（3）计时器事件之间的间隔通过______属性设置。

（4）有时需要暂时关闭计时器，这可以通过______属性来实现。

（5）组合框有 3 种不同的类型，分别是______、______和______，可通过把______属性设置为 0、1、2 来实现。

（6）在 3 种不同类型的组合框中，只能选择而不能输入数据的组合框是______。

（7）运行程序后控件即消失的控件是______控件。

（8）滚动条控件主要支持两个事件，它们是______和______事件。

2. 简答题

（1）框架的作用是什么？如何在框架中建立控件？

（2）单选框控件与复选框控件功能上的主要区别是什么？

（3）有哪几种方法可以在列表框添加选项？列表框中的选项在程序运行期间能否修改？

（4）简述列表框控件与组合框控件功能上的区别。

（5）如何减少列表框中的列表项目（选项内容）？

（6）组合框有哪几种类型？能否用文本框加列表框实现组合框的功能？

实训任务

1. 设计如图 5-27 所示程序界面。

设计一个窗体，单击“自动”按钮，标签 Label1 每 0.1s 向右移动一次，当到达窗体右边时自动向左移动；单击“手动”按钮时，则单击一次标签移动一次，要求标签中显示文字为“上机测试”。

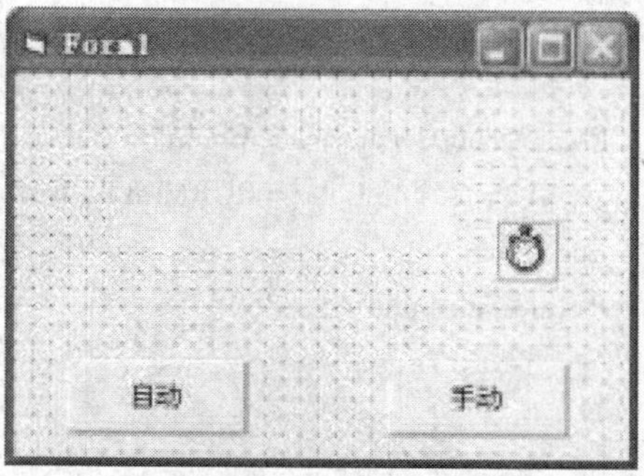

图 5-27

具体要求：

1）设置计时器 Timer1 和标签 Label1 的属性。

2）在编写的 Command2 _ Click（）、Timer1 _ Timer（）中各有一处错误，请调试改正。在调试过程中，每个过程代码只能改一处，并不得增删语句。

程序代码如下：

```
Dim Step As Integer
Private Sub Command1 _ Click( )
    Timer1. Enabled = True
End Sub
Private Sub Command2 _ Click( )
    Timer1. Enabled = flase
    Timer1. Timer
End Sub
Private Sub Form _ Load( )
```

```
        Step = 1
    End Sub
    Private Sub Timer1 _ Timer( )
        Label1. Move Label1. Left + 50 * Step
        If Label1. Left + Label1. Width > Form1. Width Then
            Step = -1
        ElseIf Label1. Left > 0 Then
            Step = 1
        End If
    End Sub
```

2. 设计如图 5-28 所示程序界面。

设置文字“欢迎使用 Visual Basic 6.0”字体大小和字体颜色，字体大小由水平滚动条来确定（最大为 20，最小为 10），字体颜色由三个文本框输入，采用 RGB 格式。要求：

1）设置 Hscroll1 的属性。

2）在过程 Command1 _ Click（）和 HScroll1 _ Change（）代码中各有一处错误，请调试更正，不得增删语句。

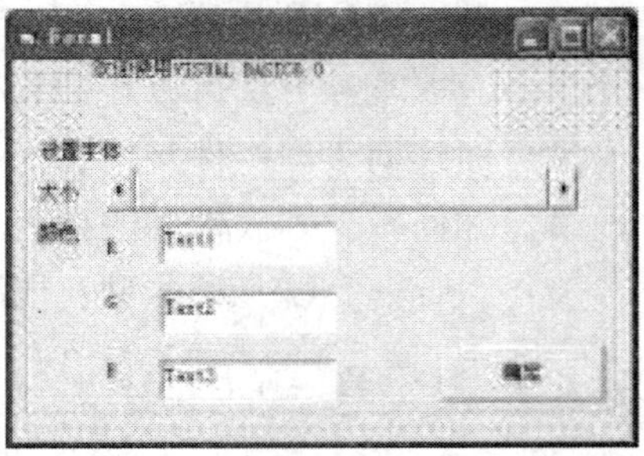

图 5-28　滚动条改变字体颜色

程序代码如下：

```
    Private Sub Command1 _ Click( )
        Label1. ForeColor = RGB( Text1. Text, Text2. Text, Text3. Text)
    End Sub
    Private Sub Form _ Load( )
        Text1. Text = " "
        Text2. Text = " "
        Text3. Text = " "
        Label1. FontSize = 10
    End Sub
    Private Sub HScroll1 _ Change( )
        Label1. FontSize = HScroll1
    End Sub
```

模块六

使用菜单、对话框和MDI

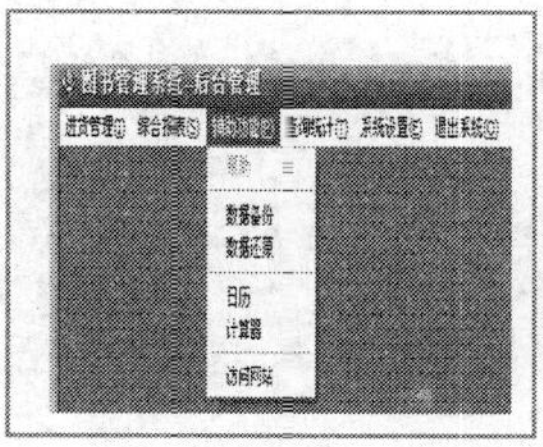

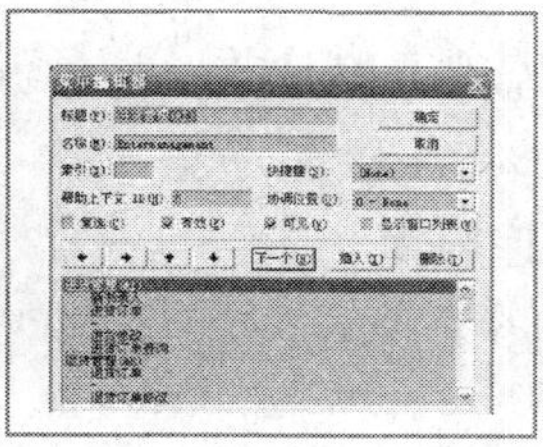

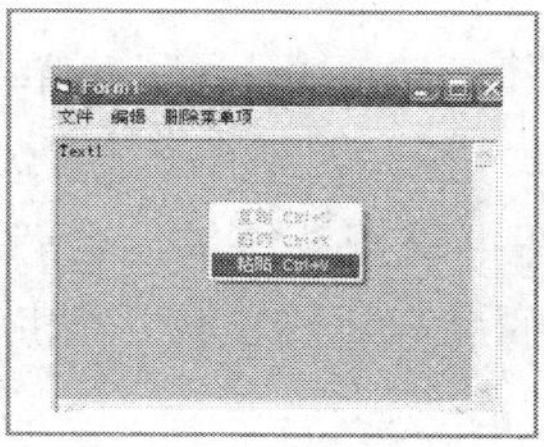

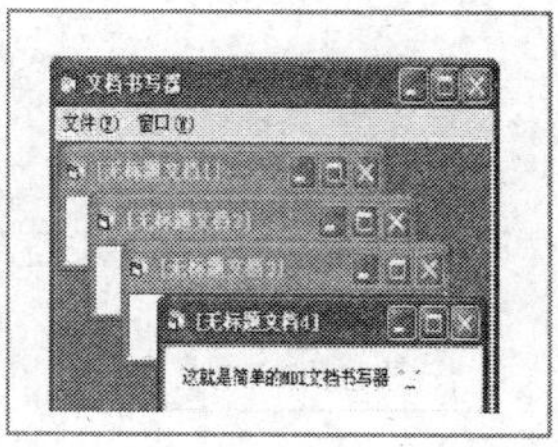

本模块导读

本模块主要介绍在程序界面设计中常用菜单的设计与使用，以及对话框的创建和多文档界面的使用。菜单可以使程序更符合规范、对话框便于用户和系统进行交互，多文档界面（Multiple Document Interface，MDI），与多窗体类似，其程序中由多个窗体组成，在多个窗体中有一个父窗体（应用程序）和若干个子窗体（文档界面），子窗体间的信息可以在父窗体内同时浏览并交互使用。

本模块要点

- 如何创建下拉式菜单和弹出式菜单。
- 如何为菜单项创建快捷键和功能代码，如何增减菜单项。
- 如何设置通用对话框。
- 掌握通用对话框的方法、事件。
- 多文档界面处理。

任务一 使用菜单

知识导读：

模块五解决了标准控件（或称内部控件）、ActiveX 控件以及键盘和鼠标有关的事件过程的使用问题，为了设计出更接近专业标准、合乎专业规范的程序，本模块介绍如何在程序中加入菜单、设置对话框以及多文档处理等问题。

子任务1 菜单的基本概念

VB 很早就在它的程序设计中引入了菜单控件，但是菜单控件并不在控件箱中，而是在工具栏上。

【案例 6-1】 创建图书管理系统的后台管理界面。

设计图书管理系统的后台管理窗体，如图 6-1 所示。

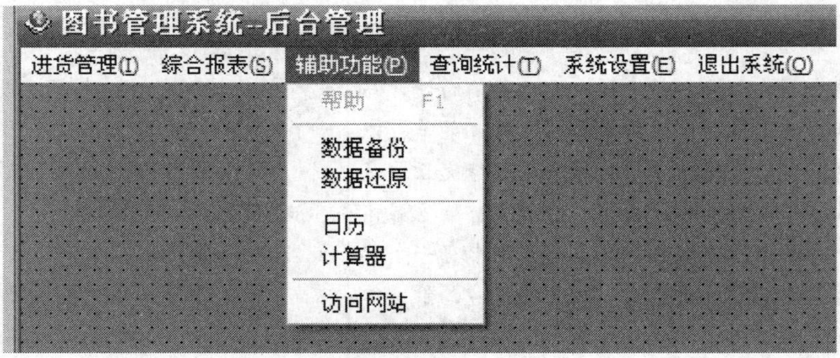

图 6-1 图书管理系统的后台管理窗体

知识点详解：

Windows 中，菜单分为两种类型。

1. 下拉式菜单

下拉式菜单一般位于窗口的顶部，下拉式菜单的组成（见图 6-2）。

1）下拉式菜单由主菜单、主菜单项、子菜单等组成。

2）子菜单可分为一级子菜单、二级子菜单直到五级子菜单。

3）每级子菜单由菜单项、快捷键、分隔条、子菜单提示符等组成。

菜单项：所有子菜单的基本元素就是菜单项，每个菜单项代表一条命令或子菜单标题。

分隔条：分隔条为一条横线，用于在子菜单中区分不同功能的菜单项组，使菜单项功能一目了然，并且方便操作。

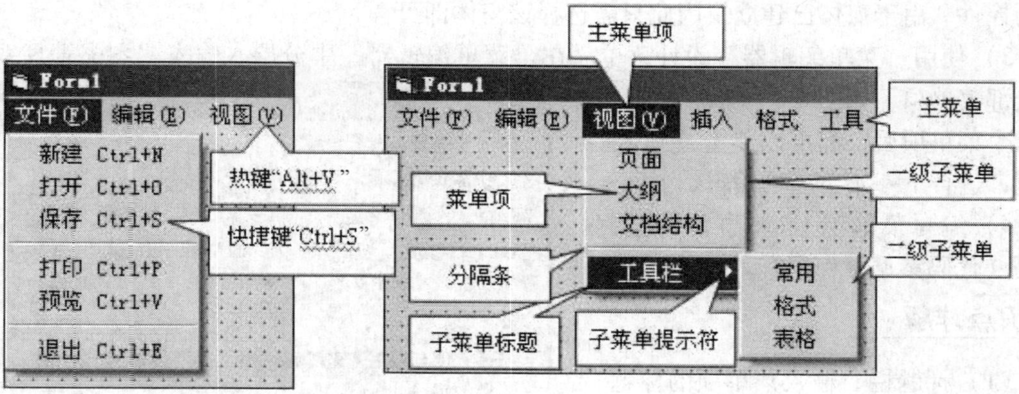

图6-2 下拉式菜单的组成

快捷键：为每个最底层的菜单项设置快捷键后，可以在不用鼠标操作菜单项的情况下，通过快捷键直接执行相应的命令。

热键：热键是在鼠标失效时，为用户操作菜单项提供的按键选择，使用热键时，需与"Alt"键同时使用。

子菜单提示符：如果某个菜单项后有子菜单，则在此菜单项的右边出现一个向右指示的小三角子菜单提示符。

2. 弹出式菜单

弹出式菜单又称为快捷菜单。当用鼠标右键单击某一个对象时，通常可以弹出一个快捷菜单，其中所列出来的命令就是针对该对象能完成的操作，具有方便、快捷的特点。

信息卡

1）根据用户任务组织菜单系统，即围绕用户完成任务的思路和方法来设计菜单和菜单项。

2）给每个菜单和菜单项选取一个意义明确的标题。

3）按照菜单项的使用频率、逻辑顺序或字母顺序排列菜单项。

4）对属于不同功能区的菜单项之间放置分隔条。

子任务2 用菜单编辑器创建菜单

【案例6-2】 为"图书管理系统"的后台管理创建一个下拉式菜单。

后台管理的全部功能可以通过创建一个下拉式菜单来完成。具体步骤如下：

1）单击工具栏（见图6-3）上的菜单编辑器按钮，进入菜单编辑界面，如图6-4所示。

图6-3 工具栏上"菜单编辑器"按钮

2）创建放置菜单的窗体和窗体

中的控件。由于窗体已建立，因此只需选择该窗体即可。

3）使用“菜单编辑器”设计菜单。在“菜单编辑器”中分层次输入“图书管理系统”的全部菜单项，如图6-4所示。每编辑好一个菜单项后，都可以单击“插入”按钮，进行下一菜单项的编辑。

4）编写菜单项 Click 事件的过程代码（代码参见源程序）。

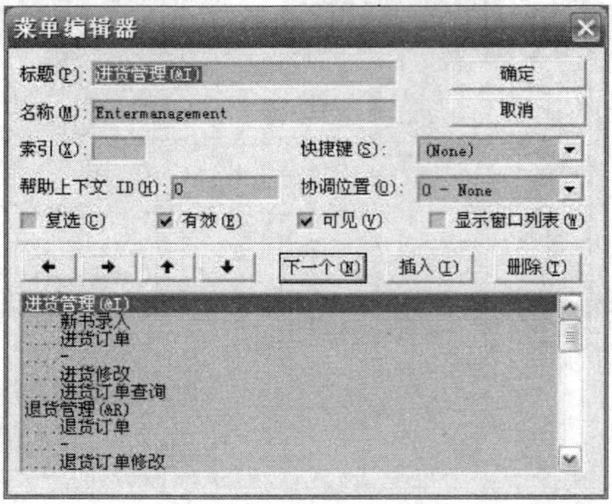

图6-4 菜单编辑器

知识点详解：

（1）标题栏　输入菜单项的标题、设置热键与分隔条。

1）标题。直接输入标题内容，如“文件”。

2）热键。在菜单项中某个字母前输入“&”后该字母将成为热键，如在文件主菜单项中输入“文件（&F）”。

3）分隔条。在标题框中输入一个连字符（ - ）即可。

（2）名称栏　用于输入菜单项内部唯一标志符，程序执行时不会显示名称栏内容。

注意：分隔符也要输入名称，且不能重复命名。

（3）快捷键下拉列表框　用于选择菜单项的快捷键，用鼠标单击列表框的下拉按钮，在列表框中可选择不同的快捷键。

（4）“下一个”按钮　当用户完成一个菜单项的各属性设置后，单击“下一个”按键可新建一个菜单项或进入下一个菜单项。

（5）“←”与“→”按钮　用于选择菜单项在菜单中的层次位置。单击“→”按钮将菜单项向右移编入下一级子菜单。单击“←”按钮将菜单项向左移编入上一级子菜单。

（6）插入按钮　用于在选定菜单项前插入一个新的菜单项。使用时应先在图6-4所示菜单编辑器的下半部分选定菜单项，然后单击“插入”按钮，并输入新菜单项的标题、名称等内容。

（7）删除按钮　用于删除指定菜单项。在菜单编辑器的下半部分选择要删除的菜单项，然后单击“删除”按钮。

（8）“↑”和“↓”按钮　用于改变菜单项在主菜单与子菜单中的顺序位置。

（9）复选框　若某菜单项的复选框被选中，则该菜单项左边加上检查标记“✓”，表示该菜单项是一个被选项。

（10）有效框　当菜单项的有效框被选中，程序执行时，该菜单项高亮度显示，表示用户可以选择该菜单项。当菜单项的有效框未被选中，程序执行时，该菜单项灰色显示，表示用户不能选择该菜单项。

（11）可见框　若菜单项的可见框被选中，则该菜单项可见，否则不可见。

（12）显示窗口列表复选框　若某菜单项的“显示窗口列表”复选框有效，则该菜单项成为多文档窗体的“窗口”，在该“窗口”中将列出所有已打开子窗体的标题名称。

子任务3 菜单项的控制和增减

在菜单的实际应用中，有时需要进行菜单项的自动增减工作，VB 提供了编程进行菜单项增减的方法，它通过控件数组来实现。下面通过简单文档编辑器的例子来介绍怎样编程实现菜单中菜单项的控制和增减。

【案例 6-3】 简单文档编辑器菜单项控制。

设计简单文档编辑器（见图 6-5），实现菜单项的控制运行界面如图 6-6 所示。

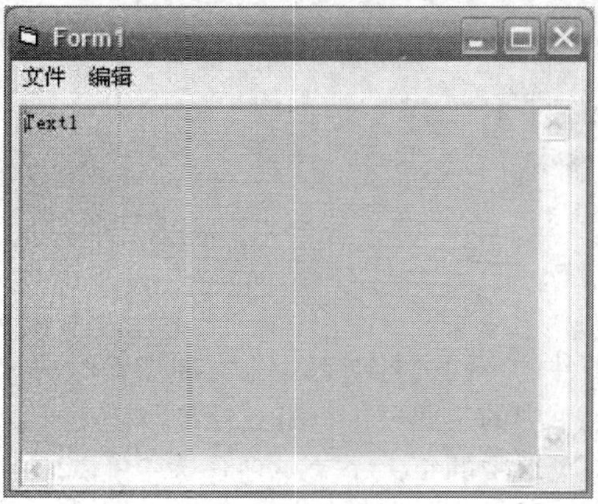

图 6-5 简单文档编辑器

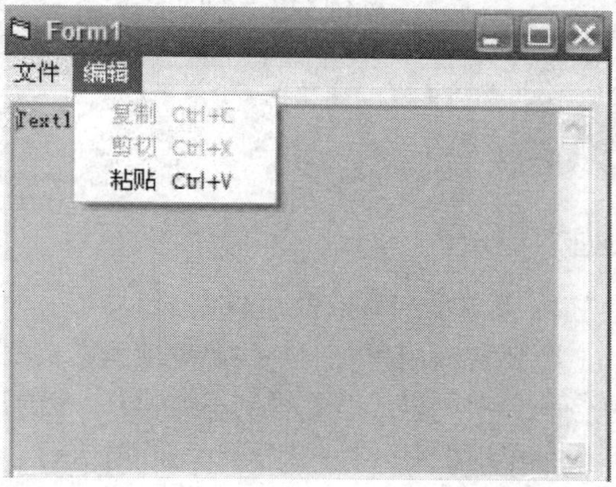

图 6-6 简单文档编辑器——控制

程序代码如下：

```
Dim st As String
Private Sub EditCopy_Click()
    st = Text1.SelText                  '将选中的内容存放到 st 变量中
    EditCopy.Enabled = False            '进行复制后,"剪切"和"复制"按钮无效
    EditCut.Enabled = False
    EditPaste.Enabled = True            '"粘贴"按钮有效
End Sub
Private Sub EditCut_Click()
    st = Text1.SelText                  '将选中的内容存放到 st 变量中
    Text1.SelText = ""                  '清除选中的内容,实现了剪切
    EditCopy.Enabled = False
    EditCut.Enabled = False
    EditPaste.Enabled = True
End Sub
Private Sub EditPaste_Click()
    Text1.SelText = st                  '将选中的内容存放到 st 变量中
End Sub
Private Sub FileExit_Click()
    End
```

```
End Sub
Private Sub Text1 _ MouseMove(Button As Integer, Shift As Integer, X As Single, Y As Single)
    If Text1. SelText < > "" Then
      EditCut. Enabled = True              '当拖动鼠标选中要操作的文本后,"剪切"、"复制"按钮有效
      EditCopy. Enabled = True
      EditPaste. Enabled = False
    Else
      EditCut. Enabled = False             '当拖动鼠标未选中文本,"剪切"、"复制"按钮无效
      EditCopy. Enabled = False
      EditPaste. Enabled = True
    End If
End Sub
```

知识点详解:

1. 菜单项的有效性控制

若要使应用程序的某些菜单项能够根据执行条件的不同进行动态变化，即当条件满足时某些菜单项可以执行，否则不能执行，就需要对菜单中的某些项进行有效性控制。

菜单项的有效性控制应在编程时进行，可以将菜单中的每一个菜单项作为 VB 窗体中的一个控件，根据程序当时的执行条件利用菜单项的 Enabled 属性进行有效性控制。

例如，如果要使“客户注册”菜单项在图书管理系统运行时失效，可在编程中写入：menu15. Enabled = False 语句。

2. 在程序运行时实现对菜单项的增减

【案例 6-4】 设计简单文档编辑器，实现对菜单项的增减。

菜单编辑器如图 6-7 所示，运行界面如图 6-8 所示。

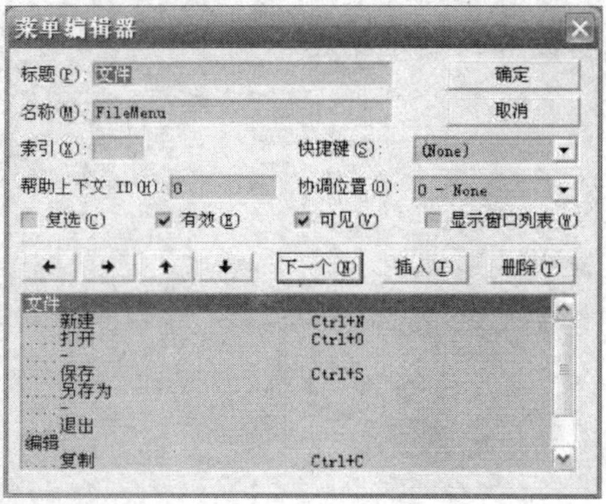

图 6-7 菜单编辑器

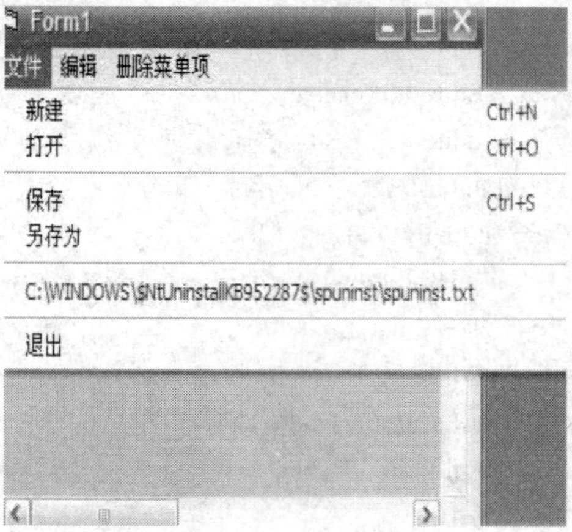

图 6-8 简单文档编辑器——增减

程序代码如下：

```
Dim iMenucount
```

```
Private Sub EditCopy _ Click( )
    st = Text1. SelText                              '将选中的内容存放到 st 变量中
    EditCopy. Enabled = False                        '进行复制后,"剪切"和"复制"按钮无效
    EditCut. Enabled = False
    EditPaste. Enabled = True                        '"粘贴"按钮有效
End Sub
Private Sub EditCut _ Click( )
    st = Text1. SelText                              '将选中的内容存放到 st 变量中
    Text1. SelText = ""                              '将选中的内容清除,实现了剪切
    EditCopy. Enabled = False
    EditCut. Enabled = False
    EditPaste. Enabled = True
End Sub
Private Sub EditPaste _ Click( )
    Text1. Text = Left( Text1 , Text1. SelStart) + st + Mid( Text1 , Text1. SelStart + 1)
End Sub
Private Sub FileExit _ Click( )
    End
End Sub
Private Sub FileOpen _ Click( )
    On Error GoTo nofile                             ' 设置错误陷阱
    CommonDialog1. InitDir = "C:\Windows"            ' 设置属性(可以在设计中完成)
    CommonDialog1. Filter = "文本文件 | *. txt"
    CommonDialog1. CancelError = True
    CommonDialog1. ShowOpen                          ' 或用 Action = 1
    Text1. Text = ""
    Open CommonDialog1. FileName For Input As #1     ' 打开文件进行读操作
    Do While Not EOF(1)
        Line Input #1, inputdata                     ' 读取一行数据
        Text1. Text = Text1. Text + inputdata + Chr(13) + Chr(10)
    Loop
    Close #1                                         ' 关闭文件
    iMenucount = iMenucount + 1
    If iMenucount  < 5 Then
    bar3. Visible = True
    Load RunMenu( iMenucount)                        ' 装入新菜单项
    RunMenu( iMenucount). Caption = CommonDialog1. FileName
    RunMenu( iMenucount). Visible = True
    Else
    i = iMenucount Mod 4                             ' 第五个以后的文件刷新数组控件的标题
    If i = 0 Then i = 4
    RunMenu( i). Caption = CommonDialog1. FileName
```

```
        End If
        Exit Sub
nofile:                                             '错误处理
        If Err. Number = 32755 Then Exit Sub        '单击"取消"按钮
End Sub
Private Sub MenuDel _ Click( )
        Dim n As Integer
            If iMenucount > 4 Then                  '如果文件数大于4
            n = 4
        Else
            n = iMenucount
        End If
        For i = 1 To n
        Unload RunMenu(i)                           '"删除"菜单项
        Next i
        iMenucount = 0                              '重置文件打开数
        bar3. Visible = False                       '隐含分隔线
End Sub
Private Sub Text1 _ MouseDown(Button As Integer, Shift As Integer, X As Single, Y As Single)
If Button = 2 Then PopupMenu EditMenu, vbPopupMenuCenterAlign
End Sub
Private Sub Text1 _ MouseMove(Button As Integer, Shift As Integer, X As Single, Y As Single)
        If Text1. SelText < > "" Then
          EditCut. Enabled = True                   '当拖动鼠标选中要操作的文本后,"剪切"、"复制"
                                                     按钮有效
          EditCopy. Enabled = True
          EditPaste. Enabled = False
        Else
          EditCut. Enabled = False                  '当拖动鼠标未选中文本,"剪切"、"复制"按钮无效
          EditCopy. Enabled = False
          EditPaste. Enabled = True
        End If
End Sub
```

动态增删菜单项是指可以根据程序的需要自动地增删菜单项。例如，在 Word 中，“窗口”菜单下会显示打开的文件列表，当关闭一个文档时，“窗口”菜单中相应的文件信息就会被删除；反之，如果打开一个新的文档，则“窗口”菜单中就会增加一个文件信息。

信息卡

> 动态增删菜单项，其实就是建立一个菜单项数组，然后通过 Load 和 Unload 来添加数组元素或删除数组元素。

子任务4　弹出式菜单

弹出式菜单与普通菜单的创建方法基本相同，也需要使用菜单编辑器创建一个菜单。

【案例6-5】　创建弹出式菜单。

运行界面如图6-9所示。

程序代码：在上一案例中增加如下代码。

```
Private Sub Text1_MouseDown(Button As Integer, Shift As Integer, X As Single, Y As Single)
If Button = 2 Then PopupMenu EditMenu, vbPopupMenuCenterAlign
End Sub
```

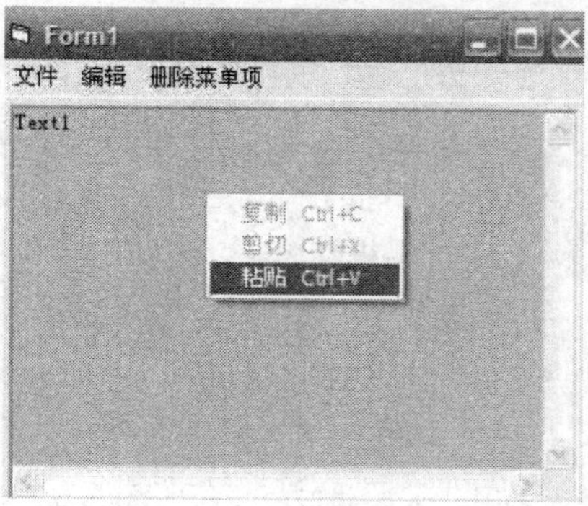

图6-9　右击窗体时弹出的快捷菜单

知识点详解：

弹出式菜单与普通菜单的主要区别在于：主菜单项的“可见”性设置和菜单的调用方法不同。在弹出式菜单的设计中，通常将菜单名（即主菜单项）的“可见”属性设置为隐藏，然后用PopupMenu方法将主菜单项作为弹出式菜单在程序运行时显示出来。

信息卡

> 被隐藏主菜单项的下层子菜单项不要再被隐藏，如果隐藏就没有可以显示的菜单项了。

1. PopupMenu方法

语法格式如下：

[对象.]PopupMenu <菜单名>,<标志>,x,y

说明：

1）“标志”是指定菜单的行为，当其值为0时，只对左键起作用；当其值为1时，对左、右键都反应；当其值为2时，只能用在MouseDown事件过程中。

2）x，y表示显示弹出式菜单的坐标位置。

2. 如何显示弹出式菜单

为了显示弹出式菜单，通常把PopupMenu方法放在对象的MouseDown事件中，因为该事件响应所有的鼠标单击事件。按照惯例，希望通过单击鼠标右键来显示弹出式菜单，这就需要用MouseDown事件中的Button参数值来实现。可以用下面的语句强制通过单击鼠标右键来响应MouseDown事件，进而显示弹出式菜单：

If Button =2 Then　PopupMenu 菜单名

若是单击鼠标左键，设置变量Button的值为1；若是右键，设置变量Button的值为2。当侦测到用户右击窗体时，通过Form1的PopupMenu方法，把原先不可见的菜单弹出显示。

任务二　使用通用对话框

知识导读：

对话框是用户与程序进行交互的重要途径，在对话框中既可以输入信息，又可以显示信息。VB 中的对话框有三种：预定义对话框、通用对话框和用户自定义对话框。前面曾介绍了预定义对话框，包括 InputBox 和 MsgBox。本任务重点介绍通用对话框。

VB 提供了一组基于 Windows 的标准对话框界面，用户可利用 CommonDialog 控件，建立和使用标准对话框。CommonDialog 不是标准控件，将其添加到工具箱的方法是：选择“工程”菜单中的“部件”命令，在“部件”选项卡中选定 Microsoft Common Dialog Control 6.0，如图 6-10 所示。在工具箱中找到这一新增的控件，将其拖放到窗体上，如图 6-11 所示。

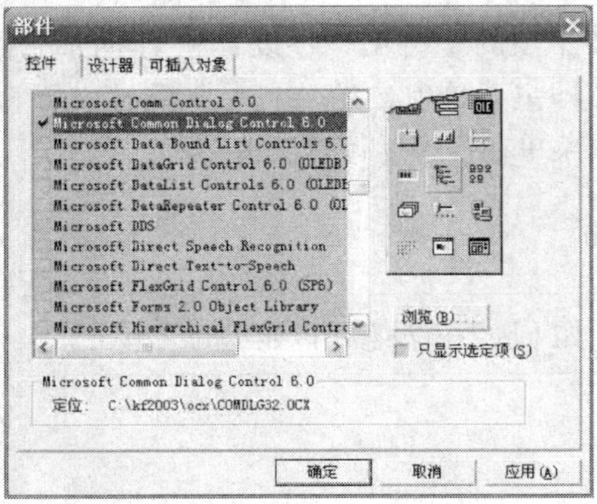

图 6-10　加入通用对话框控件

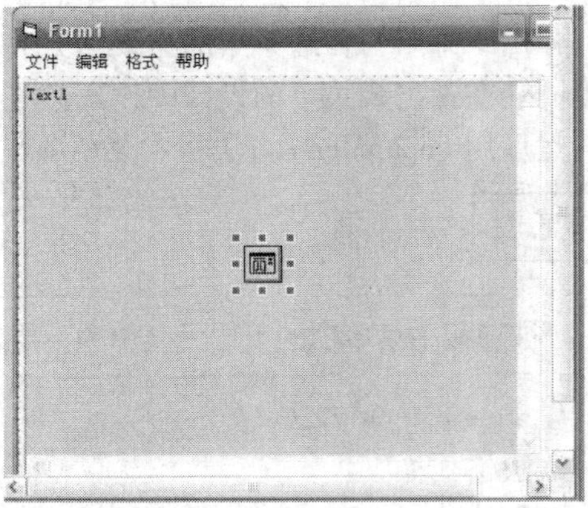

图 6-11　将通用对话框拖入窗体

通用对话框可以提供 6 种形式的对话框，如图 6-12 所示。在代码中可通过设置 action 属性或调用该控件的 Show 方法来产生不同的对话框。

Action属性值	对话框类型	方法
1	打开文件（open）	ShowOpen
2	保存文件(save as)	ShowSave
3	选择颜色(color)	ShowColor
4	选择字体(font)	ShowFont
5	打印(print)	ShowPrinter
6	帮助文件（help）	showHelp

图 6-12　通用对话框

与时钟控件类似，在程序运行时，窗体上并不显示通用对话框控件，需通过编程来激活通用对话框控件才能显示。激活通用对话框控件的方法有：设置 Action 属性和使用 Show 方法两种。例如，在“打开”菜单中输入以下代码，当单击“打开”命令时就可以看到“打开”的通用对话框，如图 6-13 所示。

```
Private Sub mnuOpen _ Click( )
CommonDialog1. ShowOpen
End Sub
```

【案例6-6】 文档编辑器制作（能打开文件、打印、设置字体颜色）。

运行界面如图6-11所示，单击命令弹出对应对话框，如图6-13～图6-16所示。

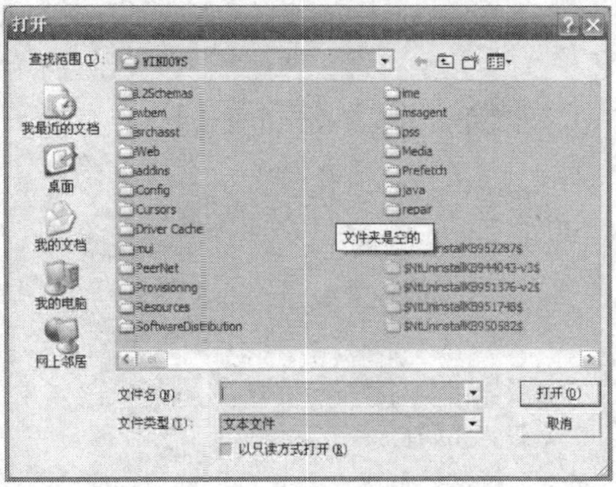

图6-13 “打开”通用对话框

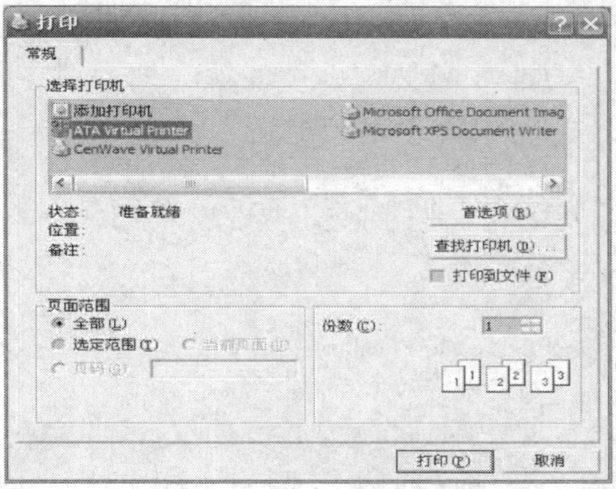

图6-14 “打印”通用对话框

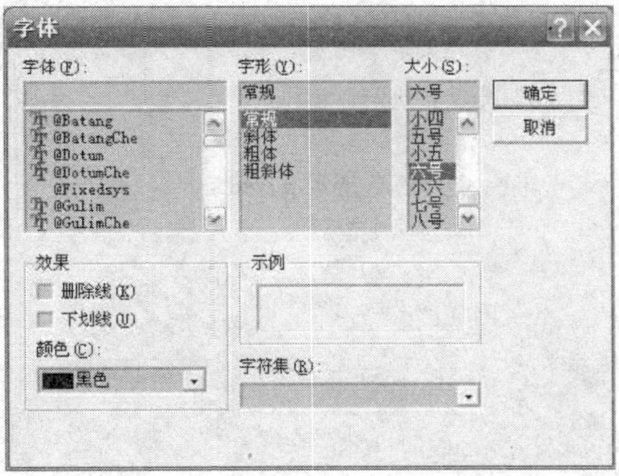

图6-15 “字体”通用对话框

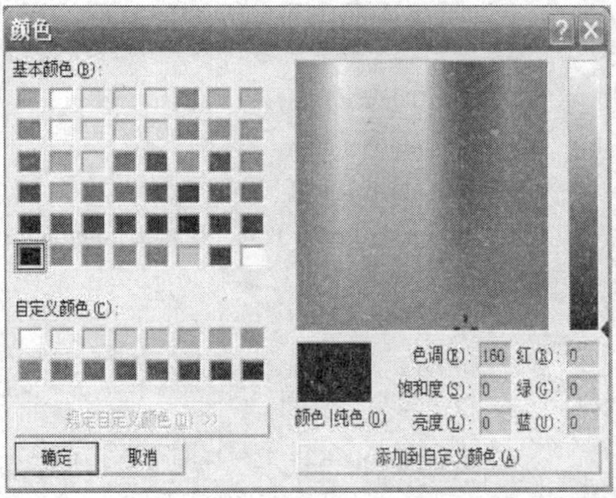

图6-16 “颜色”通用对话框

程序代码如下：

```
Dim st As String
Private Sub EditCopy _ Click( )
    st = Text1. SelText                    '将选中的内容存放到st变量中
    EditCopy. Enabled = False               '进行复制后,“剪切”和“复制”按钮无效
    EditCut. Enabled = False
    EditPaste. Enabled = True               '“粘贴”按钮有效
End Sub
Private Sub EditCut _ Click( )
    st = Text1. SelText                    '将选中的内容存放到st变量中
    Text1. SelText = " "                   '清除选中的内容,实现了剪切
    EditCopy. Enabled = False
```

```
        EditCut. Enabled = False
        EditPaste. Enabled = True
    End Sub
    Private Sub EditPaste _ Click( )
        Text1. SelText = st                              '将选中的内容存放到 st 变量中
    End Sub
    Private Sub FileExit _ Click( )
        End
    End Sub
    Private Sub FileOpen _ Click( )
      On Error GoTo nofile                               '设置错误陷阱
        CommonDialog1. InitDir = "C:\Windows"            '设置初始目录
        CommonDialog1. Filter = "文本文件 | *. Txt"       '过滤文件类型
        CommonDialog1. CancelError = True                '控制“取消”按钮
        '以上三行代码可在设计时直接设置
        CommonDialog1. ShowOpen                          '或用 Action = 1 显示文件“打开”对话框
        Text1. Text = ""                                 '清除文本框的内容
        Open CommonDialog1. FileName For Input As #1     '打开文件进行读操作
        Do While Not EOF(1)
            Line Input #1, inputdata                     '读一行数据到变量 inputdata
            Text1. Text = Text1. Text & inputdata & vbCrLf  'vbCrLf 为回车换行
        Loop
        Close #1                                         '关闭文件
        Exit Sub
    nofile:                                              '错误处理
        If Err. Number = 32755 Then Exit Sub             '单击“取消”按钮
    End Sub
    Private Sub font _ Click( )
        CommonDialog1. Flags = cdlCFBoth Or cdlCFEffects  '设置 Flags,CommonDialog1. ShowFont
        If CommonDialog1. FontName > "" Then             '如果选择了字体
        Text1. FontName = CommonDialog1. FontName        '设置文本框内的字体
        End If
        Text1. FontSize = CommonDialog1. FontSize
        Text1. FontBold = CommonDialog1. FontBold
        Text1. FontItalic = CommonDialog1. FontItalic
        Text1. FontStrikethru = CommonDialog1. FontStrikethru
        Text1. FontUnderline = CommonDialog1. FontUnderline
        Text1. ForeColor = CommonDialog1. color
    End Sub
    Private Sub color _ Click( )
        CommonDialog1. CancelError = False
        CommonDialog1. ShowColor
```

```
        Text1. ForeColor = CommonDialog1. color

End Sub
Private Sub Text1 _ MouseMove( Button As Integer, Shift As Integer, X As Single, Y As Single)
    If Text1. SelText < > "" Then
        EditCut. Enabled = True                  '当拖动鼠标选中要操作的文本后,"剪切"、
                                                  "复制"按钮有效
        EditCopy. Enabled = True
        EditPaste. Enabled = False
    Else
        EditCut. Enabled = False                 '当拖动鼠标未选中文本,"剪切"、"复制"按
                                                  钮无效
        EditCopy. Enabled = False
        EditPaste. Enabled = True
    End If
End Sub
Private Sub 打印_ Click( )
  CommonDialog1. ShowPrinter                     '打开"打印机"对话框
    For i = 1 To CommonDialog1. Copies
    Printer. Print Text1. Text                   '打印文本框中的内容
    Next i
    Printer. EndDoc                              '结束文档打印
End Sub
Private Sub help _ Click( )
  CommonDialog1. HelpCommand = cdlHelpContents
    CommonDialog1. HelpKey = "创建页眉、页脚"
    CommonDialog1. HelpFile = "C:\WINDOWS\HELP\NOTEPAD. HLP"
    CommonDialog1. ShowHelp
End Sub
```

注意

Visual Basic 6.0 提供了通用对话框控件，通过它可以快速地制作较为通用的对话框。对话框是 Windows 中的一种重要界面，和一般窗口不同，对话框的大小不能改变，所以和改变窗口大小有关的组件都没有，如没有最大化按钮和最小化按钮，也没有控制菜单、边框等。

知识点详解：

1. 通用对话框的主要属性

（1）Action 属性　Action 属性不能在设计时设置，只能在程序中赋值。该属性决定在程序中打开何种对话框。例如，使用语句 CommonDialog1. Action = n 来决定打开何种对话框。

语句中 n 的值决定打开对话框的类型：

0——None：无对话框显示。

1——Open："打开文件"对话框。

2——Save As："另存为"对话框。

3——Color："颜色"对话框。

4——Font："字体"对话框。

5——Printer："打印机"对话框。

6——Help："帮助"对话框。

（2）DialogTitle 属性　DialogTitle 属性用于定义对话框的标题。

（3）CancelError 属性　CancelError 属性决定用户按下"取消"按钮时是否产生错误信息，属性值为逻辑型：

True：出现错误警告。

False：（默认）不出现错误警告。

2. 通用对话框的主要方法

除可以使用 Action 属性在程序中打开通用对话框外，VB 还提供了一组 Show 方法来打开通用对话框。

ShowOpen："打开"对话框。

Show Save："另存为"对话框。

ShowColor："颜色"对话框。

ShowFont："字体"对话框。

ShowPrinter："打印机"对话框。

ShowHelp："帮助"对话框。

3. "打开文件"对话框

程序运行时，若通用对话框控件的 Action 属性设置为 1，就会弹出"打开"对话框。但该对话框并不能真正打开文件，只是提供了用户关于打开文件的交互界面，要打开文件还需人为操作或编程来完成。与"打开"对话框相关的属性有：

（1）FileName 属性　FileName 属性用于设置文件名称，包括文件路径和文件名。

（2）FileTitle 属性　FileTitle 属性用于设置或返回用户所要打开的文件名，不包含路径。

（3）Filter（过滤器）属性　Filter 属性用于确定文件列表框中所显示文件的类型，各类型之间用"|"隔开。如"*.doc| *.txt| *.exe"。

（4）FilterIndex（过滤器索引）属性　该属性为整型，表示用户在文件类型列表框中选定了第几组文件类型。

（5）InitDir（初始化路径）属性　InitDir 属性用于指定"打开"对话框中的初始目录。

4. "另存为"对话框

在编程中，当通用对话框的 Action 属性设置为 2 时，就可以打开"另存为"对话框。

例如，编程打开"另存为"对话框，并指定所保存的文件扩展名为 .TXT。

```
Private Sub Command1 _ Click( )
CommonDialog1. DefaultExt = "TXT"
CommonDialog1. Action = 2
End Sub
```

该对话框为用户提供输入所要保存的文件的有关信息，包括所要保存文件的驱动器、路径、文件名。但“另存为”对话框也不能进行真正的存储文件的操作，只提供有关文件存储的对话。

与“另存为”对话框有关的属性是 DefaultExt，该属性用于表示所存文件的默认扩展名。

5. “颜色”对话框

在编程中，当通用对话框的 Action 属性设置为 3 时，就可以打开“颜色”对话框。该对话框供用户选择颜色。与颜色话框有关的属性是 Color，它返回或设置选定的颜色。

编程打开“颜色”对话框，并设置窗体中 Command1 命令按钮上的文字颜色为用户通过对话框所选的颜色。

6. “字体”对话框

在编程中，当通用对话框的 Action 属性设置为 4 时，就可以打开“字体”对话框。该对话框除了基本属性，还有下列重要属性：

（1）Color 属性　Color 属性表示用户所选字体的颜色。

（2）FontName 属性　FontName 属性表示用户所选字体的名称。

（3）FontSize 属性　FontSize 属性表示用户所选字体大小。

（4）FontBold（粗体字）、FontItalic（斜体字）和 FontUnderline（下画线）属性　这几个属性均为逻辑类型。

（5）Min、Max 属性　Min、Max 属性表示用户在对话框中选择的字体的最小值和最大值，单位为 Point。

（6）Flags 属性　显示字体对话框之前必须设置该属性，否则将发生不存在字体的错误。Flags 属性值可以是 VB 的常数，也可以是值。Flags 的属性值见表 6-1。

表 6-1　Flags 的属性值

常　数	值	说　明
显示屏幕字体	cdlCFScreenFonts	&H1
显示打印机字体	cdlCFPrinterFonts	&H2
显示屏幕和打印机字体	cdlCFBoth	&H3
显示删除线和下画线检查框以及颜色组合框	cdlCFEffeects	&H100

7. “打印”对话框

在编程中，当通用对话框的 Action 属性设置为 5 时，就可以打开“打印”对话框。打印对话框不能进行打印工作，仅提供用户选择打印参数的界面。该对话框除了基本属性，还有下列重要属性：

（1）Copies 属性　Copies 属性用于设置打印份数。

（2）FromPage、ToPage 属性　FromPage、ToPage 属性分别表示起始页号和终止页号。

8. “帮助”对话框

在编程中，当通用对话框的 Action 属性设置为 6 时，就可以打开“帮助”对话框。此对话框也不能制作应用程序的帮助文件，只能将已制作好的帮助文件从磁盘中提取出来，与界面连接，达到显示并检索帮助信息的目的。制作帮助文件需要用 Help 编辑器（Microsoft Windows Help Compiler），生成帮助文件之后可直接在界面上利用帮助对话框窗口为应用程序提供帮助。

此对话框还有如下重要属性：

（1）HelpCommand 属性　HelpCommand 属性用于设置或返回用户所需在线 Help 帮助的类型。

（2）HelpFile 属性　HelpFile 属性用于指定帮助文件的路径和文件名。

（3）HelpKey 属性　HelpKey 属性用于指定帮助信息的内容。

（4）HelpContext 属性　HelpContext 属性用于设置或返回用户所需的帮助上下文。

任务三　多文档界面

知识导读：

在 Windows 中，文档分为单文档（SDI）和多文档（MDI）两种。例如，“记事本”就是一个典型的单文档程序，它最明显的特点是一次只能打开一个文件，当新建一个文件时，当前文件自动被替换掉。多文档界面，如 Word，允许用户同时打开多个文件进行操作。在多文档界面中，有一个窗体叫做主窗体（又称为 MDI 窗体），其他窗体称为子窗体。子窗体始终处在主窗体内部，主窗体的位置移动会导致子窗体的位置发生相应变化。

子任务 1　建立多文档界面

【案例 6-7】　建立一个简单的多文档界面，实现文本书写器的功能。

运行界面如图 6-17 所示。

这里要建立的文本书写器类似于 Windows 中的 Notepad 应用程序，但文本书写器程序使用的是 MDI，而 Notepad 使用的是 SDI（单文档界面）。在该程序中，菜单栏上有一个“文件”菜单，菜单中有“新建”命令，用来创建新的子窗体。下面逐步来实现该功能。

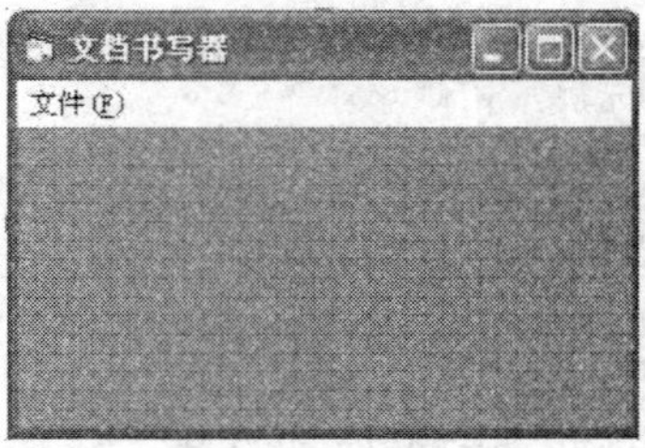

图 6-17　MDIFrm 窗体效果图

1）运行 Visual Basic 6.0，新建一个工程，单击“工程”菜单中的“添加 MDI 窗体”命令，添加一个 MDI 窗体，将其 Name 属性设置为 MDIFrm。这时工程中有两个窗体 Form1 和 MDIFrm。

2）将 Form1 窗体的“MDIChild”属性设置为“True”，Name 属性设置为“MDIChild-Frm”。

3）在 MDIChildFrm 窗体上创建一个文本框（text1），任意大小。具体设置见表 6-2。

表 6-2 MDI 窗体、MDIChild 窗体和文本框的属性设置

对象	属性	设置值	对象	属性	设置值
MDIFrm	Caption	文档书写器	Text1	Multiline	True
MDIChildFrm	Caption	[无标题文档1]		Text	(空)

设置好的效果图如图 6-18 所示。

4）调用“工具”菜单下的“菜单编辑器”，在 MDI 窗体 MDIFrm 上建立“文件”菜单，“文件”菜单下有“新建”命令。菜单编辑器的使用如图 6-19 所示。

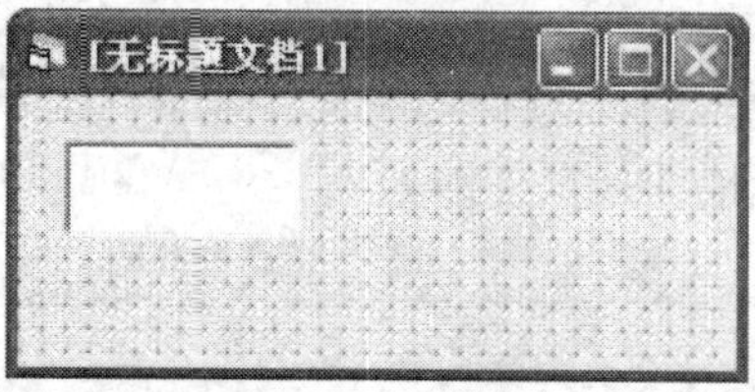

图 6-18 MDIChildFrm 窗体

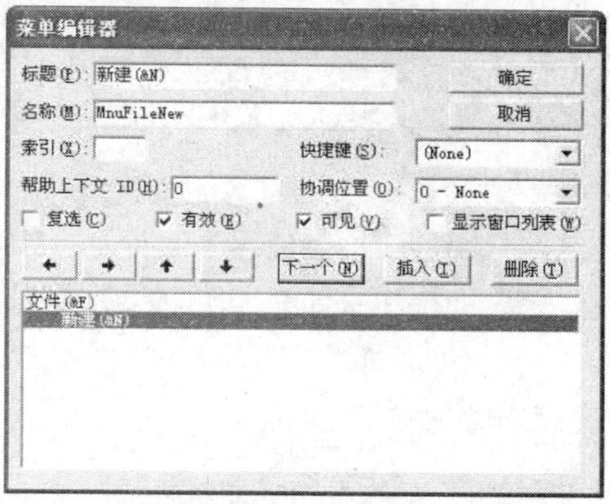

图 6-19 菜单编辑器

5）将下列代码加入到 MDIFrm 的通用过程中。

```
Dim no As Integer
```

再将下列代码加入到 Private Sub MnuFileNew _ click（）事件过程中。

```
Private Sub MnuFileNew _ Click()
    '建立 MDIChildFrm 的一个新实例,名为 NewDoc
     Dim NewDoc As New MDIChildFrm
    If no = 0 Then no = 1
    no = no + 1
    NewDoc. Caption = "[无标题文档" & Trim(Str(no)) & "]"
    '显示 NewDoc 窗体
    NewDoc. Show
End Sub
```

代码详解：

这段代码的作用是当鼠标单击“文件”菜单的“新建”命令时，将通过 Dim 语句建立一个 MDIChildFrm 的一个新实例，名为 NewDoc，并且把它显示出来。下面简单介绍 Dim 语句在 MDI 中的应用。

知识点详解：

在 MDI 程序中，Dim 语句可以用来增加子窗体，其具体格式为：

Dim 对象变量[([对象变量 1 to]对象变量 2)] As [New] 对象名称或对象类型

在本例中，MDIChildFrm 是一个窗体类，增加的 NewDoc 则是属于此类的一个子窗体，它具有一切 MDIChildFrm 窗体的控件以及属性。创建的 NewDoc 开始并不会被加载、显示，只有在执行了 Load NewDoc 或 NewDoc. show 指令后才会被加载、显示。

6）将下列代码加入到 MDIChildFrm 的 Private Sub Form _ Resize（）过程中。

```
Private Sub Form_Resize()
    Text1.Top = 0
    Text1.Left = 0
    Text1.Height = ScaleHeight
    Text1.Width = ScaleWidth
End Sub
```

这段代码的作用是使程序运行时，MDIChildFrm 上的 Text1 控件充满子窗体的内部区域。这样，整个的程序就建立完毕，运行效果如图 6-20 所示。

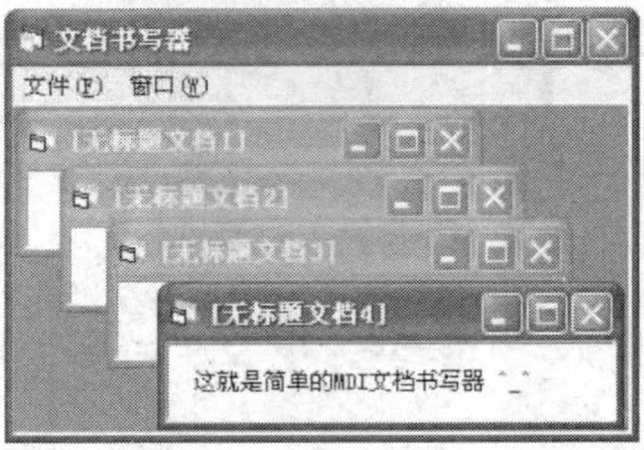

图 6-20 MDI 文档书写器效果图

知识点详解：

多文档界面（Multiple Document Interface，MDI）是 Windows 应用程序的典型结构。它由“父窗口”和“子窗口”（或文档窗口）组成，一个父窗口内可以包括若干个子窗口，各个子窗口都具有相同的功能，类似 Microsoft Word 的程序结构。

信息卡

> 要注意的是，多文档界面与多窗体是不同的概念。多窗体程序中的各个窗体是彼此独立的，MDI 虽然也可以含有多个窗体，但它有一个父窗体，其他窗体（子窗体）都在父窗体内。

1. MDI 窗体的建立

有两种方法可以建立 MDI 窗体：第一种方法是选择“工程”菜单中的“添加 MDI 窗体”命令；第二种方法是单击工具栏的“添加 MDI 窗体”按钮。完成后将会在工程资源管理器窗口出现一个默认名为 MDIForm1 的 MDI 窗体图标。

2. MDI 窗体的保存

与保存单窗体一样，选择“文件”菜单下的“保存窗体”命令进行保存。

3. MDI 子窗体的建立

首先，用添加窗体的方法添加一个新窗体 form1。其次，将该窗体的 MDIChild 属性设置为“True”。这样，就建立了一个“form1”的子窗体，在“工程”资源管理器窗口中可以看到该窗体的图标。

MDI 窗体与 MDI 子窗体从外观上看与普通的窗体相同，它们的区别可以通过“工程”资源管理器窗口中的图标看出来，如图 6-21 所示。

4. MDI 子窗体的特性

1）所有的子窗体都在 MDI 窗体的内部显示，可以移动，但是不能超越 MDI 窗体的工作区。

2）当最小化子窗体时，它的图标将显示在 MDI 窗体上，而不是在任务栏中。当最小化 MDI 窗体时，所有的 MDI 子窗体也被最小化，只有 MDI 窗体的图标出现在任务栏中。

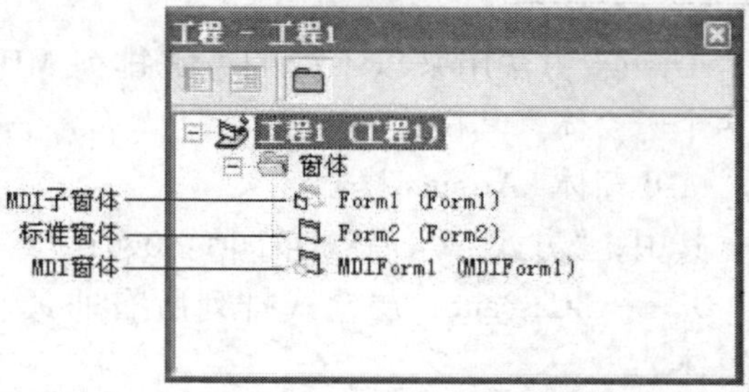

图 6-21　MDI 子窗体、标准窗体、MDI 窗体图标

3）当最大化一个子窗体时，它的标题与 MDI 窗体的标题一起显示在 MDI 窗体的标题栏上。

4）通过设定 Autoshowchildren 属性，可以使子窗体在装入时自动显示（True）或自动隐藏（False）。

5）如果活动子窗体有菜单，则菜单将显示在 MDI 窗体的菜单栏中，而不是显示在子窗体中。

子任务2　Arrange 方法

【案例 6-8】　排列窗口。

在菜单栏上添加“窗口”菜单，此菜单具有对文档窗口进行“层叠式”、“水平平铺”、“垂直平铺”排列的功能。

具体步骤如下：

1）使用“菜单编辑器”添加“窗口”菜单，并且添加“层叠”、“水平平铺”、“垂直平铺”命令。它们的属性设置见表 6-3。

表 6-3　“窗口”菜单的属性设置

标　题	名　称	类　别	标　题	名　称	类　别
窗口（&W）	MnuWindows	主菜单	水平平铺	MnuWindowsA2	子菜单
层叠	MnuWindowsA1	子菜单	垂直平铺	MnuWindowsA3	子菜单

2）在 MDIFrm 窗体中添加以下代码：

```
Private Sub MnuWindowsA1 _ Click( )
  MDIFrm. Arrange 0
End Sub
Private Sub MnuWindowsA2 _ Click( )
  MDIFrm. Arrange 1
End Sub
Private Sub MnuWindowsA3 _ Click( )
  MDIFrm. Arrange 2
End Sub
```

这样就可以实现窗口的各种排列效果，水平平铺的效果如图 6-22 所示。

知识点详解：

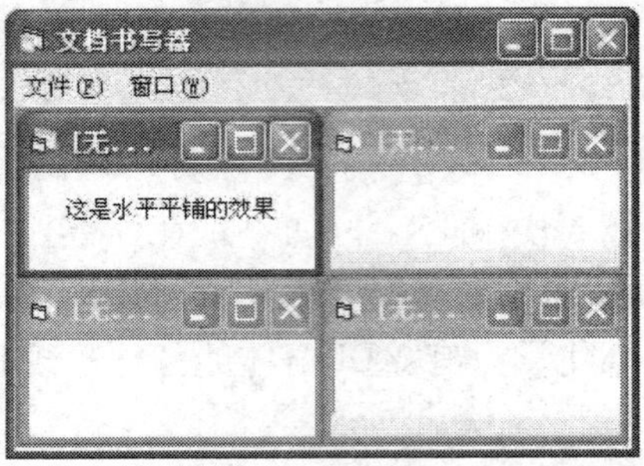

图 6-22 水平平铺窗口

Arrange 方法用来以不同的方式排列 MDI 窗体内的多个子窗体。其格式为：

MDI 窗体 . Arrange 方式

其中，“方式”可以取四个值：0、1、2、3。

0——vbCascade，层叠式排列所有非最小化 MDI 子窗体。

1——vbTileHorizontal，水平平铺式排列所有非最小化 MDI 子窗体。

2——vbTileVertical，垂直平铺式排列所有非最小化 MDI 子窗体。

3——vbArrangeIcons，对任何已经最小化的子窗体排列图标。

子任务 3 在 MDI 窗体中添加工具栏

作为一个完整的文档窗口，就像 Word 窗口一样，MDI 窗口也应该具有工具栏和状态栏。制作工具栏有两种方法：一是手工制作，即利用图形框和命令按钮来制作，比较繁琐；另外一种方法是通过组合使用 ToolBar、ImageList 控件，详细过程参见模块五工具栏控件的使用。

学 材 小 结

本模块通过介绍 VB 的菜单和对话框以及多文档的使用，学习基本的程序开发界面的创建方法。

理论知识

1. 菜单分为____________菜单和____________菜单，菜单总与____________相关联，设计菜单需要在____________中设计。

2. 不可以给____________级菜单设置快捷键。

3. 菜单控件只包含一个____________事件。

4. 菜单编辑器的“标题”选项对应于菜单控件的____________属性。

菜单编辑器的“名称”文本框对应于菜单控件的____________属性。

菜单编辑器的“索引”选项对应于菜单控件的____________属性。

菜单编辑器的“复选”选项对应于菜单控件的____________属性。

菜单编辑器的“有效”选项对应于菜单控件的____________属性。

菜单编辑器的“可见”选项对应于菜单控件的____________属性。

5. 要在菜单中建立分隔条,应在菜单编辑器的____________选项中输入一个______符号。

6. 为了能够通过键盘访问主菜单项，可在菜单编辑器的“标题”选项中的某字母前插入符号________。运行时，该字母会带有下画线，按“Alt”键和该字母就可以访问相应的主菜单项。

7. 每次单击菜单编辑器中的“?”按钮，可以使选定的菜单项__________。

8. 为显示弹出式菜单，可以使用__________方法。

9. 弹出式菜单在__________中设计，且一定要使其__________级菜单不可见。

10. 要使用工具栏控件设计工具栏，应首先在“部件”对话框中选择__________，然后从工具箱中选择__________控件。

11. 设置工具栏控件的__________属性可以改变工具栏在窗体上的位置。

12. 要给工具栏按钮添加图像，应首先在__________控件中添加所需要的图像，然后在工具栏的属性页中选择与该控件相关联。

13. 要使用状态栏控件设计状态栏，应首先在“部件”对话框中选择__________，然后从工具箱中选择__________控件。

14. 在打开一个自定义对话框时，可以使用__________方法来决定对话框窗体的显示模式。

15. 用户可以通过设置菜单项的__________属性值为 False 来使该菜单不可见。

实训任务

设计一个简易文本编辑器的下拉式菜单（见图 6-23），设计要求如图 6-24 所示。

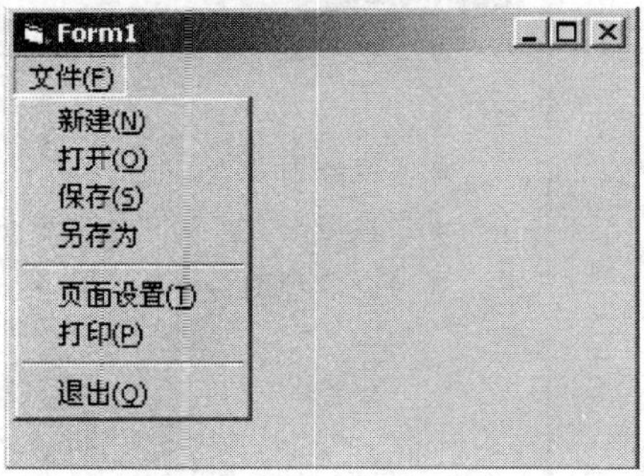

图 6-23　下拉式菜单

文件(&F)	编辑(&E)	视图(&V)	
新建　Ctrl+N	剪切　Ctrl+X	页面	
打开　Ctrl+O	复制　Ctrl+C	大纲	
保存　Ctrl+S	粘贴　Ctrl+V	文档结构	
–		–	
打印　Ctrl+P		工具	常用
预览			格式
–			表格
退出　Ctrl+E			

图 6-24　设计要求

模块七

操作图形

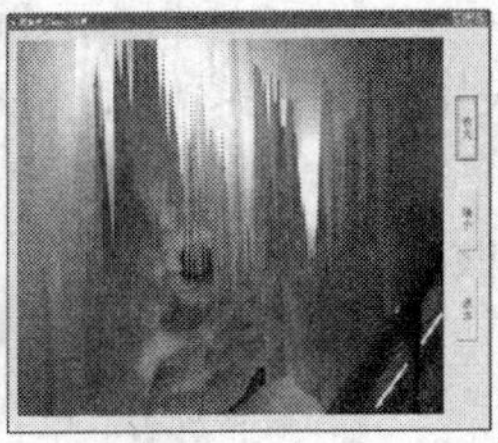
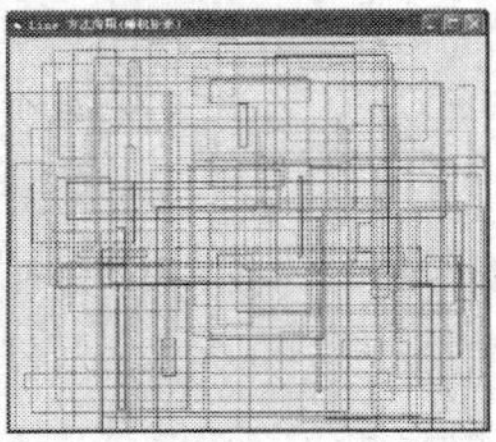
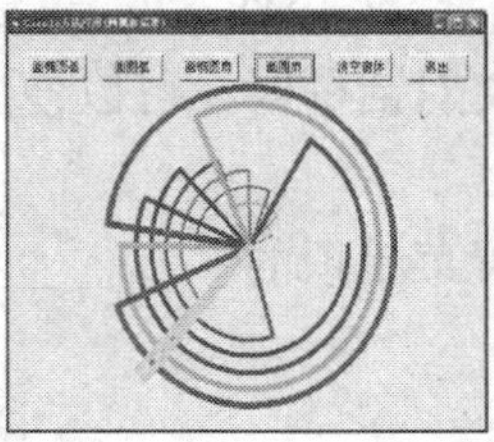
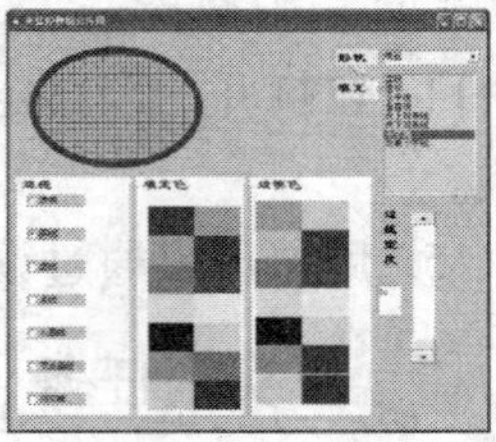

本模块导读

图形设计功能是程序设计语言中较为生动活泼的部分，也是比较困难和复杂的部分，形象化的图形设计可以使程序界面更美观、更能激发用户的使用兴趣。Visual Basic 具有丰富的图形功能，向用户提供了许多操作图形的控件，同时也提供了功能强大的绘图方法。

通过本模块的学习，可以实现通过图形控件进行图形和绘图操作；可以直接画点、直线、矩形、正方形、圆、椭圆等，并由这些基本元素组成各种图形；还可以通过图形方法在窗体或图形框上输出文字的图形。VB 的图形方法还可以作用于打印机对象。

本模块要点

- 认识坐标系统，并学会自定义坐标系统。
- 掌握绘图属性。
- 掌握图形控件的用法与示例。
- 学会各种图形方法的应用。

任务一 了解坐标系统

子任务1 标准坐标系统

【案例7-1】 显示鼠标单击处的坐标值。

实现该案例代码如下：

```
Private Sub Form _ MouseDown(Button As Integer, Shift As Integer, X As Single, Y As Single)
Print  "(",X, Y,")"【1】
End Sub
```

代码详解：

【1】显示鼠标单击点处的坐标值。经过测试可知，当鼠标单击窗体左上角时，显示值为（0，0）；当鼠标单击窗体右下角时，显示值为（窗体宽度值，窗体高度值）。说明当前坐标系统的坐标原点在窗体左上角。

表7-1 ScaleMode属性设置

数值	说　明	常量名	大　小
0	用户定义	vbUser	
1	twip（默认值）	vbTwips	1440twip = 1in
2	磅（72lb/in）	vbPoints	72点 = 1in
3	像素（Pixed，与显示器分辨率有关）	vbPixels	与显示器分辨率有关
4	字符（默认为高12lb、宽20lb的单位）	vbCharacters	默认为高12lb，宽20lb
5	英寸（in，1in = 1440 twip）	vbInches	
6	毫米（mm）	vbMilimeters	
7	厘米（cm）	vbCentimeters	

子任务2 自定义坐标系统

【案例7-2】 单击窗体，绘制窗体的新坐标系。

窗体宽8000缇，高6000缇；使窗体左上角坐标为（-200，-400），右下角坐标为（200，400），坐标原点在窗体中心位置，如图7-1所示。

实现该案例代码如下：

```
Private Sub Form _ Click( )
    Form1. Width =8000                    【1】
    Form1. Height =6000                   【2】
    Cls                                   【3】
    Form1. ScaleLeft = -400               【4】
    Form1. ScaleTop = -300                【5】
    Form1. ScaleWidth =800                【6】
    Form1. ScaleHeight =600               【7】
    Line ( -400, 0) - (400, 0)            【8】
    Line (0, -300) - (0, 300)             【9】
    CurrentX =0
    CurrentY =0
    Print 0                               【10】
    CurrentX =380
    CurrentY =10
    Print "X"                             【11】
    CurrentX =10
    CurrentY = -280
    Print "Y"                             【12】
End Sub
```

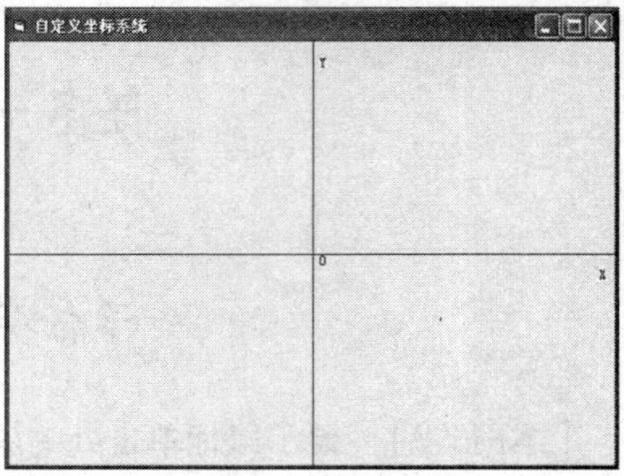

图 7-1　自定义坐标系统

信息卡

CurrentX、CurrentY 属性：设置当前坐标所在点的水平或垂直坐标值。

当重新设置窗体的坐标系统时，CurrentX 和 CurrentY 的值也将改变，但这两个坐标点的实际位置并不改变。

代码详解：

【1】 设置窗体的宽为 8000twip。
【2】 设置窗体的高为 6000twip。
【3】 清除窗体。
【4】 设置左上角 X 坐标点为 -400。
【5】 设置左上角 Y 坐标点为 -300。
【6】 设置坐标系高度为 600。
【7】 设置坐标系宽度为 800。
【8】 绘制坐标系 X 轴。
【9】 绘制坐标系 Y 轴。
【10】 在坐标原点（0，0）处打印输出坐标原点标记“0”。
【11】 在 X 轴右侧打印 X 轴标记“X”。

【12】 在Y轴右侧打印Y轴标记“Y”。

子任务3 当前坐标系统

【案例7-3】 使用CurrentX和CurrentY属性，实现立体字显示效果。

运行效果如图7-2所示。

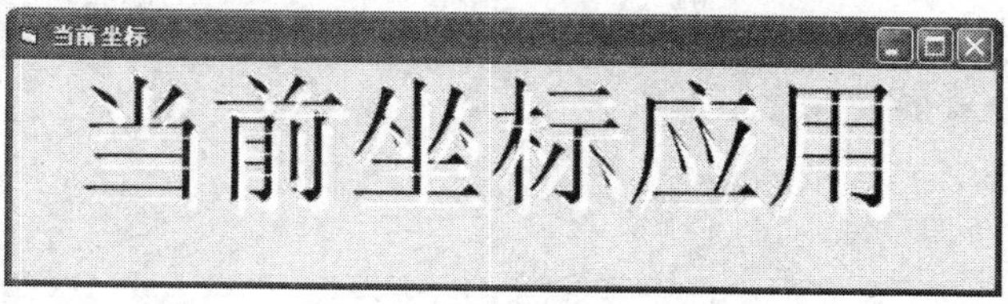

图7-2 当前坐标应用

实现该案例代码如下：

```
Private Sub Form_Click()
FontSize = 60                    【1】
ForeColor = vbBlack              【2】
CurrentX = 500                   【3】
CurrentY = 60                    【4】
Print "当前坐标应用"             【5】
ForeColor = vbWhite              【6】
CurrentX = 560                   【7】
CurrentY = 160                   【8】
Print "当前坐标应用"             【9】
End Sub
```

代码详解：

【1】 设置当前窗体输出文字字号为60。

【2】 设置当前窗体输出文字颜色为黑色。

【3】 设置当前坐标X点为500。

【4】 设置当前坐标Y点为60。

【5】 在坐标点（500，60）处输出黑色文字“当前坐标应用”。

【6】 设置当前窗体输出文字颜色为白色。

【7】 设置当前坐标X点为560（向右略移）。

【8】 设置当前坐标Y点为160（向下略移）。

【9】 在坐标点（560，160）处输出白色文字“当前坐标应用”。

知识点详解：

在VB中，每个对象都要定位于它的容器中。例如，窗体在屏幕中，屏幕就是窗体的容器；控件绘制到窗体中，窗体就是容器。容器内的对象只能在容器的范围内移动位置，而且在移动容器时，容器内的对象也会随着移动，并保持其在容器内的相对位置不变。

每个容器都有一个独立的坐标系，每个坐标系都由3个要素组成：坐标原点、坐标度量单位和坐标值。

坐标原点：任何容器对象的默认坐标原点都是容器的左上角。该点坐标默认为(0,0)，用户可以通过修改容器对象的ScaleTop和ScaleLeft两个属性改变其坐标原点的坐标值。

坐标度量单位：VB默认度量单位为twip。

坐标值：以坐标原点为基础由X轴坐标和Y轴坐标组成。坐标系统的高度值和宽度值可以由ScaleHeight和ScaleWidth属性确定。此时，X轴和Y轴的度量单位分别为1/ScaleWidth和1/ScaleHeight。

任务二　了解绘图属性及颜色函数

子任务1　线宽属性DrawWidth

【案例7-4】　在窗体上画一系列宽度递增的直线（通过DrawWidth属性实现）。

运行效果如图7-3所示。

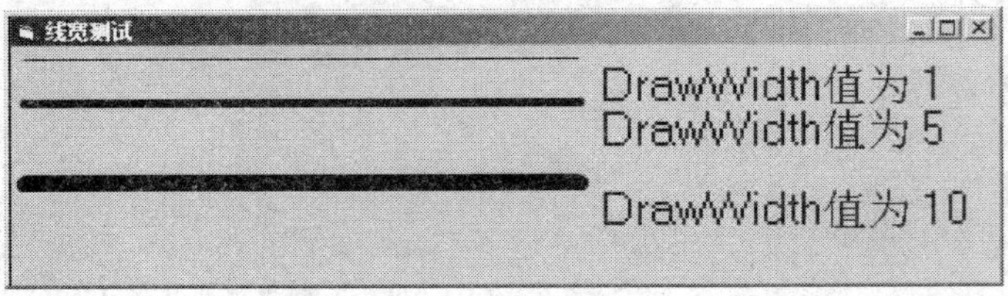

图7-3　DrawWidth值设置测试

实现该案例代码如下：

```
FontSize = 20                               【1】
DrawWidth = 1                               【2】
Line (100, 100) - (5000, 100)               【3】
Print "DrawWidth 值为 1 "                   【4】
DrawWidth = 5                               【5】
Line (100, 500) - (5000, 500)               【6】
Print "   DrawWidth 值为 5"                 【7】
DrawWidth = 10                              【8】
Line (100, 1200) - (5000, 1200)             【9】
Print "   DrawWidth 值为 10 "               【10】
```

代码详解：

【1】　设置字号为20。

【2】　设置DwawWidth属性值为1。

【3】 在坐标点（100，100）~（5000，100）之间画线。
【4】 在刚才画的线后输出" DrawWidth 值为 1 "。
【5】 设置 DwawWidth 属性值为 5。
【6】 在坐标点（100，500）~（5000，500）之间画线。
【7】 在刚才画的线后输出" DrawWidth 值为 5 "。
【8】 设置 DwawWidth 属性值为 10。
【9】 在坐标点（100，1200）~（5000，1200）之间画线。
【10】 在刚才画的线后输出" DrawWidth 值为 10 "。

信息卡

DrawWidth 属性：用于设置使用窗体或图片框对象的绘图方法画线时以像素为单位的线宽，其取值范围在 1 ~32767 之间。DrawWidth 值越大，画出的线就越宽。

子任务2 设置颜色

【案例 7-5】 将上题中所绘的三条线分别设置为红、绿、蓝三色。

实现该案例代码如下：

```
Private Sub Form _ Click( )
FontSize = 20
DrawWidth = 1
Line (100, 100) - (5000, 100), RGB(255, 0, 0)        【1】
Print "  DrawWidth   =1 值为 1 "
DrawWidth = 5
Line (100, 500) - (5000, 500), QBColor(2)            【2】
Print "  DrawWidth   =1 值为 5"
DrawWidth = 10
Line (100, 1200) - (5000, 1200), vbBlue              【3】
Print "  BDrawWidth   =1 值为 10 "
End Sub
```

代码详解：

【1】 通过 RGB 函数设置线条颜色为红色。
【2】 通过 QBColor 函数设置线条颜色为绿色。
【3】 通过 vbBlue 设置线条颜色为蓝色。

知识点详解：

1. RGB 颜色函数
格式：RGB（R，G，B）

说明：RGB 是一个颜色函数，其中“R”代表红色（Red），“G”代表绿色（Green），“B”代表蓝色（Blue），通过红、绿、蓝三种基本色混合产生某种颜色。每种颜色都用 0 ~ 255 之间的整数表示，理论上三原色混合可产生 255 ×255 ×255 种颜色，但受硬件限制可能达不到。

2. QBColor 函数

格式：QBColor（颜色码）

说明：

1）颜色码使用 0 ~ 15 之间的一个整数，每个颜色码代表一种颜色。

2）RGB 函数与 QBColor 函数实际上都返回一个 6 位的 16 进制的长整数，这个数从左到右，每两位一组代表一种基色，它们的顺序是蓝、绿、红。因此，也可以直接用 6 位的 16 进制颜色代码表示。在色彩的属性框中，可以看到这样的表示数据。

任务三 认识图形控件

子任务 1 直线控件（Line）的用法

【案例 7-6】 设置直线控件的颜色、线宽和样式。

设置常用工具箱中的控件，效果如图 7-4 所示。

说明：第一条线因设为透明线型，所以没有显示出来。

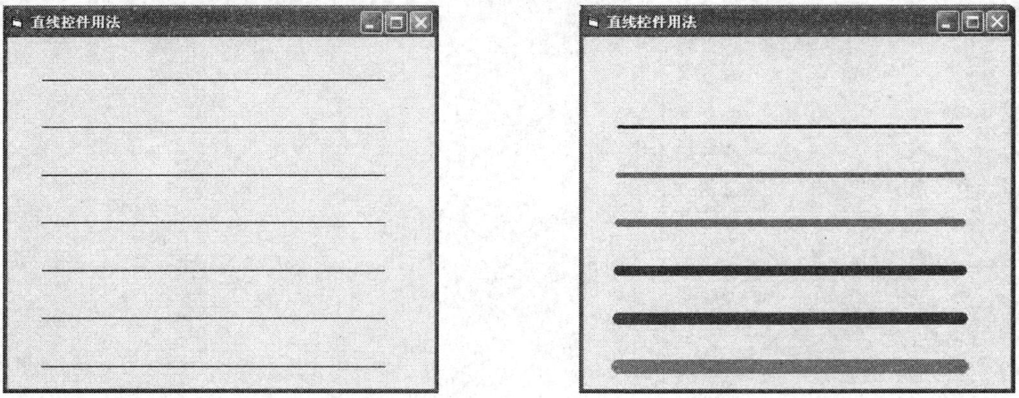

图 7-4 直线控件用法运行前后对比

实现该案例代码如下：

```
For i =0 To 6                              【1】
  Line1(i). BorderStyle = i                【2】
  Line1(i). BorderColor = QBColor(i)       【3】
  Line1(i). BorderWidth =2 * i+1           【4】
Next i                                     【5】
```

代码详解：

【1】 本题使用了直线控件数组 line1，它的下标从 0 ~ 6。
【2】 设置第 i 条直线的线型为 i。
【3】 设置第 i 条直线的颜色为 QBColor（i）。
【4】 设置第 i 条直线的线宽为 2 × i + 1，即各线宽分别为 1、3、5、…。
【5】 进行下一次循环。

子任务 2　形状控件（Shape）的用法

【案例 7-7】 设置形状控件的相关属性。

设置常用工具箱中的▣按钮，效果如图 7-5 所示。

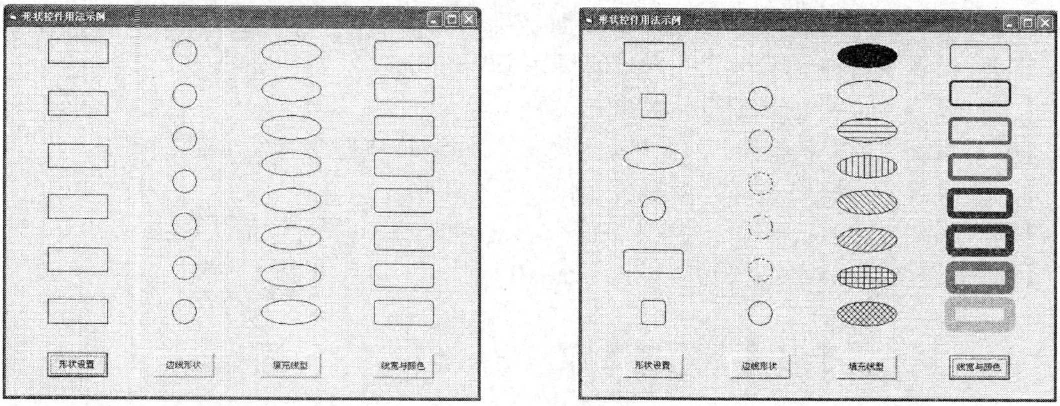

图 7-5　形状控件用法运行前后对比

实现该案例代码如下：

```
Private Sub Cdmbx _ Click() '边线设置:设置 7 个圆的边线形状各不相同
    For i = 0 To 6                                   【1】
        Shape2(i). BorderStyle = i                   【2】
    Next i
End Sub
Private Sub CMDKY _ Click() '线宽与颜色设置:同时设置 8 个矩形的线条颜色各不相同,线宽逐渐增
大
    For i = 0 To 7                                   【3】
        Shape4(i). BorderColor = QBColor(i)          【4】
        Shape4(i). BorderWidth = 2 * i + 1           【5】
    Next i
End Sub
Private Sub cmdxx _ Click() '线型设置:设置 8 个椭圆的填充线型各不相同
    For i = 0 To 7                                   【6】
```

```
        Shape3(i).FillStyle = i                    【7】
    Next i
End Sub
Private Sub Cmdxz_Click() '开关设置:设置6个形状控件的形状各不相同
    For i = 0 To 5                                 【8】
        Shape1(i).Shape = i                        【9】
    Next i
End Sub
```

代码详解：

【1】 系统规定 BorderStyle 的取值范围为从 0 ~ 6，一共有 7 种线型。
【2】 设置形状控件 Shape2 的各数组元素的 BorderStyle 为 i。
【3】 形状控件 Shape4 一共有 8 个数组元素。
【4】 设置 Shape4 的各数组元素线条颜色（BorderColor）各不相同。
【5】 设置 Shape4 的各数组元素线宽（BorderWidth）不断增大。
【6】 系统规定形状控件共有 8 种填充形式，FillStyle 属性取值范围从 0 ~ 7。
【7】 设置 Shape3 各数组元素的填充形式各不相同。
【8】 系统规定形状控件一共有 6 种形状，对应的 Shape 属性取值从 0 ~ 5。
【9】 设置 Shape3 各数组元素的形式各不相同。

子任务3 图片框（PicturBox）的用法

【案例 7-8】 图片的装入、交换和退出。

设置常用工具箱中的按钮，效果如图 7-6 所示（在窗体中创建 3 个图片框，其中第 3 个图片框与第 1 个图片框位置相同，但其 Visible 属性值为 False）。

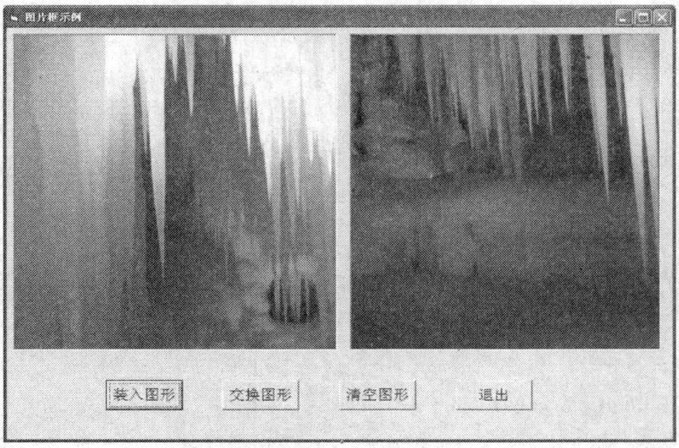

图 7-6 图片框示例运行后

实现该案例代码如下：

```
Private Sub CMDZR _ Click( ) '装入图片
  Picture1. Picture = LoadPicture( App. Path + " \6. jpg" )    【1】
  Picture2. Picture = LoadPicture( App. Path + " \7. jpg" )    【2】
End Sub
Private Sub CMDJH _ Click( ) '交换图形
  Picture3. Picture = Picture1. Picture
  Picture1. Picture = Picture2. Picture
  Picture2. Picture = Picture3. Picture                        【3】
End Sub
Private Sub CMDQK _ Click( ) '清空图形
  Picture1. Picture = LoadPicture( "" )
  Picture2. Picture = LoadPicture( "" )                        【4】
End Sub
Private Sub CMDTC _ Click( ) '退出
    Unload Me
End Sub
```

代码详解：

【1】 在图形框 Picture1 中装入当前文件夹中的“6. jpg” 文件。

【2】 在图形框 Picture2 中装入当前文件夹中的“7. jpg” 文件。

【3】 利用 Picture3 交换 Picture1 和 Picture2 中的图形文件。

【4】 通过 LoadPicture （"" ） 删除图形框中的图形。

信息卡

App. path：表示当前路径，即当前文件所在文件夹。

Loadpicture （）用来在图形框中装入图形，使用格式为图形框对象 . picture = Loadpicture （ “图形文件路径与文件名”）。

子任务4 图像框（Image）的用法

【案例 7-9】 调整图片大小。

设置常用工具箱中的按钮，图像框 Image1 的 Stretch 应设为 True，如图 7-7 所示。

实现该案例代码如下：

```
Private Sub CMDFD _ Click( ) '图片放大
  Image1. Width = Image1. Width * 1. 05        【1】
  Image1. Height = Image1. Height * 1. 05      【2】
End Sub
Private Sub CMDSX _ Click( ) '图片缩小
  Image1. Width = Image1. Width * 0. 95        【3】
```

```
    Image1. Height = Image1. Height * 0.95              【4】
End Sub
```

代码详解：

【1】 将图像框 Image1 的宽在原有基础上增加5%。

【2】 将图像框 Image1 的高在原有基础上增加5%。

【3】 将图像框 Image1 的宽在原有基础上减少5%。

【4】 将图像框 Image1 的高在原有基础上减少5%。

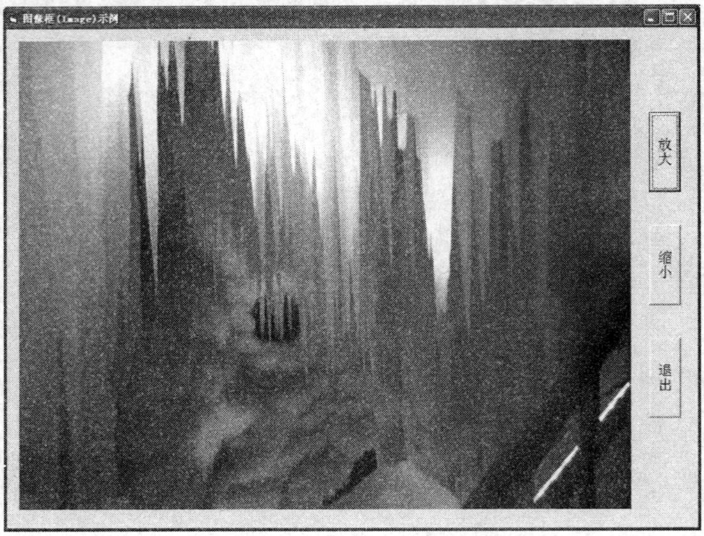

图 7-7 图像框（Image）示例

知识点详解：

1. 直线控件（Line）的属性介绍

（1）BorderColor 设置直线的颜色。

（2）BorderWidth 设置直线的宽度。

（3）BorderStyle 设置直线样式，取值范围从0～6，线型分别为透明线、实线（默认）、长画线、点线、点画线、双点画线和内实线。

2. 形状控件（Shape）的属性介绍

（1）Shape 属性 设置形状控件的显示形状，取值范围0～5，对应形状分别为矩形、正方形、椭圆、圆形、圆角矩形和圆角正方形。

（2）BorderStyle 属性 设置形状控件的边框线形状，取值及效果同直线控件。

（3）FillStyle 属性 设置形状控件的不同填充效果，取值范围0～7，分别对应实心、透明（默认值）、水平直线、垂直直线、左上对角线、右下对角线、十字交叉线、对角交叉线。

（4）BorderWidth 属性 设置形状控件的边框线宽度。

3. 图片框控件（Picture）的属性介绍

（1）Picture 属性 用来在程序设计阶段为图片框加载图形，支持以下5种格式的图形文件：Bitmap 位图（扩展名为 . bmp 或 . dib）、Icon 图标（扩展名为 . ico 或 . cur）、图元文件（扩展名为 . wmf 或 . emf）、JPEG 图形（扩展名 . jpg）和 GIF 图形（扩展名为 . gif）。

（2）AutoSize 属性 调整图片框的大小以适应其装入图形的尺寸。当该属性值为 True 时，图片框可以自动调整大小以适应装入的图形；当该属性值为 False 时，图片框不会自动调整大小，此时如果装入的图形比图片框大，则超过的部分将被截掉。

（3）Align 属性 设置图片框在窗体中的显示位置，取值范围为从0～4，分别表示：非 MIDI 窗体的默认值（可以在设计阶段或程序中确定图片框的大小和位置），在 MIDI 窗体中该值无效；MIDI 窗体的默认值，图片框显示在窗体的顶部，其宽度等于窗体的 ScaleWidth

属性的和；图片框显示在窗体的底部，其宽度等于窗体的ScaleWidth属性的值；图片框显示在窗体的左边，其高度等于窗体的ScaleHeight属性的值；图片框显示在窗体的右边，其高度等于窗体的ScaleHeight属性的值。

4. 图像框控件（Image）的属性介绍

Stretch属性。该属性值为False时，图像框调整大小适应其中的图形；该属性值为True时，图像框中的图形调整大小适应图像框的大小。

5. 图片框控件（Picure）与图像框控件（Image）的使用说明

1）图片框控件是容器类控件，可以在图片框控件（Picure）上面加上其他控件，这些控件随着Picure的移动而移动。

2）图像框控件（Image）比图片框控件（Picure）占用更少的空间，描绘速度更快，但不具备容器特性。

3）对于绘制在或装在窗体、图形框和图像框内的图形，可以使用SavePicture命令把图形保存到磁盘文件内。命令格式：

SavePicture 对象名.属性，文件名

功能说明："对象名"为选定的图形框或图像框的控件名；"属性"为图形框的Picture属性、图像框的Image属性；"文件名"为指定的带有扩展名的规定格式的图形文件。SavePicture命令只支持BMP文件格式，保存控件中的整个图形，包括不显示部分。

任务四　了解应用图形方法

子任务1　画点方法（Pset）的用法

【案例7-10】　在窗体中随机显示100个彩色点。

在窗体中随机显示颜色的代码编写。

实现该案例代码如下：

```
For i = 1 To 100                      【1】
   r = Int(256 * Rnd)
   g = Int(256 * Rnd)
   b = Int(256 * Rnd)                 【2】
   x = Rnd * Width
   y = Rnd * Height                   【3】
   PSet (x, y), RGB(r, g, b)          【4】
   PSet (x, y + 1), RGB(r, g, b)
   PSet (x, y - 1), RGB(r, g, b)
   PSet (x - 1, y), RGB(r, g, b)
   PSet (x + 1, y), RGB(r, g, b)      【5】
Next i
```

代码详解：

【1】 通过使 i 的值从 1～100，实现画 100 个点。
【2】 设变量 r、g、b 分别为（0，256）之间的任意整数。
【3】 设变量 x、y 分别为不大于窗体宽度和窗体高度的随机整数。
【4】 以（x，y）为坐标原点，画出 RGB（r，g，b）颜色的点。
【5】 通过以上 4 条语句，放大所画的点。

信息卡

Rnd 是随机函数，返回值为（0，1）之间的一个任意数。
Int 为取整函数，将参数的小数部分去掉。

【案例 7-11】 在窗体中手绘图形。

鼠标按下画点，鼠标抬起光标移动，如图 7-8 所示。

实现该案例代码如下：

```
Private Sub Form _ MouseMove(Button As Integer, Shift As Integer, X As Single, Y As Single)   【1】
If Button = 1 Then PSet (X, Y)   【2】
End Sub
Next i
```

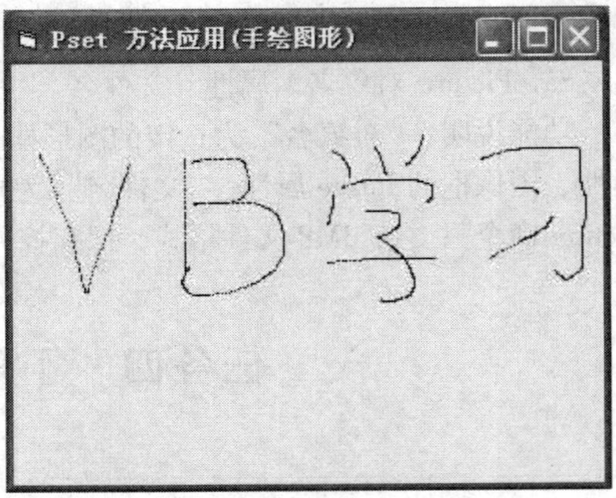

图 7-8 Pset 方法应用（手绘图形）

代码详解：

【1】 通过鼠标的移动事件（MouseMove）实现。
【2】 Button 为 1 意味着此时按下了鼠标左键，执行画图方法。

子任务 2 画线方法（Line）的用法

【案例 7-12】 在窗体中随机显示 100 条彩色线。

在窗体中随机显示颜色的代码编写，如图 7-9 所示。

实现该案例代码如下：

```
For i = 1 To 100                    【1】
   r = Int(256 * Rnd)
   g = Int(256 * Rnd)
   b = Int(256 * Rnd)               【2】
   X1 = Rnd * Width
   Y1 = Rnd * Height
```

```
    X2 = Rnd * Width
    Y2 = Rnd * Height                        【3】
    Line (X1, Y1) - (X2, Y2), RGB(r, g, b)   【4】
Next i
```

代码详解：

【1】 通过使 i 的值从 1 ~ 100，实现画 100 条线。

【2】 设变量 r、g、b 分别为（0，256）之间的任意整数。

【3】 设两组变量 X1、Y1、X2、Y2 分别表示任意两个坐标点。

【4】 以（X1，Y1）为起点，（X2，Y2）为终点画线。

【案例 7-13】 在窗体中随机显示 100 个彩色矩形。

在窗体中随机显示颜色的代码编写，如图 7-10 所示。

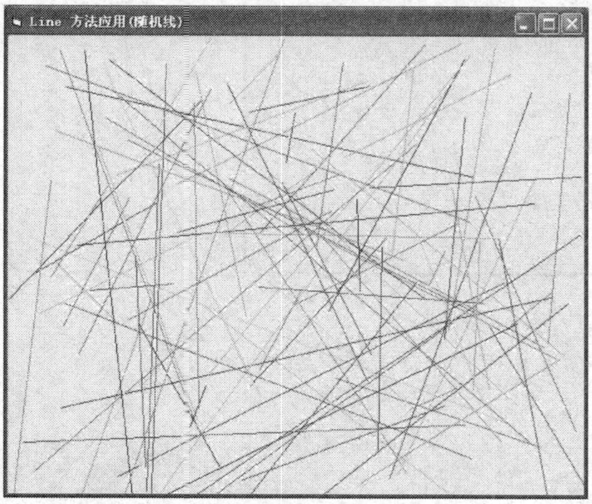

图 7-9 Line 方法应用（随机线）

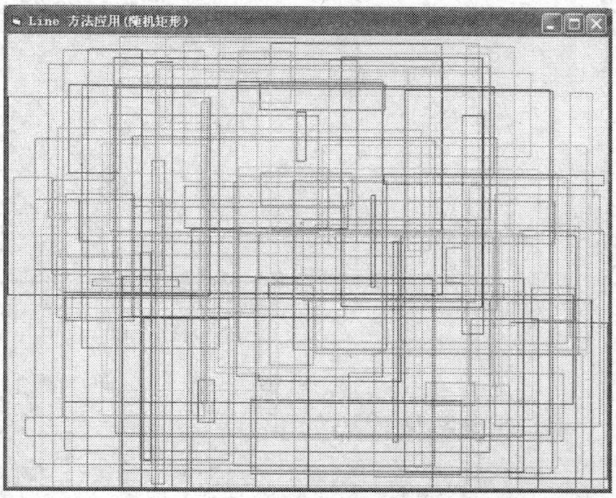

图 7-10 Line 方法应用（随机矩形）

实现该案例代码如下：

```
For i = 1 To 100
    r = Int(256 * Rnd)
    g = Int(256 * Rnd)
    b = Int(256 * Rnd)
    X1 = Rnd * Width
    Y1 = Rnd * Height
    X2 = Rnd * Width
    Y2 = Rnd * Height
    Line (X1, Y1) - (X2, Y2), RGB(r, g, b),b【1】
Next i
```

代码详解：

【1】 在 Line 方法中再加一个参数“b”即可实现矩形的画法，其他代码同随机线。

子任务3　画圆方法（Circle）的用法

【案例7-14】　在窗体中心随机显示100个彩色同心圆。

在窗体中随机显示颜色的代码编写，如图7-11所示。

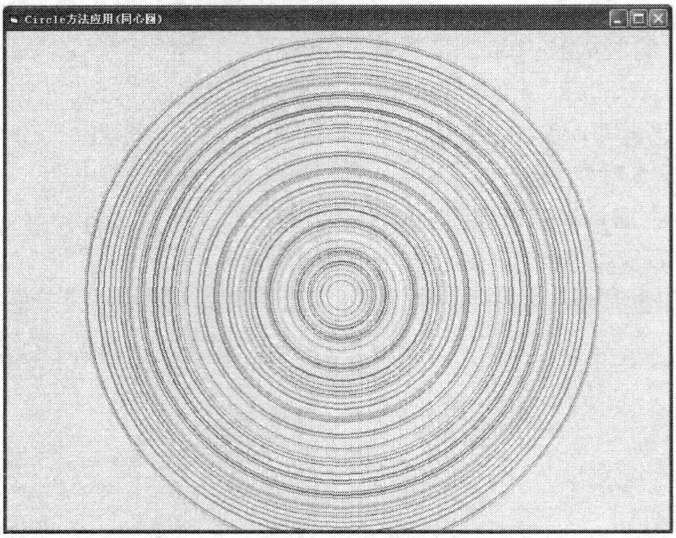

图7-11　Circle方法应用（同心圆）

实现该案例代码如下：

```
    X1 = Width / 2                                        【1】
    Y1 = Height / 2                                       【2】
For i = 1 To 100                                          【3】
    r = Int(256 * Rnd)
    g = Int(256 * Rnd)
    b = Int(256 * Rnd)                                    【4】
    r = Rnd * IIf(Width > Height, Height, Width) / 2      【5】
    Circle (X1, Y1), r, RGB(r, g, b)                      【6】
Next i
```

代码详解：

【1】　设定X1为窗体宽度的一半（横坐标中间）。

【2】　设定Y1为窗体高度的一半（纵坐标中间）。

【3】　定义100次循环。

【4】　定义RGB函数的三个参数为随机数。

【5】　定义半径的随机值，其值不得超过窗体宽度或高度的一半（以免所画的圆超出窗体）。

【6】　以（X1，Y1）为圆心，r为半径，画颜色随机的圆。因为圆心值一直未变，所以

画出的 100 个圆都为同心圆。

【案例 7-15】 在窗体中随机显示 10 段弧和 10 个扇形。

在窗体中随机显示颜色的代码编写，如图 7-12、图 7-13 所示。

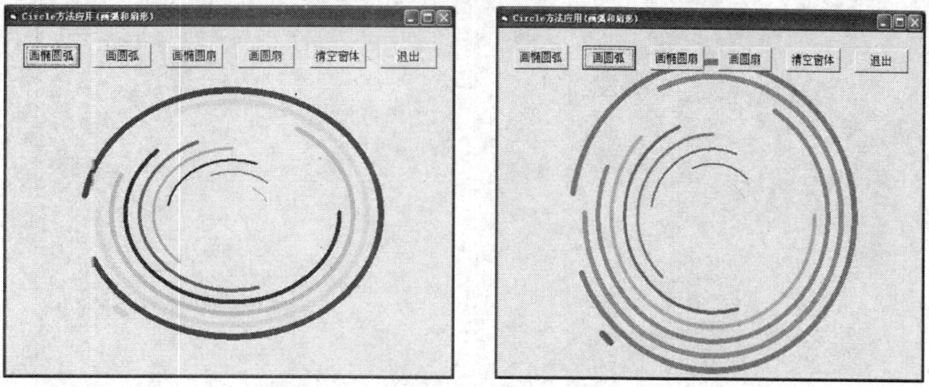

图 7-12　椭圆弧与圆弧的画法

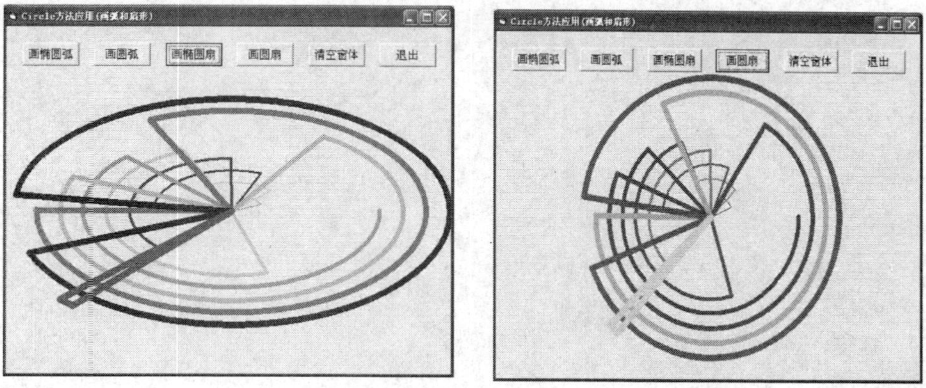

图 7-13　椭圆扇形与圆扇形的画法

实现该案例代码如下：

```
Private Sub CMDHTYH _ Click( ) '画椭圆弧
DrawWidth =1                                   【1】
pi =3. 1415926                                 【2】
X1 = Width / 2                                 【3】
Y1 = Height / 2                                【4】
a1 =0                                          【5】
For i =1 To 10                                 【6】
   a2 =(a2 +(pi / 4)) Mod (2 * pi)             【7】
   r1 =500 +300 * i                            【8】
   r = Int( Rnd * 256)
   g = Int( Rnd * 256)
   B = Int( Rnd * 256)                         【9】
```

```
    a1 = a1 + (pi / 8)                                  【10】
    Circle (X1, Y1), r1, RGB(r, g, B), a1, a2, 0.8      【11】
    DrawWidth = DrawWidth + 1                           【12】
Next i                                                  【13】
End Sub
Private Sub CMDHYH_Click() '画圆弧
DrawWidth = 1
pi = 3.1415926
X1 = Width / 2
Y1 = Height / 2
a1 = 0
For i = 1 To 10
    a2 = (a2 + (pi / 4)) Mod (2 * pi)
    r1 = 500 + 300 * i
    r = Int(Rnd * 256)
    g = Int(Rnd * 256)
    B = Int(Rnd * 256)
    a1 = a1 + (pi / 8)
    Circle (X1, Y1), r1, RGB(r, g, B), a1, a2           【14】
    DrawWidth = DrawWidth + 1
Next i
End Sub
Private Sub CMDSANX_Click() '画椭圆扇形
DrawWidth = 1
pi = 3.1415926
X1 = Width / 2
Y1 = Height / 2
a1 = 0
For i = 1 To 10
    a2 = (a2 + (pi / 4)) Mod (2 * pi)
    r1 = 200 + 500 * i
    r = Int(Rnd * 256)
    g = Int(Rnd * 256)
    B = Int(Rnd * 256)
    a1 = a1 + (pi / 8)
    Circle (X1, Y1), r1, RGB(r, g, B), -a1, -a2, 0.5    【15】
    DrawWidth = DrawWidth + 1
Next i
End Sub
Private Sub CMDYS_Click() '画圆扇形
DrawWidth = 1
pi = 3.1415926
```

```
X1 = Width / 2
Y1 = Height / 2
a1 = 0
For i = 1 To 10
   a2 = (a2 + (pi / 4)) Mod (2 * pi)
   r1 = 200 + 300 * i
   r = Int(Rnd * 256)
   g = Int(Rnd * 256)
   B = Int(Rnd * 256)
   a1 = a1 + (pi / 8)
   Circle (X1, Y1), r1, RGB(r, g, B), -a1, -a2                【16】
   DrawWidth = DrawWidth + 1
Next i
End Sub
```

代码详解：

【1】 设定弧或扇形的边线宽度为1。

【2】 设变量pi的值为π值。

【3】 设置圆心坐标中的X值为窗体宽度的一半。

【4】 设置圆心坐标中的Y值为窗体高度的一半。

【5】 设置起始角的初值为0。

【6】 做一个可以重复10次的循环。

【7】 设置弧或扇形的终止角。(逐渐增大，超过360°时再重新开始)。

【8】 设置弧或扇形的半径。

【9】 设置三个用来表示颜色的随机数。

【10】 改变下一次弧或扇形的起始角。

【11】 根据已经设置好的圆心、半径、颜色、起始角、终止角，按长短轴比例率为0.8画弧。

【12】 将弧线宽度加1（加粗），以便下一次画弧应用。

【13】 结束循环

【14】 去掉长短轴比率或使其为1，则为圆弧。

【15】 将起始角与终止角设为负数，则画出扇形。此时长短轴比率为0.5（不等于1），画出的扇形为椭圆扇。

【16】 默认长短轴比率（也可将其设为1），此时画出圆扇形。

知识点详解：

1. PSet方法

格式一：[对象名.]PSet[Step](x,y)[,颜色]

格式二：[对象名.]PRSet[Step](x,y)[,颜色]

功能：在窗体或图片框（由对象名指定）上画出一个点，对象默认时为窗体。

说明：

1）Step：可选项，选择该坐标（x，y）是相对坐标，不选择则为绝对坐标。

2）颜色：是指要画点的颜色。默认时，用“前景色”画点，PRset 是指用“背景色”画点。用 Pset 画点后可用 PRset 擦除。

2. Line 方法

格式：[对象.]Line[[Step]（x1,y1）]-[Step](x2,y2)[颜色],B[F]

功能：在指定对象上，从起点至终点画线或画矩形。

说明：

1）对象是指窗体、图片框等容器类对象，默认是指窗体。

2）第一个 Step 表示它后面的一对坐标是相对于当前坐标的偏移量，第二个 Step 表示它后面的一对坐标是相对于第一对坐标的偏移量。

3）（x1，y1）表示起点，（x2，y2）表示终点。

4）B 表示要画矩形。

5）F 表示实心矩形。

3. Circle 方法

格式：[对象.] Circle [Step]（x,y),半径[,颜色][起始角][,终止角][,长短轴比率]

功能：在指定对象上，画圆、椭圆、弧或扇形的圆心坐标。

说明：

1）对象。表示使用 Circle 方法的容器控件，可以是窗体或图片框，默认为当前窗体。

2）Step。同 Pset 方法的该选项。

3）（x，y）。为圆、椭圆、弧或扇形的圆心坐标。

4）颜色。所绘图形的边框色。

5）起始角和终止角。采用弧度形式，用来控制圆弧和扇形的绘制。当起始角、终止角取值在 0 ~ 2π 范围时为绘制圆弧；当起始角、终止角取负值时，则为绘制扇形。起始角和终止角的取值应当为单精度浮点数，如 2π 可以表示为 6.28。起起角的默认值为 0，终止角的默认值为 2π。

圆、椭圆、弧或扇形的边框线宽度由绘图对象控件的 DrawWidth 属性决定。如果要填充封闭的圆、椭圆或扇形，可以通过绘图对象的 FillColor 和 FillStyle 属性进行设置。

注意：可以省略语法中间的某个参数，但不能省略该参数后面的逗号。

学 材 小 结

本模块主要介绍了图形设计的相关操作，主要包括坐标系统、绘图属性、图形控件及图形方法的应用介绍。

理论知识

1. 填空题

(1) VB 的坐标系由三个要素组成：________、________和________。

（2）利用 FillColor 属性将封闭图形填充为实心，取值为________。

（3）用户可以通过个性窗口对象的________和________两个属性改变其左上角的坐标值，容器坐标系统的高度和宽度值可以由________和________属性确定。此时，容器对象左下角的坐标值为________，________，为容器对象右上角的坐标值为________，________。

（4）在 VB 中，设置颜色的方法有采用函数________或________，或者是采用________。

（5）设置图片框（Picture）的________属性可以调整图片框的大小以适应其装入的图形的尺寸，设置图像框（Image）的________属性为 False 时，图像框可以自动改变大小以适应其中的图形。

2. 选择题

（1）将一个 Shape 控件的 Shape 属性、BorderWidth 属性、BorderStyle 属性值设置为 3，则该形状为（　　）。

A. 边框为粗点的圆形　　B. 边框为粗实线的圆形

C. 边框为粗点线的椭圆形　　D. 边框为粗点线的椭圆形

（2）只能用来显示字符信息的控件是（　　）。

A. 图像框　　B. 图片框　　C. 标签　　D. 文本框

（3）在使用 VB 进行图形编程时，下面有关坐标系错误的说法是（　　）。

A. VB 只有一个统一的以左上角为原点的坐标系。

B. 在窗体上移动控件时，是使用以窗体左上角为原点的坐标系。

C. 所有图形及 Print 方法使用的坐标系均与容器有关。

D. VB 默认坐标系的 Y 轴，上端为 0，越往下越大。

（4）设 CurrentX = 200，CurrentY = 400，执行指令“Line(100，250) -(350，500)，，B”后，CurrentX =（　　）。

A. 100　　B. 350　　C. 450　　D. 550

（5）下面代码实现的是（　　）。

FillStyle = 0

Circle（600，1000），800，，，，5

A. 圆　　B. 实心椭圆　　C. 空心椭圆　　D. 实心圆

3. 思考题

（1）什么是容器？常见的容器类控件有哪些？请举例说明（至少三种）。

（2）在程序运行时如何在图形框中装入或删除图形？

（3）如何定义 VB 坐标系？

（4）VB 常用图形绘制方法有哪些？

实训任务

1. 形状控件综合应用。

【实训目的】

（1）练习形状控件的常用属性应用。

（2）巩固已经学过的常用控件。

【实训内容】

通过本案例的实现，继续熟悉形状控件的常用属性，并且通过组合框、列表框、单选按钮等常用控件来实现各属性的应用。

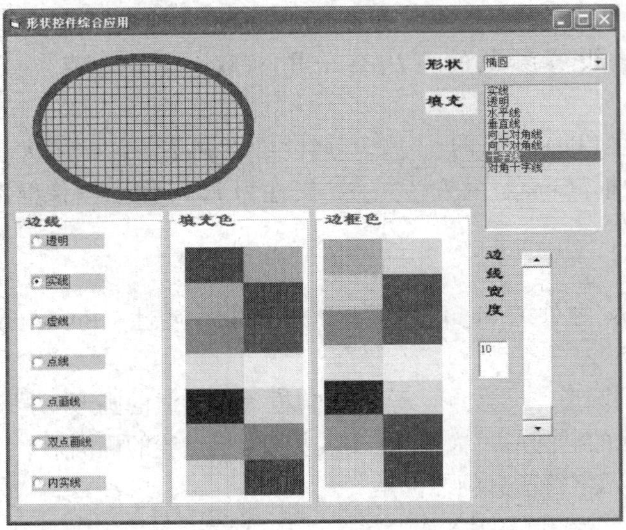

图 7-14　形状控件综合应用

窗体设计说明：

1）边线的选择通过单选按钮实现，并将此组单选按钮设为数组。

2）填充色与边框色分别用标签数组实现。

实现该案例代码如下：

```
Private Sub Combo1_Click() '选择图形外观
    Shape1.Shape = Combo1.ListIndex
End Sub
  Private Sub Form_Load()
  Combo1.AddItem "矩形"
  Combo1.AddItem "正方形"
  Combo1.AddItem "椭圆"
  Combo1.AddItem "圆形"
  Combo1.AddItem "圆角矩形"
  Combo1.AddItem "圆角正方形"
  List1.AddItem "实线"
  List1.AddItem "透明"
  List1.AddItem "水平线"
  List1.AddItem "垂直线"
  List1.AddItem "向上对角线"
  List1.AddItem "向下对角线"
  List1.AddItem "十字线"
  List1.AddItem "对角十字线"
```

```
    Text1. Text = VScroll1. Value
End Sub
Private Sub Label3 _ Click(Index As Integer)
    FillColor = Label3(Index). BackColor
End Sub
Private Sub Label4 _ Click(Index As Integer)
    Shape1. BorderColor = Label4(Index). BackColor
End Sub
Private Sub List1 _ Click()
  If List1. ListIndex  > =0 And List1. ListIndex  < =List1. ListCount - 1 Then
    Shape1. FillStyle = List1. ListIndex
  End If
End Sub
Private Sub Option1 _ Click(Index As Integer)
    Shape1. BorderStyle = Index
End Sub
Private Sub VScroll1 _ Change()
  Text1. Text = VScroll1. Value
  Shape1. BorderWidth = VScroll1. Value
End Sub
```

2. 编写程序，实现“天女散花”效果。

【实训目的】

（1）掌握 PictureBox 控件及 Pset 方法的应用。

（2）巩固随机颜色、随机位置的实现方法。

（3）复习时钟控件及滚动条的用法。

【实训内容】

本案例主要实现每隔特定时间(时间间隔由用户通过滚动条指定)在图片框的随机位置产生特定个(由用户通过滚动条指定)随机颜色的点,以产生类似于“天女散花”的效果。

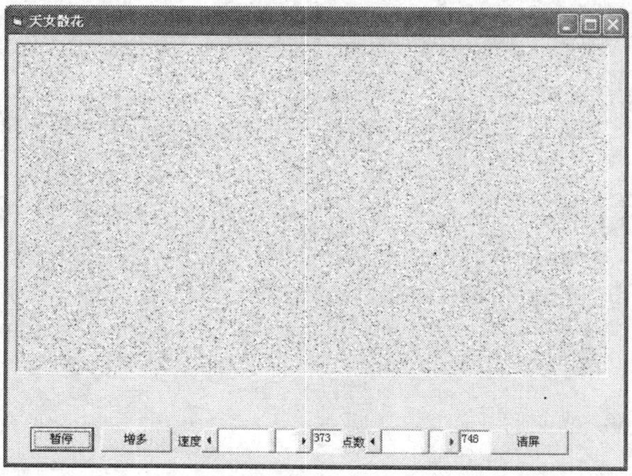

图 7-15　天女散花

窗体设计说明：

1）窗体上要有时钟控件 Timer1。

2）窗体上要有图片框（Picture），并将其命名为 P1。

3）设两个横向滚动条分别表示速度（即时间间隔）和产生的点数。

实现该案例代码如下：

```
Private Sub Command1 _ Click( )              '"开始"按钮,单击时"开始"与"暂停"交替出现,并控制时
                                              钟控件的可用状态
If Command1. Caption = "开始" Then
   Timer1. Enabled = True
   Command1. Caption = "暂停"
Else
   Timer1. Enabled = False
   Command1. Caption = "开始"
End If
End Sub
Private Sub Command2 _ Click( )              '清屏
P1. Cls
End Sub
Private Sub Command3 _ Click( )              '开始散花
For I = 1 To 1000
   X = Int( Rnd * P1. Width)
   Y = Int( Rnd * P1. Height)
   P1. PSet (X, Y), RGB( Int( Rnd * 255), Int( Rnd * 255), Int( Rnd * 255))
Next I
End Sub
Private Sub HS1 _ Change( )                  '控制散花速度
Text1. Text = HS1. Value
End Sub
Private Sub HS2 _ Change( )                  '设置每个时间单位新增加的点数
Text2. Text = HS2. Value
End Sub
Private Sub Timer1 _ Timer( )                '散花事件
Timer1. Interval = HS1. Value                '设置系统散花时间间隔为用户通过滚动条设定的值
For I = 1 To HS2. Value                      '设置点数
   X = Int( Rnd * P1. Width)                 '定义坐标点 X 值为不超过图片框宽度的一个随机数
   Y = Int( Rnd * P1. Height)                '定义坐标点 Y 值为不超过图片框高度的一个随机数
   P1. PSet (X, Y), RGB( Int( Rnd * 255), Int( Rnd * 255), Int( Rnd * 255)) '画点
Next I
End Sub
```

模块八

介绍文件系统

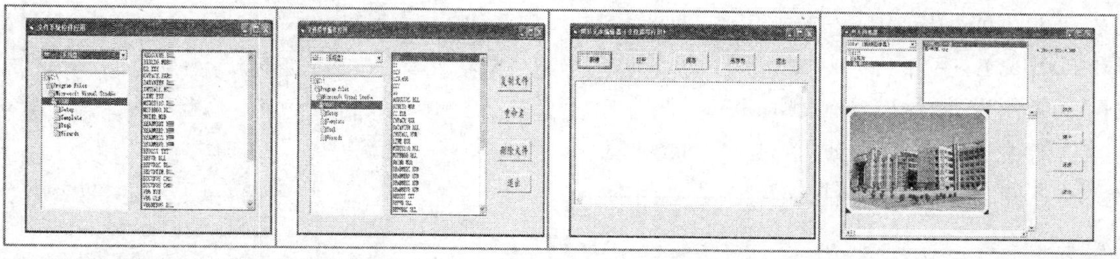

本模块导读

文件是指存储在磁盘上的数据集合，每个文件必须有唯一的文件名，应用程序通过文件名对文件进行访问。VB的文件系统控件具有强大的对文件系统操作的能力，用户可以很方便地访问文件系统。VB包含三种文件系统控件：驱动器列表框、目录列表框和文件列表框，利用这些控件，可以组成文件操作对话框，对计算机上的文件信息进行浏览和处理。

通过本模块的学习和实训，掌握文件管理控件在文件管理上的应用和对不同文件进行读写等操作。

本模块要点

- 文件系统控件的认识与应用。
- 文件的基本概念及分类。
- 文件的读写操作。

任务一　认识文件系统控件

子任务1　文件系统控件应用

【案例8-1】 设计一个简单资源管理器。

运行界面如图8-1所示。

窗体设计说明：在本窗体上分别创建驱动器列表框（DriveListBox）控件、目录列表框（DirListBox）控件和文件列表框（FileListBox）控件各一个，它们的Name属性值分别为Drive1、Dir1和File1。

功能说明：选择驱动器时，目录列表框要随之变化，同时文件列表框也要同时更新。

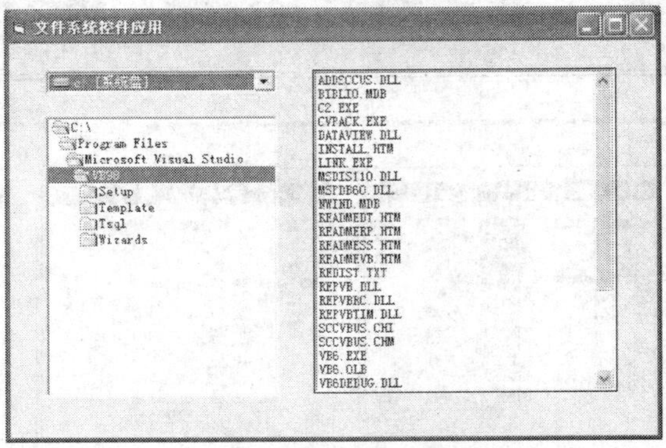

图8-1　文件系统控件应用

实现该案例代码如下：

```
Private Sub Dir1 _ Change()' 磁盘驱动器变化时发生的事件
File1. Path = Dir1. Path
End Sub
Private Sub Drive1 _ Change()' 目录列表变化时发生的事件
Dir1. Path = Drive1. Drive
End
```

知识点详解：

1. 驱动器列表框控件（DriveListBox）

该控件用下拉式列表框显示计算机系统上的驱动器，包括软盘、硬盘、光盘和网络映射驱动器等。

（1）常用属性

1）Name属性：设置驱动器列表框控件的名字，默认值为Drive1。

2）Drive属性：返回或设置运行时选择的驱动器。

格式为：<驱动器列表框名>. Drive =" 驱动器名"

例如，Drive1. Drive =" C"、Drive1. Drive =" c:"、Drive1. Drive =" c:\" 均正确。

（2）常用事件

Change事件：当用户选择新的驱动器时，会触发该事件。

2. 目录列表框控件（DirListBox）

该控件用于显示当前驱动器的目录结构。

（1）常用属性

1）Name 属性：用于设置目录列表框控件的名字，默认值为 Dir1。

2）Path 属性：用于返回或设置目录列表框中的当前目录，只能通过程序代码设置。

格式为：<目录列表框名>. Path =" 路径名"

例如：

```
Dir1. Path ="c:\vb\练习"
'将目录列表框中当前目录设为" c:\vb\练习"
Dir1. path = Drive1. drive
'在目录列表框控件中显示由驱动器列表框控件指定根目录下的所有目录
```

说明：若目录列表框指向系统的根目录，则 Path 属性最后一位是“\”，如“c:\”；否则 Path 属性的最后一位就不是“\”，如“e:\vb”。

3）ListIndex 属性：返回目录列表框中突出显示的目录序号。由 Path 属性所指定目录的序号为 -1，上一级为 -2，再上一级为 -3，…，它的第一个子目录为 0，第二个子目录为 1，依此类推。例如，当前目录为 c:\Program Files\Microsoft Visual\VB98，它的目录序号为 -1，它的上一级目录 c:\Program Files\Microsoft Visual 的目录序号为 -2，它的子目录 c:\Program Files\Microsoft Visual\VB98\Setup 的目录序号为 0。

4）ListCount 属性：是 Path 属性指定的当前目录中子目录的个数。只能通过代码读取。

5）List 属性：返回目录列表框中各项值。其值是一个字符串数组，数组中的每一个元素包含了控件中相应条目的目录名（带有完整路径）。

3. 常用事件

Change 事件：在目录框发生变化时，会触发该事件。

4. 文件列表框控件（FileListBox）

该控件用于显示由文件列表框控件的 Path 属性指定目录中的所有文件。

（1）常用属性

1）Name 属性：用于设置文件列表框控件的名字，默认值为 File1。

2）Pattern 属性：使用通配符来限制文件列表框只显示某种类型的文件。值为具有通配符的文件名字符串。默认值为“ *. *”，即所有文件。

格式为：<文件列表框名称>. Pattern = 文件名字符串

例如：

```
File1. Pattern =“ *. frm”
File1. Pattern =“ *. jpg; *. bmp”  '可用分号隔开多个通配符。
```

3）FileName 属性：用来设置和返回文件列表框中的文件名，在属性窗口中不可用。

4）Path 属性：用来设置和返回文件列表框中所选中文件的路径（不包括文件名）。只能在程序代码中对其进行设置。

可以用语句设置使得文件列表框显示当前目录下的所有文件。例如，File1. Path = Dir1. Path。

当前文件的完整路径由目录路径 + 文件名组成，例如，“e:\vb” + “学习指导 . txt” 得到此文件的完整路径“e:\vb\学习指导 . txt”。使用如下代码可获得当前文件的完整路径：

```
Dim f as string
If Right(File1. Path,1) = "\" Then                    '如果当前目录以"\"结尾,则不用加"\"
    f = File1. Path + File1. FileName
Else
    f = File1. Path + "\" + File1. FileName            '如果当前目录不以"\"结尾,需加"\"
End If
```

5）MultiSelect 属性：用来设定是否允许用户进行多重选择。

6）Readonly 属性、Archive 属性、Normal 属性、Hidden 属性和 System 属性：用于设置要显示文件的属性，分别决定是否可以显示只读文件、存档文件、普通文件、隐藏文件和系统文件。

子任务2　文件的基本操作

【案例 8-2】　文件简单操作应用。

运行界面如图 8-2 所示。

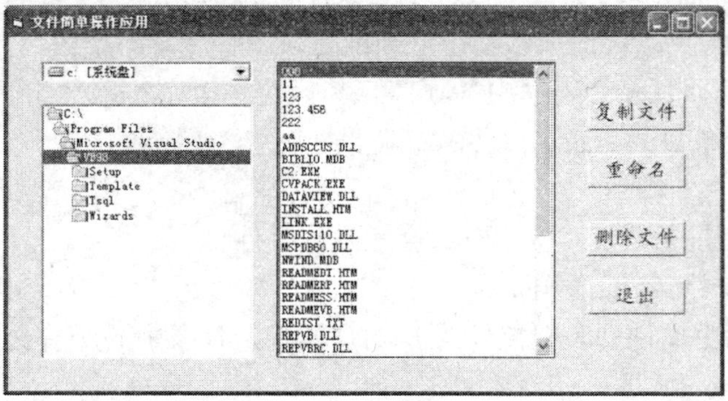

图 8-2　文件简单操作应用

实现该案例代码如下：

```
Private Sub CMDFZ _ Click()'复制文件
Static i As Integer                                                    【1】
If File1. ListIndex < > -1 Then                                        【2】
  If Right(Dir1. Path,1) = "\" Then                                    【3】
    yuanfile = Dir1. Path + File1. FileName
  Else
    yuanfile = Dir1. Path + "\" + File1. FileName
  End If
  xinfile = InputBox("复制后的新文件名","目标文件输入","")              【4】
  If xinfile < >"" Then                                                【5】
    FileCopy yuanfile,xinfile
```

```
    Else                                                                                     【6】
      If Left(Right(xinfile,4),1) = "." Then                                                 【7】
        xinfile = Left(xinfile,Len(xinfile) -4) + Str(i) + Right(xinfile,4)
      Else
        xinfile = xinfile + Str(i)
        i = i + 1
        FileCopy yuanfile,xinfile
      End If
    End If
  Else
    MsgBox "您还未选定源文件"                                                                  【8】
  End If
  End Sub
  Private Sub cmdcmm _ Click()'重命名
  Dim ym As String                                                                           【9】
  Dim xm As String                                                                           【10】
  If File1. ListIndex < > -1 Then
    If Right(Dir1. Path,1) = "\" Then
      ym = Dir1. Path + File1. FileName
    Else
      ym = Dir1. Path + "\" + File1. FileName
    End If
    p = MsgBox("确认被更名的文件名为" + Chr(10) + Chr(13) + ym,35,"数据提醒")                   【11】
    If p = 6 Then                                                                            【12】
      xm = InputBox("请输入新文件名","重新命名","")                                            【13】
        If xm < >"" Then                                                                     【14】
          Name ym As xm                                                                      【15】
        Else
          MsgBox "对不起,您还未确定新文件名"
        End If
      End If
    Else
      MsgBox "您还未选择要进行重命名的源文件"
    End If
    End Sub
    Private Sub cmdsc _ Click()'删除文件
    Dim sm As String                                                                         【16】
    If File1. ListIndex < > -1 Then
      If Right(Dir1. Path,1) = "\" Then
        sm = Dir1. Path + File1. FileName
      Else
        sm = Dir1. Path + "\" + File1. FileName
      End If
```

```
    x = MsgBox("您要删除文件为:" + sm,35,"数据提醒")              【17】
    If x = 6 Then                                                  【18】
      Kill sm                                                      【19】
    End If
  Else
    MsgBox "您还未选定要删除的文件"
  End If
  End Sub
```

代码详解:

【1】定义一个静态局部变量 i，用来表示未给定新文件名时的编号。

【2】判断当前是否有选定文件。

【3】此处这个判断语句用来实现通过目录列表框与文件列表框得到的当前选定文件的详细文件名。

【4】请用户输入新文件名的名称并存入变量 xinfile 中。

【5】判断用户输入的新文件名是否为空。

【6】在 xinfile 不为空的情况实现复制功能。

【7】此处通过一个 IF 语句将复制后的新文件名命名为原文件 + 序号。

【8】给出用户在复制动作前未选定源文件的提示信息。

【9】定义变量 ym 表示重命名中的源文件名。

【10】定义变量 xm 表示重命名中的新文件名。

【11】请用户再次核对要重命名的文件信息。

【12】判断用户是否确认。

【13】请用户输入重命名后的新文件名。

【14】判断新文件名是否为空。

【15】在不为空的情况实现重命名功能。

【16】定义变量 sm 表示要删除的文件名。

【17】请用户再次核对要删除的文件信息。

【18】判断用户是否确认。

【19】删除文件。

知识点详解:

文件基本操作指的是文件的删除、复制、移动、重命名等。在 VB 中，可以通过相应的语句执行这些基本操作。

1. 复制文件（FileCopy 语句）

格式：FileCopy（源文件名），（目标文件名）

功能：可以把源文件复制到目标文件，复制后两个文件的内容完全一样。

说明：打开的文件不能复制。复制文件不能含有通配符（*或?）。如果将一个目录下的一个文件复制到另一个目录下，则必须包括路径信息。

VB 没有提供移动文件的语句。实际上，先用 FileCopy 语句复制文件，然后用 Kill 语句将源文件名删除，就能实现文件的移动。

2. 删除文件（Kill 语句）

格式：Kill（文件名）

功能：用该语句可以删除指定的文件。

说明："文件名"可以含有路径。

Kill 语句具有一定的"危险性"，并且在执行该语句时没有任何提示信息。为了安全起见，当在应用程序中使用该语句时，一定要在删除文件前给出适当的提示信息。

3. 文件（目录）重命名（Name 语句）

格式：Name（原文件名）As（新文件名）

功能：可以对文件或目录重命名，也可用来移动文件。

说明：新文件名不能是已存在的文件名。在原文件名和新文件名中，不能使用通配符"*"和"?"。

一般情况下，"原文件名"和"新文件名"必须在同一驱动器上。如果"新文件名"指定的路径存在并且与"原文件名"指定的路径不同，则 Name 语句将把文件移动到新的目录下，并更改文件名。如果"新文件名"与"原文件名"指定的路径不同但文件名相同，则 Name 语句将把文件移到新的目录下，且保持文件名不变。

4. 创建新的目录（MkDir 语句）

格式：MkDir <目录名>

功能：创建一个新的目录。

5. 改变当前驱动器（ChDrive 语句）

格式：ChDrive <驱动器>

功能：改变当前驱动器。

说明：如果 Drive 为""，则当前驱动器将不会改变；如果 Drive 中有多个字符，则 ChDrive 只会使用首字母。

6. 改变当前目录（ChDir 语句）

格式：ChDir <目录名>

功能：改变当前目录。

说明：ChDir 语句只能改变默认目录位置，但不会改变默认驱动器位置。

7. 删除目录（RmDir 语句）

格式：RmDir <目录名>

功能：删除一个已存在的目录。

说明：RmDir 语句不能删除一个含有文件的目录。如果要删除，则应先使用 Kill 语句删除所有的文件。

8. 确定当前目录驱动器（CurDir 函数）

格式：CurDir [(drive)]

功能：确定任何一个驱动器的当前目录。

说明：drive 表示要确定当前目录驱动器。drive 为""，则 CurDir 返回当前驱动器的当前目录路径。

子任务3　文件的读写操作

【案例8-3】 简易文件编辑器（文件读写操作应用）。

运行界面如图8-3所示。

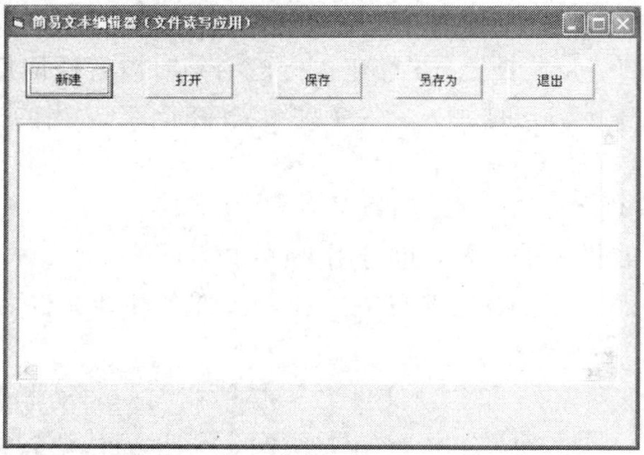

图8-3　简易文本编辑器

实现该案例代码如下：

```
Private Sub openfile(filename As String)  '打开文件的过程定义
Dim filenum As Integer
Dim s As String
filenum = FreeFile
Open filename For Input As filenum
Do Until EOF(filenum)
    Line Input #filenum,s
    Text1. Text = Text1. Text + s
Loop
Close filenum
End Sub
Private Sub savefile(filename As String)  '保存文件的过程定义
  Dim filenum As Integer
  Dim s As String
  filenum = FreeFile
  Open filename For Output As filenum
  Print #filenum,Text1. Text
  Close filenum
End Sub
Private Sub cmdexit _ Click( )                '退出
    End
```

```
End Sub
Private Sub Cmdnew _ Click( )              '新建
   Form1. Caption = "未命名 - - 文本编辑器"
   Text1. Text = ""
   Text1. SetFocus
End Sub
Private Sub Cmdopen _ Click( )             '打开
   Cg1. ShowOpen
   Form1. Caption = Cg1. filename
   Text1. Text = ""
   openfile Form1. Caption
End Sub
Private Sub Cmdsave _ Click( )             '保存
      savefile Form1. Caption
End Sub
Private Sub Cmdsaveas _ Click( )           '另存为
   Cg1. ShowSave
   Form1. Caption = Cg1. filename
   Text1. Text = ""
   savefile Form1. Caption
End Sub
```

知识点详解：

1. 文件的种类和存取类型

VB 有三种文件：顺序文件、随机文件和二进制文件。存取一个文件时，可根据文件所含数据类型的不同，采用不同的存取方式，对应的文件存取类型有顺序存取、随机存取和二进制存取。

（1）顺序文件　存入一个顺序文件时，依序把文件中的每个字符转换为相应的 ASCII 码存储；读取数据时必须从文件的头部开始，按文件写入的顺序，一次全部读出。不能只读取它中间的一部分数据。用顺序存取方式形成的文件称为顺序文件，顺序存取方式规则最简单。

顺序存取方式适合以整个文件为单位存取的场合，主要用于文本文件，也最适合于文本文件，因为处理文本数据时，都是整篇文章调出来修改，然后再整篇文章重新保存，很少有只调出第几行，修改后再保存这几行内容的情况。采用顺序存取方式的例子很多，如 Windows 的记事本、书写器等。

顺序文件也可以以记录为单位，每个记录也可划分为若干个字段，但这样的数据结构一般不按顺序方式存取。

（2）随机文件　随机存取的文件由一组固定长度的记录组成，每条记录分为若干个字段，每个字段的长度固定，可以有不同的数据类型。一般用自定义数据类型来建立这些记录。用随机存取方式形成的文件称为随机文件。

随机文件中每个记录有一个记录号，通过指定记录号，可随机地访问每一条数据，不像顺序文件那样必须按顺序存取。随机文件适合于以记录为单位存取的场合。

（3）二进制文件　二进制存取方式可以存储任意希望存储的数据。它与随机文件类似，但没有数据类型和记录长度的限制。用二进制存取方式形成的文件称为二进制文件。

在随机文件中，有些字符型字段不同记录的长度相差很多，但为了使最长的字符串能够存入，就必须把该字段的长度定义为最长字符串的长度，这样就会浪费了大量的存储空间。为了节省存储空间，可以使用二进制存取文件。

对二进制文件，在 TYPE 类型说明中先不说明长度，待字符串存入时，再计算字符串长度，并用 2 个字节保存这个长度；读取数据时，先读取长度，再读取字符，因而在记录长度变动较大的情况，用二进制存取方式可节约存储空间。但另一方面，因为它没有固定长度的记录，不能像随机文件那样任意取出第几条记录，必须建立一个索引表来指示每个记录的起始地址，这就给编程带来了困难。

然而 VB 在其发展的过程中，已有了强大的数据库功能，可利用 Data 控件、ADO 数据控件等使应用程序与数据库链接，从而方便地对数据进行读写，完全可以代替文件直接访问的功能。

2. 顺序文件

在使用旧文件或创建新文件前，首先要说明文件存储位置和名字，并指定对文件的处理方式，即要确定对文件操作的有关属性的属性值。无论用哪种存取方式对数据文件进行操作，都必须先打开文件，然后向文件中写入或读出数据，最后关闭文件。

访问一个顺序文件时，通常是三个步骤：打开文件（若此文件不存在，则要建立一个新的文件）、读取/写入数据和关闭文件。

（1）顺序文件的打开与关闭

1）打开文件语句：Open

语法格式如下：

```
Open <文件名>For <打开方式>As # <文件号>[ Len=缓冲区大小 ]
```

其中：

Open、For、As、Len 等是 VB 关键字。

文件名。是指定打开的文件名（文件名用字符串表示），包括盘符、路径、文件主名及扩展名。例如，“e:\MF\Test.txt”。

打开方式。是指定文件的打开方式，打开文件后，只能按指定的方式进行一种操作。打开一个顺序文件有三种方式可选：

Input——打开文件后，从文件中读取数据。

Output——打开文件后，向文件中写入数据，即重写一个顺序文件。

Append——打开文件后，向文件末尾添加数据。

若指定 Input 方式，则当指定文件不存在时产生一个错误；若指定 Output 或 Append 方式，则当文件不存在时建立该文件，文件已存在时写入的数据，前者覆盖，后者追加。所以，Open 具有建立和打开文件的双重功能。

对同一文件用一种方式打开后，在关闭之前，不能再以另一种方式打开。

文件号。VB 应用程序每打开一个文件，必须指定一个文件号，且不能与其他打开的文件占用的文件号重复。文件号的范围是 1 ~ 511 之间的整数。打开文件后，指定的文件号就与该文件相关联，程序通过文件号来对文件进行读写操作，直到关闭文件。关闭文件后，该文件号被释放，可供打开其他文件时使用。

如果在程序中已打开多个文件（此时占用的文件号未必连续），则再打开文件时，为了避免文件号重复，可使用 FreeFile 函数。该函数返回当前程序未被占用的最小的文件号，可通过把函数值赋给一个变量来取得这个文件号。例如，执行下面的代码：

```
FileNumber = FreeFile
Open "e:\VB\Exercise.TXT" For Output As # FileNumber
```

则在 E 盘 VB 文件夹下建立 Exercise. TXT 数据文件，文件号为 FileNumber。如果这个文件已经存在，则原有文件被覆盖；如果执行下面的代码：

```
FileNumber = FreeFile
Open "e:\VB\Exercise.TXT" For Append As # FileNumber
```

也在 E 盘 VB 文件夹下建立 Exercise. TXT 数据文件，文件号为 FileNumber，但当该文件已经存在时，新写入的数据追加到原有数据的后面。

缓冲区大小。当在文件与程序之间复制数据时，选项 len 参数指定缓冲区的字符数，其范围为 1 ~ 32767，默认值为 512 字节。

注意：用公共对话控件可创建“打开”文件和文件“另存为”对话框，但它只能为建立和访问的文件输入文件名提供一个可视的界面，对话框本身不能完成打开文件和保存文件的功能，需编写代码完成。

2）关闭文件语句：Close

语法格式为：

```
Close [ #文件号] [,#文件号] …
```

该语句的功能是关闭指定的文件，释放缓冲区；若不指定文件号，则关闭所有打开的文件。

程序运行结束时，会自动关闭所有打开的文件。打开文件完成操作后及时关闭该文件是一个好习惯，不仅节约内存，也避免意外情况丢失数据。程序运行时将写入文件的数据均放在文件读写缓冲区，待整批写入文件。

（2）顺序文件的写操作　要将程序中的数据写到一个顺序文件，先打开文件以进行顺序输出或添加（注意此时的选用打开方式，选择 Output 则覆盖原来文件，选择 Append 则在原来文件后添加数据），可用下面的命令语句写入数据。

1）Print # 语句：用于为顺序文件写入数据。语法格式为：

```
Print # 文件号 [,输出项表]
```

其中，输出项表是要输出的表达式或表达式列表，输出格式同 Print 方法。

2）Write # 语句：将记录写入文件。语法格式为：

```
Write # 文件号[ ,表达式列表]
```

该语句适用于向划分了字段的记录格式的文件写入数据。“表达式表”中的每个表达式写入一个字段，一个 Write # 语句一次写入一个记录。表达式表中包含多个表达式时以逗号分隔。默认表达式时写入一个空行。

用 Write # 语句写入的数据各个字段间自动加逗号分隔符，字符型数据自动加双撇号定界符，记录尾自动加回车换行符。

（3）顺序文件的读操作　对于用 Input 方式打开的顺序文件，可用下面的语句或函数从文件中读取数据。

1）Line Input 语句：把文件中的一行读到一个字符串变量中。语法格式为：

```
Line Input #文件号,字符串变量
```

该语句将文件的一整行逐个字符地读到指定变量中，遇到回车符或换行符结束，但变量中不包括回车符或换行符。读完后，文件指针指向下一行的第一个字符，下一个 Line Input 语句将读取当前指针指向的那一行数据。

对于没有划分字段的文本文件，一行指从文件开头或回车换行符到下一个回车换行符之间的部分；对于划分了字段的表，一行即一个记录，包括分隔符和定界符，如空格、逗号、双撇号等均作为有效字符读到变量中。

2）Input 函数：从一个打开的顺序文件中返回指定个数的字符。语法格式为：

```
Input(读取的字符个数,[#]文件号)
```

该函数读取文件中的任何字符，包括回车换行符。调用该函数后，移动文件指针到下一个读取位置。

3）Input # 语句：用于从打开的顺文件中读取数据赋值给指定的变量。语法格式为：

```
Input #文件号,变量表
```

该语句用于读取文件中的数据，以字段为单位，读取后依次赋值给变量表中的变量。变量表中有多个变量时以逗号分隔。使用该语句时，变量表中的变量个数应和文件中的每条记录划分的字段数相同，类型应匹配，即一次应读出一整条纪录。读出的数据不包括字符串字段的定界符和字段之间的分隔符。

为了正确地从打开的文件读取数据到变量中，文件中的数据应该是用 Write # 语句写入（而不是用 Print #语句），这样可保证每个字段被正确分界。

学 材 小 结

本模块主要介绍了文件系统控件、文件基本操作及文件分类及读写操作。

理论知识

1. 填空题

(1) 为了使文件列表框 File1 和目录列表框 Dir1 之间能产生同步效果，必须在________事件中加入语句________。

(2) 为了使目录列表框 Dir1 与驱动器列表框 Drive1 之间能产生同步效果，必须在________事件中加入语句________。

(3) 在 VB 系统中，根据计算机存取文件方式可将文件分成________、________和________。

(4) 要将数据写入顺序文件，可使用________和________语句。

(5) 在 VB 程序中，使用________语句可删除磁盘文件。

2. 选择题

(1) 在用 Open 语句打开文件时，如果省略“For 方式”，则打开的文件的存取方式是(　　)。

A. 顺序输入方式　　B. 顺序输出方式

C. 随机存取方式　　D. 二进制方式

(2) 在随机文件中，必须(　　)。

A. 每条记录都不一样　　B. 每条记录都一样长

C. 排序　　D. 记录长度不等

(3) 下列命令中(　　)可实现对顺序文件的写操作。

A. Print　　B. LineInput

C. Input　　D. Put

(4) 下列说法中，不正确的是(　　)。

A. 当程序正常结束时，所有没有用 Close 关闭的文件都会自动关闭

B. 在关闭文件或程序结束时，可以不用 Unlock 对已锁定的记录解锁

C. 可以用不同的文件号同时打开一个随机文件

D. 用 Output 模式打开一个顺序文件，即使不对它写，原来内容也将被清除

(5) 在 VB 中文件访问的类型有(　　)。

A. 顺序、随机、字符　　B. 顺序、随机、二进制

C. 顺序、十六进制、字符　　D. 顺序、记录、字符

实训任务

1. 实现简易图片浏览器。

【实训目的】

(1) 掌握文件系统控件的用法。

(2) 巩固图片框控件及常用控件的用法。

【实训内容】

本案例主要结合文件系统控制的使用，进行图片打开、显示、放大、缩小等操作，如图 8-4 所示。

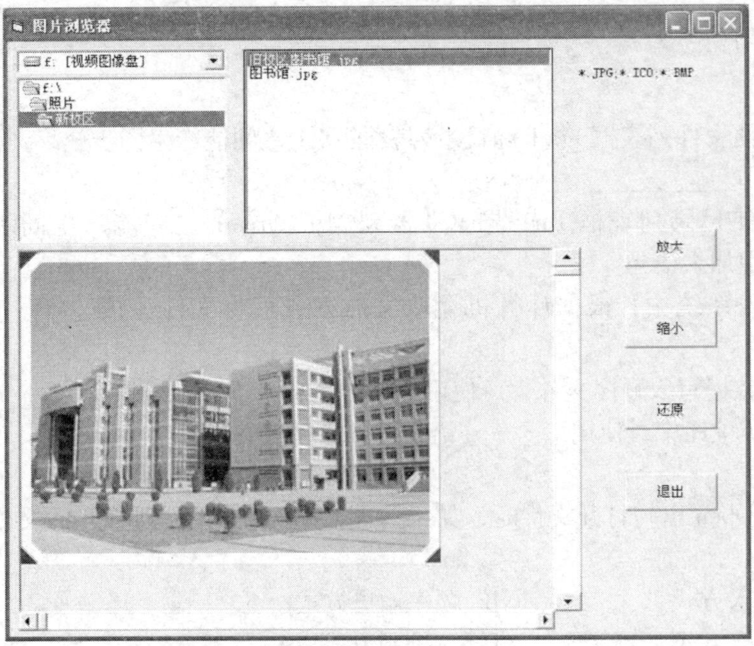

图 8-4 图片浏览器

实现该案例代码如下：

```
Option Explicit
Private Sub Command1_Click()                    '放大
  Image1.Stretch = True
  Image1.Height = Image1.Height * 1.2
  Image1.Width = Image1.Width * 1.2
  HScroll1.Max = Picture1.Width - Image1.Width
  VScroll1.Max = Picture1.Height - Image1.Height
End Sub
Private Sub Command2_Click()                    '缩小
  Image1.Stretch = True
  Image1.Height = Image1.Height * 0.8
  Image1.Width = Image1.Width * 0.8
  HScroll1.Max = Picture1.Width - Image1.Width
  VScroll1.Max = Picture1.Height - Image1.Height
End Sub
Private Sub Command3_Click()                    '还原
  Image1.Stretch = False
  HScroll1.Max = Picture1.Width - Image1.Width
  VScroll1.Max = Picture1.Height - Image1.Height
End Sub
Private Sub Command4_Click()                    '退出
```

```
End
End Sub
Private Sub Dir1 _ Change( )
  File1. Path = Drive1. Drive                  '盘符改变时改变对应原文件的盘符
  File1. Path = Dir1. Path                     '当文件夹改变时改变对应的文件
  'File1. Pattern = " *. JPG;"
  Label1. Caption = File1. Pattern
End Sub
Private Sub Drive1 _ Change( )
  Dir1. Path = Drive1. Drive                   '当磁盘改变时改变对应的文件夹
End Sub
Private Sub File1 _ DblClick( )                '双击文件列表框时显示该文件图片
  Image1. Picture = LoadPicture( File1. Path + " \" + File1. FileName)
  HScroll1. Max = Picture1. Width - Image1. Width
  VScroll1. Max = Picture1. Height - Image1. Height
  Image1. Top = 0
  Image1. Left = 0
End Sub
```

模块九

Visual Basic与数据库

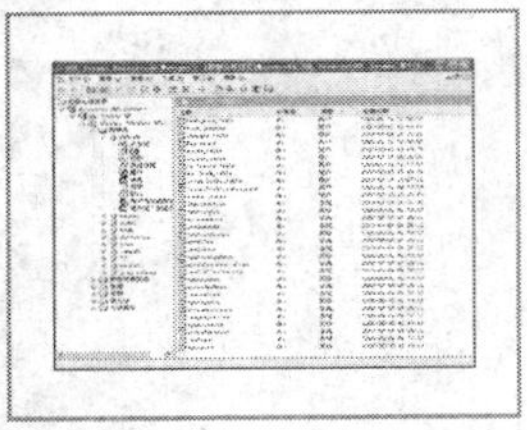

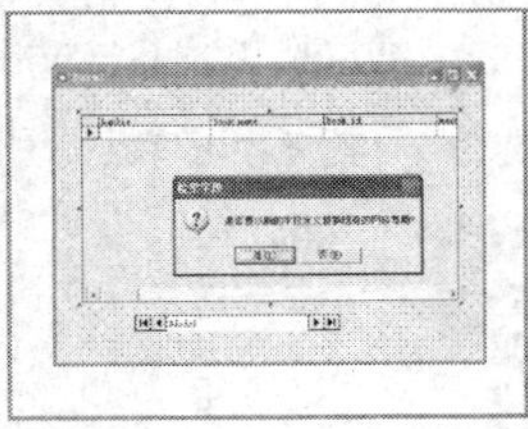

本模块导读

数据库是“按照数据结构来组织、存储和管理数据的仓库”。在图书管理工作中，需要把图书相关的数据放进数据“仓库”，并根据管理的需要进行相应的处理。例如，图书的基本情况（如图书 ID 号、书名、出版社、作者、价格、数量、出版时间等）存放在表中，这张表就可以看成是一个数据库。有了这个“数据仓库”，就可以根据需要随时查询仓库存放的图书信息、某类书的基本情况，也可以按价格查询在某个价格内的所有图书信息等。这些工作如果都能在计算机上自动进行，那么图书管理工作就可以达到极高的水平。此外，在财务管理方面，如入库、出库过程也需要建立众多的“数据表”，而且数据库表之间可以通过关键字来建立表关系，这就可以利用计算机实现图书进销存的自动化管理。

本模块共有 4 个任务：任务一介绍了数据库基础知识，包括数据库基础、结构化查询语言 SQL 和 VB 可视化数据库管理器的使用；任务二介绍了 Data 控件的属性和方法，并通过例子详细说明程序设计步骤；任务三介绍了 ADO Data 控件的基本概念、属性和方法，通过用 ADO Data 控件和 ADO 对象编程两种方法举例详细说明了程序设计和编程步骤；任务四介绍了数据报表的生成，包括数据环境设计器和数据报表设计器的使用及设计步骤。

本模块要点

- 了解数据库。
- 使用 Data 控件。
- 使用 ADO Data 控件。
- 制作数据报表。

任务一 了解数据库

知识导读：

创建数据库是编写数据库应用程序的关键，数据库设计的好坏将直接影响程序编写的效率，也会影响程序运行的速度。任务一介绍数据库基本概念、关系数据库、可视化数据管理器和SQL语言等内容。

子任务1 掌握数据库基础知识

1. 数据库系统的组成

（1）数据库 数据库（DataBase，DB）是在计算机存储设备上，按照数据结构来组织、存储和管理数据的仓库，是长期存储在计算机内的有组织的可共享的数据集合。

（2）数据库管理系统 数据库管理系统（DataBase Management System，DBMS）是数据库系统的一个重要组成部分，是用于建立、使用、传输、操纵和维护数据库的大型软件。它对数据库进行统一的管理和控制，以保证数据库的安全性和完整性。用户通过DBMS访问数据库中的数据，数据库管理员也通过DBMS进行数据库的维护工作。它提供多种功能，可使多个应用程序和用户用不同的方法在同一时刻或不同时刻去建立、修改和访问数据库。它使用户能方便地定义和操纵数据，维护数据的安全性和完整性，以及进行多用户下的并发控制和备份、恢复数据库。

（3）数据库应用程序 数据库应用程序是一个允许用户插入、修改、删除并报告数据库中数据的计算机程序，是由程序员使用程序设计语言编写的，与数据库链接实现数据添加、删除、编辑、查询和统计等功能的应用程序。

（4）数据库管理员 数据库管理员（Database Administrator，DBA）是管理、维护数据库系统的人员。

（5）数据库系统 数据库系统（DataBase Systems，DBS）是由数据库、数据库管理系统、支持数据库运行的软硬件环境、数据库应用程序和数据库管理员等组成。它是为适应数据处理的需要而发展起来的一种较为理想的数据处理的核心机构，是一个实际可运行的存储、维护应用系统提供数据的软件系统，是存储介质、处理对象和管理系统的集合体。

2. 关系数据库

数据（Data）是描述事物的符号记录。模型（Model）是现实世界的抽象。数据模型（Data Model）是数据特征的抽象，是客观事物及其联系的数据描述，它具有描述数据和数据联系两方面的功能。

数据库领域采用的数据模型有层次模型、网状模型和关系模型。关系模型目前应用最为广泛，它是用二维表的形式表示实体和实体间联系的数据模型。每一个关系模型的逻辑结构是一张二维表，它由行和列组成。无论实体还是实体之间的联系都用关系来表示，对数据的检索结果也是关系（即表），因此概念单一，其数据结构简单、清晰。关系模型的存取路径对用户透明，从而具有更高的数据独立性、更好的安全保密性，也简化了程序员的工作和数据库开发建立的工作。

关系数据库，是建立在关系数据库模型基础上的数据库，借助于集合代数等概念和方法来处理数据库中的数据。目前流行的关系型数据库 DBMS 产品包括 Microsoft Access、SQL Server、Oracle 等。下面简要介绍几种常用的数据库管理系统。

Microsoft Access 是 Microsoft Office 组件之一，是在 Windows 环境下非常流行的桌面型数据库管理系统，有 7 个对象，即表、窗体、查询、报表、页、宏和模块。使用 Access 无需编写任何代码，只需通过直观的可视化操作就可以完成大部分数据管理任务。Access 不仅可以通过 ODBC 与其他数据库相连，实现数据交换和共享，还可以与 Word、Excel 等办公软件进行数据交换和共享，在数据库中嵌入和链接声音、图像等多媒体数据。

Microsoft SQL Server 是一种典型的关系型数据库管理系统，可以在许多操作系统上运行，它使用 Transact-SQL 语言完成数据操作。由于 Microsoft SQL Server 是开放式的系统，其他系统可以与它进行很好的交互操作。它具有可靠性、可伸缩性、可用性、可管理性等特点，为用户提供完整的数据库解决方案。

Oracle 是一个最早商品化的关系型数据库管理系统，也是应用广泛、功能强大的数据库管理系统。Oracle 作为一个通用的数据库管理系统，不仅具有完整的数据管理功能，还是一个分布式数据库系统，支持各种分布式功能，特别是支持 Internet 应用。作为一个应用开发环境，Oracle 提供了一套界面友好、功能齐全的数据库开发工具。Oracle 使用 PL/SQL 语言执行各种操作，具有可开放性、可移植性、可伸缩性等功能。

关系数据库的结构由关系（即表，Table）组成，每个表都有一个名称，称为表名。一般来说，同一个数据库中的表名不能相同。表中存储了若干行的数据，每一行数据称为一条“记录”（Record）。表中纵向栏称为列，又称为“字段”（Field）。每一个字段（列）都有一个名称，称为字段名或列名。同一个表中，列名不能相同。应用程序通过表名和列名访问数据库中的数据。关系表中的某个字段或某些字段的组合在全表中是唯一的，这保证了可以通过这个唯一来标志一条记录，这种标志定义为主键（Primary Key）。如图 9-1 所示，共有 5 列，即 5 个字段，分别为 banbie、book _ name、book _ id、mayang 和 book _ count，其中 book _ id 为主键。

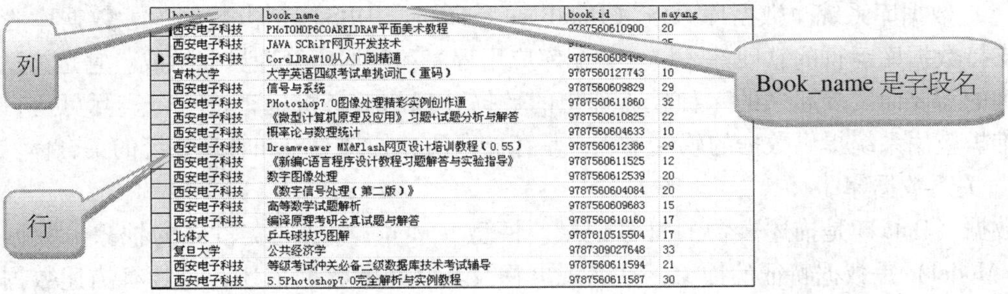

[illegible]	book_name	book_id	mayang
西安电子科技	PHoTOHOP6COARELDRAW平面美术教程	9787560610900	20
西安电子科技	JAVA SCRiPT网页开发技术	[illegible]	[illegible]
西安电子科技	CoreLDRAW10从入门到精通	[illegible]	[illegible]
吉林大学	大学英语四级考试单挑词汇（重码）	9787560127743	10
西安电子科技	信号与系统	9787560609829	29
西安电子科技	PHotoshop7.0图像处理精彩实例创作通	9787560611860	32
西安电子科技	《微型计算机原理及应用》习题+试题分析与解答	9787560610825	22
西安电子科技	概率论与数理统计	9787560604633	10
西安电子科技	Dreamweaver MX&Flash网页设计培训教程（0.55）	9787560612386	29
西安电子科技	《新编C语言程序设计教程习题解答与实验指导》	9787560611525	12
西安电子科技	数字图像处理	9787560612539	20
西安电子科技	《数字信号处理（第二版）》	9787560604084	20
西安电子科技	高等数学试题解析	9787560609683	15
西安电子科技	编译原理考研全真试题与解答	9787560610160	17
北体大	乒乓球技巧图解	9787810515504	17
复旦大学	公共经济学	9787309027648	33
西安电子科技	等级考试冲关必备三级数据库技术考试辅导	9787560611594	21
西安电子科技	5.5Photoshop7.0完全解析与实例教程	9787560611587	30

图 9-1　关系数据库二维表

3. 数据库设计基础

数据库设计（Database Design）是指对于一个给定的应用环境，根据用户的需求，在某一具体的数据库管理系统上，构造最优的数据库模式，建立数据库及其应用系统，使之能够有效地存储数据。一般情况下，数据库的设计过程大致可分为6个步骤：

（1）需求分析　调查和分析用户的业务活动及数据的使用情况，弄清所用数据的种类、范围、数量以及它们在业务活动中交流的情况，确定用户对数据库系统的使用要求和各种约束条件等，形成用户需求规约。需求分析是设计过程的基础，是最困难、最费时的一步。

（2）概念设计　是整个数据库设计的关键。通过对用户需求进行综合与归纳，建立抽象的概念模型。这个概念模型应反映现实世界各部门的信息结构、信息流动情况、信息间的互相制约关系以及各部门对信息储存、查询和加工的要求等。

（3）逻辑设计　主要工作是将现实世界的概念模型转换成数据库的一种逻辑模式，即适应于某种特定数据库管理系统所支持的逻辑数据模式。这一步设计的结果就是所谓的“逻辑数据库”。

（4）物理设计　根据特定数据库管理系统所提供的多种存储结构和存取方法等依赖于具体计算机结构的各项物理设计措施，对具体的应用任务选定最合适的物理存储结构（包括文件类型、索引结构和数据的存放次序等）、存取方法及存取路径等。这一步设计的结果就是所谓的“物理数据库”。

（5）实施阶段　在上述设计的基础上，收集数据并具体建立一个数据库，运行一些典型的应用任务来验证数据库设计的正确性和合理性。一般来说，一个大型数据库的设计过程往往需要经过多次循环反复。当设计的某步发现问题时，可能就需要返回到前面进行修改。因此，在做上述数据库设计时就应考虑到今后修改设计的可能性和方便性。

（6）运行与维护设计　在数据库系统正式投入运行的过程中，必须不断地进行调整与修改。

数据库具体设计过程可参考下面的子任务2的可视化数据库管理器的使用。

子任务2　掌握可视化数据库管理器

为了便于开发数据库应用程序，Visual Basic专门提供了数据库应用程序开发环境VisData，即可视化数据库管理器。该环境由可视化数据管理器、数据库应用程序、数据源控件和对象、数据库接口驱动程序等组成。VB提供的可视化数据管理器（Visual Data Manager）是一个非常实用的工具。使用它可以方便地建立数据库、数据表和数据查询，可以自动生成VB的数据窗体（含基本程序代码），从而很容易地建立一个VB数据库管理程序。由于它使用可视化的操作界面，因此很容易为用户所掌握。

可视化数据管理器可以管理Access、dBase、FoxPro和Excel等数据库。下面以Access数据库为例，介绍如何新建数据库、打开已建数据库、修改数据库表的结构、查询和修改数据库的内容以及如何使用可视化数据管理器进行数据库应用程序设计等内容。

【案例9-1】　使用可视化数据管理器创建表

在VB开发环境内单击菜单栏中的“外接程序”，选择“可视化数据管理器”选项，可启动VB的可视化数据管理器，如图9-2所示。使用可视化数据管理器建立的数据库是Access数据库（扩展名为.mdb），可以被Access直接打开和操作。

在可视化数据管理器窗口的菜单栏中，有“文件”、“实用程序”、“窗口”和“帮助”

4个菜单，其提供的主要菜单命令如下：

1）“文件”菜单中提供数据库的新建、打开和退出等命令。

2）“实用程序”菜单中提供查询生成器和数据窗体设计等命令。

3）“窗口”菜单中提供窗口平铺和层叠等命令。

1. 创建数据库

在可视化数据管理器的菜单栏中，选择“文件”菜单中的“新建”命令，在其子菜单中选择“Microsoft Access”及下级子菜单中的“Version 7.0 MDB”，打开“选择要创建的Microsoft Access数据库”对话框。在该对话框的“保存类型”文本框中选择“MDB类型”，在“保存在”文本框中选择路径，路径为“E：\VBBOOK\program”，在“文件名”文本框中输入数据库名“data”，单击“保存”按钮，即可创建一个data.mdb数据库，如图9-3所示。

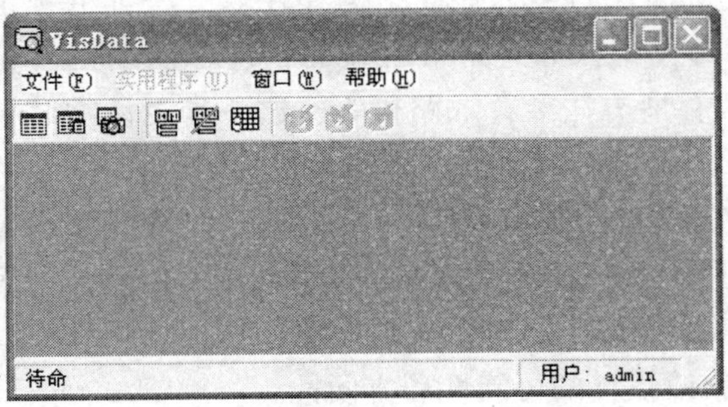

图9-2 可视化数据管理器“VisData”

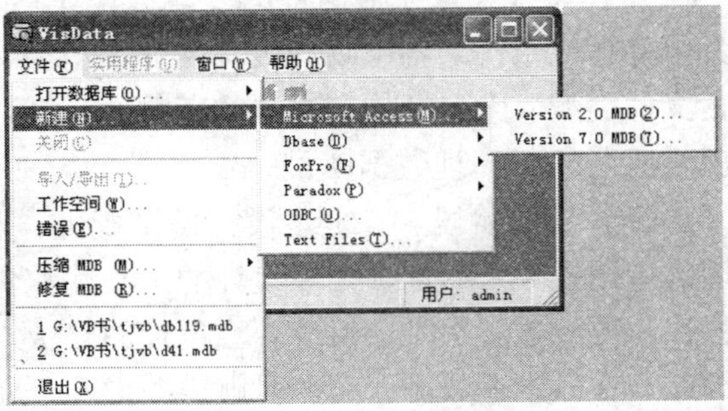

图9-3 创建数据库

在图9-4中包括两个窗口：左边的是“数据库窗口”，用于显示数据库；右边的是“SQL语句”窗口，用于输入查询数据库内容所用的结构化查询语句SQL。但要注意的是：数据库虽然已建立，但库中现在还没有任何表文件，如图9-4所示。

2. 向数据库中添加数据表

在数据库窗口中单击鼠标右键，在其弹出的快捷菜单中单击“新建表”命令，将打开表结构窗口，如图9-5、图9-6所示。在“表名称”文本框中输入表名，之后单击“添加字段”按钮，弹出“添加字段”窗口，如图9-7所示。

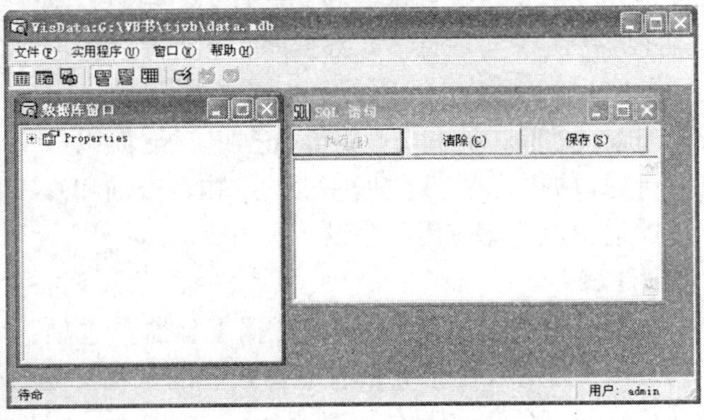

图9-4 VisData数据库窗口和SQL语句窗口

图9-5 新建表

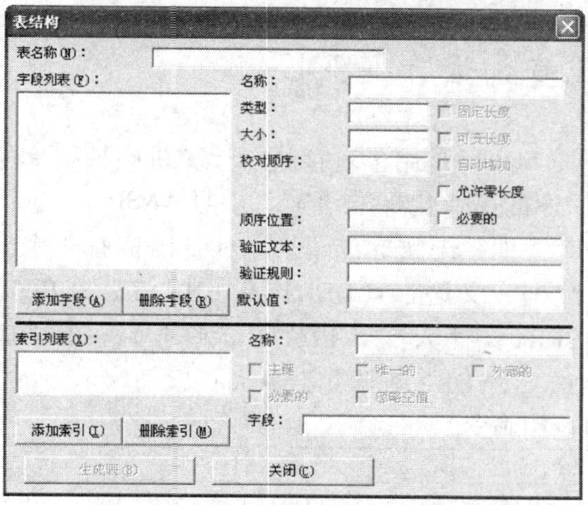

图9-6 “表结构”对话框

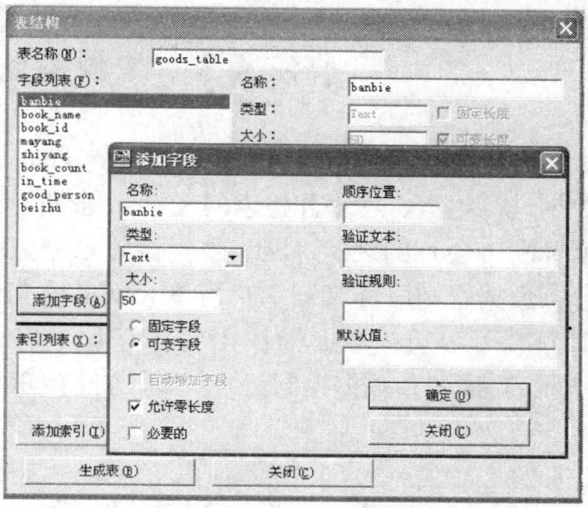

图9-7 “添加字段”对话框

“添加字段”对话框包括名称、类型、大小、顺序位置、验证文本、验证规则和默认值等选项。其中，“顺序位置”确定字段的相对位置，即字段在表中的物理位置；“验证文本”是在用户输入的字段值无效时，应用程序显示的消息文本；“验证规则”确定字段中可以添加什么样的数据；“默认值”确定字段的默认值。在“添加字段”对话框中，依次输入每个字段的名称、类型、大小（宽度）后单击“确定”按钮，直至建成表的所有字段，如图9-7所示。最后单击“关闭”按钮退出“添加字段”对话框，返回“表结构”对话框。单击“生成表”按钮，数据管理器将创建该表，如图9-8所示。在其“数据库窗口”中选择表名goods _ table，再展开Fields，将能看到创建字段名称。

3. 建立索引

单击“表结构”对话框的“添加索引”按钮，在弹出的对话框中输入索引名称，选择索引字段后，单击“确定”按钮即完成了索引的建立过程。

4. 添加记录

在“数据库窗口”中用鼠标右键单击欲添加记录的表，在弹出的快捷菜单中单击“打开”命令，打开“表数据维护”窗口，如图9-9所示。单击“添加”按钮之后录入一条记录的各项内容．然后再次单击“添加”按钮录入下一条记录，直至录入全部记录内容，最后单击“关闭”按钮。

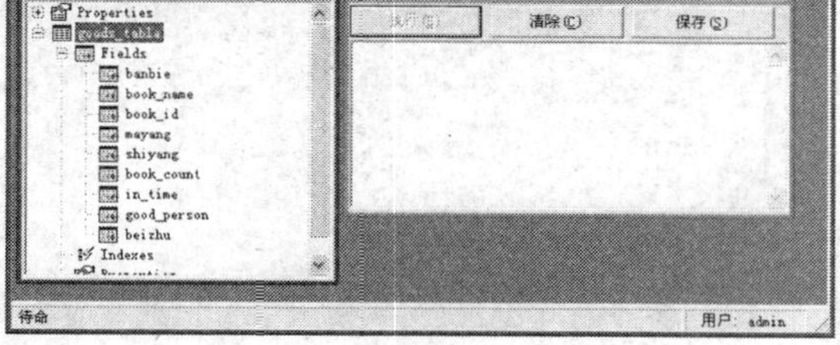

图9-8 数据库窗口展开Fields

图9-9 表数据维护窗口

子任务3　掌握结构化查询语言（SQL）

结构化查询语言（Structured Query Language，SQL）是用于对存放在计算机中数据库的数据进行组织、管理和检索的工具，是操作数据库的工业化标准语言。按照 ANSI（美国国家标准协会）的规定，SQL 被当做关系型数据库管理系统的标准语言。SQL 语言有 4 个部分：数据查询语言（DQL）有 SELECT 语句；数据定义语言（DDL）有 CREATE、DROP、ALTER 等语句；数据操作语言（DML）有 INSERT（插入）、UPDATE（修改）、DELETE（删除）语句；数据控制语言（DCL）有 GRANT、REVOKE 等语句，见表 9-1。

表 9-1　常用 SQL 命令

命　令	描　述	命　令	描　述
SELECT	从数据库中查找满足指定条件的记录	UPDATE	更新(修改)指定记录
CREATE	创建数据库、表、视图等	DELETE	从数据库表中删除指定记录
ALTER	负责数据库对象修改的指令	GRANT	授权语句
DROP	删除数据库对象的指令	REVOKE	数据库内的用户或者角色上授予或拒绝的权限删除
INSERT	向数据库表中插入或添加新的记录		

SQL 规范中所包含的命令和子句数量虽然不多，但可以完成各种复杂的数据库操作。下面举例说明 SQL 常用命令。

【案例 9-2】　创建一个名为 goods _ table 图书信息表（见表 9-2）。

表 9-2　创建 goods _ table 表结构说明

中　文　名	列　　名	数据类型	长　度
版别	banbie	char	20
书名	book _ name	char	80
书号	book _ Id	char	30
码洋	mayang	money	8
实洋	shiyang	money	8
册数	book _ count	int	4
进货时间	in _ time	datetime	8
操作员	good _ person	char	10
备注	beizhu	char	50

代码如下：

```
CREATE TABLE goods _ table(
    [banbie][char](20),
    [book _ name][char](80),
    [book _ id][char](30),
    [mayang][money],
    [shiyang][money],
    [book _ count][int],
    [in _ time][datetime],
    [good _ person][char](10),
    [beizhu] [char](50)
)
```

知识点详解：

CREATE TABLE 命令被用来建立新的数据库表格，格式如下：

```
CREATE TABLE 表名（
列名1 数据类型，
列名2 数据类型，
…
列名n 数据类型
）
```

说明：

1）“列名”与“数据类型”之间用空格分隔。

2）SQL 语言中较为常用的数据类型为：

Char（size）。固定长度字符串，其中括号中的 size 用来设定字符串的最大长度。Char 类型的最大长度为 255 字节。

Varchar（size）。可变长度字符串，最大长度由 size 设定。

Number（size）。数字类型，其中数字的最大位数由 size 设定。

Date。日期类型。

Number（size，d）。数字类型，size 决定该数字总的最大位数，而 d 则用于设定该数字在小数点后的位数。

【案例 9-3】 用 SELECT 命令查询，如图 9-10、图 9-11 所示。

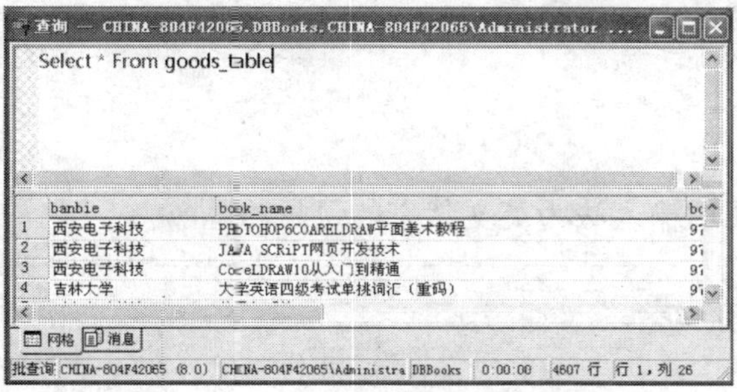

图 9-10 用 SQL 进行查询

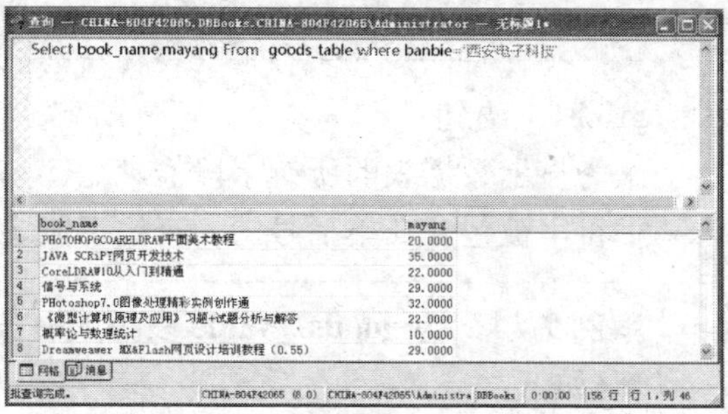

图 9-11 Where 语句

按要求从图书信息表中查询所有的图书，并显示数据表的相关字段：

```
Select * From goods_table                                                    【1】
Select book_name,mayang From goods_table where banbie='西安电子科技'           【2】
Select book_name, mayang From goods_table where mayang>10 and mayang<=30     【3】
```

代码详解：

【1】查询现有库存图书列表，显示所有字段。

【2】只显示书名和码洋字段，并且查询条件是：版别为西安电子科技的图书。

【3】从图书表中查询价格大于 10 小于等于 30 的图书，并且只显示书名和码洋字段。

知识点详解：

在众多的SQL命令中，SELECT语句应该是使用最频繁的。Select语句主要被用来对数据库进行查询，并返回符合用户查询标准的结果数据。Select语句的语法格式如下：

SELECT [DISTINCT] 列1 [,列2,…] FROM 表名 [WHERE 条件] [GROUP BY 表述式] [ORDER BY 表达式 [ASC | DESC]]

说明：

（1）DISTINCT　指定不返回重复记录。

（2）[列1，列2，…]　决定哪些列将作为查询结果返回，若要返回表格中的所有字段，使用通配符“*”来设定。

（3）FROM表名　决定查询操作的数据来源表格。

（4）WHERE条件　规定哪些数据值或哪些行将作为查询结果返回。“条件”的运算符包括各种常见运算符和LIKE运算符。LIKE运算符的功能非常强大，通过使用LIKE运算符可以设定只选择与用户规定格式相同的记录。此外，还可以使用通配符“%”用来代替任意字符串。

（5）GROUP BY表述式　按“表达式”对查询结果进行分组。

（6）ORDER BY表达式　按“表达式”对结果排序。ASC是升序（默认），DESC是降序。

信息卡

> SELECT语句：
> *为显示数据表的所有字段值。
> 字符串被包含在单括号内，查询字段之间用输入法为英文状态的逗号相隔。

【案例9-4】　为goods _ table表插入一条新记录。

代码如下：

INSERT INTO goods _ table（banbie，book _ name，book _ id，mayang，shiyang，book _ count，in _ time，good _ person）VALUES（'清华大学出版社'，'计算机网络'，090003，7，1，100，'2010-05-25'，'tianjun'）

用于向数据库表中插入或添加新的数据行（记录），格式如下：

INSERT INTO 表名（列1，列2，…）VALUES（值1，值2，…）

信息卡

> 向数据库表格中添加新记录时，在关键词INSERT INTO后面输入所要求添加的表格名称，然后在括号中列出将要添加新值的列名。最后，在关键词VALUES的后面按照前面输入的列的顺序对应地输入所有要添加的记录值。

【案例9-5】 更新 goods _ table 表中的 book _ id 为“90003”的值。

代码为：

UPDATE goods _ table SET book _ count = 200 WHERE book _ id = '90003'

UPDATE 用于更新或修改满足规定条件的现有记录，其使用格式为：

UPDATE 表名 SET 列1 = ［值1，列2 = 值2，…］WHERE 条件

信息卡

如果用户在使用 UPDATE 时设定 WHERE 子句，则表格中的对应的字段值将全部被修改。

【案例9-6】 删除 goods _ table 表中 book _ id 为“90003”的记录。

代码为：

DELETE FROM goods _ table WHERE book _ id = '90003'

删除数据库表中的行（记录），格式为：

DELETE FROM 表名 WHERE 条件

信息卡

如果用户在使用 DELETE 时不设定 WHERE 子句，则表格中的所有记录将全部被删除。

【案例9-7】 排序 goods _ table 表，以 book _ id 字段进行升序和降序排列。

升序排列，代码为：

select * FROM goods _ table order by book _ id ASC

降序排列，代码为：

SELECT * FROM goods _ table ORDER by book _ id DESC

ORDER BY 语句用于根据指定的列对结果集进行排序。

ORDER BY 语句默认按照升序对记录进行排序，关键字为 ASC，可以省略不写。

如果希望按照降序对记录进行排序，可以使用关键字 DESC 关键字。

信息卡

因升序排列为默认排列方式，所以关键字 ASC 写和不写结果是一样的。降序排列为 DESC。

任务二 使用 Data 控件

VB 程序要读取和写入数据库中的数据，就要与数据库进行链接，并绑定相对应的数据绑定控件。本任务将通过介绍 Data 控件实现数据的读取和写入功能。数据控件（Data）是 VB 访问数据库最常用的工具之一，提供了一种方便地访问数据库中数据的方法，使用数据控件无须编写代码就可以对 VB 所支持的各种类型的数据库执行大部分数据访问操作。

Data 控件属于 VB 的内部控件，可以直接在标准工具箱中找到它。在同一工程甚至同一窗体中可以添加多个 Data 控件，让每个控件链接到不同数据库或同一数据库的不同表，以实现多表访问。它还可以和代码一起查询满足 SQL 语句的表的记录。

Data 控件可以访问多种数据库，包括 Microsoft Access、Microsoft FoxPro 等，还可以访问 Microsoft Excel、Lotus 1 -2 -3 及标准的 ASCII 文本文件。此外，Data 控件还可以访问和操作远程的开放式数据库链接（ODBC）数据库，如 Microsoft SQL Server 及 Oracle 等。

子任务 1　了解 Data 控件的常用属性

【案例 9-8】 Connect 和 DatabaseName 属性。

在 Visual Basic 的工具箱中单击 Data 控件图标，在 Form 窗体上添加 Data 控件，如图 9-12 所示。通过设置 Data 控件相关属性，将控件与数据库以及其中的表建立关系。

数据控件本身不能显示和直接修改记录，只能与数据控件相关联的数据约束控件配合显示。可以当做数据约束控件的标准控件有 8 种：文本框、标签、图片框、图像框、检查框、列表框、组合框和 OLE 控件。

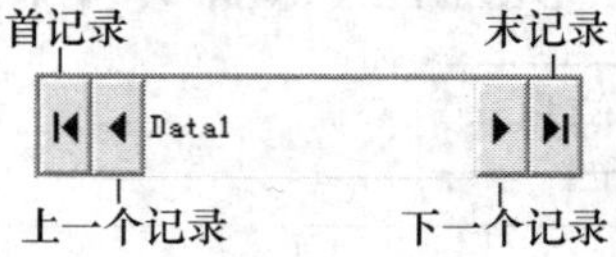

图 9-12　Data 控件

Data 数据控件除具有 Name、Caption、Visible 等大多数控件都有的属性外，还具有以下几个与数据库链接有关的属性。

1. Connect 属性

Connect 属性用于选择链接数据库的类型。可选择的数据库类型有 Access、dBASE、Foxpro、Paradox 等。例如，要选择 Access 数据库类型，则设置：Data1. Connect = " Access"。

2. DatabaseName 属性

DatabaseName 属性用于选择数据库。例如，要选择 data. mdb 数据库，则设置：

Data1. DataBaseName = " E：\ VBBOOK \ program \ data. mdb"

3. RecordSource 属性

RecordSource 属性用于指定数据控件所链接的记录来源，可以是数据表名，也可以是查询名。在属性窗口中单击下拉箭头，在列表中选出数据库中的记录来源。例如，若选择学生信息表"goods _ table"，则 RecordSource 可指定为 SQL 语句：SELECT * FROM goods _ table。如果只需要访问出版社为"内人民出版"的图书信息，则 RecordSource 可指定为 SQL 语句：SELECT * FROM goods _ table WHERE banbie ='内人民出版'。

4. BOFAction 和 EOFAction 属性

在程序运行时，用户可以通过单击数据控件的指针按钮来前后移动记录。BOFAction 属性是指示当用户移动到表开始时的动作，EOFAction 指示在用户移动到结尾时的动作。

BOFAction 属性值为 0（MoveFirst）是将第一条记录作为当前记录；为 1（BOF），则将当前定位在第一条记录之前（即记录的开头），同时记录集的 BOF 值为 True，并触发数据控件的 Validate 事件。EOFAction 属性值为 0（Move Last）是将最后一条记录作为当前记录；为 1（EOF）将当前定位在第一条记录之前（即记录的末尾），同时记录集的 EOF 值为 True，并触发数据控件的 Validate 事件；为 2（AddNew）时，若 RecordSetType 设置为 Table

Dynaset，则移动到记录末尾并自动添加一条新记录，此时可对新记录进行编辑，当再次移动记录指针时新记录被写入数据库，否则显示不支持“AddNew”操作的提示。

子任务2 掌握Data控件的事件和方法

【案例9-9】 Reposition（）和Validate（）事件。

```
Private Sub Data1 _ Reposition( )
   Data1. Caption = "记录:" &( Data1. Recordset. AbsolutePosition + 1)【1】
End Sub
Private Sub Data1 _ Validate( Action As Integer,Save As Integer)
   If save And Len( Trim( Text1) ) =0 Then                        【2】
   Action =0
   MsgBox "图书名不能为空",vbInformation,"提示"
   End If
End Sub
```

代码详解：

【1】因数据库中的记录是从0开始计算，所以在显示数据记录数时应加1。

【2】Trim是去掉文本两边的多余的空格，Len是长度，MsgBox是提示框。

知识点详解：

（1）Reposition事件　Reposition事件是当某一个新记录成为当前记录之后触发。通常利用该事件对当前记录的数据内容进行计算，触发该事件有以下几种原因：

1）单击数据控件的某个按钮，进行了记录的移动。

2）使用Move方法群组。

3）使用Find方法群组。

4）其他可改变当前记录的属性或方法。

事件的格式如下：

Private Sub 数据控件名_ Reposition（）

……

End Sub

（2）Validate事件　Validate事件与Reposition事件不同，是当某一记录成为当前记录之前，或在Update、Delete、Unload或Close操作之前触发。事件的格式如下：

Private Sub 数据控件名_ Validate（Action As Integer ，Save As Integer）

……

End Sub

其中：

Action。用来指示引发这种事件的操作，其设置值见表9-3。

Save。用来指定被链接的数据是否已修改。

表 9-3 Validate 事件的 Action 参数

常　数	值	描　述
vbDataActionCancel	0	当 Sub 退出时取消操作
vbDataActionMoveFirst	1	MoveFirst 方法
vbDataActionMovePrevious	2	MovePrevious 方法
vbDataActionMoveNext	3	MoveNext 方法
vbDataActionMoveLast	4	MoveLast 方法
vbDataActionAddNew	5	AddNew 方法
vbDataActionUpdate	6	Update 操作(不是 UpdateRecord)
vbDataActionDelete	7	Delete 方法
vbDataActionFind	8	Find 方法
vbDataActionBookmark	9	Bookmark 属性已被设置
vbDataActionClose	10	Close 的方法
vbDataActionUnload	11	窗体正在卸载

【案例 9-10】　了解 Data 控件方法。

（1）Refresh 方法　如果 DatabaseName、ReadOnly、Exclusive 或 Connect 属性的设置值发生改变，可以使用 Refresh 方法打开或重新打开数据库，更新数据控件的集合内容。当用户对数据库进行修改后，调用这个方法将重新取出数据，并将当前记录设为第一条记录。另外，在多用户环境下，当其他用户同时访问同一数据库和表时，Refresh 方法可使各用户对数据库的操作有效。

代码例如：Data1. Refresh。

（2）UpdateRecord 方法　当约束控件的内容改变时，如果不移动记录指针，则数据库中的值不会改变，可通过调用 UpdateRecord 方法来确认对记录的修改，将约束控件中的数据强制写入数据库中。例如，Data1. UpdateRecord。

（3）UpdateControls 方法　UpdateControls 方法可以从数据控件的记录集中再取回原先的记录内容，即恢复原先值。当在与数据控件绑定的控件中修改了记录内容，可以用 UpdateControls 方法使这些控件显示恢复原来的值，如 Data1. UpdateControls。

子任务3　使用数据绑定控件

数据库应用程序的数据时保存在数据库文件中的，必须使用相应的控件才能在窗口中显示出来。数据源控件从数据库提取数据形成记录集（Recordset），数据绑定控件则显示记录中指定字段的值。

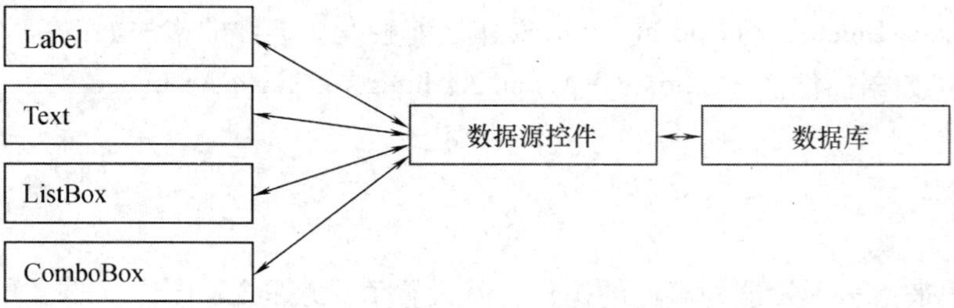

图 9-13　数据绑定控件与数据源控件绑定

在 VB 中可以绑定数据的控件有文本框、标签、复选框、组合框、列表框、图像框等。

数据控件用于绑定数据库和数据库中的某个数据表，绑定控件先与数据控件进行绑定，再绑定数据表中的某个列。所以，要使绑定控件与数据库链接，必须设置两个属性：

（1）DataSource 属性　通过指定一个有效的数据控件链接一个数据库。

（2）DataField 属性　设置控件与数据库中的哪个字段发生绑定、建立联系，即在控件中显示的是哪个字段的内容。

当绑定控件与数据控件绑定后，数据库当前记录的字段值就赋值给绑定控件，如果修改了显示的数据，并移动了记录指针，则修改后的数据会自动写入数据库。

【案例 9-11】　利用 Data 控件及文本框显示 goods _ table 表中的记录信息。

在任务一的子任务 3 中用可视化数据管理器建立了 data. mdb 数据库，该数据库中有一个 goods _ table 图书信息表。程序运行结果如图 9-14 所示。

步骤 1：界面设计。在窗体上添加一个 Data 控件、5 个 Text 控件、5 个按钮和 1 个菜单。

步骤 2：属性设置。首先将添加的 Data 控件的 DatabaseName 属性指定为 data. mdb（绝对路径）数据库，RecordSource 属性设置为“goods _ table”，如图 9-15、图 9-16 所示。接着放置 4 个 Text 文本框，把 Text1 ~ Text4 的 DataSource 属性设置为“Data1”，控件的 DataField 属性将显示图书信息数据表的全部字段，分别选择与其对应的字段：“book _ name”、“banbie”、“book _ count”、“mayang”，Text5 的 Text 属性为“输入图书名”，5 个按钮的 Caption 属性分别为“第一个”、“上一个记录”、“下一个记录”、“最后一个”和“查询”。菜单的设计，分别加入添加、删除、取消、保存等项，如图 9-17 所示。

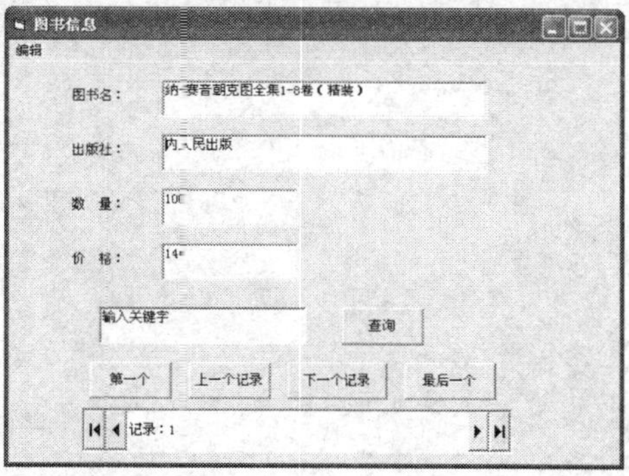

图 9-14　程序运行结果

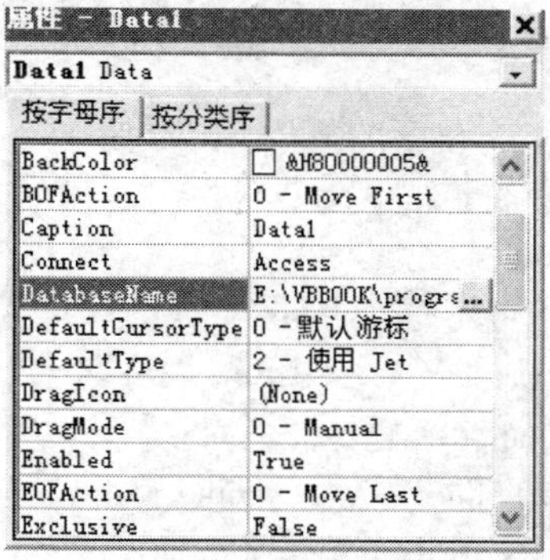

图 9-15　Data 控件 DatabaseName 属性

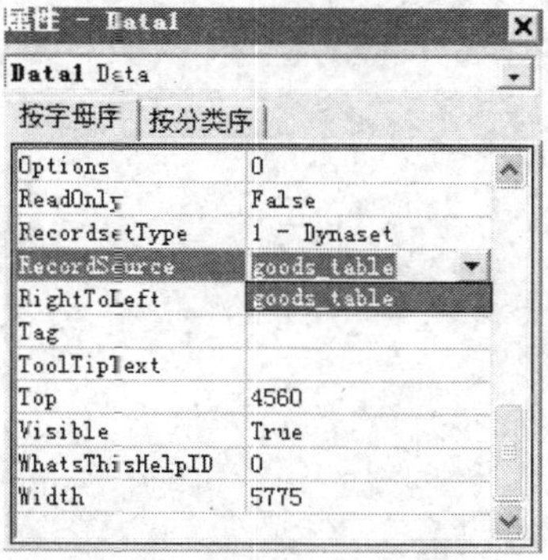

图 9-16　Data 控件 RecordSource 属性

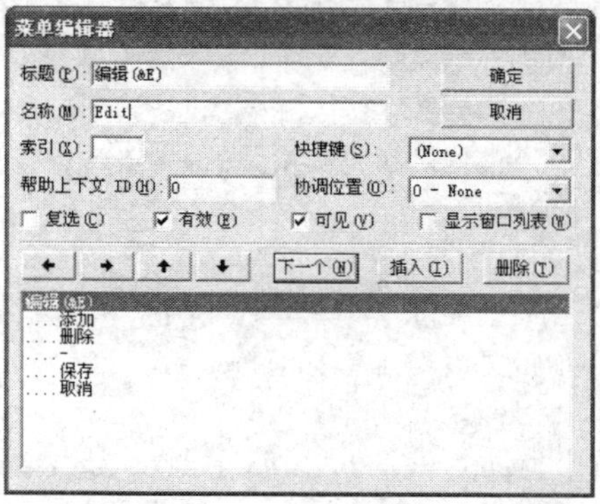

图 9-17　菜单设计

步骤3：代码设计如下：

```
Private Sub Data1 _ Reposition( )
    Data1. Caption = "记录:" &( Data1. Recordset. AbsolutePosition + 1)【1】
End Sub
Private Sub Data1 _ Validate( Action As Integer,Save As Integer)
  If save And Len( Trim( Text1 ) ) =0 Then
  Action =0
  MsgBox "图书名不能为空",vbInformation,"提示"                    【2】
End If
End Sub
Private Sub add _ Click( )
  Data1. Recordset. AddNew                                         【3】
  Text1. SetFocus                                                  【4】
End Sub
Private Sub cancel _ Click( )
    Data1. UpdateControls                                          【5】
End Sub
Private Sub del _ Click( )
  If MsgBox( "确定要删除记录吗?",vbYesNo,"警告" ) = vbYes Then
    Data1. Recordset. Delete                                       【6】
    Data1. Recordset. MovePrevious
    Data1. Refresh
  End If
End Sub
Private Sub save _ Click( )
    Data1. UpdateRecord                                            【7】
End Sub
Private Sub firstrecord _ Click( )
    Data1. Recordset. MoveFirst                                    【8】
End Sub
Private Sub lastrecord _ Click( )
    Data1. Recordset. MoveLast                                     【9】
End Sub
Private Sub nextrecord _ Click( )
  Data1. Recordset. MoveNext                                       【10】
  If Data1. Recordset. EOF Then
    Data1. Recordset. MoveLast
  End If
End Sub
Private Sub prevrecord _ Click( )
  Data1. Recordset. MovePrevious                                   【11】
  If Data1. Recordset. BOF Then
    Data1. Recordset. MoveFirst
  End If
End Sub
```

```
Private Sub search _ Click()                                    【12】
Dim search As String
search = Text5. Text
Data1. Recordset. FindFirst "book _ name = " & "'" & search & "'"
If Data1. Recordset. NoMatch Then
MsgBox "记录不存在",64,"提示"
End If
End Sub
```

代码详解：

【1】Data 控件上显示当前记录号。

【2】当数据有变化时会提示，如图书名为空，则程序提示图书名不能为空。

【3】添加数据。

【4】单击“添加”按钮后，光标移到 Text1 控件，即 Text1 文本框设置焦点。

【5】取消操作。

【6】删除数据。

【7】保存数据。

【8】记录指针移动到第一条记录。

【9】记录指针移动到最后一条记录。

【10】记录指针移动到下一个记录，并判断记录是否为最后一条记录，如果是则移动到最后一条记录，如果不是则移动到下一条记录。

【11】记录指针移动到上一个记录，并且判断记录是否是第一个记录，如果是则移动到第一条记录。

【12】查找数据，在 Text5 中输入图书名，会把符合的数据找出来。当 NoMatch 为 True 时，表示没有找到匹配记录。

知识点详解：

Recordset 常用的方法有 Move、AddNew、Delete 和 Edit 方法。

（1）Move 方法　用于移动 Recordset 对象的记录指针，有 5 种移动记录指针的方法。

Move 方法的语法格式如下：

```
<数据控件名>. Recordset. Move 方法名
```

1）MoveFirst 方法。将记录指针移至第一条记录。

2）MoveLast 方法。将记录指针移至最后一条记录。

3）MovePrevious 方法。将记录指针上移一条记录。

4）MoveNext 方法。将记录指针下移一条记录。

5）Move（n）方法。将记录指针下移 n 条记录（n 为整数值）。

（2）AddNew 方法　本方法用于清除数据缓冲区中的信息，并将当前记录指针移到最后，为添加新记录做好准备。语法格式如下：

<数据控件名>. Recordset. AddNew

为 Data 控件的记录集增加一条记录并保存，需要三个步骤：

1）调用 AddNew 方法。将自动清空数据缓冲区，为增加数据做好准备。

2）给数据库的字段赋值。有两种方法：一种方法是直接在绑定控件中输入数据；另一种方法是使用语句，即<数据控件名>. RecordSet. Fields（" 字段名"）= 值。

3）调用 Update 方法。将数据缓冲区中的数据写入数据表。

（3）Delete 方法　删除记录中的当前记录，但记录指针不动，它仍是当前记录。

语句格式如下：

<数据控件名>. Recordset. Delete

（4）Edit 方法　用于将当前记录复制到数据缓冲区以便编辑。

语句格式如下：

<数据控件名>. Recordset. Edit

（5）程序运行　运行结果如图 9-18、图 9-19 所示。

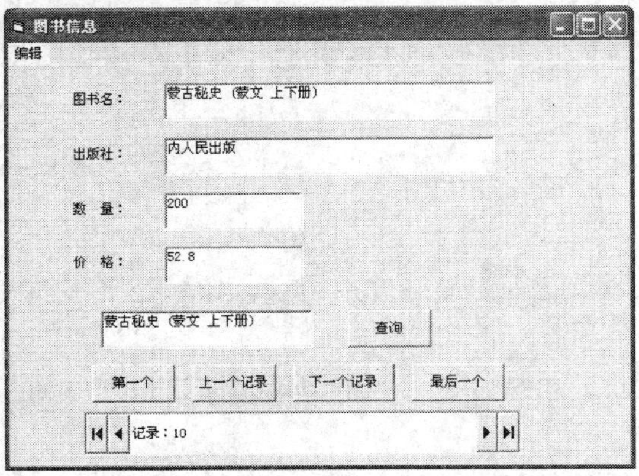

图 9-18　查询结果图

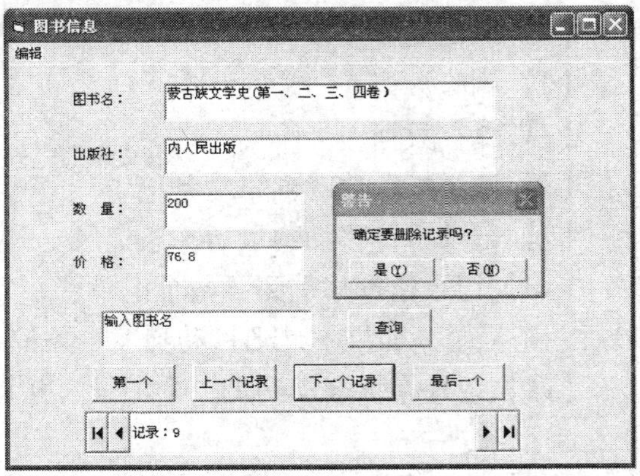

图 9-19　删除记录并提示

信息卡

如果使用 Data 控件作为数据源，只能在设计时与数据绑定控件进行绑定，如果想在程序运行时进行绑定，会出错。例如，以下语句在运行时出错：

set Text1. DataSource = Data1　　'语句出错

任务三　使用 ADO Data 控件

ADO（ActiveX Data Object）是 Microsoft 新的数据库访问技术，是建立在 OLE DB 之上的高层次数据库访问技术。与 Data 控件相似，二者都是将一个数据源链接到一个数据绑定控件，二者也都共享相同的外观（共 4 个按钮），使用户可以直接到达记录集的开始、记录集的末尾以及在记录集中向前或向后翻卷。由于 ActiveX 数据对象（ADO）的适应性更广，因此建议使用 ADO Data 控件来创建新的数据库应用程序。

VB 将 ADO 技术以两种方式提供给用户，ADO Data 控件具有程序设计状态下的界面，可以通过属性的设置可视化地完成数据库的链接、控件的绑定，甚至不用编写代码就可以设计出一个数据库程序；而 ADO 对象则不同，它的功能更加强大，但是需要用户通过编写程序代码来完成所有功能。

子任务1 认识 ADO Data 控件

【案例 9-12】 ADO Data 控件与数据库连接，并通过绑定的控件显示数据。

步骤 1：因为 ADO Data 控件是 ActiveX 控件，所以在使用前应添加 ADO Data 控件。通过选择菜单栏“工程”中的“部件”选项，在弹出的对话框中选择“Microsoft ADO Data Control 6.0（OLEDB）”选项，单击“确定”按钮后将 ADO Data 控件添加到工具箱中，如图 9-20、图 9-21 所示。

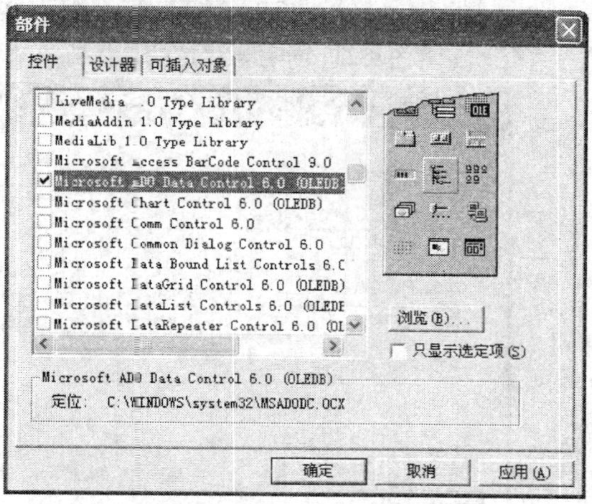

图 9-20 引用 ADO 控件

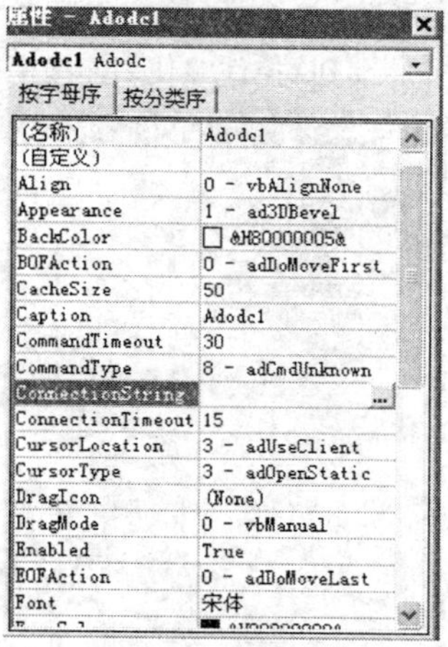

图 9-21 ADO 控件 ConnectionString 属性

步骤 2：右窗体上放置 ADO 数据控件，控件名采用默认名“Adodcl”。

步骤 3：单击 ADO 控件属性窗口中“ConnectionString”属性右边的“...”按钮，弹出“属性页”对话框。在该对话框中有三种不同方式的连接数据源，选择“使用连接字符串”只需要单击“生成”按钮，通过选项设置自动产生连接字符串。

步骤 4：选择“使用连接字符串”方式连接数据源。单击“生成”按钮，打开“数据链接属性”对话框，如图 9-22 所示。在“提供者”选项卡中选择一个合适的 OLE DB 数据源，data. mdb 是 Access 数据库，选择“Microsoft Jet 4. 0 OLE DB Provider”选项，如图 9-23 所示。然后单击“下一步”按钮或打开“连接”选项卡，在对话框内指定数据库文件，这里为 data. mdb。为保证连接有效，可单击“连接”选项卡右下方的“测试连接”按钮，如果测试成功则关闭 ConnectionString 属性页，如图 9-24 所示。

步骤 5：单击 ADO 控件属性窗口中的“RecordSource”属性右边的“...”按钮，弹出记录源“属性页”对话框。

在“命令类型”下拉式列表框中选择“2-adCmdTable”选项，在“表或存储过程名称”下拉式列表框中选择 data. mdb 数据库中的“goods _ table”表，关闭记录源属性页。此时，已完成了 ADO 数据控件的连接工作，如图 9-25 所示。

步骤 6：数据绑定过程，与任务二中的 Data 控件的数据绑定过程相似，不同之处在于 Text 文本框的 DataSource 属性中选择 Adodc1 控件。这说明 Text 控件的数据来源是通过 ADO 控件与数据库建立的，如图 9-26 所示。程序运行结果如图 9-27 所示。

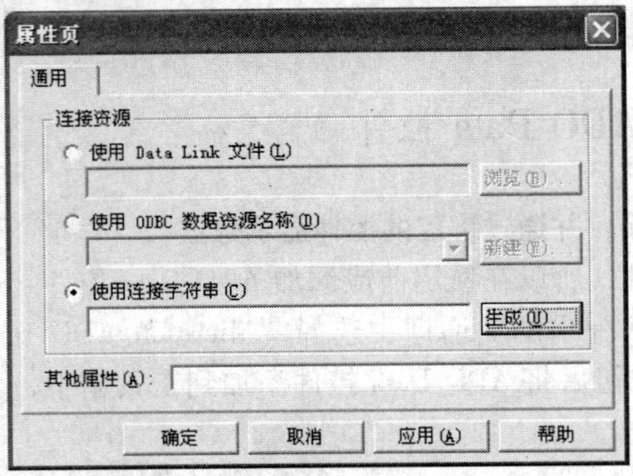

图 9-22 ADO 控件“使用连接字符串”选项

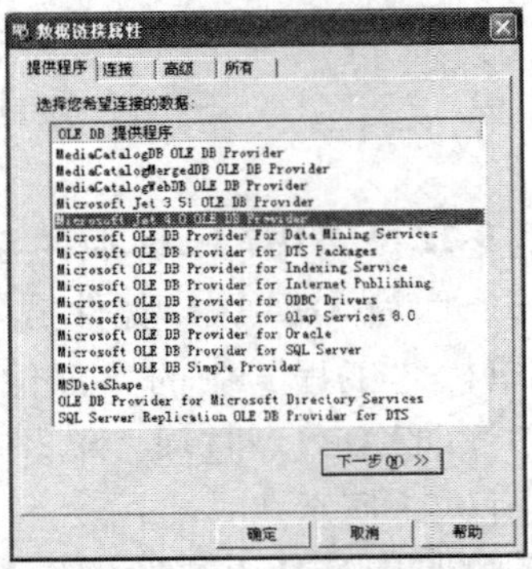

图 9-23 连接数据源的选择

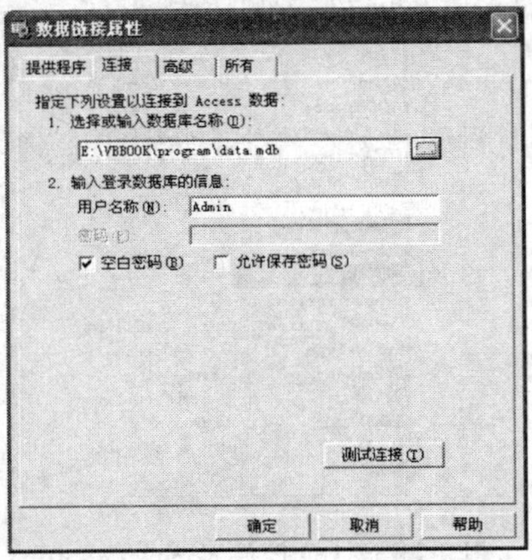

图 9-24 选择链接的数据库文件

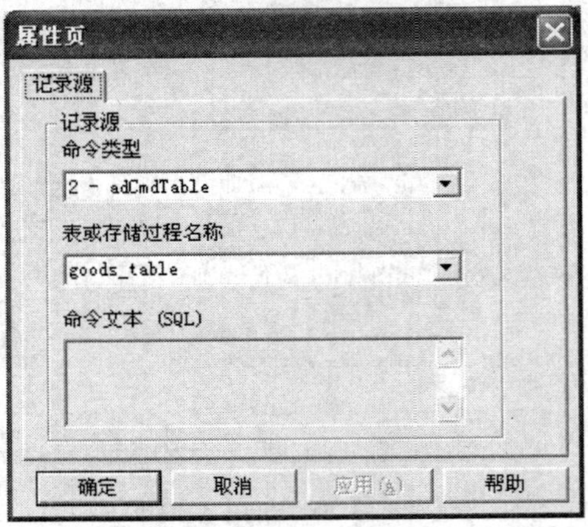

图 9-25 RecordSource 记录源

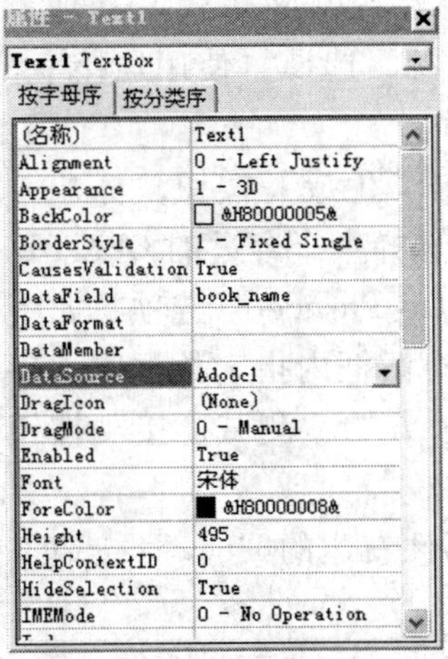

图 9-26 ADO 控件“DataSource”属性

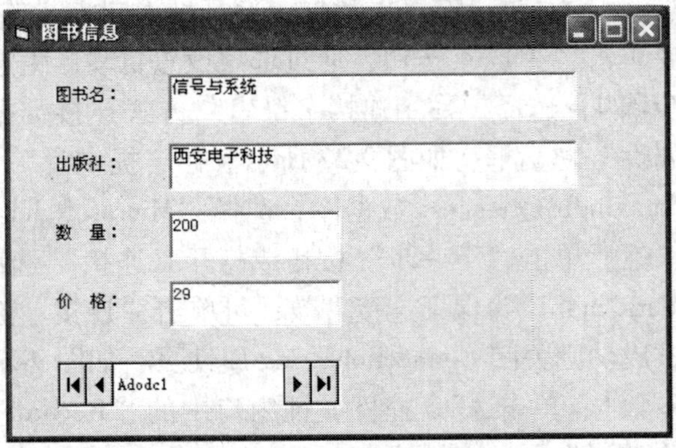

图 9-27 程序运行界面图

知识点详解：

ADO 数据控件的基本属性

（1）ConnectionString 属性　ADO 控件没有 DatabaseName 属性，它使用 ConnectionString 属性与数据库建立链接。该属性包含了用于与数据源建立链接的相关信息，见表 9-4。

表 9-4　ConnectionString 属性参数

参　数	描　述
Provide	指定数据源的名称
FileName	指定数据源所对应的文件名
RemoteProvide	在远程数据服务器打开一个客户端时所用的数据源名称
RemoteServer	在远程数据服务器打开一个主机端时所用的数据源名称

（2）RecordSource 属性　RecordSource 确定具体可访问的数据，这些数据构成记录集对象 Recordset。该属性值可以是数据库中的单个表名、一个存储查询，也可以是使用 SQL 查询语言的一个查询字符串。

（3）ConnectionTimeout 属性　用于数据连接的超时设置，若在指定时间内连接不成功则显示超时信息。

（4）MaxRecords 属性　定义从一个查询中最多能返回的记录数。

信息卡

也可以用鼠标右键单击 ADO 数据控件，在弹出的快捷菜单中选择“ADODC 属性”菜单命令，打开 ADO 数据控件“属性页”对话框，一次完成步骤 1～步骤 4 的全部设置。

ADO 数据控件的方法和事件与 Data 控件的方法和事件完全一样。

子任务2　了解 ADO 对象

ADO（ActiveX Data Object）是一种 ActiveX 对象。ADO 是通过 OLE DB 提供者对数据库服务器中的数据进行访问和操作的，其主要优点是易于使用、快速、低内存支出和占用磁盘空间低，并支持建立基于客户端/服务器的 C/S 和基于 Web 的 B/S 应用程序。

对于数据库编程人员来说，ADO 具有如下优越性：

1）便于使用。

2）支持多种编程语言，包括 Visual Basic、Java、C ++、VBScript 和 JavaScript。

3）支持任何 OLE DB 服务器，ADO 可以操作任何的 OLE DB 数据源。

4）不损失任何 OLE DB 的功能，ADO 支持 C ++ 语言编程人员操作底层的 OLE DB 接口。

5）可扩展性，ADO 能够通过提供者属性集合动态地表示指定的数据提供者，还能够支持 COM 的扩展数据类型。

ADO 对象定义了一个可编程的分层对象集合，由三个对象成员 Connection、Command 和 Recordset 对象，以及几个集合对象 Errors、Parameters 和 Fields 等组成，如图 9-28 所示。

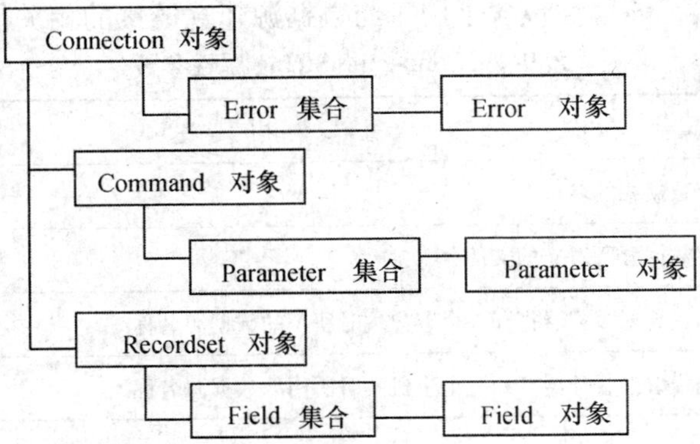

图 9-28 ADO 对象模型

（1）Connection 对象　在数据库应用中操作数据源都必须通过 Connection 对象，这是数据交换的环境。Connection 对象代表了与数据源的一个会话，在客户/服务器模型里，这个会话相当于与服务器的一次网络连接。不同的数据提供者提供的该对象的集合、方法和属性不同。

借助于 Connection 对象的集合、方法和属性，可以使用 Open 和 Close 方法建立和释放一个数据源连接。使用 Execute 方法可以执行一个数据操作命令，使用 BeginTrans、CommitTrans 和 RollbackTrans 方法可以启动、提交和回滚一个处理事务。通过操作 Errors 集合可以获取和处理错误信息，操作 CommandTimeout 属性可以设置连接的溢出时间，操作 ConnectionString 属性可以设置连接的字符串，操作 Mode 属性可以设置连接的模式，操作 Provider 属性可以指定 OLE DB 提供者。

（2）Command 对象　Command 对象是一个对数据源执行命令的定义，使用该对象可以查询数据库并返回一个 Recordset 对象、执行一个批量的数据操作，或者操作数据库的结构。不同的数据提供者提供的该对象的集合、方法和属性不同。借助于 Command 对象的集合、方法和属性，可以使用 Parameters 集合制定命令的参数，可以使用 Execute 方法执行一个查询，并将查询结果返回到一个 Recordset 对象中，操作 CommandText 属性可以为该对象指定一个命令的文本，操作 CommandType 属性可以指定命令的类型，操作 Prepared 可以得知数据提供者是否准备好命令的执行，操作 CommandTimeout 属性可以设置命令执行的溢出时间。

（3）Parameter 对象　Parameter 对象在 Command 对象中用于指定参数化查询或者存储过程的参数。大多数数据提供者支持参数化命令，这些命令往往是已经定义好的，只是在执行过程中调整参数的内容。借助于 Parameter 对象的集合、方法和属性，可以通过设置 Name 属性指定参数的名称，通过设置 Value 属性指定参数的值，通过设置 Attributes 和 Direction、Precision、NumericScale、Size 与 Type 属性指定参数的信息，通过执行 AppendChunk 方法将数据传递到参数里。

（4）Recordset 对象　如果执行的命令是一个查询并返回存放在表中的结果集，则这些结果集将被保存在本地的存储区里，Recordset 对象是执行这种存储的 ADO 对象。通过 Recordset对象可以操纵来自数据提供者的数据，包括修改和更新行、插入行和删除行。

借助于 Recordset 对象的集合、方法和属性，可以通过设置 CursorType 属性设置记录集的光标类型。通过设置 CursorLocation 属性可以指定光标位置；通过读取 BOF 和 EOF 属性的值，获知当前光标在记录集里的位置是在最前或者最后；通过执行 MoveFirst、MoveLast、MoveNext 和 MovePrevious 方法移动记录集里的光标；通过执行 Update 方法可以更新数据修改；通过执行 AddNew 方法可以执行行插入操作；通过执行 Delete 方法可以删除行，见表 9-5 和表 9-6。

表 9-5　CursorType 参数的取值

光标类型	描　述
adOpenDynamic	允许添加、修改和删除记录，支持所有方式的光标移动，其他用户的修改可以在联机以后仍然可见
adOpenKeyset	类似于 adOpenDynamic 光标，它支持所有类型的光标移动，但是建立连接以后其他用户对记录的添加不可见，其他用户对记录的删除和对数据的修改是可见的。支持书签操作
adOpenStatic	支持各种方式的光标移动，但是建立连接以后其他用户的行添加、行删除和数据修改都不可见，支持书签操作
adOpenForwardOnly	只允许向前存取，而且在建立连接以后，其他用户的行添加、行删除和数据修改都不可见，支持书签操作

表 9-6　CursorLocation 的取值

CursorLocation 取值	描　述
adUseNone	不使用光标服务位置（已过时，只是为了向后兼容才出现）
adUseClient	使用客户端光标
adUseServer	（默认）使用数据服务端或者驱动提供端光标

（5）Field 对象　Recordset 对象的一个行由一个或者多个 Fields 对象组成，如果把一个 Recordset 对象看成一个二维网格表，那么 Fields 对象就是这些列。这些列里保存了列的名称、数据类型和值，这些值是来自数据源的真正数据。为了修改数据源里的数据，必须首先修改Recordset 对象各个行中 Field 对象的值，最后 Recordset 对象将这些修改提交到数据源。

借助于 Field 对象的集合、方法和属性，可以通过读取 Name 属性，获知列的名称。通过操作 Value 属性可以改变列的值，通过读取 Type、Precision 和 NumericScale 属性，可获知列的数据类型、精度和小数位的个数，通过执行 AppendChunk 和 GetChunk 方法可以操作列的值。

（6）Error 对象　Error 对象包含了 ADO 数据操作时发生错误的详细描述，ADO 的任何对象都可以产生一个或者多个数据提供者错误，当错误发生时，这些错误对象被添加到 Connection 对象的 Errors 集合中。当另外一个 ADO 对象产生一个错误时，Errors 集合中的 Error 对象被清除，新的 Error 对象将被添加到 Errors 集合中。

借助于 Error 对象的集合、方法和属性，可以通过读取 Number 和 Description 属性，获得 ADO 错误号码和对错误的描述，通过读取 Source 属性得知错误发生的源。

（7）Property 对象　Property 对象代表了一个由提供者定义的 ADO 对象的动态特征。ADO 对象有两种类型的 Property 对象：内置的和动态的。内置的 Property 对象是指那些在 ADO 中实现的在对象创建时立即可见的属性，可以通过域作用符直接操作这些属性。动态的 Property 对象是指由数据提供者定义的底层的属性，这些属性出现在 ADO 对象的 Properties 集合中。例如，如果一个 Recordset 对象支持事务和更新，这些属性将作为 Property 对象出现在 Recordset 对象的 Properties 集合中。动态属性必须通过集合进行引用，如使用下面的语法：

```
MyObject.Properties(0) 或者 MyObject.Properties("Name")
```

不能删除任何类型的属性对象。借助于 Property 对象的集合、方法和属性，可以通过读取 Name 属性获得属性的名称，通过读取 Type 属性获取属性的数据类型，通过读取 Value 属性获取属性的值。

子任务3　掌握 ADO 数据库编程

要使用 ADO 数据库编程，首先要载入 ADO 对象库，建立应用程序与数据源的连接，然后提交并执行命令并处理返回的记录集，最后更新数据源并捕获和处理错误。

ADO 数据库编程一般分为三个步骤：连接数据源、执行命令和使用记录集。

（1）连接数据源　ADO 编程的第一步主要是创建一个包含关键信息（如事件提供者、数据位置等）的连接字符串。这可以通过 Connection 对象来实现。

（2）执行命令　建立了与数据源的连接后，就可以执行命令来实现对数据库的操作，有三大类命令，即 SQL、表名和存储过程。命令可以通过使用一系列参数来控制工作进程和方式，也可以返回包含从数据源中检索到的一系列数据行的 Recordset 对象。

（3）使用记录集　Recordset 对象是访问数据库中存储数据的一种方式。记录集保留了一个指向当前数据行的指针，这个指针可以通过使用对象中不同的方法来加以控制。例如，可以使用 MoveFirst 或 MoveNext 方法来使指针移到第一行或下一行。记录集中的每一个单列都是由 Field 对象来描述的，所以如果要访问在特定行中的信息，可以使用 Fields 集合。

【案例 9-13】　使用 ADO 对象与数据库进行链接，并通过 DataGrid 控件显示数据。

步骤 1：引用 ADO 对象库。在使用 ADO 对象库之前必须先将 ADO 对象库引用到当前工程中，通过菜单栏“工程”→“引用”选项，在打开的对话框中选择“Microsoft ActiveX Data Object 2.5 Library”即可，如图 9-29 所示。

图 9-29 引用 ADO 对象库

信息卡

如果工程中加载了 ADO Data 控件，系统会自动加载 ADO 对象库。

步骤 2：Connection 对象和 Recordset 记录集对象。通过该对象可以完成与数据库的链接，并在其基础上创建 Recordset 对象来访问数据库信息。

Connection 对象的编程过程是：定义 Connection，Public conn As New adodb. Connection（定义数据连接字符串），然后指定连接字符串，最后使用 Open 方法打开连接，当工程使用结束后使用 Close 方法关闭连接。Open 方法语句格式如下：

```
Connection. open Connectionstring, UserID, Password, Openoptions
```

Recordset 记录集对象的编程过程是：定义记录集，Public RS As New adodb. Recordset（定义记录集），使用 Open 方法打开连接。Open 方法参数如下：

```
recordset. Open Source, ActiveConnection, CursorType, LockType, Options
```

Recordset 对象可以通过 Source 属性来连接 Command 对象。Source 参数可以是一个 Command 对象名称、一段 SQL 命令、一个指定的数据表名称或是一个 Stored Procedure。

Recordset 对象可以通过 ActiveConnection 属性来连接 Connection 对象。这里的 ActiveConnection 可以是一个 Connection 对象或是一串包含数据库连接信息（Connection String）的字符串参数。

Recordset 对象 Open 方法的 CursorType 参数表示将以什么样的游标类型启动数据，包括 adOpenForwardOnly、adOpenKeyset、adOpenDynamic 及 adOpenStatic，分述如下：

1）adOpenForwardOnly 0 为默认值，启动一个只能向前移动的游标（Forward Only）。

2）adOpenKeyset 1 启动一个 Keyset 类型的游标。

3）adOpenDynamic 2 启动一个 Dynamic 类型的游标。

4）adOpenStatic 3 启动一个 Static 类型的游标。

Recordset 对象 Open 方法的 LockType 参数表示要采用的 Lock 类型，若忽略这个参数，则系统会以 Recordset 对象的 LockType 属性为预设值。LockType 参数包含 adLockReadOnly、adLockPessimistic、adLockOptimistic 及 adLockBatchOptimistic 等，分述如下：

1）adLockReadOnly 1 为默认值，Recordset 对象以只读方式启动，无法运行 AddNew、Update 及 Delete 等方法。

2）adLockPessimistic 2，当数据源正在更新时，系统会暂时锁住其他用户的动作，以保持数据一致性。

3）adLockOptimistic 3，当数据源正在更新时，系统并不会锁住其他用户的动作，其他用户可以对数据进行增、删、改的操作。

4）adLockBatchOptimistic 4，当数据源正在更新时，其他用户必须将 CursorLocation 属性改为 adUdeClientBatch 才能对数据进行增、删、改的操作。

如果数据源没有返回记录，那么提供者将 BOF 和 EOF 属性同时设为 True，并不定义不前记录位置。

信息卡

如果游标类型允许，仍然可以将新数据添加到该空 Recordset 对象。

链接 Access 数据库代码如下：

```
Public conn As New ADODB. Connection    '定义数据连接字符串
  Public rs As ADODB. Recordset         '定义记录集
  Dim cnStr As String
  Dim strSQL As String
  Dim strDBPath As String
  Private Sub Form _ Load( )
    strDBPath = App. Path & " \data. mdb"                                    【1】
    conn. CursorLocation = adUseClient                                        【2】
    conn. ConnectionString = " Provider = Microsoft. Jet. OLEDB. 4. 0; Persist Security Info = False; Data
Source = " & strDBPath                                                        【3】
    conn. Open                                                                【4】
    strSQL = "select * from goods _ table"                                    【5】
    Set rs = conn. Execute( strSQL)                                           【6】
    Set DataGrid1. DataSource = rs                                            【7】
End Sub
```

链接 SQL Server 数据库代码如下：

```
Public conn As New ADODB. Connection '定义数据连接字符串
  Public rs As New ADODB. Recordset  '定义记录集
  Dim cmd As New ADODB. Command
  Dim cnStr As String
```

```
    Dim strSQL As String
    Dim strDBPath As String
    Private Sub Form _ Load( )
      conn. ConnectionString = " Provider = SQLOLEDB. 1 ; Integrated
      Security = SSPI; Persist Security Info = False; Initial Catalog = DBBooks; Data Source = . "
      conn. Open
      cmd. ActiveConnection = conn
      cmd. CommandType = adCmdText                                                    【8】
      cmd. CommandText = " select *  from goods _ table"
      rs. CursorLocation = adUseClient
      rs. CursorType = adOpenDynamic                                                  【9】
      rs. LockType = adLockReadOnly                                                   【10】
      rs. Open cmd
      Set DataGrid1. DataSource = rs
  End Sub
```

代码详解：

【1】获取数据库路径，赋值给 strDBPath 变量。

【2】光标服务程序的默认位置，设置成本地游标库提供的客户端，见表 9-6。

【3】数据库连接字符串。

【4】打开与数据提供者之间的连接。

【5】SQL 语句。

【6】Execute 执行指定的命令。

【7】把记录集赋值给 DataGrid1. DataSource，即 DataGrid1 显示 rs 记录集的数据。

【8】将 CommandType 作为命令或存储过程调用的文本化定义进行计算。

【9】adOpenDynamic 为动态游标，允许在记录集中进行所有类型的移动。

【10】默认值，只读。无法更改记录。

信息卡

> Dim conn As New ADODB. Connection 创建一个 Connection 实例，使用 New 等于将 Dim 和 Set 合并为一段代码执行。即：Private conn As adodb. Connection 和 Set conn = New Connection 两行代码的合并。

【案例 9-14】 利用 DataGrid 控件浏览数据库中的 goods _ table 表的数据。

步骤 1：在使用 DataGrid 控件前也必须先通过"工程"→"部件"菜单命令选择"Microsoft DataGrid Control 6. 0（OLEDB）"选项，将 DataGrid 控件添加到工具箱，如图 9-30 所示。再将 DataGrid 控件放置到窗体上。设置 DataGrid 网格控件的 DataSource 属性为 Adodc1，就可以将 DataGrid1 绑定到数据控件 Adodc1 上，如图 9-31 所示。

步骤 2：显示在 DataGrid 网格内的记录集，可以通过 DataGrid 控件的 AllowAddNew、AllowDelete 和 AllowUpdate 属性设置控制增、删、改操作。如果要改变 DataGrid 网格上显示的字段，可用鼠标右键单击 DataGrid 控件，在弹出的快捷菜单中选择“检索字段”选项。Visual Basic 提示是否替换现有的网格布局，单击“是”按钮就可将表中的字段装载到 DataGrid 控件中。图 9-32 所示为检索字段。

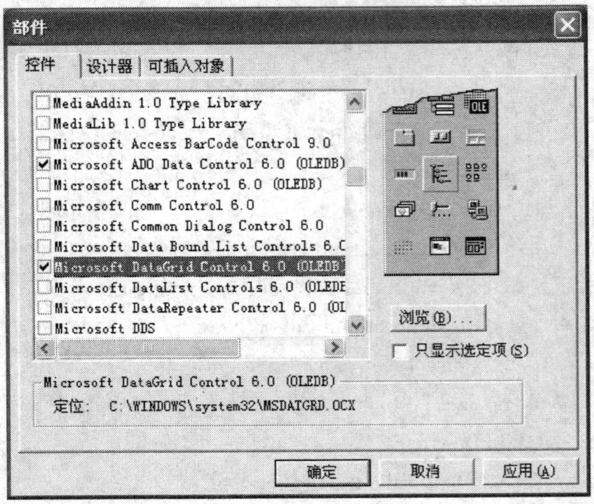

图 9-30 添加 DataGrid 控件

步骤 3：用鼠标右键单击 DataGrid 控件，在弹出的快捷菜单中选择“编辑”选项，进入数据网格字段布局的编辑状态，此时，当鼠标指在字段名上时，鼠标指针变成黑色向下箭头。用鼠标右键单击需要修改的字段名，在弹出的快捷菜单中选择“删除”选项，就可以从 DataGrid 控件中删除该字段。图 9-33 所示为删除字段。

步骤 4：DataGrid 属性设置。在 DataGrid 控件上单击鼠标右键，在弹出的快捷菜单中选择“属性”选项后，可以设置表格名称、字段宽度、字段标题、样式和字体等，如图 9-34 所示。

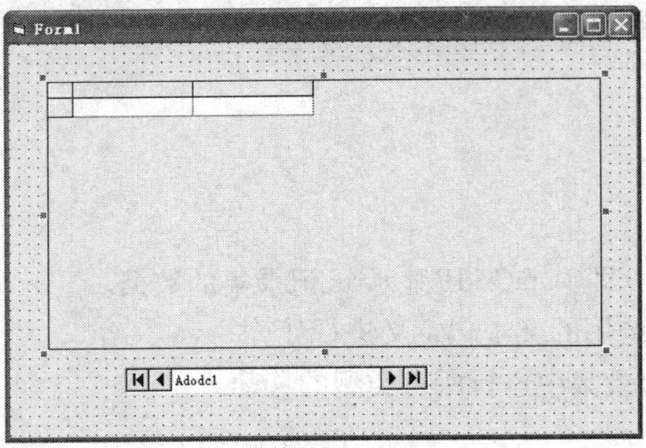

图 9-31 窗体上添加 DataGrid 控件

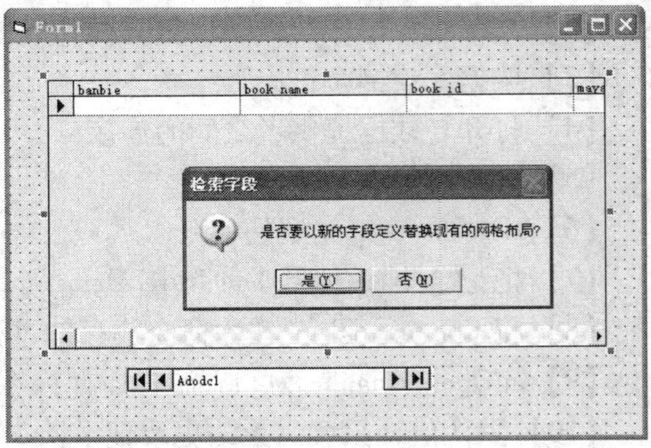

图 9-32 检索字段

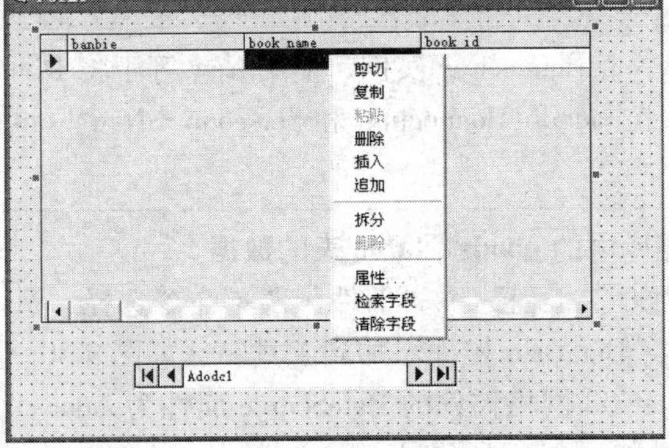

图 9-33 删除字段图

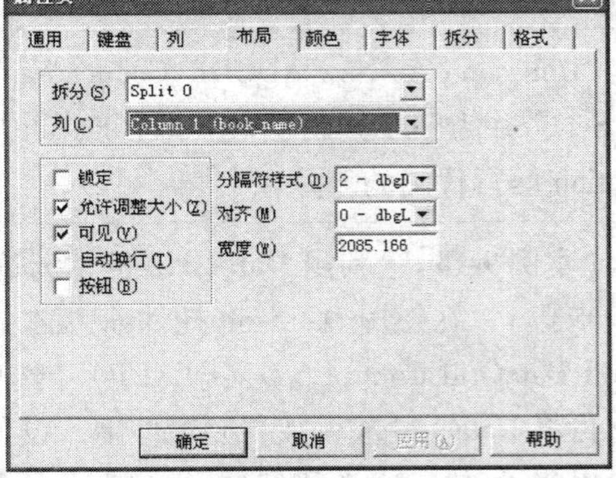

图 9-34 DataGrid 属性窗口

步骤5：程序运行截图，如图9-35所示。

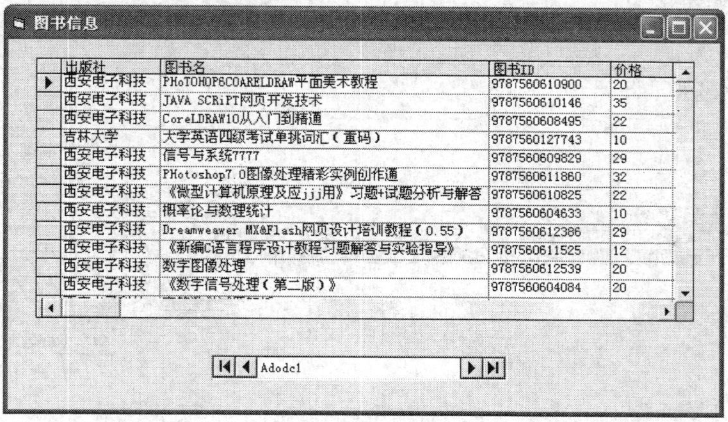

图9-35 DataGrid程序运行截图

代码如下：

```
Private DB As adodb. Connection
Private RS As Recordset
Private id As Variant
Private Sub Form _ Load( )
   Set DB = New Connection
   DB. CursorLocation = adUseClient
   k = App. Path + " \data. mdb;"
   DB. Open "Provider = microsoft. jet. oledb. 3. 51;data source = " + k
   Set RS = New Recordset
   RS. Open "SELECT * FROM GOODS _ TABLE",DB,adOpenStatic,adLockOptimistic
   Set DataGrid1. DataSource = RS
End Sub
```

知识点详解：

随着ADO对象模型的引入，Visual Basic 6.0除了保留以往的一些绑定控件外，又提供了一些新的成员来连接不同数据类型的数据。新成员主要有DataGrid、DataCombo、DataList、DataReport等控件。Visual Basic 6.0在绑定控件上不仅对DataSource和DataField属性在连接功能上做了改进，又增加了DataMember与DataFormat属性，使数据访问的队列更加完整。DataMember属性允许处理多个数据集，DataFormat属性用于指定数据内容的显示格式。

【案例9-15】 创建图书管理系统的“新进书管理”窗体及其初始化。

本案例是库存工程文件中的frm _ newbook窗体的实现，源代码请查看配套资源中的StockManage文件夹，打开库存管理.vbp后查看frm _ newbook窗体代码，其界面如图9-36所示。

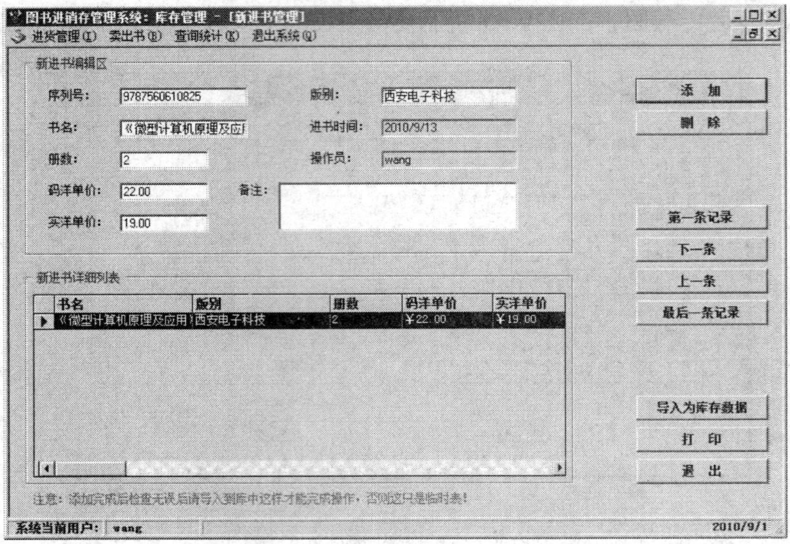

图 9-36 “新进书管理”界面

信息卡

本案例代码中有一个陌生的 DBOper。VBDbOper 是一个类模块，整个案例工程中数据库的操作都是依赖该类模块来实现的。在本书的模块十任务一子任务 1 中将详细介绍 VBDbOper 类和它的三个函数：DataBaseLink 函数、Query 函数和 QueryR 函数。

为工程添加窗体 frm _ newbook，窗体上控件的具体属性见表 9-7、表 9-8。

表 9-7 窗体上文本控件的属性列表

控 件	属性设置	对应标签	控 件	属性设置	对应标签
Text1		序列号：	Text6	Locked = True	进书时间：
Text2		书名：	Text7	Locked = True	操作员：
Text3		册数：	Text8	MultiLine = True	备注：
Text4		码洋单价：	Text9		版别：
Text5		实洋单价：			

表 9-8 窗体上按钮控件属性列表

控 件	属 性	属 性 值	控 件	属 性	属 性 值
Command1	Caption	添加	Command8	Caption	退出
Command2	Caption	删除	Command9	Caption	上一条
Command4	Caption	下一条记录	Command10	Caption	最后一条记录
Command5	Caption	下一条	DataGrid 控件	AllowUpdate	False
Command6	Caption	导入为库存数据	Label		默认
Command7	Caption	打印	Frame		默认

实现该案例代码如下：

```
Private tmpBooksListRec As ADODB. Recordset          【1】
Private PublicID As String                           【2】
Private strSql As String                             【3】
```

```
Private Sub Form_Load()                                                              【4】
    Call RefreshDGrid
End Sub
Private Sub RefreshDGrid()
    Set tmpBooksListRec = DBOper.QueryR("Select * From ls_inbook_table")             【5】
    Set Me.DataGrid1.DataSource = tmpBooksListRec '从临时进书表中读取信息              【6】
    Text1.Text = ""                                                                  【7】
    Text2.Text = ""
    Text3.Text = ""
    Text4.Text = ""
    Text5.Text = ""
    Text6.Text = DateTime.Date
    Text7.Text = Trim(frm_main.StatusBar1.Panels(2).Text)
    Text8.Text = ""
    Text9.Text = ""
    PublicID = -1
End Sub
```

代码详解：

【1】声明私有模块级变量，用于临时保存记录集。

【2】声明私有模块级变量，用于保存当前书在数据表中的主索引号。

【3】声明私有模块级变量，用于保存 Sql 查询语句。

【4】窗体加载时调用 RefreshDGrid 过程，以更新表格内容。RefreshDGrid 过程在库存管理工程中的 frm_newbook 窗体的代码里。

【5】查询 ls_inbook_table 表，返回表中的全部记录到临时记录集。

【6】以查询到的临时记录集作为表格的数据源。

【7】初始化窗口的表单内容。

【案例 9-16】 实现“新进书管理”窗体中记录指针导航。

实现该案例代码如下：

```
Private Sub ShowInfo(ShowRec As ADODB.Recordset)                                     【1】
        PublicID = ShowRec.Fields("book_id").Value                                   【2】
        Text1.Text = ShowRec.Fields("book_id").Value
        Text2.Text = ShowRec.Fields("book_name").Value
        Text3.Text = ShowRec.Fields("book_count").Value
        Text4.Text = ShowRec.Fields("mayang").Value
        Text5.Text = ShowRec.Fields("shiyang").Value
        Text6.Text = ShowRec.Fields("in_time").Value
        Text7.Text = ShowRec.Fields("person").Value
        Text8Text = ShowRec.Fields("beizhu").Value
        Text9.Text = ShowRec.Fields("banbie").Value
```

```
End Sub
Private Sub Command4 _ Click( )
    If Not tmpBooksListRec. RecordCount = 0 Then
        tmpBooksListRec. MoveFirst
        Call ShowInfo( tmpBooksListRec)
    End If
End Sub
Private Sub Command9 _ Click( )                                    【3】
    On Error Resume Next                                           【4】
    tmpBooksListRec. MovePrevious                                  【5】
    If tmpBooksListRec. BOF Then
        MsgBox "已经到达第一条记录"
        tmpBooksListRec. MoveFirst
    End If                                                         【6】
    Call ShowInfo( tmpBooksListRec)
End Sub
Private Sub Command5 _ Click( )                                    【7】
    On Error Resume Next
    tmpBooksListRec. MoveNext                                      【8】
    If tmpBooksListRec. EOF Then
        MsgBox "已经是最后一条记录"
        tmpBooksListRec. MoveLast
    End If                                                         【9】
    Call ShowInfo( tmpBooksListRec)
End Sub
Private Sub Command10 _ Click( )                                   【10】
    If Not tmpBooksListRec. RecordCount = 0 Then
        tmpBooksListRec. MoveLast
        Call ShowInfo( tmpBooksListRec)
    End If
End Sub
```

代码详解：

【1】自定义模块级别函数用来显示记录及内容到文本框。

【2】在模块级变量中保存当前记录的索引号。

【3】显示相对当前记录的上一条记录。

【4】错误捕获设置，当发生错误时忽略并继续执行。

【5】使记录指针前移。

【6】如果当前已经为首记录，则 MovePrevious 方法将使记录指针移到超出首记录的位置，此时记录集的 BOF 属性为 True，需重新定位记录指针到首记录位置。

【7】显示相对当前记录的下一条记录。

【8】使记录指针后移。

【9】如果当前已经为末尾记录，则 MoveNext 方法将使记录指针移到超出末尾记录的位置，此时记录集的 EOF 属性为 True，需重新定位记录指针到末尾记录位置。

【10】显示记录集中最后一条记录。当记录集中包含记录时，使用 MoveLast 方法将记录指针移动到最后一条记录上。

【案例 9-17】 实现"新进书管理"窗体中添加记录功能。

实现该案例代码如下：

```
Private Sub Command1 _ Click( )
        …判断输入正确性,代码略
        Text2. Text = Trim( Text2. Text)
        Text6. Text = DateTime. Date                                          【1】
        Text7. Text = Trim( frm _ main. StatusBar1. Panels(2). Text)          【2】
        tmpBooksListRec. AddNew                                               【3】
        tmpBooksListRec. Fields( "book _ id" ) = Text1. Text                  【4】
        tmpBooksListRec. Fields( "book _ name" ) = Text2. Text
        tmpBooksListRec. Fields( "book _ count" ) = Text3. Text
        tmpBooksListRec. Fields( "mayang" ) = Text4. Text
        tmpBooksListRec. Fields( "shiyang" ) = Text5. Text
        tmpBooksListRec. Fields( "banbie" ) = Text9. Text
        tmpBooksListRec. Fields( "in _ time" ) = Text6. Text
        tmpBooksListRec. Fields( "person" ) = Text7. Text
        tmpBooksListRec. Fields( "beizhu" ) = Text8. Text
        tmpBooksListRec. Update                                               【5】
        Call RefreshDGrid                                                     【6】
        Text1. SetFocus
End Sub
```

代码详解：

【1】获取当前的系统时间赋给"进书时间"。

【2】从主窗体的状态栏获取"操作员"名称。

【3】为记录集新建一条空白记录。

【4】以文本框的信息填充对应字段的值。

【5】更新字段填充结果。

【6】重新载入表格的数据源，实现表格的刷新。

【案例 9-18】 实现"新进书管理"窗体中删除记录功能。

实现该案例代码如下：

```
Private Sub Command2 _ Click( )
    On Error Resume Next                                                      【1】
    If PublicID = -1 Then
```

```
        MsgBox "当前没有记录或请移动记录!",48 + vbOKOnly,"提示"
    Else
        If MsgBox("确实要删除《 " & Trim $(Text2. Text)& " 》这本书的记录吗?",_32 + vbYes-
No,"提示") = vbYes Then
            tmpBooksListRec. Delete
            If tmpBooksListRec. EOF Then tmpBooksListRec. MoveLast
            End If
        End If                                                        【2】
End Sub
```

代码详解：

【1】错误捕获设置，当发生错误时忽略，并继续执行。

【2】判断当前记录的索引值，如果是 -1 则说明当前记录指针没有指向记录，否则弹出提示信息要用户确认删除，当用户确认时调用记录集的 Delete 方法删除当前记录。之后需要判断记录指针是否已经超出了记录集的末尾（删除的是最后位置上的记录时），如果是则将记录指针移到末尾记录上。

【案例 9-19】 实现"新进书管理"窗体中序列号查询功能。

实现该案例代码如下：

```
Private Sub Text1 _ KeyPress(KeyAscii As Integer)                    【1】
    Dim TotalRec As ADODB. Recordset
    If Not Text1. Text = "" And KeyAscii = 13 Then
        strSql = "select * from total _ books _ table where book _ id ='" & _   【2】
                                            Trim $(Text1. Text)&"'"   【3】
        Set TotalRec = DBOper. QueryR(strSql)                         【4】
If Not TotalRec. RecordCount = 0 Then
            TotalRec. MoveFirst
            Text2. Text = TotalRec. Fields("book _ name"). Value
            Text4. Text = TotalRec. Fields("mayang"). Value
            Text5. Text = TotalRec. Fields("shiyang"). Value
            Text9. Text = TotalRec. Fields("banbie"). Value
        End If                                                        【5】
    End If
End Sub
```

代码详解：

【1】序列号对应的文本框的键盘点击事件。

【2】当该文本框非空且当前按键为回车键时才进行查询。

【3】生成 Sql 查询语句，从 total _ books _ table 表中获取所有符合 book _ id 字段值与文本框内容相等的条件的记录。

【4】执行查询语句，并以 TotalRec 作为查询结果的引用。

【5】当查询结果非空时，显示第一条记录的信息。

【案例9-20】 实现“新进书管理”中“导入为库存数据”功能。

实现该案例代码如下：

```
Private Sub Command6_Click()
    Dim TotalRec As ADODB.Recordset '全部进货记录                              【1】
    Dim NewRec As ADODB.Recordset                                              【2】
    Dim objCount As Integer                                                    【3】
    If tmpBooksListRec.RecordCount = 0 Then                                    【4】
        MsgBox "当前没有记录可以导入到库中!",48 + vbOKOnly,"提示"
    Else
        tmpBooksListRec.MoveFirst                                              【5】
        Set TotalRec = DBOper.QueryR("Select * From total_books_table")        【6】
        Do While tmpBooksListRec.EOF = False                                   【7】
            TotalRec.AddNew                                                    【8】
            TotalRec.Fields("banbie") = Trim(tmpBooksListRec.Fields("banbie"))
            TotalRec.Fields("book_name") = Trim(tmpBooksListRec.Fields("book_name"))
            TotalRec.Fields("book_id") = Trim$(tmpBooksListRec.Fields("book_id"))
            TotalRec.Fields("book_count") = Trim(tmpBooksListRec.Fields("book_count"))
            TotalRec.Fields("mayang") = tmpBooksListRec.Fields("mayang")
            TotalRec.Fields("shiyang") = tmpBooksListRec.Fields("shiyang")
            TotalRec.Fields("the_time") = tmpBooksListRec.Fields("in_time")
            TotalRec.Fields("person") = tmpBooksListRec.Fields("person")
            TotalRec.Fields("beizhu") = tmpBooksListRec.Fields("beizhu")
            TotalRec.Update
            '库存表中查询相应的记录
            Set NewRec = DBOper.QueryR(_
                     "select * from goods_table where book_id ='" & _
                     Trim$(tmpBooksListRec.Fields("book_id"))&"'"_
                     )                                                         【9】
            If NewRec.RecordCount = 0 Then NewRec.AddNew
            NewRec.Fields("banbie") = tmpBooksListRec.Fields("banbie")
                NewRec.Fields("book_id") = Trim(tmpBooksListRec.Fields("book_id"))
                NewRec.Fields("book_name") = tmpBooksListRec.Fields("book_name")
                NewRec.Fields("book_count") = tmpBooksListRec.Fields("book_count")
                NewRec.Fields("mayang") = tmpBooksListRec.Fields("mayang")
                NewRec.Fields("shiyang") = tmpBooksListRec.Fields("shiyang")
                NewRec.Fields("in_time") = tmpBooksListRec.Fields("in_time")
                NewRec.Fields("good_person") = tmpBooksListRec.Fields("person")
                NewRec.Update
            Else
                objCount = NewRec("book_count")
                strSql = "update goods_table set book_count = book_count + " & _
```

```
                objCount & " where book _ id ='" & _
                Trim $ (tmpBooksListRec. Fields(" book _ id") )& "'"
            DBOper. QueryR( strSql)
        End If                                                          【10】
        tmpBooksListRec. Delete '添加完成的数据进行删除                  【11】
        tmpBooksListRec. MoveNext
    Loop
  End If
End Sub
```

信息卡

"新进书管理"中"打印"功能在任务四的子任务2中详细介绍。

代码详解：

【1】声明保存全部进货记录的记录集对象。

【2】声明保存进货记录的记录集对象。

【3】计数器。

【4】当前临时记录集中无记录时提示，否则执行【5】~【7】进行导入库操作。

【5】移动临时记录集的记录指针到第一条记录。

【6】打开 total _ books _ table 表，并以 TotalRec 对其进行引用。

【7】枚举临时记录集中的每个记录，并对其执行【8】~【11】操作，以将临时记录添加到表 total _ books _ table 中。

【8】将临时记录集中当前记录添加到 total _ books _ table 表中。

【9】对 goods _ table 表进行查询，获取表中 book _ id 字段值与临时记录集中当前记录的 book _ id 字段值相同的记录的集合，并以 NewRec 对其进行引用。

【10】如果记录集为空，则在 goods _ table 中新建一条当前记录的副本，否则更新 goods _ table 表中符合【9】处查询条件的记录的 book _ count 字段值。

【11】删除临时记录集中当前记录。

任务四　制作数据报表

VB 提供了一个多功能的数据报表生成器，Microsoft 数据报表设计器（Microsoft Report Designer）与数据环境设计器（Data Environmental Designer）一起使用，可以从几个不同的相关表中获得数据，创建分层结构的报表。

子任务1　使用数据环境设计器

【案例 9-21】　数据环境设计器的设计。

步骤1：首先将数据环境设计器添加到当前工程中。执行“工程”菜单的“部件”命令，在打开的对话框中选择“设计器”选项卡，选择“Data Environment”选项，单击“确定”按钮。

步骤2：添加DataEnvironment对象到工程中。在VB的主菜单中选择“工程”→“添加DataEnvironment”，可将环境设计器添加到工程中，如图9-37所示。

步骤3：创建Connection连接对象，并用该对象与数据库连接。

在数据环境设计器DataEnvironment的工具栏中单击“添加连接”按钮，或用鼠标右键单击DataEnvironment图标，在弹出的快捷菜单中选择“添加连接”子菜单，即可在数据环境中添加一个新的连接对象Connection1，如图9-38所示。

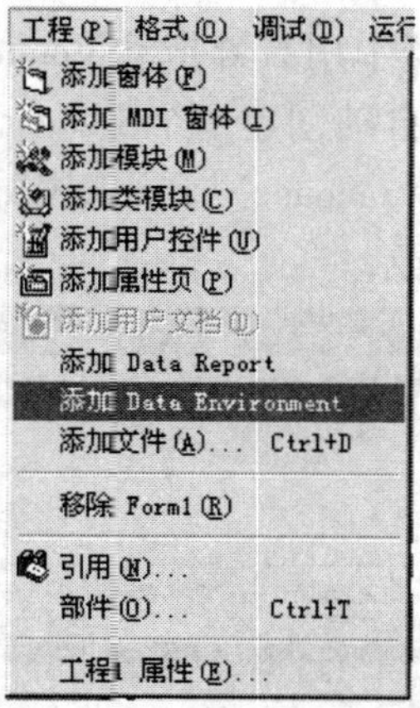

图9-37 添加Data Environment

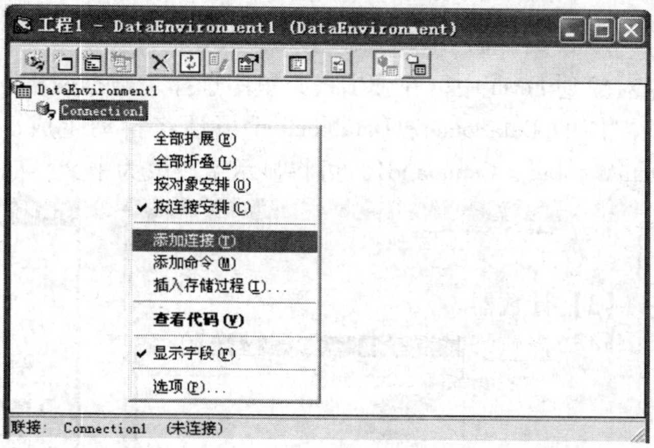

图9-38 Data Environment工作窗口

在Connection1对象上单击鼠标右键，在弹出的快捷菜单中选择“属性”命令，会出现与ADO Data控件类似的对话框，从中选择“Microsoft jet 4. 0 OLE DB Provider”，单击“下一步”按钮，选择“E：\VBBOOK\program\data. mdb”数据库文件，单击“测试”按钮，若提示成功则单击“确定”按钮退出。

步骤4：创建Command命令对象，通过表、SQL语句、视图、存储过程与数据表连接。

Command命令对象用于连接数据表，与Adodc控件类似，在连接对象目录下添加Command命令对象。用鼠标右键单击Connection1连接对象，在弹出的快捷菜单中选择“添加”命令，则在Connection1连接对象的目录下，新增加了命令对象Command1。用鼠标右键单击Command1，在弹出的快捷菜单中选择“属性”→“通用”选项卡，在“数据源”框中，使“数据库对象”单选按钮有效，数据库对象选择“表”，在对象名称栏中选择“goods_table”数据表，如图9-39、图9-40所示。

步骤5：通过拖动来创建数据界面控件。从数据环境设计器中拖动Command1命令对象到Form中，则在窗体中自动创建对应的Label与TextBox控件，该控件的DataSouce、DataMember和DataField属性将自动设置，分别为DataSouce = DataEnvironment1，DataMember = Command1，DataField = 相应的字段。可将显示字段改为中文，不想显示的字段可删除，如图9-41所示。

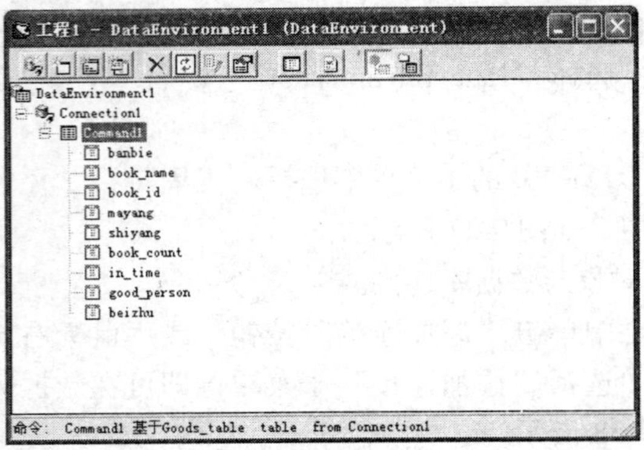

图 9-39 添加 Command 对象图

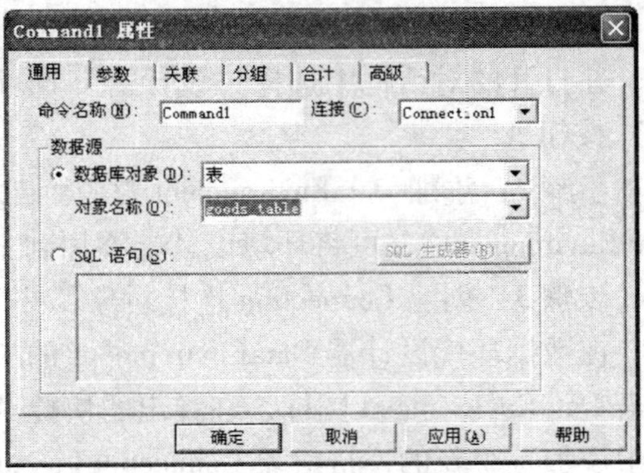

图 9-40 Command 属性设置

步骤6：通过拖动来创建DataGrid控件。从数据环境设计器中用右键拖动Commnad1命令对象到Form中，在弹出式菜单中选择“数据网格”，则系统自动创建一个DataGrid控件，该控件的DataSouce、DataMember属性将自动生成，分别为DataSouce = DataEnvironment1，DataMember = Command1，可将显示字段改为中文，如图9-42所示。

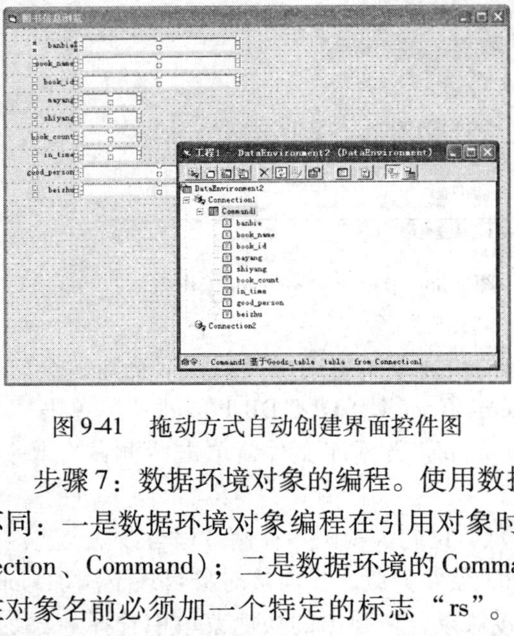

图 9-41 拖动方式自动创建界面控件图

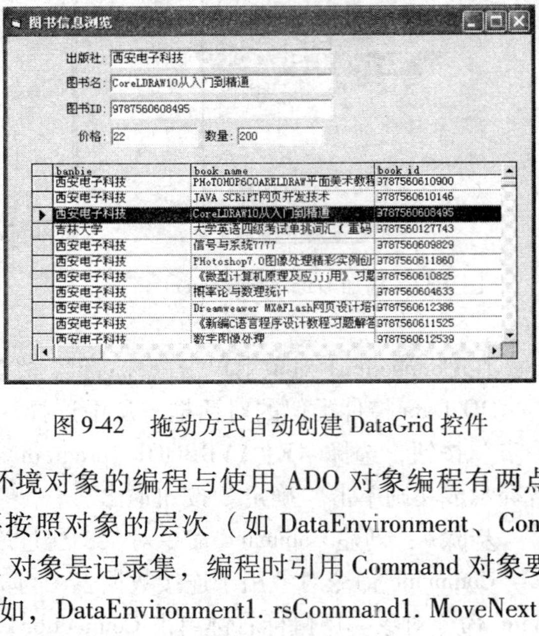

图 9-42 拖动方式自动创建DataGrid控件

步骤7：数据环境对象的编程。使用数据环境对象的编程与使用ADO对象编程有两点不同：一是数据环境对象编程在引用对象时要按照对象的层次（如DataEnvironment、Connection、Command）；二是数据环境的Command对象是记录集，编程时引用Command对象要在对象名前必须加一个特定的标志“rs”。例如，DataEnvironment1. rsCommand1. MoveNext，此语句的功能是将Command1所连接的记录集指针移到下一条记录。

知识点详解：

数据环境设计器是用于连接对象（Connection）与数据库连接，用命令对象（Command）打开数据表、视图等。因此，用户可将数据环境设计器作为数据源，设计录入、查询与数据报表、打印等程序。

数据环境设计器包含以下几个对象：

（1）数据连接（Connection）对象　连接对象表示到一个作为数据源的远端数据库或本地数据库的连接。在数据环境中必须至少包含一个连接对象，要使用数据环境存取数据，必须首先创建连接对象。

（2）数据命令（Command）对象　命令对象定义了从数据库连接中将取回数据的详细信息。命令对象可基于任何一个数据库对象（表、视图、存储过程或同义字）或是一个SQL查询。数据环境设计器是VB提供的数据库应用工具。但数据环境设计器并不是VB内部对象，在使用之前必须先将数据环境设计器（Data Environment）添加到当前工程中。数据环境设计器能够建立与数据库的连接，还带有SQL生成器，为初学者提供了方便和快速学习SQL语句的途径。

【案例9-22】　编写移动记录指针程序。

在窗体内放置5个命令按钮，组成按钮组Command1（Index为0~4），各按钮的Caption属性分别为“第一条”、“下一条”、“上一条”、“最后一条”和“结束”。

代码如下：

```
Private Sub Command1_Click(Index As Integer)
    Select Case Index
    Case 0
      DataEnvironment1.rsCommand1.MoveFirst                    【1】
    Case 1
      DataEnvironment1.rsCommand1.MoveNext                     【2】
    Case 2
      DataEnvironment1.rsCommand1.MovePrevious                 【3】
    Case 3
      DataEnvironment1.rsCommand1.MoveLast                     【4】
    Case 4
      End
    End Select
End Sub
```

代码详解：

【1】记录指针移到首条记录。

【2】记录指针下移一条记录。

【3】记录指针上移一条记录。

【4】记录指针移到尾记录。

运行程序，运行情况如图9-43所示。

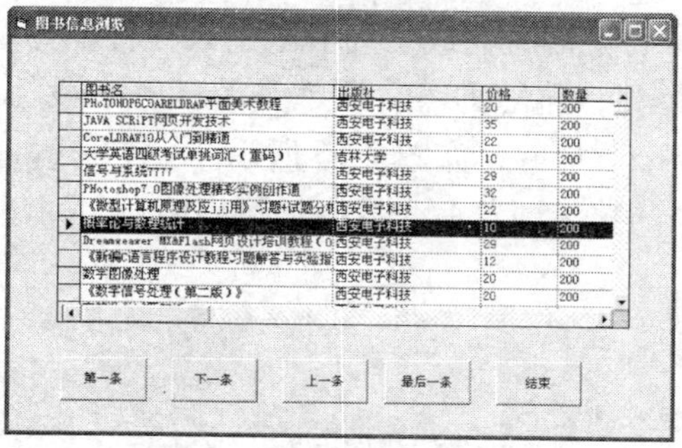

图9-43　程序运行截图

子任务2　使用数据报表设计器

对一个完整的数据库应用程序来说，报表的制作是不可缺少的功能。VB 提供了一个简易的数据报表设计器，不但可以创建普通数据报表，具有创建分层结构报表的能力，还可以将报表导出到 HTML 或文本文件中。

【案例 9-23】　数据报表设计器的设计。

步骤 1：首先加载数据报表设计器。执行“工程”菜单的“部件”命令，在打开的对话框中选择“设计器”选项卡，选择“Data Report”选项，单击“确定”按钮。单击菜单栏中的“工程”，选择“添加 Data Report”选项就会打开数据报表设计器，如图 9-44 所示。

步骤 2：加载并打开数据报表设计器 DataReport1（见图 9-45），其 Caption 属性为图书库信息一览表。

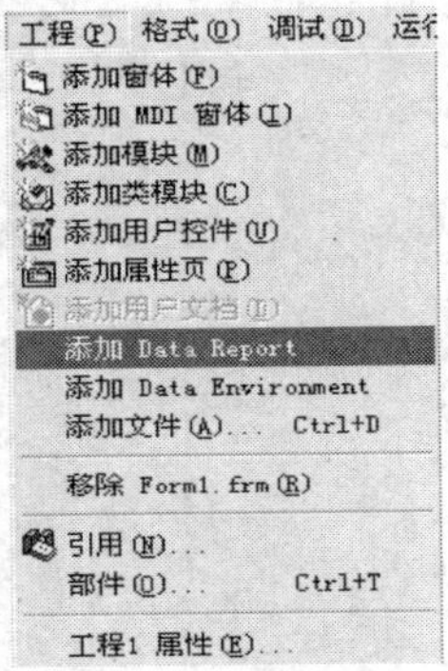

图 9-44　添加 Data Report

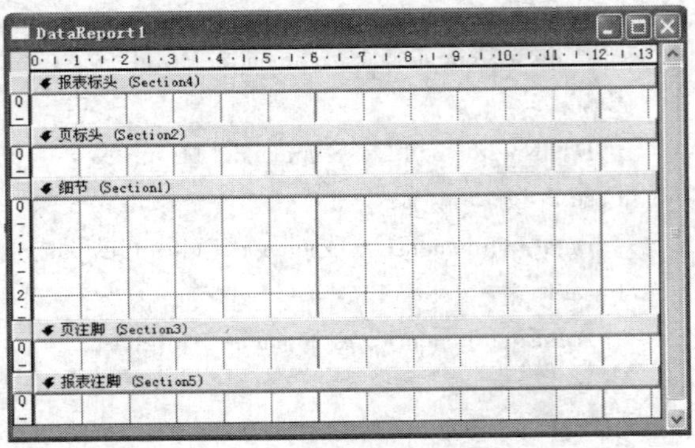

图 9-45　Data Report 窗体

步骤 3：根据报表设计调整各报表区（Section）的高度。

步骤 4：生成数据环境。请参考任务四的子任务 1。

步骤 5：详细设计各报表区。

在报表标头区中添加 RptLabel1 控件，设置其 Caption 属性为“图书库信息一览表”，适当调整字体字号并居中。在页标头区中添加 RptLabel2 ~ RptLabel5 控件和 RptLine 控件，分别设置 Caption 属性为“书名”、“出版社”、“价格”、“数量”，并调整位置。

细节区设计时打开数据环境设计器，用鼠标将 Command1 对象的 4 个字段分别拖至报表设计器的细节区后释放鼠标，则同时完成了细节区字段控件的布局和控件与数据源的绑定，如果同时生成了 RptLable 控件，删除即可。调整细节区各字段控件与页标头区各标签控件的对应关系，最后添加 RptLine 控件，如图 9-46 所示。

步骤 6：为程序窗体上的报表预览命令按钮编写程序，如图 9-47 所示。

代码如下：

```
Private Sub Command1 _ Click()
    DataReport1.Show   '报表预览
End Sub
```

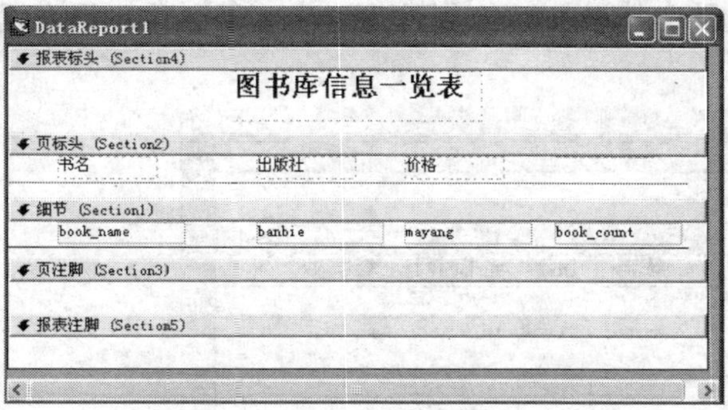

图9-46　DataReport1 的 5 个 Section 区

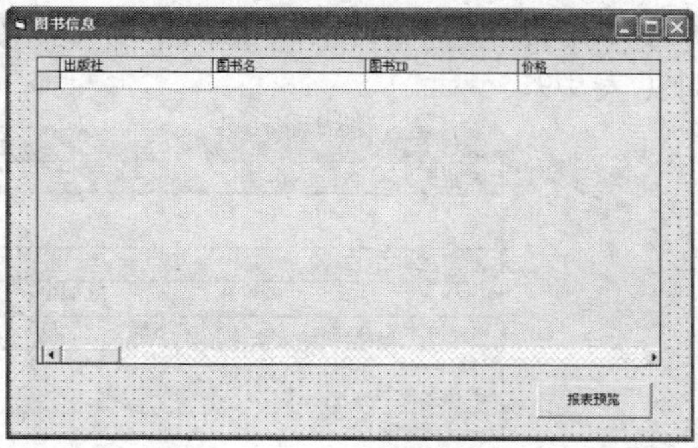

图9-47　报表“预览”命令按钮编写程序

步骤 7：报表预览程序调试运行。在报表预览窗口中可以对显示的数据报表进行缩小、放大、翻页和打印操作，如图 9-48 所示。

知识点详解：

图9-48　报表预览程序运行截图

数据报表设计器由 DataReport 对象、Sections 对象和 DataReport 控件组成。

（1）DataReport 对象　是包含整个报表区域的容器对象，包含了 Section（报表工作区）对象。主要属性有 DataSource（数据源）和 DataMember（记录集、数据库或 SQL 语句）。

（2）Section 对象　也是容器对象，Section 对象的主要属性为高度 Height。可以在 Section 对象上放置各种 DataReport 控件对象。刚打开数据报表设计器时有 5 个 Section 对象，即 5 个报表工作区，如图 9-45 所示。它们分别是：

Section1：包含报表一行的重复内容，通常由字段控件 RptTextBox 组成。

Section2：页标头，通常包含标签控件 RptLabel。

Section3：每页的结束信息，如页号等。

Section4：报表标头，通常为标签控件 RptLabel。

Section5：报表的结束信息，如汇总、署名等。

除了以上 5 个 Section 外，还可以用快捷菜单添加 Section6（分组标头区）和 Section7（分组脚注区）。

（3）数据报表控件工具箱　包括 6 个控件：报表标签（RptLabel）、报表文本框（RptTextBox）、报表图像（RptImage）、报表线段（RptLine）、报表形状（RptShape）和报表函数（RptFunction）。使用方法与窗体设计控件基本类似。

【案例 9-24】　实现“新进书管理”中“打印”功能。

需要为工程添加一个 DataReport，对报表格式进行编辑，如图 9-49 所示。

其中，Section4 为报表标题区；Section2 为报表表头区，这里主要摆放一些 RptLabel，用于显示表头文字；Section1 为报表细节区，需要摆放 RptTextBox，每个 RptTextBox 对应着一个字段。将 RptTextBox 与字段关联的方法是设置其 DataField 属性为对应字段名称。报表设计见表 9-9。

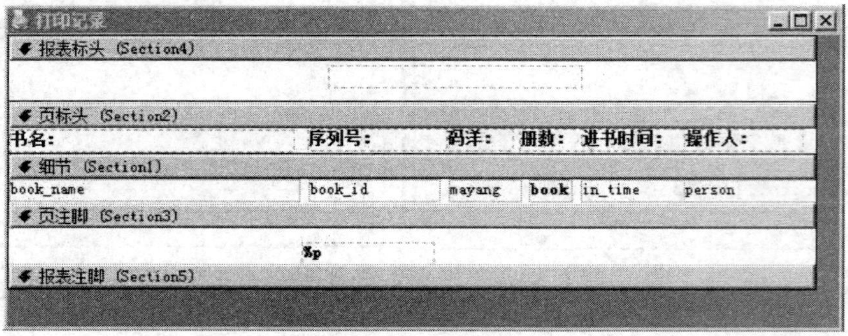

图 9-49 打印布局设计界面

表 9-9 报 表 设 计

Section4	RptLabel1		
Section2	RptLabel2	Caption	书名:
	RptLabel3	Caption	序列号:
	RptLabel4	Caption	码洋:
	RptLabel5	Caption	册数:
	RptLabel6	Caption	进书时间:
	RptLabel7	Caption	操作人:
Section1	RptTextBox1	DataField	book _ name
	RptTextBox2	DataField	book _ id
	RptTextBox3	DataField	mayang
	RptTextBox4	DataField	book _ count
	RptTextBox5	DataField	in _ time
	RptTextBox6	DataField	person
Section3	RptLabel8	Caption	% p

实现该案例代码如下:

```
Private Sub Command7 _ Click( )
    If tmpBooksListRec. RecordCount = 0 Then Exit Sub                                    【1】
    Set DataReport1. DataSource = tmpBooksListRec                                        【2】
    DataReport1. Sections( "section4" ). Controls( "label1" ). Caption = "新进书详细列表"  【3】
    DataReport1. Show                                                                    【4】
End Sub
```

信息卡

源代码请查看配套资源中的 StockManage 文件夹，打开库存管理 . vbp 后查看 frm _ newboook 窗体代码。

代码详解:

【1】如果临时记录集为空，则退出过程。

【2】将临时记录集赋给报表的 DataSource 属性。

【3】设置报表的标题。

【4】显示报表，并可以进行打印等操作。

学 材 小 结

本模块主要介绍了 Visual Basic 6.0 开发数据库应用程序的方法和技巧，包括数据库的基本理论知识，在此基础上建立数据库，然后就可以通过控件或代码方式实现对数据库的操作，通过强大的 SQL 语言来编写数据库操作语句。在设计过程中，可以通过 ADO 数据控件方便地与数据库建立连接和操作，还可以通过 ADO 内置对象编程的方式编写出强大的数据库应用程序。最后，通过数据环境设计器和数据报表设计器，可以方便、快捷地设计出数据报表。

理论知识

1. 填空题

（1）可以使用____________对象在数据库应用程序和数据库服务器间建立连接。

（2）在 ADO 对象模型中，主要有____________、____________和____________三个对象用于数据库访问。

（3）在 Connection 对象中使用____________方法建立数据源的物理连接。

2. 简答题

（1）ADO 对象模型中的 Connection 对象有哪些作用？

（2）ADO 对象模型中有哪些对象元素？

（3）用 Connection 对象连接常用数据库的格式是什么？

实训任务

实现图书管理系统的用户管理模块功能，包括记录的移动、添加、删除、编辑、保存和打印等功能，如图 9-50 所示。

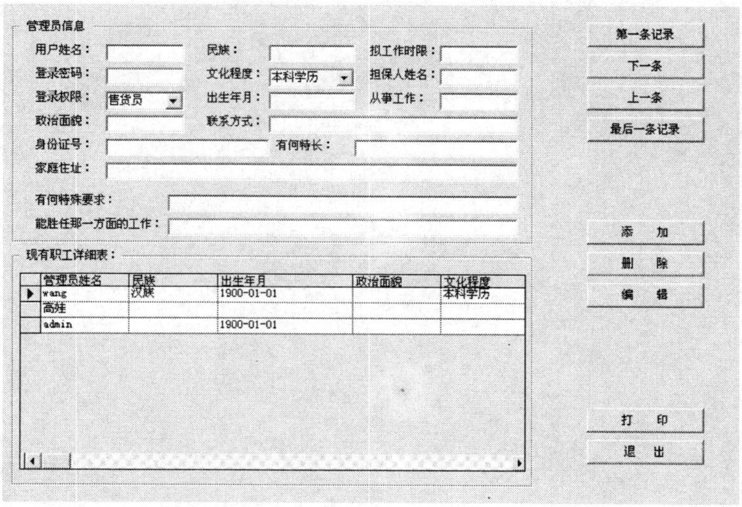

图 9-50

信息卡

代码请参考后台管理系统 user _ manage 窗体代码，详见配套资源 serverManage 文件夹下的图书进销存后台管理系统 . vbp 工程里的 user _ manage 窗体代码。

拓展练习

编写数据库类，包括连接和操作函数，以增强代码可读性和可利用性。(可参考模块十任务一中的子任务 1 的 VBDbOper 类模块，它即是图书管理系统的数据库连接和操作的类模块。)

模块十

实现图书进销存管理系统

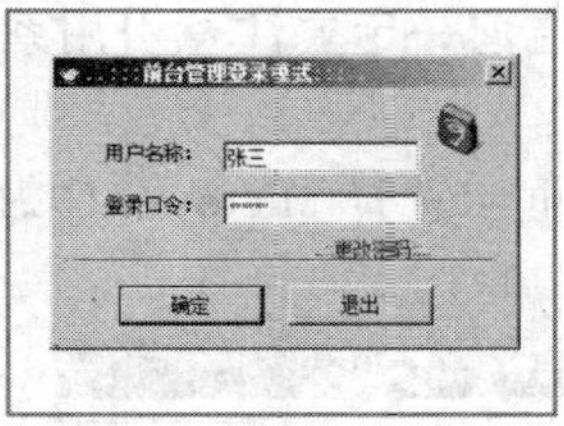

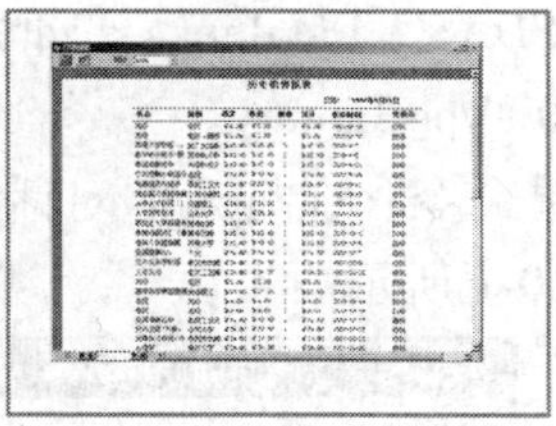
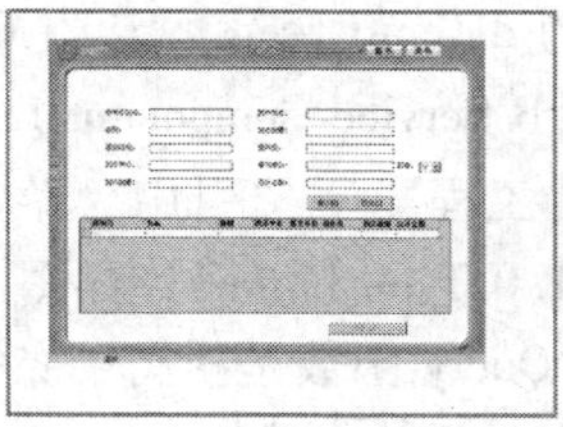
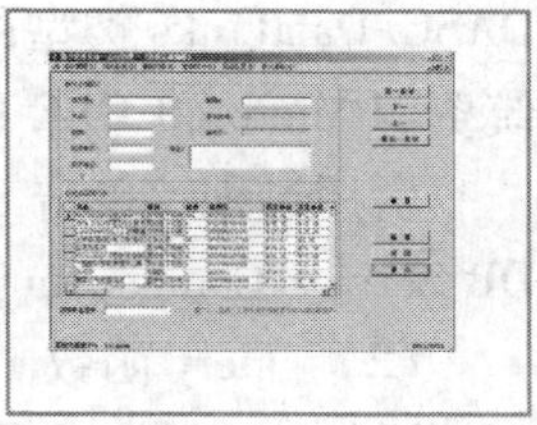

本模块导读

通过学习前面的案例，已经掌握了开发图书进销存管理系统的知识，本模块将这些知识点串联起来实现图书进销存管理系统。我们将案例系统分解为三个子系统，分别在三个任务中实现。通过本模块的学习可以进一步巩固VB的常用语句、模块、类模块、报表操作、数据库操作、应用程序打包发布等知识，目的是使读者在掌握这些知识的基础上能够独立完成类似数据库管理系统的开发。

本模块要点

- 了解前台售书子系统的实现。
- 了解库存管理子系统的实现。
- 了解后台总管理子系统的实现。
- 了解 VB 系统的发布和部署。

任务一 实现前台售书子系统的开发

子任务1 编写公共类模块 VBDbOper

知识导读:

VBDbOper 是一个类模块，整个案例工程中数据库的操作都是依赖该类模块来实现的。它包含的主要函数有三个，分别是 DataBaseLink 函数、Query 函数和 QueryR 函数。

（1）DataBaseLink 函数　此函数是与数据库连接的函数，其中定义了一个 MSDASC. DataLinks 类型的 dlTemp 变量。定义 MSDASC. DataLinks 变量之前一定要注意引用系统资源 Microsoft OLE DB Service Component 1. 0 Type Library。

引用过程：单击“工程”→“引用”菜单命令，在打开的对话框中选择 Microsoft OLE DB Service Component 1. 0 Type Library，如图 10-1 所示。

（2）Query 函数　Query 函数是执行一条 SQL 语句的函数，函数返回 True 或 False，用户通过返回的 Boolean 类型来判断 SQL 语句是否正常运行。

（3）QueryR 函数　QueryR 函数是运行一条 Select 语句并返回数据记录集的函数。它与 Query 函数的区别是返回记录集并且只能运行 Select 语句。在数据库编程中熟悉记录集是非常重要的内容。

第一次运行程序时，首先弹出连接数据库的对话框，如图 10-2 所示。这个功能是在类模块 VBDbOper 中实现的。下面通过案例实现类模块 VBDbOper。

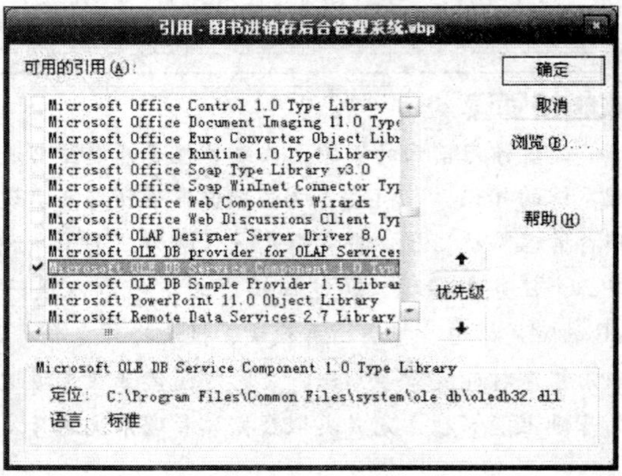

图 10-1　引用 Microsoft OLE DB Service Component 1. 0 Type Library

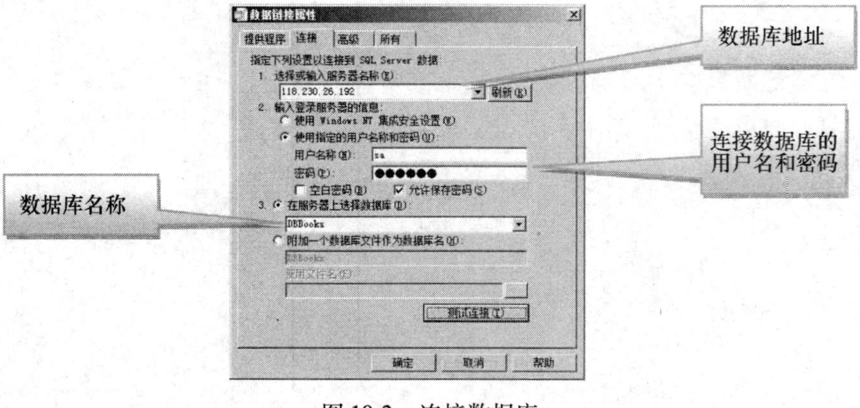

图 10-2　连接数据库

【案例 10-1】 创建数据库操作类，并为其添加“打开数据库”方法。

在工程中添加一个类模块，取名为 VBDbOper。

实现该案例代码如下：

```
Private myConnectionString As String                                    【1】
Public Connection As New ADODB. Connection                              【2】
Public State As Boolean                                                 【3】
Public Function OpenDataBase( Optional ConnectionString As String,_
                    Optional Prompt As Boolean = True) As Boolean       【4】
    On Error GoTo H                                                     【5】
    If Connection. State = adStateOpen Then                             【6】
        If ConnectionString = myConnectionString Or _                   【7】
                Trim( ConnectionString) = "" Then
            OpenDataBase = True
            State = True
            Exit Function
        Else
            Connection. Close
        End If
    End If
    If Trim( ConnectionString) < >"" Then                               【8】
        myConnectionString = ConnectionString
    End If
    Connection. ConnectionString = myConnectionString
    Connection. Open
    OpenDataBase = True
    State = True
    Exit Function                                                       【9】
H:                                                                      【10】
    If Prompt Then MsgBox Err. Description,vbCritical,"错误信息"
    OpenDataBase = False
    State = False
End Function
```

代码详解：

【1】声明私有模块级变量 myConnectionString，用于保存当前的连接字符串。

【2】声明 ADODB. Connection 类型的模块属性 Connection，并创建对象实例。

【3】声明模块属性 State，用于标记当前连接是否可用。

【4】参数 ConnectionString 设置数据库的连接字符串，参数 Prompt 设置在出错时是否显示提示框，默认为显示。

【5】设置错误捕获，在出错时跳转至行标 H 处。

【6】判断属性 Connection 的当前状态，如果连接已经建立则进行【7】。

【7】判断参数指定的连接串与当前连接的连接字符串是否相同，如果相同则函数返回 True，即当前连接便是所需连接，并设 State 属性为 True，表明当前连接可用。否则关闭当

前连接。

【8】当前参数指定的连接字符串非空时，使用该连接串尝试建立数据连接，如果没有异常则函数返回 True，并设 State 属性为 True。

【9】函数正常退出。

【10】错误处理部分从该行标志处开始，错误发生时根据参数 Prompt 决定是否弹出消息框，并设置函数返回 False，设置属性 State 值为 False。

信息卡

DBOper 是在模块 PublicPara 中声明的公共变量，它将实例化类模块 VBDbOper。定义的格式如下：Public DBOper As New VBDbOper。

定义的 DBOper 类型在整个工程当中是有效的。

【案例 10-2】 为数据库操作类添加“验证数据库”方法。

实现该案例代码如下：

```
Public Function RightBase(Optional IncludeTableNames As Variant) As Boolean  【1】
    Dim TableNames() As String, key1 As Boolean, key2 As Boolean             【2】
    If Not OpenDataBase( , False) Then
        RightBase = False
        Exit Function
    End If                                                                   【3】
    On Error GoTo Err1                                                       【4】
    TableNames = GetTablesName                                               【5】
    For j = 0 To UBound(IncludeTableNames)                                   【6】
        key1 = True
        For i = 0 To UBound(TableNames)                                      【7】
            If TableNames(i) = IncludeTableNames(j) Then
                key1 = False
                Exit For
            End If
        Next i
        If key1 Then                                                         【8】
            key2 = True
            Exit For
        End If
    Next j
    RightBase = Not key2                                                     【9】
    Exit Function
Err1:                                                                        【10】
    RightBase = False
End Function
```

代码详解：

【1】参数指定应包含有的数据库名词列表（数组）。

【2】分别声明数组 TableNames，用于保存当前数据库表名称；key1，布尔型变量，假设当前数据库中不含指定名称的表；key2，布尔型变量，假设当前表不是目标表。

【3】如果打开当前库的尝试失败则函数返回 False。

【4】设置错误捕获。当异常发生时跳转到行标志 Err1 处继续执行。

【5】获取当前数据库中所有表和视图名称，并保存到数组 TableNames 中。

【6】枚举参数数组中的元素。

【7】从当前数据库的表名称列表中搜寻值与当前参数数组元素值相同的项，如果存在该项，则 key1 取 False 并结束内部循环。

【8】如果当前枚举参数数组元素不包含在当前库的表名称列表中，则 key2 取 True 并结束外部循环。这意味着当前库无法满足要求。

【9】由于 key2 的值总是与返回值相反，故返回值取 key2 的反值。

【10】出错时函数返回 False。

【案例 10-3】 为数据库操作类添加“连接数据库”方法。

实现该案例代码如下：

```
Public Function DataBaseLink(_
                    Optional AppName As String,_
                    Optional IncludeTableNames As Variant,_
                    Optional LinkAgain As Boolean = False _
                    )As Boolean                                   【1】
    Dim dlTemp As New MSDASC. DataLinks                           【2】
    Dim DataBaseConnectionString As String                        【3】
    Dim cnTemp As New ADODB. Connection                           【4】
    If LinkAgain Then                                             【5】
        DataBaseConnectionString = myConnectionString
        GoTo again
    Else
        If AppName < >"" Then
            DataBaseConnectionString = GetSetting(_
                                        AppName,_
                                    "DataBaseLink",_
                                    "ConnectionString",""
        End If
    End If
    If Not OpenDataBase(DataBaseConnectionString,False)Then
again:
        If Trim(DataBaseConnectionString) = "" Then
            DataBaseConnectionString = "Provider = SQLOLEDB. 1; " & _
                            "Password = ;Persist Security Info = True;" & _
                            "User ID = sa;Initial Catalog = DBBooks;" & _
                            "Data Source = LocalHost
```

```
            End If                                                          【7】
                cnTemp. ConnectionString = DataBaseConnectionString         【8】
            If dlTemp. PromptEdit( cnTemp) Then
                DataBaseConnectionString = cnTemp. ConnectionString         【10】
                If OpenDataBase( DataBaseConnectionString, False) Then
                    If RightBase( IncludeTableNames) Then
                        If AppName < >"" Then Call SaveSetting(_
                                                  AppName,_
                                                  "DataBaseLink",_
                                                  "ConnectionString",_
                                                  DataBaseConnectionString)
                    DataBaseLink = True
                Else
                        MsgBox "您连接的不是" &_
                              IIf( AppName = "","您需要", AppName) &_
                              "的数据库,请重新连接!",_
                              vbInformation,"系统提示"
                    GoTo again
                End If                                                      【12】
            Else
                GoTo again
            End If                                                          【11】
        Else
            DataBaseLink = False
        End If                                                              【9】
    Else
        If Not RightBase( IncludeTableNames) Then
            MsgBox "您连接的不是" &_
                  IIf( AppName = "","您需要", AppName) &_
                  "的数据库,请重新连接!",_
                  vbInformation,"系统提示"
            GoTo again
        End If
        DataBaseLink = True
    End If                                                                  【6】
    Set dlTemp = Nothing                                                    【13】
    Set cnTemp = Nothing
    End Function
```

代码详解：

【1】参数 AppName 为应用程序名称；参数 IncludeTableNames 是数据库中应包含的表名称列表；参数 LinkAgain 指明是否已全新的参数重新建立数据库连接。连接成功则返回 True。

【2】声明数据连接对象 MSDASC. DataLinks 并创建其实例。该对象用于显示数据连接对

话框。

【3】用于临时保存连接字符串。

【4】声明临时的数据库连接对象，并创建其实例。

【5】当参数 LinkAgain 为 True 时函数内部连接串使用类中当前连接串，并将执行跳转至行标志 again 处继续；否则当参数 AppName 非空时，由 GetSetting 函数从注册表获得连接串值。

【6】尝试与数据库建立连接。当成功时（Else 部分）再验证数据库，如果验证没有通过，则弹出提示并跳转至行标志 again 处继续；验证通过时设置函数返回值为 True。当建立连接失败时，执行【7】~【12】。

【7】如果目前函数内部连接串为空，则为其赋予默认串值。

【8】临时数据连接对象 cnTemp 的连接串，使用当前函数内部连接串的值。

【9】弹出数据连接对话框，设置临时连接对象。当对话框返回（未被取消）时，执行【10】~【12】进行连接的可用性的判断，直至重新连接或函数返回。

【10】函数内部连接串被赋予刚刚由连接设置对话框返回的临时连接对象的连接串。

【11】尝试使用函数内部连接串建立连接，当尝试成功时执行【12】进行数据库的验证，否则弹出提示信息，并返回行标志 again 处继续。

【12】进行数据库的验证，如果验证通过则保存当前的连接串到注册表中，并（且）函数返回值为 True。否则弹出提示信息，并返回行标志 again 处继续。

【13】释放函数中新建对象。

【案例 10-4】 为数据库操作类添加“查询”方法。

实现该案例代码如下：

```
Public Function Query(s As String,Optional ByRef myRS As ADODB. Recordset,_
                                 Optional Prompt As Boolean = False) As Boolean    【1】
    Dim str As String,SQL As String
    On Error GoTo ErrInfo                                                          【2】
    SQL = s
    If Not OpenDataBase( ,Prompt) Then Exit Function                              【3】
    str = LCase(SQL)
    If  InStr(str,"insert") >0 Or _
        InStr(str,"update") >0 Or _
        InStr(str,"delete") >0 Or _
        InStr(str,"into") >0 Or _
        InStr(str,"alter") >0 Or _
        InStr(str,"backup") >0 Or _
        InStr(str,"kill") >0 Or _
        InStr(str,"restore") >0 Then
      Connection. Execute SQL
    Else
        If myRS Is Nothing Then Set myRS = New ADODB. Recordset                   【5】
        str = LTrim(str)
        If Left(str,6) < > "select" Then SQL = "select * from " + SQL             【6】
        If myRS. State = adStateOpen Then myRS. Close                             【7】
```

```
            myRS. CursorLocation = adUseClient                              【8】
            myRS. Open SQL, Connection, adOpenDynamic, adLockOptimistic     【9】
        End If                                                              【4】
        Query = True
        Exit Function
ErrInfo:                                                                    【10】
        Query = False
        If Prompt Then MsgBox Err. Description, vbCritical, "错误信息"
End Function
```

代码详解：

【1】参数 s 指定 SQL 查询语句；参数 myRS 指定及返回查询记录集；参数 Prompt 指定当异常时是否显示提示框。

【2】错误捕获设置，当错误产生时跳转至行标志 ErrInfo 处继续。

【3】当尝试打开当前连接失败时退出函数，并返回 False。

【4】当查询语句中包含不返回记录集的查询命令时直接执行 Sql 语句，否则执行【5】~【9】，使建立记录集。

【5】当参数指定的记录集还未实例化，则为其创建实例。

【6】检测查询语句的结果是否完整，如果不完整，则补充完整。

【7】当参数指定的记录集未关闭，则关闭它。

【8】设置记录指针模式为用户模式，此模式下支持的打开方式较少。

【9】执行 Sql 语句，以动态方式打开记录集。

【10】出错时函数返回 False。当允许弹出提示框时显示提示。

【案例 10-5】 为数据库操作类添加“返回记录集的查询”方法。

实现该案例代码如下：

```
Public Function QueryR ( s As String, _
                        Optional Prompt As Boolean = False) As ADODB. Recordset     【1】
    Dim str As String, SQL As String, myRS As New ADODB. Recordset
    On Error GoTo ErrInfo
    SQL = s
    If Not OpenDataBase( , Prompt) Then Exit Function
    str = LCase( SQL)
    If  InStr( str, "insert" ) >0 Or _
        InStr( str, "update" ) >0 Or _
        InStr( str, "delete" ) >0 Or _
        InStr( str, "into" ) >0 Or _
        InStr( str, "alter" ) >0 Or _
        InStr( str, "backup" ) >0 Or _
        InStr( str, "kill" ) >0 Or _
        InStr( str, "restore" ) >0 Then
                    Connection. Execute SQL
```

```
    Else
        str = LTrim(str)
        If Left(str,6) < >"select" Then SQL = "select * from " + SQL
        If myRS. State = adStateOpen Then myRS. Close
        myRS. CursorLocation = adUseClient
        myRS. Open SQL, Connection, adOpenDynamic, adLockOptimistic
        Set QueryR = myRS                                          【2】
    End If
        Exit Function
ErrInfo:
    If Prompt Then MsgBox Err. Description, vbCritical, "错误信息"
End Function
```

代码详解：

【1】参数 s 指定 Sql 查询语句；参数 Prompt 指定当异常时是否显示提示框。

【2】此函数与上一个查询函数结构相同，只是它将查询结果的记录集以函数的返回。

子任务2　前台售书和退书窗体的实现

窗体的设计：工程中添加一个 SDI 窗体，窗体的名称 name 改变为 frm _ main、BorderStyle 改变成 0 – None、背景 Picture 改变为设计好的图片。售书界面和退书界面的切换就是 Picture4 控件和 Picture1 控件之间切换。

【案例 10-6】　前台售书功能的实现。

售书界面上的控件属性设置见表 10-1，界面设计如图 10-3 所示。

表 10-1　售书控件相关属性表

控　件	属性设置	对应标签	控　件	属性设置	对应标签
Text1		图书序列号：	Text6	Locked = True	售货员：
Text2		图书书名：	Text7	Locked = True	售书单价：
Text3	Locked = True	版别：	Text8	Locked = True	码洋单价：
Text4		现存数量：	Text9		购买数量：
Text5	Locked = True	进货时间：	Text10		总计金额：

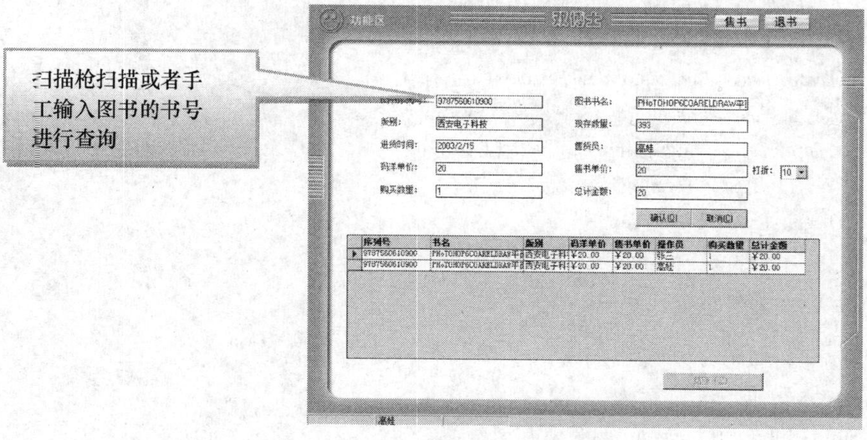

图 10-3　前台售书界面

(1) 窗体加载时运行的代码

```
Private Sub Form _ Load()
    Call refersh _ tmpDGrid                                        【1】
End Sub
Public Sub refersh _ tmpDGrid()
        strQuery = "Select * From ls _ buy _ table Where biaozhi = 1"    【2】
        Set tmpBuyRS = DBOper. QueryR(strQuery)                     【3】
        Set DataGrid1. DataSource = tmpBuyRS                        【4】
End Sub
```

代码详解:

【1】调用自定义过程 refersh _ tmpDGrid。

【2】构造一个 Sql 查询字符串 strQuery，从临时售书表中查询还没有结账的记录。

【3】运行 Sql 语句得到记录集赋给记录集变量 tmpBuyRS。

【4】把得到的记录集赋给 DataGrid1，把信息显示在表格控件中。

(2) 实现图书查询　为了能够用条形码识别扫描枪和手工录入两种方式进行图书的查询，在售书界面的图书序列号文本框中实现上述功能。代码如下:

```
Private Sub Text1 _ KeyPress(KeyAscii As Integer)                  【1】
If Not Text1. Text = "" And KeyAscii = 13 Then                     【2】
    Set buySubmitRS = DBOper. QueryR ( "select * from goods _ table where book _ id = '" & Trim $
(Text1. Text) & "'")                                               【3】
    If buySubmitRS. RecordCount = 0 Then                           【4】
        MsgBox "现存书库中没有找到序列号对应的书!",48,"系统提示"
        Call ResetText
    Else                                                           【5】
        Text1. locked = True
        Text2. locked = True
        Text2. Text = buySubmitRS. Fields("book _ name")
        Text3. Text = buySubmitRS. Fields("banbie")
        Text4. Text = buySubmitRS. Fields("book _ count")
        Text5. Text = buySubmitRS. Fields("in _ time")
        Text6. Text = Me. StatusBar1. Panels(2). Text                 【6】
        Text8. Text = buySubmitRS. Fields("mayang")
        TheShiYang = buySubmitRS. Fields("shiyang")                 【7】
        Text11. Text = TheShiYang
        Text7. Text = Text8. Text
        Text9. Text = 1
        Text7. SetFocus                                            【8】
    End If
End If
End Sub
Private Sub Combo1 _ Change()                                       【9】
```

```
        Combo1 _ Click
    End Sub
    Private Sub Combo1 _ Click( )                                          【10】
        On Error Resume Next                                               【11】
        Dim cb As Double
        Dim zb As Double
        cb = Combo1. Text
        zb = Text8. Text
        Text7. Text = ( zb  *  cb / 10)
        If Not Trim( Text9. Text) = "" Then
            Text10. Text = Text7. Text  *  Text9. Text
        End If
    End Sub
```

代码详解：

【1】Text1 _ KeyPress 是图书序列号文本框中按下和松开一个 ANSI 键时发生的。

【2】文本框中输入书号并且输入回车键（回车键的 ANSI 等于 13）。

【3】从现存书表中查询得到书号等于 Text1 文本框输入的书号的记录，并把查询结果记录集赋给记录集变量 buySubmitRS。

【4】这个 If 语句部分说明没有找到记录集时，界面上的文本框全部清空。

【5】Else 语句部分是找到记录集后，将得到的记录分别赋给界面上对应的文本框。

【6】将当前操作员的名字赋给 Text6 文本框。

【7】将查询得到的图书实际价格赋给变量 TheShiYang。

【8】销售单价文本框得到焦点。

【9】折扣下拉列表框的内容改变的时候触发 Change 事件，调用的是 Combo1 _ Click 事件。

【10】Combo1 _ Click 事件当中实现的是通过改变 Combo1 的内容对图书进行折扣。

【11】出错处理语句，当出现错误的时候继续跳转到下一行语句继续执行。

1）“确认”按钮代码如下：

```
Private Sub Command1 _ Click( )
On Error Resume Next
……'输入正确性检查,代码略
Text1. locked = False                                                  【1】
Text2. locked = False                                                  【2】
If Trim ( Text9. Text) = Trim( Text4. Text) Then                       【3】
        strQuery = " Delete From goods _ table Where book _ id = '" & Trim( Text1. Text) & "'"
        DBOper. Query( strQuery)
Else                                                                   【4】
        strQuery = " update goods _ table set book _ count = book _ count - " & _
Trim( Text9. Text) & " where book _ id = '" & Trim( Text1. Text) & "'"
        DBOper. Query( strQuery)
End If
```

```
            strQuery = "Insert into ls_buy_table(banbie,book_id,book_name,buying_count," & _
                "mayang,shiyang,the_money,in_time,buy_time," & _
                "zong_money,biaozhi,person,beizhu)" & _
                "Values('" & Trim(Text3.Text) & "','" & Trim(Text1.Text) & _
                "','" & Trim(Text2.Text) & "'," & Trim(Text9.Text) & "," & _
                Trim(Text8.Text) & "," & Trim(Text11.Text) & "," & _
                Trim(Text7.Text) & ",'" & Trim(Text5.Text) & _
                "','" & DateTime.Date & "'," & Trim(Text10.Text) & _
                ",1,'" & Trim(Text6.Text) & "','" & DateTime.Time & "')"
        DBOper.Query(strQuery)                                              【5】
        strQuery = "Select * From ls_buy_table Where biaozhi = 1"
        Set tmpBuyRS = DBOper.QueryR(strQuery)                              【6】
        Set DataGrid1.DataSource = tmpBuyRS                                 【7】
Command5.Enabled = True                                                     【8】
End Sub
```

代码详解：

【1】将图书号文本框的内容锁定，避免误操作。

【2】将书名文本框的内容锁定，避免误操作。

【3】当购买的数量和现存的数量相等时，将从现存书中清空这条记录。

【4】购买的数量与现存的数量不等时，从现存书表中修改数量。现存数量 = 现存数量 - 购买数量。

【5】生成一条 Insert 语句，把购买的信息写入临时售书表中。

【6】重新查询临时售书表，得到记录集赋给变量 tmpBuyRS。

【7】把得到的记录集赋给数据格网显示控件 DataGrid1。

【8】将“结账”按钮设置成可用。

2）结账窗体 Payment 的实现如图 10-4 所示。

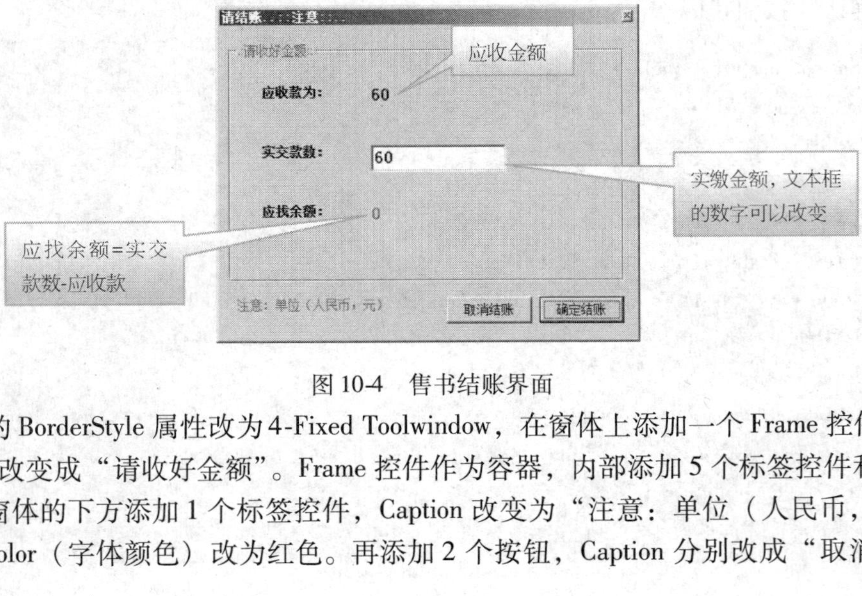

图 10-4 售书结账界面

窗体的 BorderStyle 属性改为 4-Fixed Toolwindow，在窗体上添加一个 Frame 控件，并把它的 Caption 改变成“请收好金额”。Frame 控件作为容器，内部添加 5 个标签控件和 1 个文本框控件。窗体的下方添加 1 个标签控件，Caption 改变为“注意：单位（人民币，元）”，把它的 Forecolor（字体颜色）改为红色。再添加 2 个按钮，Caption 分别改成“取消结账”和

"确定结账"。

Payment 窗体代码如下：

```
Dim strQuery As String
Dim SubmitRS As ADODB. Recordset
Dim CanSubmit As Boolean                                                          【1】
Private Sub Form _ Load( )
      On Error Resume Next
      strQuery = "select sum(zong _ money) as objSum from ls _ buy _ table where biaozhi = 1" 【2】
      Set SubmitRS = DBOper. QueryR(strQuery)
Label2. Caption = SubmitRS. Fields("objSum")                                        【3】
      Text1. Text = SubmitRS. Fields("objSum")                                      【4】
End Sub
Private Sub Text1 _ KeyPress(KeyAscii As Integer)                                   【5】
      If KeyAscii = 13 And Text1. Text < > "" Then
            Dim Balance As Double
            Dim Excisable As Double
            Dim FactGive As Double
            On Error Resume Next
            Excisable = CDbl(Label2. Caption)
            FactGive = CDbl(Text1. Text)
            Balance = FactGive - Excisable
            If Balance < 0 Then                                                     【6】
                  MsgBox "实交金额不够!",48,"系统提示"
                  Text1. Text = ""
                  Exit Sub
            Else                                                                    【7】
                  Label5. Caption = str(Balance)
                  CanSubmit = True
                  Command1. SetFocus
            End If
      End If
End Sub
Private Sub Command1 _ Click( )                                                     【8】
      If CanSubmit = True Then
            strQuery = "UPDATE ls _ buy _ table SET biaozhi = 0 WHERE biaozhi = 1"
            DBOper. Query(strQuery)
            frm _ main. refersh _ tmpDGrid
            Unload Me
      End If
End Sub
Private Sub Command2 _ Click( )                                                     【9】
            frm _ main. Command5. Enabled = True
            Unload Me
End Sub
```

代码详解：

【1】通用部分定义 Boolean 类型的 Cansubmit 变量，来判断当前是否为结账的状态。

【2】从临时售书表中查询出未结账的记录，然后得到总金额赋给 objSum 变量。

【3】将应交金额显示在窗体上。

【4】文本框的默认值也改成应交金额。

【5】在实交金额文本框上回车时触发此事件，计算出“找零金额”。

【6】如果交费的金额小于购买图书的金额将不能进行结账。

【7】算出余额，把结账状态开启并让“结账”按钮得到焦点。直接回车即可进行结账操作。

【8】“结账”按钮功能：将临时售书表中字段 biaozhi = 0（未付款的状态）的记录改成 biaozhi = 1（付款状态）。调用主窗体的 refersh _ tmpDGrid 过程，刷新主窗体上的数据格网 Datagrid1 控件，然后关闭当前操作窗体。

【9】“取消结账”按钮操作将主窗体的“结账”按钮设置成可用，并关闭当前窗体。

信息卡

> 不论 VB 还是 VB. Net，不同窗体上的控件不用任何设置即可跨窗访问。而 C#. Net 语言必须设置按钮的 Modifiers 属性后才可跨窗口访问。

【案例 10-7】 前台退书功能的实现。

前台退书功能：售货员只能退当日销售的图书，历史销售的图书必须由管理员后台登录才可办理退书手续。当用户单击前台界面右上角的“退书”图形按钮后，切换到退书操作界面。操作界面如图 10-5 所示。退书界面文本框属性见表 10-2，退书界面命令按钮属性见表 10-3。

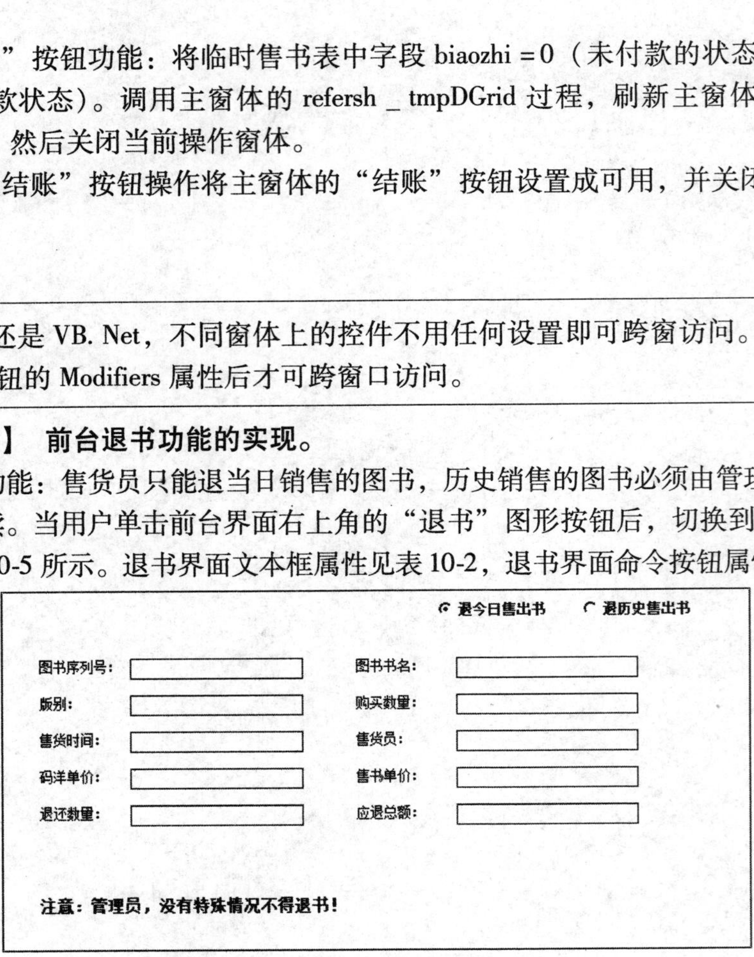

图 10-5 前台退书界面

表 10-2 退书界面文本框属性

控 件	属性设置	对应标签	控 件	属性设置	对应标签
Text12		图书序列号：	Text17	Locked = True	售货员：
Text13		图书书名：	Text18	Locked = True	售书单价：
Text14	Locked = True	版别：	Text19	Locked = True	码洋单价：
Text15		购买数量：	Text20		退还数量：
Text16	Locked = True	售货时间：	Text21		应退总额：

表 10-3 退书界面命令按钮属性

控 件	属 性	属 性 值
Command3	Caption	确定退书
Command4	Caption	取消

1. 退书记录查询

```
Dim buySubmitRS As ADODB. Recordset '定义购买的记录集                【1】
Dim tmpBuyRS As ADODB. Recordset '当日销售图书记录集                【2】
Dim readyReturnRS As ADODB. Recordset '准备退货记录集                【3】
Dim strQuery As String                                              【4】
Dim TheShiYang As Double                                            【5】
Private Sub Text12 _ KeyPress(KeyAscii As Integer)
If Not Text12. Text = "" And KeyAscii = 13 And Option1. Value = True Then '从今日售出库中查找
strQuery = "select * from ls _ buy _ table where book _ id ='" & Trim $ (Text12. Text) & "'"
Set readyReturnRS = DBOper. QueryR(strQuery)                         【6】
    If readyReturnRS. RecordCount = 0 Then '当日销售记录没找到相应的记录      【7】
        MsgBox "今日售出书中没有找到序列号对应的书!",48,"系统提示"
        Call ResetBackText
    Else                                                            【8】
        Text12. locked = True
        Text13. locked = True
        Text13. Text = readyReturnRS. Fields("book _ name")
        Text14. Text = readyReturnRS. Fields("banbie")
        Text15. Text = readyReturnRS. Fields("buying _ count")'售出数量
        Text16. Text = readyReturnRS. Fields("buy _ time")
        Text17. Text = readyReturnRS. Fields("person")
        Text18. Text = readyReturnRS. Fields("the _ money")
        Text19. Text = readyReturnRS. Fields("mayang")
        Text20. Text = readyReturnRS. Fields("buying _ count")
        TheShiYang = readyReturnRS. Fields("shiyang")
        the _ time = readyReturnRS. Fields("in _ time")
        Text20. SetFocus
        SendKeys "{Home} + {End}"
    End If
End If
End Sub
```

代码详解：

【1】声明私有模块级变量，用于保存购买图书信息记录集。

【2】声明私有模块级变量，用于保存当日销售图书信息记录集。

【3】声明私有模块级变量，用于保存准备退货图书记录集。

【4】声明私有模块级变量，用于保存Sql查询语句。

【5】声明私有模块级变量，用于保存图书实洋信息。

【6】按照扫描枪或手工录入提供的图书序列号进行查询，得到记录集赋给变量readyReturnRS。

【7】如果没有找到记录，则对窗体的文本框进行初始化。

【8】找到对应的记录，把相关的信息显示在对应的文本框中。

2. “确认退书”按钮的实现

```
Private Sub Command3 _ Click()
  Dim t1 As Integer
  Dim t2 As Double
  If Text12. Text = "" Then
  MsgBox "没有图书的序列号!",,48,"系统提示"
    Text12. SetFocus
    Exit Sub
  ElseIf Text13. Text = "" Then
    MsgBox "没有图书书名 !",48,"系统提示"
    Text13. SetFocus
    Exit Sub
  ElseIf Text15. Text = "" Then
    MsgBox "没有填写售书数量 !",48,"系统提示"
    Text15. SetFocus
  Exit Sub
  ElseIf Text21. Text = "" Then
    MsgBox "没有填写总计金额 !",48,"系统提示"
    Text21. SetFocus
    Exit Sub
  End If                                                              【1】
  t1 = Val(Text20. Text)                                              【2】
  t2 = CDbl(Text21. Text)                                             【3】
  Text12. locked = False
  Text13. locked = False
  If Int(Val(Trim $ (Text15. Text))) < Int(Val(Trim $ (Text20. Text)))Then 【4】
    MsgBox "退书的数量不能多于购买的数量!",48,"系统提示":Exit Sub
  End If
  strQuery = "Insert Into Back _ Book _ Table(banbie,book _ id,book _ name," & _
          "book _ count,back _ count,mayang,shiyang,the _ money,back _ time," & _
          " buy _ time,zong _ money,person,backperson) Values('" & _
          Trim(Text14. Text)& "','" & Trim(Text12. Text)& "','" & Trim(Text13. Text)& _
          "'," & Text15. Text & "," & Text20. Text & "," & Text19. Text & "," & _
          TheShiYang & "," & Text18. Text & ",'" & DateTime. Date & "','" & _
          DateTime. Date & "'," & Text21. Text & ",'" & Text17. Text & "','" & _
```

```
            Trim(Me.StatusBar1.Panels(2).Text) & "')"                        【5】
    DBOper.Query(strQuery)
  Set buySubmitRS = DBOper.QueryR("select * from goods_table where book_id ='" & _
  Trim $(Text12.Text) & "'")                                                 【6】
    If buySubmitRS.RecordCount = 0 Then '如果没有则新建记录                  【7】
      buySubmitRS.AddNew
      buySubmitRS.Fields("book_id") = Trim(Text12.Text)
      buySubmitRS.Fields("book_name") = Trim(Text13.Text)
      buySubmitRS.Fields("book_count") = Int(Text20.Text)
      buySubmitRS.Fields("banbie") = Trim(Text14.Text)
      buySubmitRS.Fields("mayang") = CDbl(Text19.Text)
      buySubmitRS.Fields("shiyang") = TheShiYang
      buySubmitRS.Fields("in_time") = the_time
      buySubmitRS.Fields("good_person") = Trim(Text17.Text)
      buySubmitRS.Update
Else '现存库中有要退还的图书信息,那么进行数量更新即可                        【8】
        DBOper.Query("update goods_table set book_count = book_count + " & _
                        t1 & " where book_id ='" & Trim $(Text12.Text) & "'")
  End If
  If Trim $(Text15.Text) = Trim $(Text20.Text) Then '购买的书全部退货时      【9】
        StrQuery = "Delete from ls_buy_table where book_id ='" & _
              Trim $(Text12.Text) & "' and buying_count = " & Text15.Text & " "
        If DBOper.Query(strQuery) Then MsgBox "退书成功!"
  Else '购买的书部分退货时                                                   【10】
          StrQuery = "Update ls_buy_table Set buying_count = buying_count - " & _
                    t1 & ",zong_money = zong_money - " & _
                    t2 & " Where book_id ='" & Trim $(Text12.Text) & _
                    "' and buying_count = " & Text15.Text & " "
                    If DBOper.Query(strQuery) Then MsgBox "退书成功!"
      End If
      Call refersh_tmpDGrid                                                  【11】
      Call ResetText
  End Sub
  Private Sub Command4_Click()                                               【12】
      Call ResetBackText
  End Sub
```

代码详解：

【1】验证是否输入（得到）图书信息。

【2】退还数量赋给变量 t1。

【3】得到应退总额，赋给变量 t2。

【4】判断要退还的数量是否正确。

【5】构造退还记录，写入退书表中的 Sql 语句。

【6】构造一个 Sql 语句来查找现存库中是否有当前退还的书。

【7】现存书表中如果没有记录，则在现存书表中创建一条记录插入当前退还书的信息。

【8】现存书表中有退还书的信息，将数量进行改变。

【9】购买的书全部退货时，从临时售书表中删除对应的信息。

【10】购买的书的部分退货时，从临时售书表中更新数量。

【11】调用事件过程 refersh _ tmpDGrid。

【12】初始化退书操作界面。

3. 弹出菜单的实现

前台售书主界面的 BorderStyle = 0 – None，在这样的窗体上设计菜单后效果如图 10-6 所示，会影响整个界面的美观。为了能够在“功能区” Picture 控件上实现菜单项，可以调用另一个窗体上的菜单。在 Menus 窗体上设计菜单（见图 10-7），然后在主窗体上调用这个菜单，调用效果如图 10-7 右侧。具体菜单设计请参阅本书菜单设计部分的内容。

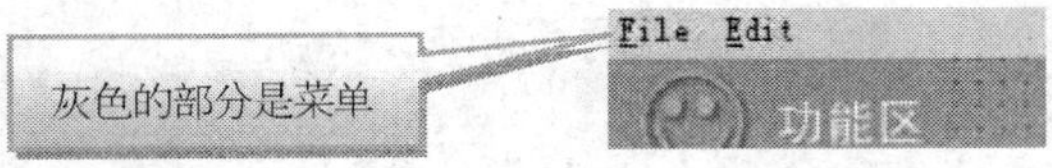

图 10-6 菜单效果

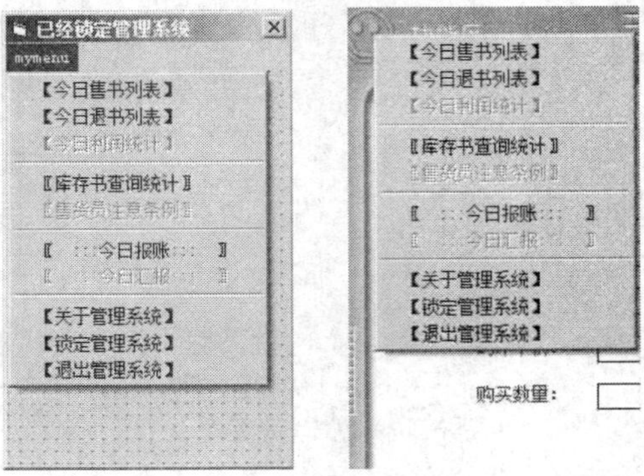

图 10-7 前台菜单

实现代码如下：

```
Private Sub Picture1 _ Click( )
PopupMenu menus. mymenu,0 Or 2【1】
End Sub
```

代码详解：

【1】当单击 Picture1 控件后弹出 Menus 窗体上的 myMenu 菜单。

4. 今日售书列表窗体的实现

在 Menus 窗体上的 myMenu 菜单的 today _ out _ book 子菜单项的鼠标点击事件中调用今日售书窗体，代码如下：

```
Private Sub today _ out _ book _ Click( )
todaybuy. Show vbModal '弹出今日售书窗体
End Sub
```

为工程添加窗体，具体属性见表 10-4。

表 10-4 控件属性表

控 件	属 性 设 置
Frame1	Caption 设置成空字符串
DataGrid1	序列号、书名、版别、码洋单价、售书单价、操作员、购买数量、总计金额
Command2	Caption 设置成“关闭”,Default 属性设置成 true

窗体代码如下：

```
Private Sub Command2 _ Click( )                                  【1】
    Unload Me
End Sub
Private Sub Form _ Load( )
    Dim strQuery As String
    strQuery = "Select  *  From ls _ buy _ table"
    Set Me. DataGrid1. DataSource = DBOper. QueryR( strQuery) 【2】
End Sub
```

代码详解：

【1】单击“关闭”按钮后关闭当前窗体。

【2】从临时售书表中查询记录，显示在 DataGrid1 控件中。

提示

今日退书窗体与今日售书窗体基本类似，查询语句更改为 strQuery = " select * from back _ book _ table where buy _ time = back _ time and buy _ time = '" &Date Time. Date & "'" 即可。

【案例 10-8】 现有库存图书查询窗体的实现。

现存图书查询窗体如图 10-8 所示。

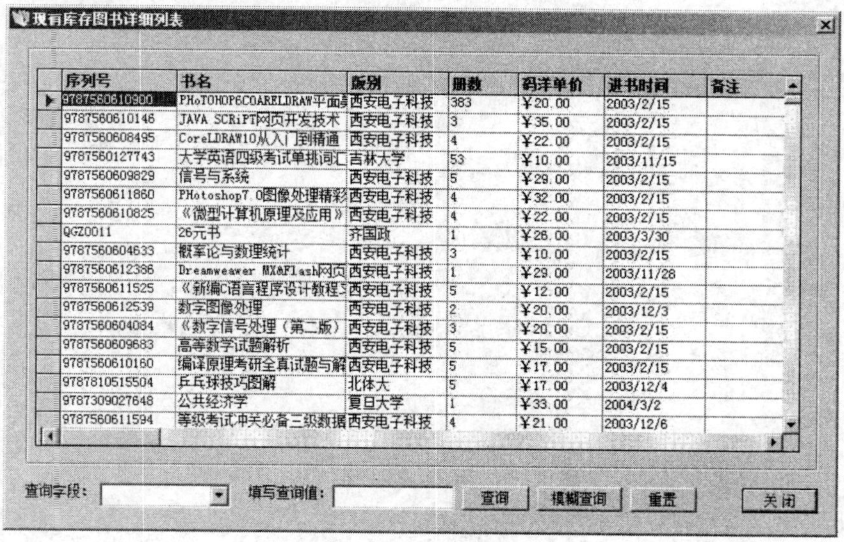

序列号	书名	版别	册数	码洋单价	进书时间	备注
9787560610900	PHoTOHOP6COARELDRAW平面	西安电子科技	383	￥20.00	2003/2/15	
9787560610146	JAVA SCRiPT网页开发技术	西安电子科技	3	￥35.00	2003/2/15	
9787560608495	CoreLDRAW10从入门到精通	西安电子科技	4	￥22.00	2003/2/15	
9787560127743	大学英语四级考试单挑词汇	吉林大学	53	￥10.00	2003/11/15	
9787560609829	信号与系统	西安电子科技	5	￥29.00	2003/2/15	
9787560611860	PHotoshop7.0图像处理精彩	西安电子科技	4	￥32.00	2003/2/15	
9787560610825	《微型计算机原理及应用》	西安电子科技	4	￥22.00	2003/2/15	
QGZ0011	26元书	齐国政	1	￥26.00	2003/3/30	
9787560604633	概率论与数理统计	西安电子科技	3	￥10.00	2003/2/15	
9787560612386	Dreamweawer MX&Flash网页	西安电子科技	1	￥29.00	2003/11/28	
9787560611525	《新编C语言程序设计教程	西安电子科技	5	￥12.00	2003/2/15	
9787560612539	数字图像处理	西安电子科技	2	￥20.00	2003/12/3	
9787560604084	《数字信号处理（第二版）	西安电子科技	3	￥20.00	2003/2/15	
9787560609683	高等数学试题解析	西安电子科技	5	￥15.00	2003/2/15	
9787560610160	编译原理考研全真试题与解	西安电子科技	5	￥17.00	2003/2/15	
9787810515504	乒乓球技巧图解	北体大	5	￥17.00	2003/12/4	
9787309027648	公共经济学	复旦大学	1	￥33.00	2004/3/2	
9787560611594	等级考试中关必备三级数据	西安电子科技	4	￥21.00	2003/12/6	

图 10-8 现存图书查询窗体

为工程添加窗体 nowbooks，具体属性见表 10-5、表 10-6。

表 10-5 控件属性表

控　件	属性设置	对应标签	控　件	属性设置	对应标签
Combo1	Style = 2 DropDown List	查询字段:	Text1		填写查询值:

表 10-6 按钮控件属性表

控　件	属	属 性 值	控　件	属	属 性 值
cmdSearch	Caption	查询	cmdReset	Caption	重置
Command2	Caption	模糊查询	Command1	Caption	关闭

实现该案例的代码如下：

```
Dim strQuery As String
Private Sub Form _ Load( )
    strQuery = "Select  *  From goods _ table"
    Set Me. DataGrid1. DataSource = DBOper. QueryR( strQuery)【1】
End Sub
Private Sub cmdReset _ Click( )
    Combo1. ListIndex = - 1                          【2】
    Text1. Text = ""
    strQuery = "Select  *  From goods _ table"
    Set Me. DataGrid1. DataSource = DBOper. QueryR( strQuery)【3】
End Sub
Private Sub cmdSearch _ Click( )
    Dim strAdd As String
    If Combo1. Text = "" Then Exit Sub               【4】
    If Text1. Text = "" Then Exit Sub                【5】
    strQuery = "Select  *  From goods _ table Where 1 = 1"   【6】
    Select Case Combo1. Text                         【7】
        Case "书号"
            strAdd = " and Book _ id = '" & Text1. Text & "'"
        Case "书名"
            strAdd = " and Book _ Name = '" & Text1. Text & "'"
        Case "版别"
            strAdd = " and Banbie = '" & Text1. Text & "'"
        Case "册数"
            strAdd = " and Book _ Count = '" & Text1. Text & "'"
        Case "码洋"
            strAdd = " and Mayang = '" & Text1. Text & "'"
        Case "进货时间"
            strAdd = " and In _ Time = '" & Text1. Text & "'"
```

```
        End Select
        strQuery = strQuery + strAdd
        Set Me. DataGrid1. DataSource = DBOper. QueryR(strQuery)【8】
End Sub
Private Sub Command2 _ Click()                              【9】
        Dim strAdd As String
        If Combo1. Text = "" Then Exit Sub
        If Text1. Text = "" Then Exit Sub
        strQuery = "Select * From goods _ table Where 1 = 1"
        Select Case Combo1. Text
            Case "书号"
                strAdd = " and Book _ id like '%" & Text1. Text & "%'"
            Case "书名"
                strAdd = " and Book _ Name like '%" & Text1. Text & "%'"
            Case "版别"
                strAdd = " and Banbie like '%" & Text1. Text & "%'"
            Case "码洋"
                strAdd = " and Mayang like '%" & Text1. Text & "%'"
            Case "进货时间"
                strAdd = " and In _ Time like '%" & Text1. Text & "%'"
        End Select
        strQuery = strQuery + strAdd
        Set Me. DataGrid1. DataSource = DBOper. QueryR(strQuery)
End Sub
```

代码详解：

【1】在窗体加载过程中，从现存书表中查询出所有书，显示在 DataGrid1 控件中。
【2】下拉列表框默认没有选择选项。
【3】查询出所有现有库存数，显示在 DataGrid1 控件中。
【4】没有选择“查询字段”，则退出事件过程。
【5】没有填写查询关键字，则退出事件过程。
【6】构造查询语句的前半部分。
【7】用 Combo1 控件的 text 作为判断条件，构造查询语句的后半部分。
【8】用构造的查询语句进行查询，返回结果。
【9】模糊查询实现：与“查询”按钮类似，构造 Like 模糊查询语句。

信息卡

查询语句构造时，常用 Select * From table Where 1 = 1 来代替 Select * From table，这样后边连接选择性或循环得到的条件语句时比较灵活。

【案例 10-9】 创建“今日报账”窗体及其初始化。

“今日报账”窗体如图 10-9 所示。

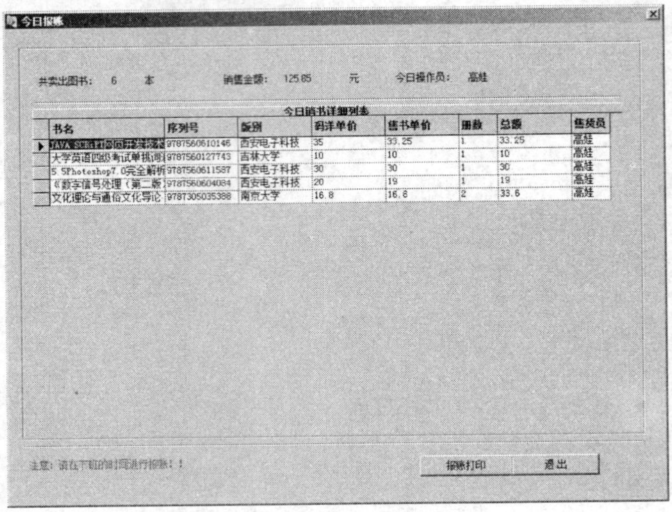

图 10-9 “今日报账”窗体

为工程添加 frm _ baozhang 窗体，具体属性见表 10-7 ~ 表 10-9。

表 10-7 标签控件属性表

控 件	属性设置	对应标签	控 件	属性设置	对应标签
Label1		共卖出图书:	Label5		元
Label3		本	Label7		今日操作员:
Label4		销售金额:			

表 10-8 按钮控件属性列表

控 件	属 性	属 性 值	控 件	属 性	属 性 值
Command1	Caption	报账打印	Command2	Caption	退出

表 10-9 DataGrid1 控件属性列表

属 性	值	属 性	值
Name	DataGrid1	AllowUpdate	False
Caption	今日销书详细列表		

除此之外，其他控件如 Label、Frame 等的名称可以自行定义。

实现该案例代码如下：

```
Dim mRS As ADODB. Recordset                                    【1】
Dim strQuery As String                                         【2】
Dim PrintRS As ADODB. Recordset                                【3】
Private Sub Form _ Load( )
```

```
        strQuery = "select sum(buying _ count)as buys,sum(zong _ money)as themoney " & _
                "from ls _ buy _ table"
        Set mRS = DBOper. QueryR(strQuery)                                          【4】
        If IsNull(mRS. Fields("buys"))Then                                          【5】
            Label2. Caption = 0
            Label6. Caption = 0
            Label8. Caption = Trim $(frm _ main. StatusBar1. Panels(2). Text)
            Command1. Enabled = False
    Else
            Label2. Caption = mRS. Fields("buys")                                   【6】
            Label6. Caption = mRS. Fields("themoney")                               【7】
            Label8. Caption = Trim $(frm _ main. StatusBar1. Panels(2). Text)       【8】
            strQuery = "select book _ name as 书名,book _ id as 序列号,banbie as " & _
                    "版别,mayang as 码洋单价,the _ money as 售书单价," & _
                    " buying _ count as 册数,zong _ money as 总额," & _
                    " person as 售货 from ls _ buy _ table"                          【9】
            Set PrintRS = DBOper. QueryR(strQuery)
            Set DataGrid1. DataSource = PrintRS                                     【10】
            …
        End If
    End Sub
```

代码详解：

【1】声明私有模块级变量，用来作为记录集的引用。
【2】声明私有模块级变量，用来保存 Sql 语句。
【3】声明私有模块级变量，用来保存打印记录集的引用。
【4】得到今日销售图书的个数和总金额。
【5】如果没有销售记录，则显示对应的信息到窗体控件上。
【6】显示当日图书销售个数。
【7】显示当日销售总额。
【8】显示当前操作员。
【9】构造得到当日销售记录的 SQL 查询语句。
【10】得到的记录集赋给 DataGrid1 控件。

5. 实现“打印”按钮

界面如图 10-10 所示，实现代码如下：

提示

数据报表的设计请参考本书模块九相关内容。

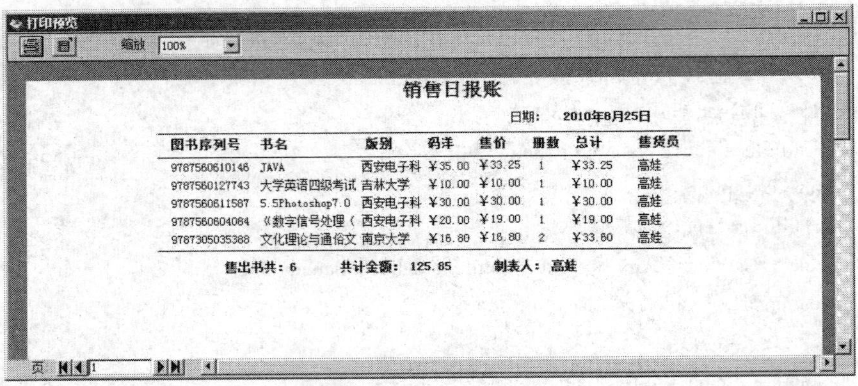

图 10-10　销售日报账

```
Private Sub Command2 _ Click( )
    frm _ main. refersh _ tmpDGrid '刷新主窗体的临时卖出书列表                    【1】
    Unload Me
    End Sub
Private Sub Command1 _ Click( )
    If PrintRS. RecordCount = 0 Then                                              【2】
        MsgBox "没有可以打印的信息!",48,"警告"
        Exit Sub
    Else
        Set dr _ baozhang. DataSource = PrintRS                                   【3】
        dr _ baozhang. Sections( "section5" ). Controls( "label8" ). Caption = frm _ main. StatusBar1. Panels
(2). Text
        dr _ baozhang. Sections( "section5" ). Controls( "label21" ). Caption = Label2. Caption
        dr _ baozhang. Sections( "section5" ). Controls( "label15" ). Caption = Label6. Caption
        dr _ baozhang. Show 1                                                     【4】
        strQuery = "insert into out _ book _ table select * from ls _ buy _ table"
        DBOper. Query( strQuery)                                                  【5】
        strQuery = "delete from ls _ buy _ table"
        DBOper. Query( strQuery)                                                  【6】
        Command1. Enabled = False
        Command2 _ Click                                                          【7】
    End If
End Sub
```

代码详解：

【1】刷新主窗体临时卖出书 DataGrid 列表控件。

【2】打印记录集为空的情况下提示不可报账。

【3】把打印记录集赋给报表的数据源。

【4】打开打印预览窗体。

【5】临时售书表的信息全部写入到卖出书表中存档。

【6】删除临时售书表的所有内容。

【7】调用“退出”按钮事件。

任务二 实现库存管理子系统

【案例 10-10】 设置项目属性及创建主窗体。

该工程所需添加的引用、控件及设计器列表见表 10-10。

表 10-10 该工程所需添加的引用、控件及设计器列表

控件	Microsoft ADO Data Control 6. 0（SP6）(OLEDB)
	Microsoft DataGrid Control 6. 0（SP6）(OLEDB)
	Microsoft Windows Common Controls 5. 0（SP2）
设计器	Data Environment
	Data Report
引用	Microsoft Data Report Designer 6. 0（SP4）
	Microsoft Data Formatting Object Library
	Microsoft Data Environment Instance 1. 0（SP4）
	Microsoft ActiveX Data Objects 2. 5 Library
	Microsoft Data Binding Collection VB 6. 0（SP4）
	Microsoft OLE DB Service Component 1. 0 Type Library

库存管理主窗体的界面如图 10-11 所示，窗体为 MDI 窗体，包含 4 个菜单项及状态栏。首先新建工程并取名为“库存管理”，然后为工程添加一个 MDI 窗体，属性设置见表 10-11。

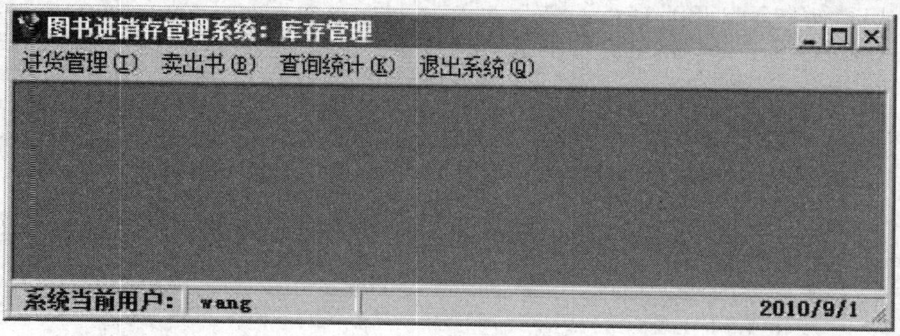

图 10-11 库存管理主界面

表 10-11 主窗体 frm _ main 的属性

属　性	值	属　性	值
Name	frm _ main	Width	12000
Caption	图书管理系统:库存管理	WindowState	2-Maximized
Height	9120		

可以设置该窗体为启动窗体，也可以模仿前面章节为项目设计一个登录窗口，并以该窗体作为启动窗体，在验证登录成功时启动该主窗体。

向主窗体添加状态栏控件（StatusBar），取名为 StatusBar1。为其添加三个窗格，属性见表 10-12。向主窗体添加菜单，设置见表 10-13。

表 10-12 状态栏 StatusBar1 的属性列表

窗 格	属 性 名	属 性 值	窗 格	属 性 名	属 性 值
1	文本	系统当前用户：	3	样式	sbrDate
2	2	文本		工具提示文本	当前日期
3	文本			最小宽度	8840
	对齐	sbrRight			

表 10-13 窗体菜单属性设计表

菜单级别	菜 单 文 本	菜 单 名 称	菜单级别	菜 单 文 本	菜 单 名 称
1	进货管理(&I)	Entermanagement	1	卖出书(&B)	buys
2	新书录入	new _ books	1	查询统计(&K)	kucuns
2	计算器	my _ comp	2	库存书查询	nowbk
2	-	f4	2	售空图书查询	buree
2	访问网站	go _ web	1	退出系统(&Q)	me _ quit

【案例 10-11】 为工程创建标准模块。

为工程添加一个标准模块，并取名为 PublicPara。

实现该案例代码如下：

```
Public DBOper As New VBDbOper                          【1】
Public Declare Function GetWindowsDirectory Lib "kernel32"_
        Alias "GetWindowsDirectoryA" (_
              ByVal lpBuffer As String,_
              ByVal nSize As Long _
        )As Long                                       【2】
Public Declare Function GetSystemDirectory Lib "kernel32"_
        Alias "GetSystemDirectoryA" (_
              ByVal lpBuffer As String,_
              ByVal nSize As Long _
        )As Long                                       【3】
Public Declare Function ShellExecute Lib "shell32. dll"_
        Alias "ShellExecuteA" (_
              ByVal hwnd As Long,_
              ByVal lpOperation As String,_
              ByVal lpFile As String,_
              ByVal lpParameters As String,_
```

```
            ByVal lpDirectory As String,_
            ByVal nShowCmd As Long _
        )As Long                                    【4】
Public Const MAX _ PATH = 260                       【5】
Public WinPath As String                            【6】
Public WinSysPath As String                         【7】
```

信息卡

工程中一般都会有标准模块，其中包含一些公共过程或函数及变量的声明等。由于标准模块在运行期间常驻内存不必实例化，所以其他对象调用标准模块内的公共成员都非常方便。

代码详解：

【1】声明公共对象变量 DBOper，并作为类 VBDBOper 的实例。

【2】声明 API 函数 GetWindowsDirectory，用于获取 Windows 目录路径。

【3】声明 API 函数 GetSystemDirectory，用于获取 System32 目录路径。

【4】声明 API 函数 ShellExecute，用于执行一个外部应用程序。

【5】声明公共常量 MAX _ PATH，用来定义最大允许的路径字符串长度。

【6】声明公共变量 WinPath，用来保存 Windows 路径。

【7】声明公共变量 WinSysPath，用来保存 System32 的路径。

【案例 10-12】 实现主窗体的初始化。

实现该案例代码如下：

```
Private Sub MDIForm _ Load()                        【1】
    Dim Buffer As String                            【2】
    Buffer = Space(MAX _ PATH)                      【3】
    rtn = GetSystemDirectory(Buffer,Len(Buffer))    【4】
    WinSysPath = Left(Buffer,rtn)                   【5】
End Sub
```

信息卡

主窗体的初始过程在许多情况下可以作为整个工程初始化过程，但是更多的时候也可以通过标准模块中 main（）函数过程对工程进行初始化操作，此时窗体的初始化操作仅初始化窗体内部的变量。

代码详解：

【1】主窗体的 Load 事件过程，它是窗体的实例化后的第二个事件，为其编写事件处理过程是做初始化的最理想的阶段。

【2】声明字符串变量 Buffer，用于保存系统路径的返回值。

【3】填充字符串，使其有足够的空间来保存返回的系统路径。

【4】通过 API 调用 GetSystemDirectory 来获取系统目录路径。API 的声明位于标准模块中，rtn 返回 API 调用状态，当调用成功时该函数将返回系统路径的有效字节数。

【5】将返回路径的有效部分截取后赋给全局变量 WinSysPath。

【案例 10-13】 实现“计算器”菜单功能。

为了方便操作员进行计算，本案例将调用操作系统自带的计算器。实现该案例代码如下：

```
Private Sub my_comp_Click()                          【1】
    Shell(WinSysPath & "\calc.exe"),vbNormalFocus 【2】
End Sub
```

信息卡

在程序中可以启动另一个应用程序，方法是使用 Shell 方法，该方法可以指定应用程序的启动状态，如指定程序以最大化窗体模式来运行等。

代码详解：

【1】计算器菜单的点击事件过程。

【2】通过 Shell 方法启动系统中的计算器工具，vbNormalFocus 指定计算器已默认窗体启动并获得焦点。

【案例 10-14】 实现“访问网站”菜单功能。

本案例是通过 API 函数实现打开网址，代码如下：

```
Private Sub go_web_Click()                                   【1】
    ShellExecute 0,"open","http://www.bbdd.cc",_
                vbNullString,vbNullString,SW_MAXIMIZE     【2】
End Sub
```

信息卡

在程序中启动另一个应用程序，除了使用 Shell 方法之外，也可以使用 API 函数来实现。ShellExecute 便是这种 API 函数，其具体参数请参考相关的 API 手册。

代码详解：

【1】访问网站菜单的点击事件过程。

【2】API 函数 ShellExecute 的调用，实现通过系统浏览器打开网址 http://www.bbdd.cc 功能。

提示

“新进书管理”的部分功能请参阅模块九相关内容，这里不再重复介绍。

【案例 10-15】　创建“卖出书详细列表”窗体及其初始化。

售出书详细列表如图 10-12 所示。

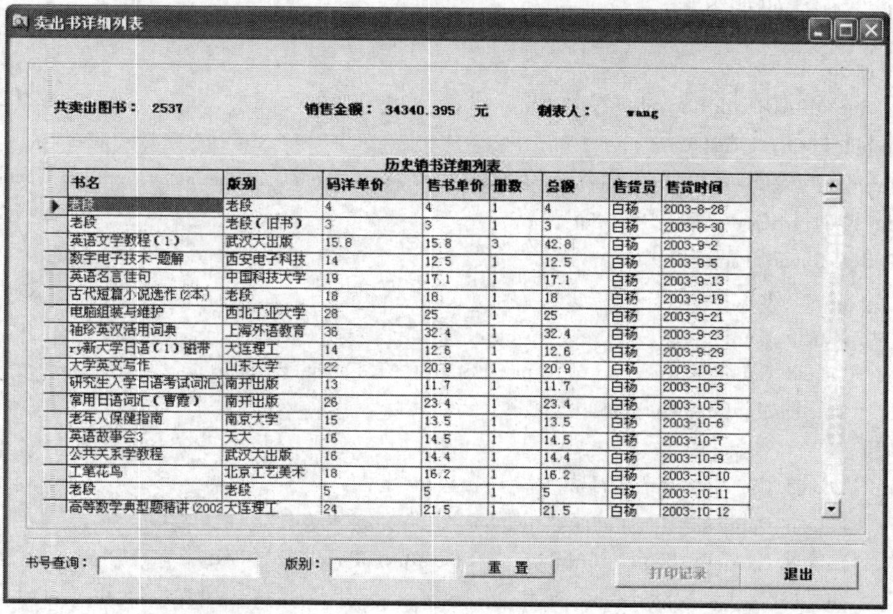

图 10-12　售出书详细列表

为工程添加窗体，具体属性见表 10-14 ~ 表 10-17。

表 10-14　窗体 frm _ buy 属性表

属　性	值	属　性	值
Name	frm _ buy	MDIChild	True
Caption	卖出书详细列表	ShowInTaskbar	True

表 10-15　标签和文本框属性表

控　件	属性设置	对应标签	控　件	属性设置	对应标签
Label2		共卖出图书：	Text1	Text = 空	书号查询：
Label6		销售金额：	Text2	Text = 空	版别：
Label8		制表人：			

表 10-16　按钮属性表

控　件	属　性	属 性 值
Command1	Caption	打印记录
Command2	Caption	退出
Command4	Caption	重置

表 10-17　DataGrid1 属性列表

属　性	值
Name	DataGrid1
Caption	历史销书详细列表
AllowUpdate	False

除此之外，其他控件如 Label、Frame 等的名称可以自行定义。

实现该案例代码如下：

```
Private strSql As String                                                                    【1】
Private Rec As ADODB. Recordset                                                             【2】
Private Sub Form _ Load( )
    strSql = " select sum( buying _ count) as buys, sum( zong _ money) as themoney from out _ book _ table "
    Set Rec = DBOper. QueryR( strSql)                                                       【3】
    If Rec. RecordCount = 0 Then
        Label2. Caption = 0
        Label6. Caption = 0
        Label8. Caption = Trim $ (frm _ main. StatusBar1. Panels(2). Text)
        Command1. Enabled = False
    Else
        Label2. Caption = Rec. Fields( " buys" ). Value                                      【5】
        Label6. Caption = Rec. Fields( " themoney" ). Value
        Label8. Caption = Trim $ (frm _ main. StatusBar1. Panels(2). Text)
        strSql = " select book _ name as 书名, banbie as 版别, mayang as 码洋单价, the _ money as 售书单
价, buying _ count as 册数, zong _ money as 总额, person as 售货员, buy _ time as 售货时间 from out _ book _ ta-
ble "                                                                                       【6】
    Set DataGrid1. DataSource = DBOper. QueryR( strSql)                                     【7】
        DataGrid1. Columns(1). Width = 1336                                                 【8】
        DataGrid1. Columns(2). Width = 1336
        DataGrid1. Columns(3). Width = 900
        DataGrid1. Columns(4). Width = 700
        DataGrid1. Columns(5). Width = 900
        DataGrid1. Columns(6). Width = 700
        DataGrid1. Columns(7). Width = 1200
    End If                                                                                  【4】
End Sub
```

代码详解：

【1】声明私有模块级变量，用于保存 Sql 查询语句。

【2】声明私有模块级变量，用来作为记录集的引用。

【3】执行 Sql 查询语句，并以 Rec 作为查询结果集的引用。

【4】如果记录集为空，则设置数量为零，并禁用“打印记录”按钮。否则执行【5】~【8】，

以便显示详细信息列表。

【5】使 Label 显示当前记录的指定字段值。

【6】创建 Sql 查询语句，从表 out _ book _ table 中查询全部记录。

【7】执行 Sql 查询语句，并将返回的记录集赋给表格的 DataSource 属性。

【8】重新指定表格列宽度。

信息卡

在使用 ADODB 中的 Recordset 进行记录操作时，获取指定字段时既可以使用字段在集合中的索引号，也以使用字段名称指定。此时应适用后者，因为这样不仅有利于阅读理解代码，也不会因为字段位置的改变而影响代码的原有逻辑。其实，在编写代码时应当尽量避免使用数字作为集合或列表元素的索引，而改为以关键字作为索引或使用便于理解的常量替代。

【案例 10-16】 实现“卖出书详细列表”窗体的“打印记录”按钮功能。

实现该案例代码如下：

```
Private Sub Command1 _ Click()                                              【1】
    If Rec. RecordCount = 0 Then
        MsgBox "没有可以打印的信息!",48,"警告"
        Exit Sub
    Else
        Set DataReport1. DataSource = Rec                                   【3】
        DataReport1. Sections("section4"). Controls("label1"). Caption = _
                                                      "历史售书详细列表"【4】
        DataReport1. Show                                                   【5】
    End If                                                                  【2】
End Sub
```

代码详解：

【1】“打印记录”按钮的点击事件。

【2】如果记录集为空，则提示并退出过程。否则执行【3】~【5】，以显示报表。

【3】将记录集赋给报表的 DataSource 属性。

【4】设置报表的标题。

【5】显示报表，并可以进行打印等操作。

【案例 10-17】 实现“卖出书详细列表”窗体的“重置”按钮功能。

实现该案例代码如下：

```
Private Sub Command4 _ Click()   【1】
    Text1. Text = ""             【2】
    Call Form _ Load             【3】
End Sub
```

代码详解：

【1】重置按钮的点击事件。

【2】清空书号查询对应的文本框的内容。

【3】调用窗体初始化过程，以进行重置。

【案例 10-18】 实现“卖出书详细列表”窗体的书号查询功能。

实现该案例代码如下：

```
Private Sub Text1_KeyPress(KeyAscii As Integer)                              【1】
    If Not Text1.Text = "" And KeyAscii = 13 Then
        strSql = "select sum(buying_count)as buys,sum(zong_money)as themoney" & _
                " from out_book_table where book_id ='" & Text1.Text & "'"   【3】
        Set Rec = DBOper.QueryR(strSql)                                      【4】
        If Not Rec.RecordCount = 0 Then
            Label2.Caption = Rec.Fields("buys").Value
            Label6.Caption = Rec.Fields("themoney").Value
            Label8.Caption = Trim $(frm_main.StatusBar1.Panels(2).Text)
        End If                                                               【5】
        strSql = "select book_name as 书名,banbie as 版别,mayang as "& _
                "码洋单价,the_money as 售书单价,buying_count as 册数," & _
                "zong_money as 总额,person as 售货员,buy_time as 售货时间"& _
                " from out_book_table where book_id ='" & Text1.Text & "'"   【6】
        Set DataGrid1.DataSource = DBOper.QueryR(strSql)                     【7】
        DataGrid1.Columns(1).Width = 1336                                    【8】
        DataGrid1.Columns(2).Width = 1336
        DataGrid1.Columns(3).Width = 900
        DataGrid1.Columns(4).Width = 700
        DataGrid1.Columns(5).Width = 900
        DataGrid1.Columns(6).Width = 700
        DataGrid1.Columns(7).Width = 1200
    End If                                                                   【2】
End Sub
```

代码详解：

【1】书号查询对应文本框的键盘击键事件。

【2】当文本框内容非空，且当前按下的键是回车键时才进行查询。

【3】生成 Sql 查询语句，从表 out_book_table 中获取符合 book_id 字段值与文本框内容相等的全部记录的 buying_count 字段总和及 zong_money 字段总和。

【4】执行 Sql 查询，并以 Rec 作为查询结果记录集的引用。

【5】如果查询结果非空，则显示查询结果。

【6】生成 Sql 查询语句，从表 out_book_table 中获取符合 book_id 字段值与文本框内容相等的全部记录，以便显示详细信息。

【7】执行Sql查询语句，并以查询结果记录集作为表格的数据源。

【8】重新指定表格的各列宽度。

【案例10-19】 实现“卖出书详细列表”窗体的版别查询功能。

实现该案例代码如下：

```
Private Sub Text2_KeyPress(KeyAscii As Integer)【1】
    If Not Text2.Text = "" And KeyAscii = 13 Then
        strSql = "select sum(buying_count)as buys,sum(zong_money)as themoney" & _
              " from out_book_table where banbie ='" & Text2.Text & "'"
    Set Rec = DBOper.QueryR(strSql)
    If Not Rec.RecordCount = 0 Then
        Label2.Caption = Rec.Fields("buys").Value
        Label6.Caption = Rec.Fields("themoney")
        Label8.Caption = Trim $(frm_main.StatusBar1.Panels(2).Text)
    End If
    strSql = "select book_name as 书名,banbie as 版别,mayang " & _
          "as 码洋单价,the_money as 售书单价,buying_count " & _
          "as 册数,zong_money as 总额,person as 售货员,buy_time" & _
          " as 售货时间 from out_book_table where banbie ='" & Text2.Text & "'"
        Set DataGrid1.DataSource = DBOper.QueryR(strSql)
        DataGrid1.Columns(1).Width = 1336
        DataGrid1.Columns(2).Width = 1336
        DataGrid1.Columns(3).Width = 900
        DataGrid1.Columns(4).Width = 700
        DataGrid1.Columns(5).Width = 900
        DataGrid1.Columns(6).Width = 700
        DataGrid1.Columns(7).Width = 1200
    End If
End Sub
```

代码详解：

【1】版别所对应文本框的键盘击键事件。该案例与【案例10-18】基本相同，代码解释请参看【案例10-18】。

【案例10-20】 “卖出书详细列表”窗体的弹出。

实现该案例代码如下：

```
Private Sub buys_Click()    【1】
    frm_buy.Show            【2】
    frm_buy.SetFocus        【3】
End Sub
```

代码详解：

【1】主窗体的“卖出书”菜单点击事件。

【2】显示“卖出书详细列表”窗口。

【3】使其获得焦点。

提示

“库存图书查询”请参阅前台售书子系统“现存书查询”案例。

【案例 10-21】 创建“售空图书”窗体及其初始化。

“售空图书”界面如图 10-13 所示。

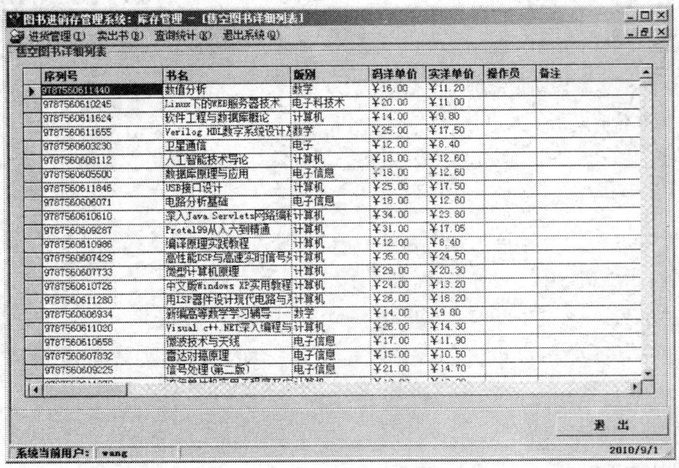

图 10-13 “售空图书”界面

为工程添加窗体，具体属性见表 10-18 所示、表 10-19。

表 10-18 窗体 frm _ buyr 属性表

属　性	值	属　性	值
Name	frm _ buyr	MDIChild	True
Capti	库存变零的图书	ShowInTaskbar	True

表 10-19 DataGrid1 属性列表

属　性	值	属　性	值
Name	DataGrid1	AllowUpdate	False

除此之外，其他控件名称可以自行定义。

实现该案例代码如下：

```
    Private Sub Form _ Load( )
        Set DataGrid1. DataSource = DBOper. QueryR( _
                                    "select * from total _ books _ table where"& _
                                    "book _ id not in( select book _ id from goods _ table)")
End Sub
```

代码详解：

【1】执行 Sql 查询，并将查询结果作为表格 DataGrid1 的数据源。查询操作从表 total _ books _ table 中选取满足字段 book _ id 值未包含在表 goods _ table 的记录中的 book _ id 字段中的那些记录。

【案例 10-22】 “库存变零的图书”窗体的弹出。

实现该案例代码如下：

```
Private Sub buree _ Click()     【1】
    frm _ buyr.Show             【2】
    frm _ buyr.SetFocus         【3】
End Sub
```

代码详解：

【1】主窗体的“卖完的书籍”菜单点击事件。

【2】显示“库存变零的图书”窗口。

【3】使其获得焦点。

任务三　实现后台管理系统

该系统主要由进货管理、综合报表、辅助功能、查询统计、系统设置、退出系统等功能模块组成。

【案例 10-23】 图书管理系统——后台管理窗体的设计（见图 10-14）。

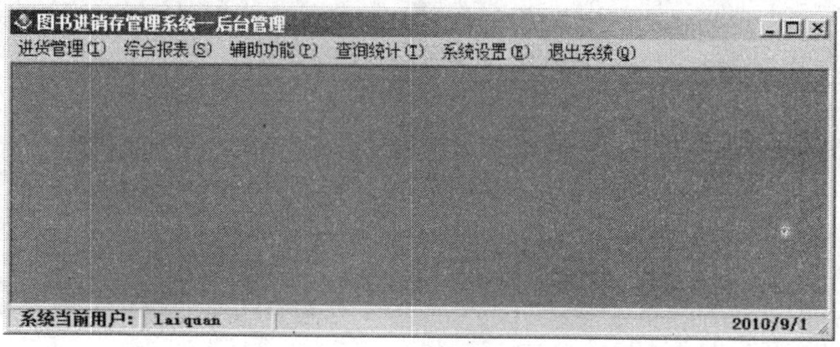

图 10-14　图书管理系统——后台管理界面

后台管理主窗体的界面如图 10-14 所示，窗体为 MDI 窗体，包含 7 个菜单项及状态栏。首先新建工程，并取名为“图书进销存后台管理系统”，然后为工程添加一个 MDI 窗体，属性设置见表 10-20。

表 10-20　窗体及状态栏属性表

控　件	属　性
Form1	name ="frm _ main", Caption ="图书管理系统——后台管理", WindowState =2—Maximized
StatusBar1	TabIndex =0

【案例 10-24】 实现“当日销售报表”菜单功能。

```
Private Sub day _ report _ Click( )
    the _ day _ report. Show
    the _ day _ report. SetFocus
End Sub
```

当日销售报表（the _ day _ report）窗体的布局如图 10-15 所示。窗体及控件信息见表 10-21。

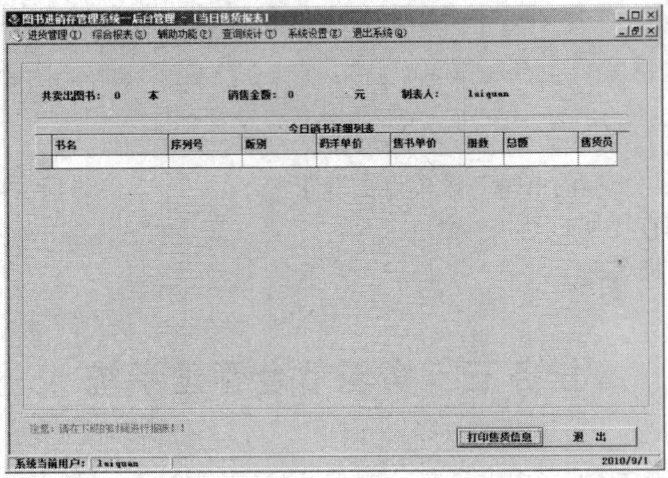

图 10-15 当日销售报表界面

表 10-21 窗体及控件信息表

控　件	属　性
Command1	Caption =“打印销售信息”
Command2	Caption =“退出”
frm _ buyr	Caption =“当日销售报表”　MDIChild = true

该窗体的实现代码如下：

```
Dim strSql As String
Dim Rec As ADODB. Recordset
Private Sub Form _ Load( )
    strSql = "select sum(buying _ count) as buys, sum(zong _ money) as themoney from out _ book _ table
where buy _ time = '" & DateTime. Date & "'"                                                    【1】
    Set Rec = DBOper. QueryR(strSql)
```

```
    If Rec. RecordCount = 0 Then
        Label2. Caption = 0
        Label6. Caption = 0
        Label8. Caption = Trim $ (frm _ main. StatusBar1. Panels(2). Text)
        Command1. Enabled = False
    Else
        Label2. Caption = IIf( IsNull( Rec. Fields( "buys" ) ) ,0 ,Rec. Fields( "buys" ) )        【2】
        Label6. Caption = IIf( IsNull( Rec. Fields( "themoney" ) ) ,0 ,Rec. Fields( "themoney" ) )
        Label8. Caption = Trim $ (frm _ main. StatusBar1. Panels(2). Text)
        strSql = "select book _ name as 书名,book _ id as 书号,banbie as 版别,mayang as 码洋单价,the
_ money as 售书单价,buying _ count as 册数,zong _ money as 总额,person as 售货员 from out _ book _ table
where buy _ time = '" & DateTime. Date & "'"
                                                                                          【3】
        Set Rec = DBOper. QueryR( strSql)
        Set DataGrid1. DataSource = Rec
    End If
End Sub
```

代码详解：

【1】从数据表 out _ book _ table 中，将字段为“buying _ count”的总数提取定义为 buys，将字段为“zong _ money”的总数提取定义为 themoney，提取条件为 buy _ time 等于当前日期（DateTime. Date），先将查询语句赋给 strSql，再转成记录集后赋值给记录集 Rec。

【2】本句中的代码表示，若记录集 Rec 中有字段为“buys”的记录时，将返回 false，并执行 falsepart 部分，也就是将记录集 Rec 中字段为“buys”的记录赋值给 Label2. Caption。若记录集 Rec 中没有字段为“buys”的记录时，IsNull 语句返回 null，结果为 ture，并执行 turepart 部分，将 0 返回给 Label2. Caption。

【3】从数据表 out _ book _ table 中提取字段为 book _ name、book _ id、banbie…的记录，并分别取名为书名、书号、版别等。提取条件为字段 buy _ time 等于当前日期。

信息卡

如果 IIf（expr，truepart，falsepart）语句中 expr（表达式）为真，将返回 truepart 部分，反之则返回 falsepart 部分。IsNull（expression）语句中如果表达式 expression 为 null，将返回 true，反之返回 false。

1. 实现“打印销售信息”按钮功能

代码如下：

```
Private Sub Command1 _ Click( )
    If Rec. RecordCount = 0 Then
        MsgBox "没有可以打印的信息!",48,"警告"
        Exit Sub
    Else
```

```
            '首先 加入到卖出书表格中
            '然后 删除今日售数表
            Set dr _ baozhang. DataSource = Rec                                    【1】
                dr _ baozhang. Sections ( " section5 " ) . Controls ( " label8 " ) . Caption = frm _
main. StatusBar1. Panels(2). Text                                                  【2】
            dr _ baozhang. Sections("section5"). Controls("label21"). Caption = Label2. Caption & "本"
            dr _ baozhang. Sections("section5"). Controls("label15"). Caption = Label6. Caption & "元"
            dr _ baozhang. Show 1
            Command1. Enabled = False                                              【3】
            Command2 _ Click
        End If
    End Sub
```

代码详解：

【1】记录集 Rec 不为空的话，它将成为报表 dr _ baozhang 的数据源。

【2】设置报表的注脚信息。

【3】单击“打印销售信息”按钮后，如果记录集 Rec 中有记录的话，该按钮（Command1）成无效状态，并调用 Command2 _ Click 事件（点击“退出”按钮）。

【案例 10-25】 实现“当日零销总额”菜单功能。

当单击“当日零销总额”（day _ total _ amount）菜单项时：

```
Private Sub day _ total _ amount _ Click()
    strSql = "select sum(buying _ count)as buys,sum(zong _ money)as " & _
        "themoney from out _ book _ table where buy _ time ='" & DateTime. Date & "'"【1】
    Set Rec = DBOper. QueryR(strSql)
    If Rec. RecordCount = 0 Then                                                   【2】
        MsgBox "还没有报账!" & Chr(13)& _
            Chr(10)& "请在下班时间查询",48,"系统提示"
        Exit Sub
    Else
        MsgBox "今天是:" & DateTime. Date & Chr(13)& Chr(10)& _
                "零售总额为:" & Rec. Fields("themoney")& " 元",48,"计算结果"
    End If
End Sub
```

代码详解：

【1】该查询语句的作用是从表 out _ book _ table（卖出书）中返回 buying _ count 字段值总数，定名为“buys”，返回 zong _ money 字段值的总和，定名为“themoney”。返回条件是 buy _ time 字段等于当前日期。

【2】如果返回记录集 Rec 的记录数为零，提示还没有报账，并结束过程。否则会统计出零售总额。

【案例 10-26】 实现“历史进货报表”菜单功能。

```
Private Sub history _ enters _ statement _ report _ Click( )
    frm _ historyinbook. Show
    frm _ historyinbook. SetFocus
End Sub
```

历史进货详细记录（frm _ historyinbook）的窗体布局如图 10-16 所示。窗体及控件信息见表 10-22。

图 10-16 “历史进货详细记录”界面

表 10-22 窗体及控件信息表

控件默认名	属　性	控件默认名	属　性
Command1	Caption =“查询”	Command4	Caption =“退出”
Command2	Caption =“重置”	frm _ historyinbook	Caption =“历史进货详细记录” MDIChild = true
Command3	Caption =“打印记录”		

该窗体的代码如下：

```
Dim strSql As String
Dim Rec As ADODB. Recordset
Private Sub Form _ Load( )
    Call RefreshDGrid
End Sub
Private Sub RefreshDGrid( )                                        【1】
    Combo1. Text = "进货人"
    Text1. Text = ""
    strSql = "select * from total _ books _ table "
    Set Rec = DBOper. QueryR( strSql)
    Set Me. DataGrid1. DataSource = Rec
```

```
End Sub
Private Sub Command1 _ Click()
  If Combo1. Text = "" Then                                                    【2】
     MsgBox "查询条件不能为空!",48,"系统提示"
     Combo1. SetFocus
     Exit Sub
     ElseIf Trim(Text1. Text) = "" Then
         MsgBox "不能为空值!",48,"系统提示"
         Text1. SetFocus
         Exit Sub
     End if
     If Trim(Combo1. Text) = "进书人" Then                                     【3】
         strSql = "select * from total _ books _ table where good _ person = '" & _
                Trim(Text1. Text)& "'"
     ElseIf Trim(Combo1. Text) = "版别" Then
         strSql = "select * from total _ books _ table where banbie = '" & _
                Trim(Text1. Text)& "'"
     ElseIf Trim(Combo1. Text) = "书名" Then
         strSql = "select * from total _ books _ table where book _ name = '" & _
                Trim(Text1. Text)& "'"
     ElseIf Trim(Combo1. Text) = "书号" Then
         strSql = "select * from total _ books _ table where book _ id = '" & _
                Trim(Text1. Text)& "'"
     ElseIf Trim(Combo1. Text) = "进货时间" Then
         strSql = "select * from total _ books _ table where the _ time = '" & _
                Trim(Text1. Text)& "'"
     End If
     Set Rec = DBOper. QueryR(strSql)                                          【4】
     Set Me. DataGrid1. DataSource = Rec
End Sub
Private Sub Command2 _ Click()                                                 【5】
   Call RefreshDGrid
End Sub
Private Sub Command3 _ Click()
   If Rec. RecordCount = 0 Then Exit Sub
   Set History. DataSource = Rec
   History. Sections("section4"). Controls("label18"). Caption = "历史进货详细记录"
   History. Show
End Sub
```

代码详解：

【1】对窗体上的控件进行初始化操作。

【2】控件 Combo1 和控件 Text1 的 Text 都不能为空，系统会提示。

【3】通过 Combo1. Text 构造查询语句（从数据表 total _ books _ table 中查找满足条件的记录）赋给 strSql。

【4】得到结果记录集赋给变量 Rec。

【5】“重置”按钮调用 RefreshDGrid 初始化窗体上的控件。

【案例 10-27】 实现“历史退货报表”菜单功能。

```
Private Sub history _ reject _ statement _ report _ Click( )
    frm _ hisback. Show
    frm _ hisback. SetFocus
End Sub
```

历史退货记录（frm _ hisback）的窗体布局如图 10-17 所示。DataGrid1 控件字段名相应修改一下，其他与历史进货详细记录界面是相同的。

图 10-17 “历史退货记录”界面

当单击“重置”按钮时：

```
Private Sub Command2 _ Click( )
    If Combo1. Text = "" Then
        MsgBox "查询条件不能为空!",48,"系统提示"
        Combo1. SetFocus
        Exit Sub
    ElseIf Trim(Text1. Text) = "" Then
        MsgBox "不能为空值!",48,"系统提示"
        Text1. SetFocus
        Exit Sub
    ElseIf Trim(Combo1. Text) = "操作员" Then
        strSql = "select * from back _ book _ table where backperson ='" & _
            Trim(Text1. Text)& "'"
```

```
    ElseIf Trim(Combo1. Text) = "版别" Then
        strSql = "select * from back _ book _ table where banbie = '" & _
                Trim(Text1. Text)& "'"
    ElseIf Trim(Combo1. Text) = "书名" Then
        strSql = "select * from back _ book _ table where book _ name = '" & _
                Trim(Text1. Text)& "'"
    ElseIf Trim(Combo1. Text) = "书号" Then
        strSql = "select * from back _ book _ table where book _ id = '" & _
                Trim(Text1. Text)& "'"
    ElseIf Trim(Combo1. Text) = "退货时间" And IsDate(Text1. Text) Then【1】
        strSql = "select * from back _ book _ table where back _ time = '" & _
                Trim(Text1. Text)& "'"
    ElseIf Trim(Combo1. Text) = "退货时间" And Not IsDate(Text1. Text) Then
        MsgBox "日期格式不正确！正确格式如:2003 - 1 - 1",32,"系统提示"
    End If
    Set Rec = DBOper. QueryR(strSql)
    Set Me. DataGrid1. DataSource = Rec
End Sub
```

代码详解：

【1】当 Trim（Combo1. Text）=“退货时间”并且 Text1. Text 返回的是一个日期时，才将查询语句赋给字符串 strSql。

【案例 10-28】 实现“历史销售报表”菜单功能。

代码如下：

```
Private Sub history _ sells _ report _ Click()
    frm _ hisbuy. Show
    frm _ hisbuy. SetFocus
End Sub
```

历史销售报表（frm _ hisbuy）的窗体布局如图 10-18 所示。

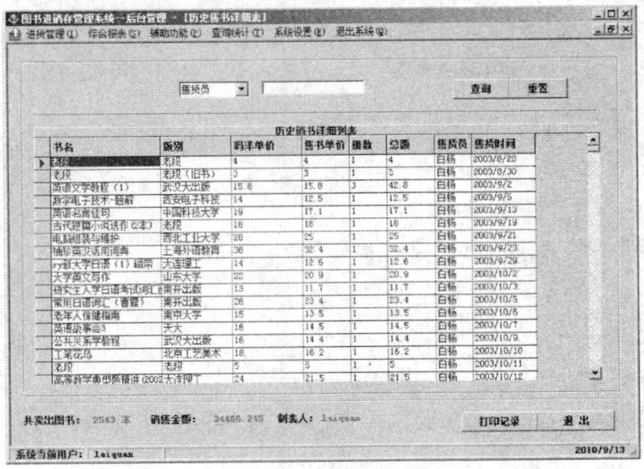

图 10-18 “历史销售报表”界面

当单击“查询”按钮时：

```
Private Sub Command3_Click()
    If Combo1.Text = "" Then
        MsgBox "查询条件不能为空!",48,"系统提示"
        Combo1.SetFocus
        Exit Sub
    ElseIf Trim(Text1.Text) = "" Then
        MsgBox "不能为空值!",48,"系统提示"
        Text1.SetFocus
        Exit Sub
    ElseIf Trim(Combo1.Text) = "售货员" Then                              【1】
        strSql = "select sum(buying_count)as buys,sum(zong_money)" & _
            "as themoney from out_book_table where person ='" & _
            Trim(Text1.Text)& "'"
        Set Rec = DBOper.QueryR(strSql)
            If IsNull(Rec.Fields("buys"))Then                                【2】
                Label2.Caption = 0
                Label6.Caption = 0
                Label8.Caption = Trim $(frm_main.StatusBar1.Panels(2).Text)
                Command1.Enabled = False
        Else
                Label2.Caption = Rec.Fields("buys")& " 本"
                Label6.Caption = Rec.Fields("themoney")& " 元"
                Label8.Caption = Trim $(frm_main.StatusBar1.Panels(2).Text)
                strSql = "select book_name as 书名,banbie as 版别," & _
                    "mayang as 码洋单价,the_money as 售书单价," & _
                    buying_count as 册数,zong_money as 总额,person as " & _
                    "售货员,buy_time as 售货时间 from out_book_table " & _
                    "where person ='" & Trim(Text1.Text)& "'"
                Set Rec = DBOper.QueryR(strSql)
                Set DataGrid1.DataSource = Rec
            End If
        End If
End Sub
```

代码详解：

【1】当Combo1.Text为“售货员”时，从数据表out_book_table中提取条件为person ='" & Trim（Text1.Text）& "'的记录，将字段为“buying_count”的总数提取取名为buys，将字段为“zong_money”的总数提取取名为themoney，先将查询语句赋给strSql，再转成记录集后赋值给记录集Rec。

【2】如果“buys”字段返回空值，则继续下面的语句。否则加上“本”。

提示

除了用字段“售货员”来查询，还可以用“版别”、“书名”、“书号”、“售货时间”等字段继续查询，语句基本相同。

【案例 10-29】 实现“历史利润统计”菜单功能。

```
Private Sub history _ sells _ profits _ Click( )
    frm _ themoney. Show
    frm _ themoney. SetFocus
End Sub
```

历史利润统计（frm _ themoney）窗体的布局如图 10-19 所示。在这里用到了一个 TabStrip 控件。

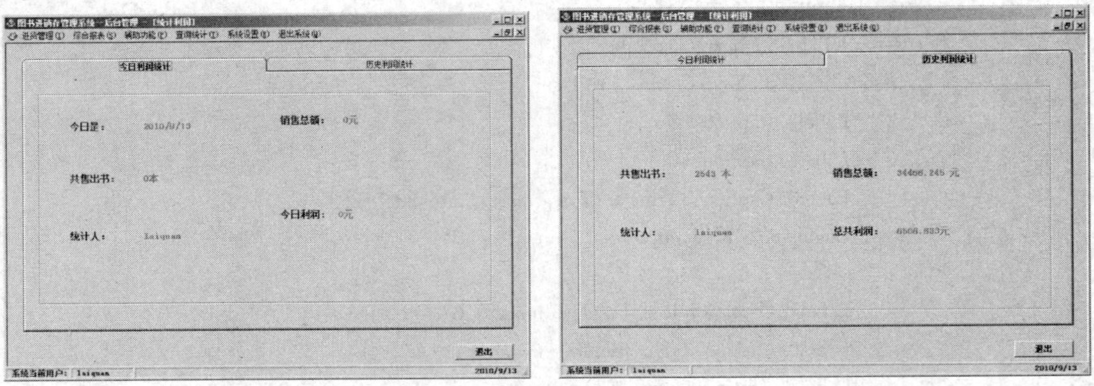

图 10-19 “历史利润统计”界面

该窗体的代码如下：

```
Private Sub Form _ Load( )
        strSql = "select sum(buying _ count) as buys, sum(zong _ money) as themoney," & _
                "sum(shiyang * buying _ count) as shihuo from out _ book _ table " & _
                "where buy _ time ='" & DateTime. Date & "'"
        Set Rec = DBOper. QueryR(strSql)
        If IsNull(Rec. Fields("buys"))Then
            Label2. Caption = DateTime. Date
            Label3. Caption =0 & "本"
            Label4. Caption = Trim $ (frm _ main. StatusBar1. Panels(2). Text)
            Label5. Caption =0 & "元"
            Label6. Caption =0 & "元"
        Else
            Label2. Caption = DateTime. Date
            Label3. Caption = Rec. Fields("buys")& " 本"
```

```
            Label4. Caption = Trim $ (frm _ main. StatusBar1. Panels(2). Text)
            Label5. Caption = Rec. Fields("themoney")& " 元"
            Label6. Caption = (Rec. Fields("themoney") - Rec. Fields("shihuo"))& "元"
        End If
End Sub
```

当单击选项卡时：

```
Private Sub SS _ Click(PreviousTab As Integer)
If PreviousTab =0 Then
        strSql = "select sum(buying _ count)as buys,sum(zong _ money) as " & _
            " themoney,sum(shiyang * buying _ count)as shihuo from out _ book _ table "
        Set Rec = DBOper. QueryR(strSql)
        If IsNull(Rec. Fields("buys"))Then
Label10. Caption =0 & "本"
            Label9. Caption = Trim $ (frm _ main. StatusBar1. Panels(2). Text)
            Label8. Caption =0 & "元"
        Label7. Caption =0 & "元"
            Command1. Enabled = False
        Else
            Label10. Caption = Rec. Fields("buys")& " 本"
            Label9. Caption = Trim $ (frm _ main. StatusBar1. Panels(2). Text)
            Label8. Caption = Rec. Fields("themoney")& " 元"
            Label7. Caption = (Rec. Fields("themoney") - Rec. Fields("shihuo"))& "元"【1】
        End If
    ElseIf PreviousTab = 1 Then
        Form _ Load
    End If
End Sub
```

代码详解：

【1】从记录集 Rec 中的字段“themoney”的值减去字段“shihuo”的值，再加上“元”字符，并赋值给标签 Label1 的 Caption。

查询统计是对库存图书、卖完书进行统计，对进书编辑记录、售空的书（库存为零的书）等查询的应用模块，如图 10-20 所示。

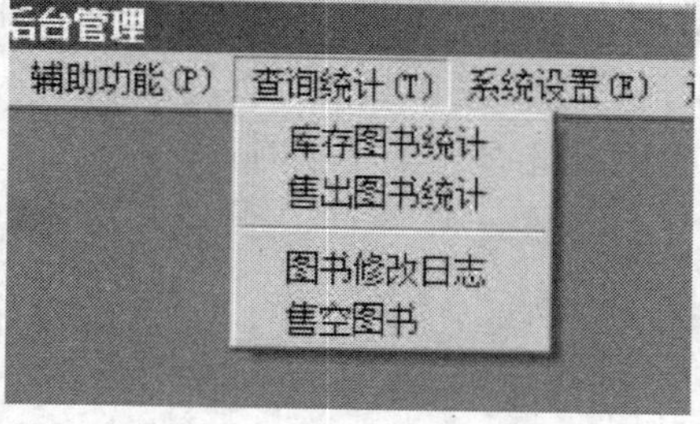

图 10-20　查询统计

【案例10-30】 实现“售空图书”菜单功能。

代码如下：

```
Private Sub buyrs _ Click( )
    frm _ buyr. Show
    frm _ buyr. SetFocus
End Sub
```

库存变零的图书（frm _ buyr）窗体布局如图10-21所示。

图10-21 库存变零的图书界面

该窗体的代码如下：

```
Private Sub Form _ Load( )
    Set Me. DataGrid1. DataSource = DBOper. QueryR( " select  *  from total _ books _ table " & _
                " where book _ id not in( select book _ id from goods _ table) " )【1】
End Sub
```

代码详解：

【1】从数据表total _ books _ table中提取记录转换成记录集后，显示到网格DataGrid1中。提取条件是：书号不在数据表goods _ table中书号（book _ id）的记录。

【案例10-31】 实现“用户管理”菜单功能。

当单击“设置管理”→“用户管理”菜单项时：

```
Private Sub USERMANAGE _ Click( )
    user _ manage. Show
    user _ manage. SetFocus
End Sub
```

用户管理（user_manage）的应用窗体布局如图10-22所示。文本框及下拉框属性见表10-23。

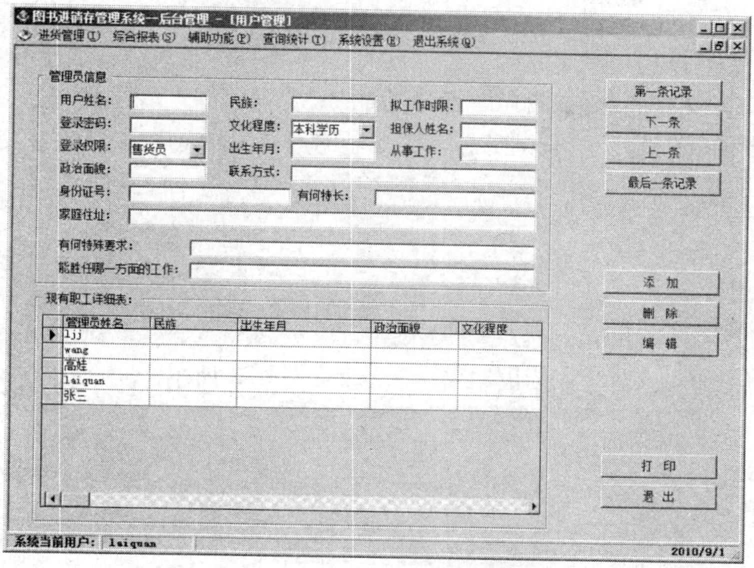

图10-22 “用户管理”界面

表10-23 文本框及下拉框属性表

控　件	对应标签	控　件	对应标签
Text1	用户姓名:	Text9	联系方式:
Text2	登录密码:	Text10	身份证号:
Text3	民族:	Text11	有何特长:
Text4	拟工作时限:	Text12	家庭住址:
Text5	担保人姓名:	Text13	有何特殊要求:
Text6	出生年月:	Text14	能胜任哪一方面的工作:
Text7	从事工作:	Combo1	文化程度:
Text8	政治面貌:	Combo2	登录权限:

大部分事件的实现与上面介绍的方法是相同的，这里只介绍典型的代码，其余不再重复。

```
Dim strSql As String
Dim Rec As ADODB.Recordset
Dim PublicID As String
Private Sub Form_Load()【1】
    strSql = "Select * From worker_table"
    Set Rec = DBOper.QueryR(strSql)
    Set yg_dg.DataSource = Rec
End Sub
```

代码详解：

【1】窗体加载（Load）时从数据表 worker _ table 中提取记录，转换之后赋值给记录集 Rec，并在网格控件 yg _ dg 中显示。

【案例 10-32】 实现“查询日志”菜单功能。

当单击“设置管理”→“查询日志”菜单项时：

```
Private Sub Search _ daily _ record _ Click( )
    system _ daily. Show
    system _ daily. SetFocus
End Sub
```

查询日志（system _ daily）的应用窗体布局如图 10-23 所示。

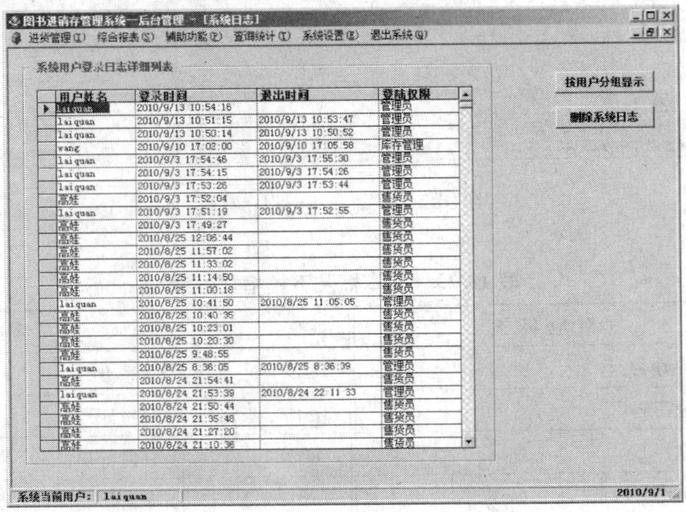

图 10-23 查询日志界面

该应用窗体的代码如下：

```
Dim strSql As String
Dim Rec As ADODB. Recordset
Private Sub Form _ Load( )
    strSql = "select username as 用户姓名,logintime as 登录时间,logouttime as " & _
            "退出时间,remarks as 登录权限 from dayrecord order by logintime desc"【1】
    Set Rec = DBOper. QueryR(strSql)
    Set rz _ dg. DataSource = Rec                                              【2】
End Sub
```

代码详解：

【1】从数据表 dayrecord 中取出字段为 username、logintime、logouttime、remarks 的记录，分别定义为“用户姓名”、“ 登录时间”、“退出时间”、“登录权限”，通过函数 . QueryR 赋

给记录集 Rec，并以登录时间（logintime）为降序（desc）的排序排列出来。

【2】当窗体加载时，在网格控件 rz _ dg 中显示出来。

2. 实现“删除系统日志”按钮功能

代码如下：

```
Private Sub Command2 _ Click( )
    strSql = "delete from dayrecord"【1】
    Set Rec = DBOper( strSql)
    Set rz _ dg. DataSource = Rec
End Sub
```

代码详解：

【1】从数据表 dayrecord 中删除记录，并将删除完的记录集通过记录集 Rec 最终显示在网格控件 rz _ dg 中。

信息卡

“系统日志”是系统后台管理子系统的功能。管理员通过浏览系统日志了解其他用户的登录情况。

任务四　图书进销存管理系统的打包与分发

知识导读：

编写好的程序编译通过后将生成可执行文件。生成的可执行文件在本地计算机上运行正常，但是复制到另外一台计算机时有可能不能正常运行。这是因为在本地计算机上已经有可执行文件所需的运行环境，而不能正常运行的目标计算机上没有程序运行所需的环境。若要将该程序分发，就需要对该程序进行打包。

【案例 10-33】　使用 VB 自带的“打包和展开向导”进行打包。

Visual Basic 打包过程分以下两个步骤。

第一步，启动“打包和展开向导”。“打包和展开向导”为应用程序创建必需的 . cab 文件以及安装程序。启动“打包和展开向导”有两种方法：分别是在程序组中直接启动和“外接程序”中启动。

（1）在程序组中直接启动　这种启动方式可通过桌面“开始”菜单中的 Visual Basic 工具组中的“Package & Deployment 向导”，直接在桌面上启动打包和展开向导进行操作。

（2）在“外接程序”中启动　用“外接程序管理器”加载“打包和展开向导”，步骤如下：

1）选择主菜单的“外接程序”下的“外接程序管理器”，如图 10-24 所示。

2）单击“外接程序管理器”后会出现如图 10-25 所示的选择框，选择“打包和展开向导”后单击“确定”按钮。其中，“在启动中加载”是决定VB是否每次启动时都加载“打包和展开向导”，“加载/卸载”只是决定本次是否加载。

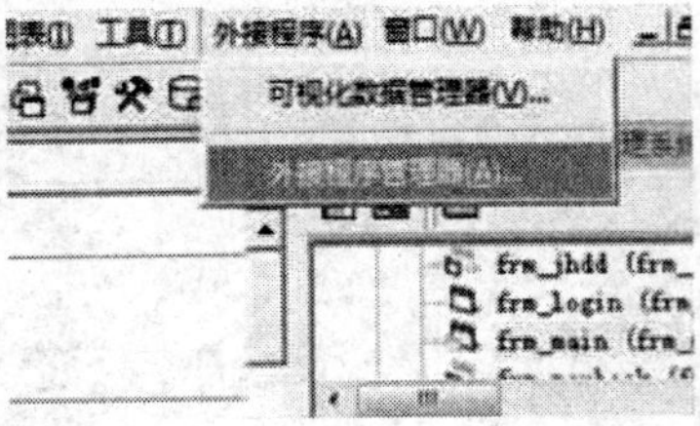

图 10-24 用“外接程序管理器”加载“打包和展开向导”

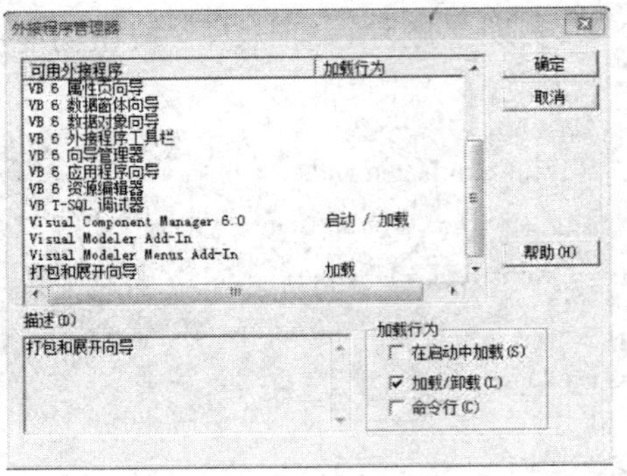

图 10-25 外接程序管理器

3）当“打包和展开向导”在“外接程序”中加载成功后，单击菜单“外接程序”下的“打包和展开向导”来启动该向导，如图10-26所示。

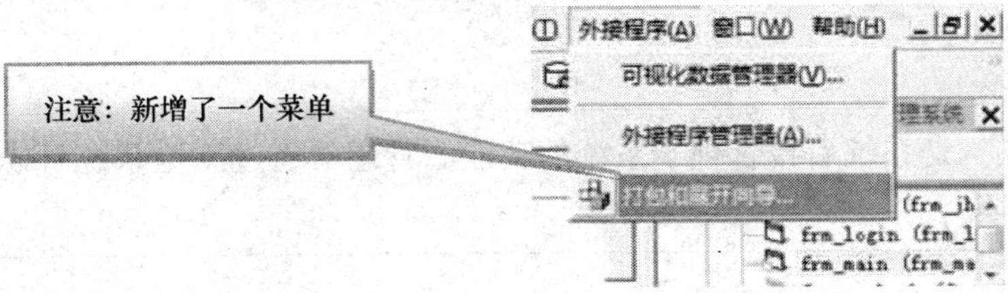

图 10-26 启动打包和展开向导

若没有保存工程，则会出现如图10-27所示的对话框，将此工程保存到所指定的文件地址下，即可继续打包工作。

图 10-27 提示保存工程

确定保存后可看到“打包和展开向导”界面。此向导共有三个选项：

选项“打包”，可将一个工程文件打包为一个可展开的 . cab 文件，但在某些情况下还要创建一个安装程序来安装 . cab 文件。向导确定需要打包的文件，并会引导用户作出选择，以便为工程创建一个或多个 . cab 文件。

选项“展开”，可将打包好的应用程序传送到适当的发布媒体。

选项“管理脚本”，可以查看及操作以前使用打包和展开向导时所保存的脚本。

第二步，使用“打包和展开向导”打包应用程序。打包应用程序是指创建一个软件包的操作，该软件包可以将应用程序安装到用户的计算机上。它由一个或多个 . cab 文件组成，包含了用户安装和运行应用程序需要的压缩的工程文件和任何其他必备的文件。这些文件可能包括安装程序、辅助的 . cab 文件或其他必需的文件。这些附加的文件根据创建的软件包类型不同而不同。

对于上述第一种启动方法，在“打包和展开向导”界面中的“选择工程”下的工程文件地址栏后有一个“浏览”按钮，需要单击“浏览”按钮选择对应工程；如果采用的是第二种方法，文本框中显示的即为当前工程。

1）单击“打包”后会弹出如图 10-29 所示的提示框，提示用户打开编译好的可执行文件，单击“浏览”按钮加载所需的 . exe 文件。

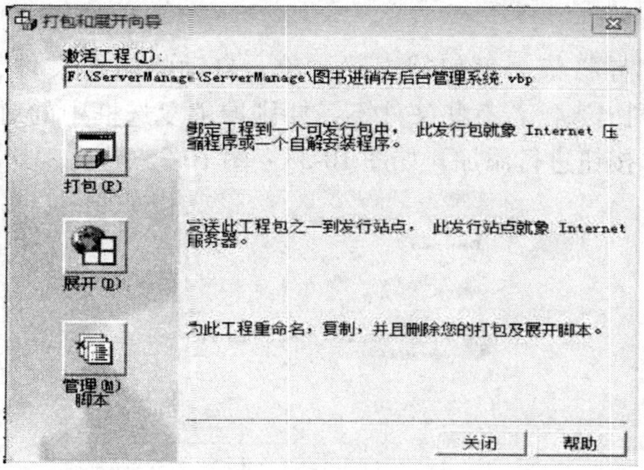

图 10-28　打包和展开向导

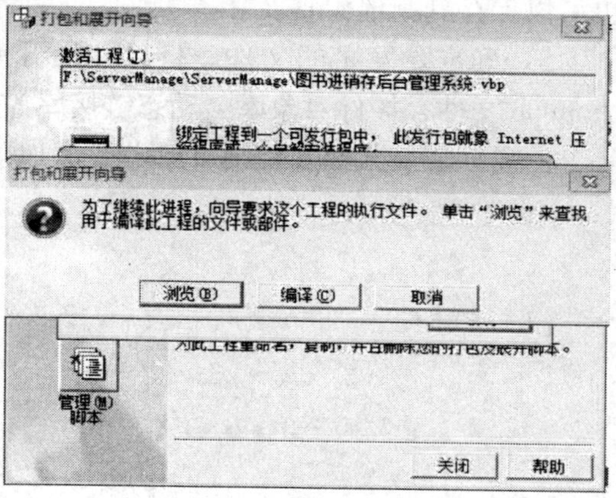

图 10-29　查找编译后的 . exe 文件

2）若还没有将工程编译生成 * . exe 文件，选择“文件”下的“生成图书进销存后台管理系统 - 后台管理 . exe”，单击后 VB 会自动生成可执行文件。

生成的 . exe 文件如 10-31 图所示。

3）选择包类型。可以创建两种软件包：标准软件包和 Internet 软件包。如果计划通过磁盘、网络共享来发布应用程序，则应该创建一个标准软件包。如果通过 Intranet 或 Internet 站点来发布，则应该创建一个 Internet 软件包。

“包类型”列表框中包含两个选项，“描述”文本框显示两个选项对应的说明信息。若要生成安装程序，则选中“标准安装包”选项，单击“下一步”按钮进入到下一步骤，如图 10-32 所示。

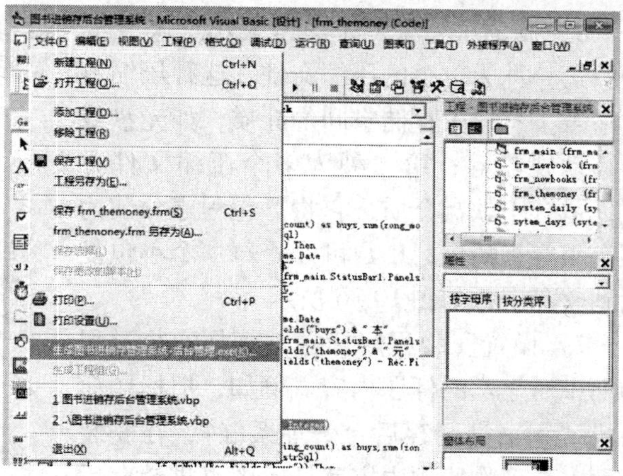

图 10-30　生成图书进销存后台管理系统 - 后台管理 . exe

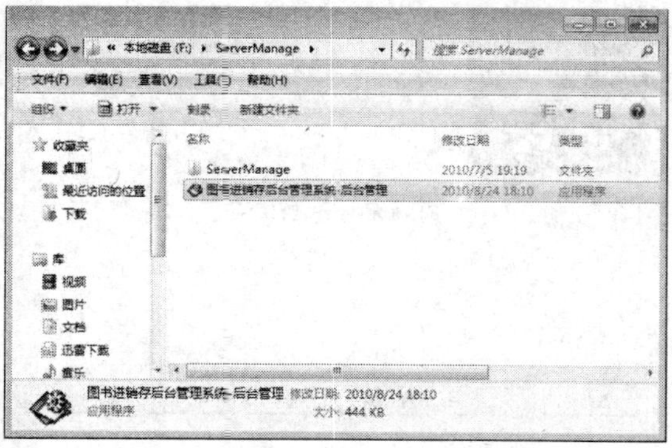

图 10-31　编译完成后的应用程序

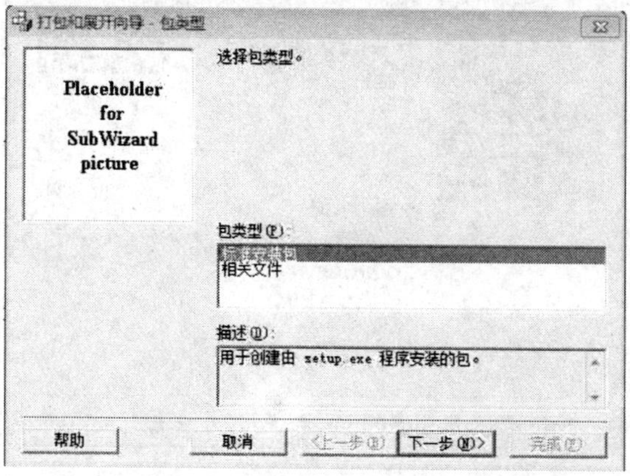

图 10-32　确定要创建的软件包类型

4）设置打包文件夹。这个步骤是确定将打包后的文件存放到哪个文件夹中，VB会自动建立一个“包”文件夹存放打包好的文件，若要存到“包”文件夹下则要创建此文件夹，也可以保存到其他位置。

5）确定要发布的文件。打包和展开向导将依据打包的工程对象，自动将执行文件、Runtime文件、控件对象库、动态链接库等列出来，若有些文件不需要则取消复选框中的对号，而需要添加某些文件则可单击“添加”按钮进行添加，如图10-33～图10-35所示。

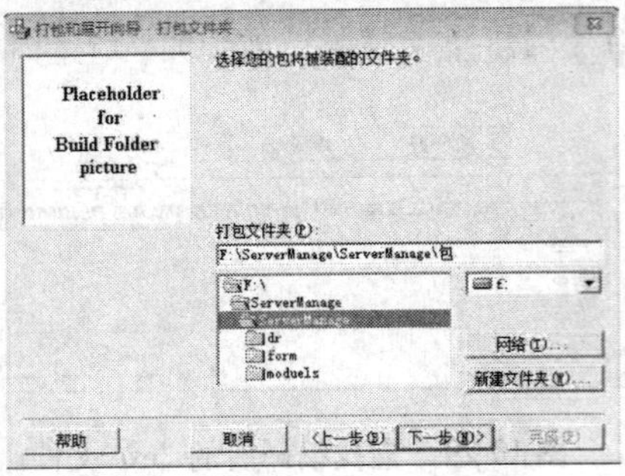

图10-33　创建“包”文件

图10-34　新建打包文件夹

6）确定压缩文件个数及大小。这一步主要确定打包文件的压缩类型，有两种压缩类型：第一种为单个的压缩文件，这种压缩方式适合于有较大存储空间的介质，如光盘或可移动硬盘等；第二种为多个压缩文件方式，适合于软盘介质，它将打包程序分装为多个小容量的包，用户可以将每一个小包复制到软盘中，如图10-36所示。

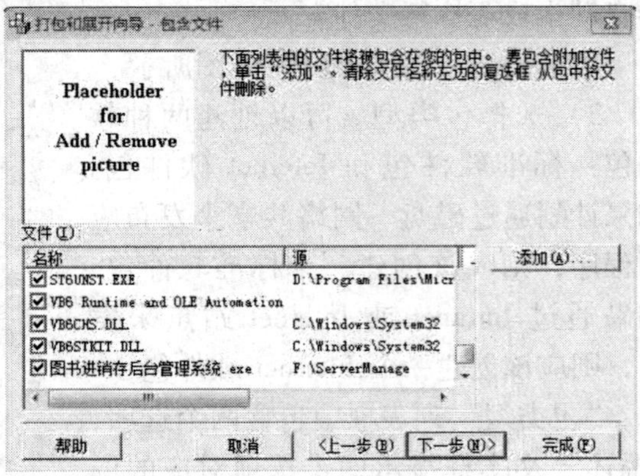

图10-35　选择包含的文件

7）设置安装程序标题，就是安装过程画面中所显示的标题内容。例如，把标题命名成“图书进销存后台管理系统”，在安装画面中看到的标题内容就是“图书进销存后台管理系统”，如图10-37所示。

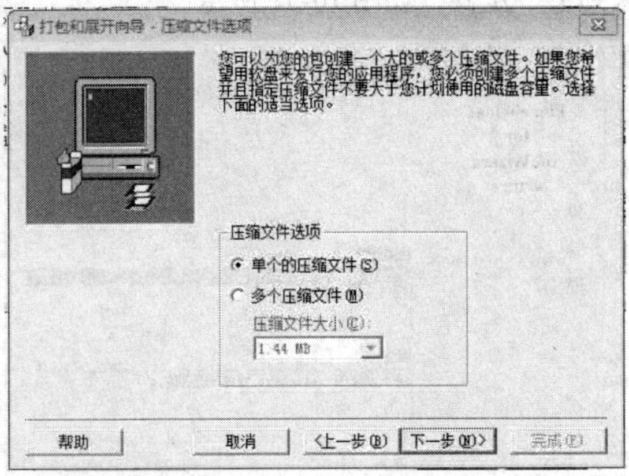

图10-36　确定压缩文件选项

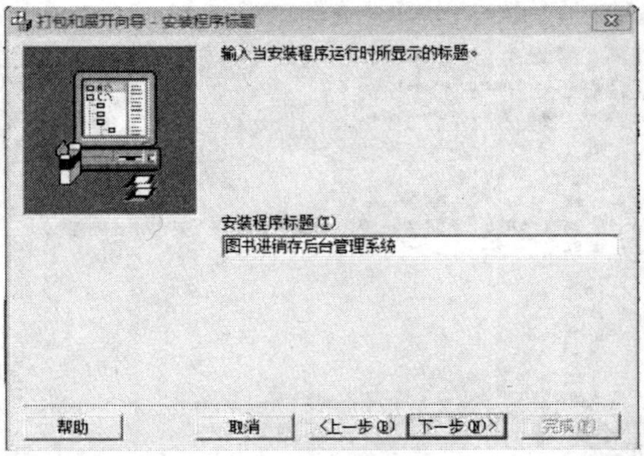

图10-37　设置安装程序标题

8）设置在“开始”菜单“程序”中的位置。打包后的安装程序在安装过程中会在桌面的“开始”菜单中创建这个应用程序的工作组和子项。可以通过“新建组”和“新建项”来调整应用程序在“开始”菜单中的快捷方式的显示结构。单击“属性”可修改对应的运行文件及运行的起始路径，如图 10-38 所示。

9）设置文件在计算机上的安装位置。设置完快捷方式后，接下来需要调整所有文件默认的安装位置。程序和安装文件通常被安装到 Program Files 目录的某个子目录中，而系统和从属文件通常被安装到 \ Windows \ System 或 \ Windows \ System32 目录中，如图 10-39 所示。

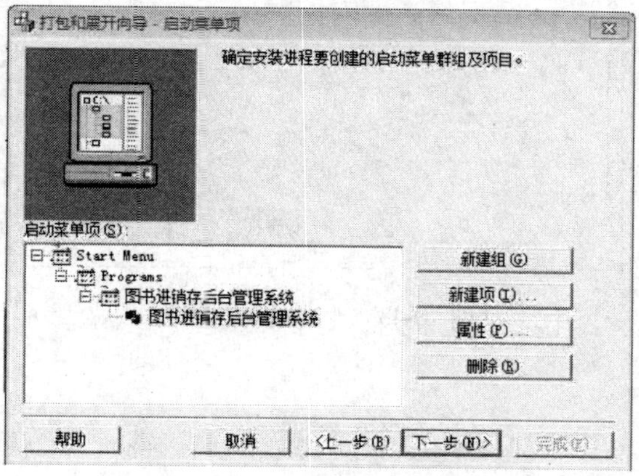

图 10-38 设置启动菜单项

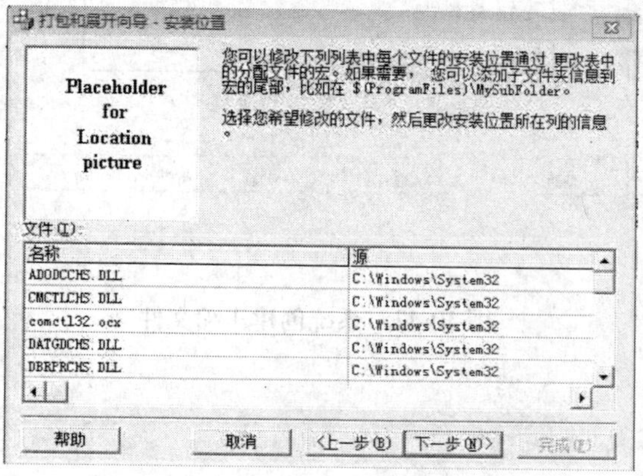

图 10-39 设置安装位置

10）设置共享文件。即指定哪些文件是以共享模式安装的。共享文件是指可被系统中多个应用程序使用的文件。当每个使用它的应用程序文件都被删除后，这个文件才会被删除，可能有多个软件商提供的应用程序都使用了同一个 ActiveX 控件。如果用户创建了一个使用该控件的应用程序，则应在安装程序中将该控件的 . ocx 文件指明为共享文件。值得注意的是，共享文件必须安装在一个其他应用程序可以访问到的位置。

11）设置软件包的脚本名称。输入脚本名称，单击“完成”后系统就开始压缩文件，完成打包过程，如图 10-41 所示。

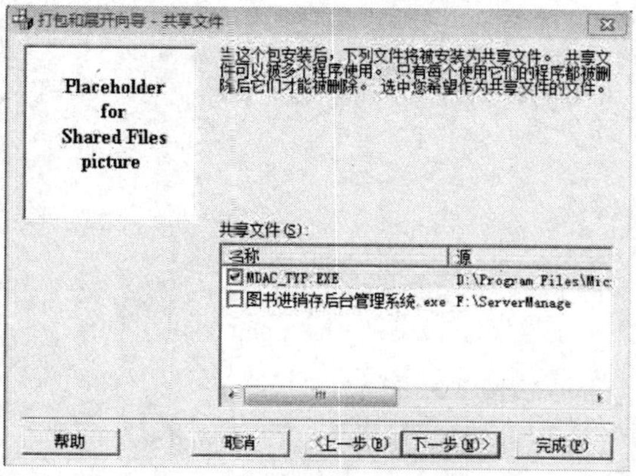

图 10-40 设置共享文件

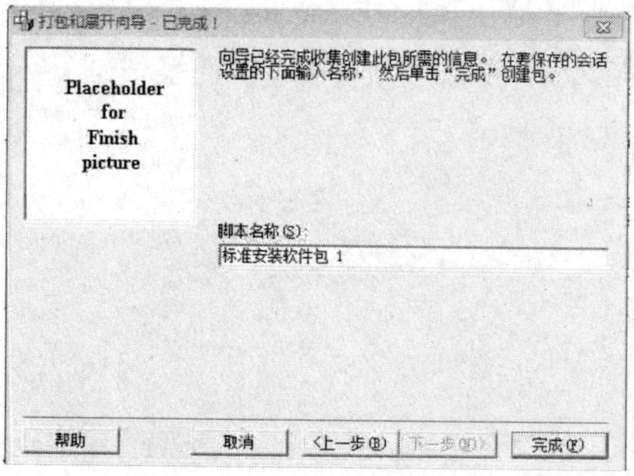

图 10-41 设置软件包脚本名称

12）自动生成打包报告（最后一步），如图 10-43 所示。

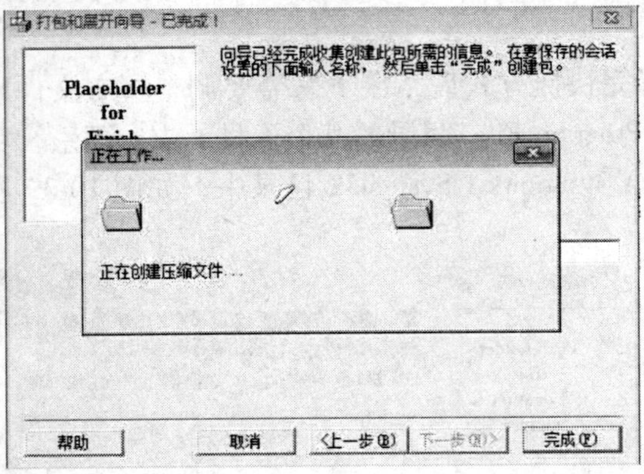

图 10-42　系统创建压缩文件

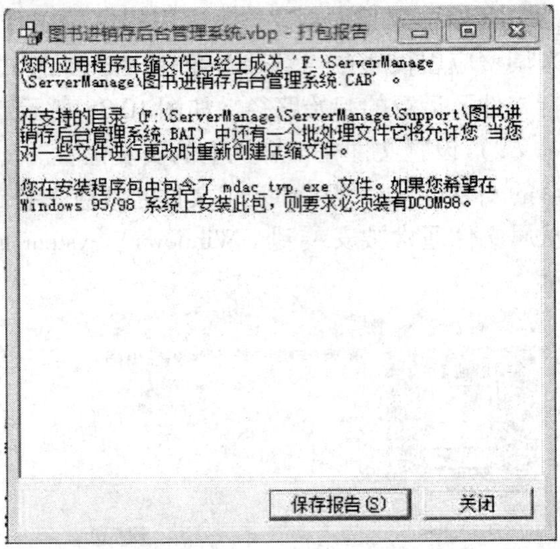

图 10-43　生成的打包报告

参 考 文 献

[1] 李淑华，张翼生，温丹丽，等．VB 程序设计与应用［M］．北京：高等教育出版社，2002.

[2] 谭浩强，薛淑斌，袁玫，等．Visual Basic 程序设计［M］．北京：清华大学出版社，2000.

[3] 刘钢，王永生．Visual Basic 程序设计与应用案例［M］．北京：高等教育出版社，2003.

[4] 李川汇，陈英，等．Visual Basic 程序设计［M］．大连：大连理工大学出版社，2003.

[5] 史宝会，武亚，等．Visual Basic 程序设计教程［M］．北京：机械工业出版社，2005.

[6] 臧玉琴，胯越．Visual Basic 界面、多媒体与操作系统程序设计［M］．北京：人民邮电出版社，2003.

[7] 段兴，相乡，孙丽娜，周峰．Visual Basic 6.0 控件实用程序设计 100 例［M］．北京：人民邮电出版社，2002.

[8] 龚沛曾，陆慰民，杨志强．Visual Basic 程序设计简明教程［M］．2 版．北京：高等教育出版社，2003.

[9] 龚沛曾，陆慰民，杨志强．Visual Basic 实验指导与测试［M］．北京：高等教育出版社，2000.

[10] 姜卫东．Visual Basic 6.0 程序设计教程［M］．南京：东南大学出版社，2005.